DK天文大百科

DK天文大百科

[英] 伊恩·里德帕斯　著

陈　诺　译

北京科学技术出版社

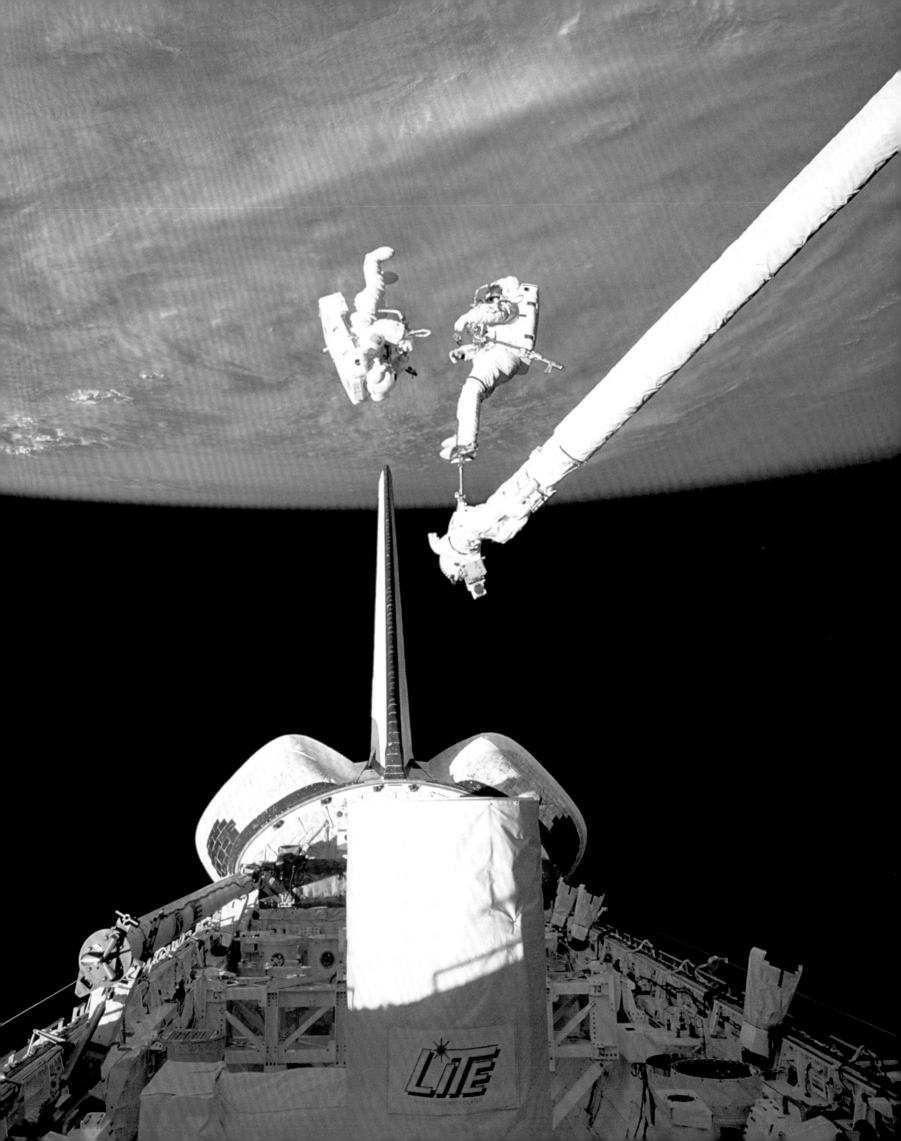

Original Title:
Astronomy: A Visual Guide
Copyright©Dorling Kindersley Limited ,2006,2018
A Penguin Random House Company
Chinese simplified translation copyright©Beijing Science
and Technology Publishing Co., Ltd.

本书英文版顾问：

〔英〕吉尔斯·斯帕罗　〔英〕卡罗尔·斯托特

著作权合同登记号　图字：01-2019-7398

图书在版编目（CIP）数据

DK天文大百科 / (英) 伊恩·里德帕斯著；陈诺译
. —北京：北京科学技术出版社, 2020.10（2024 .10重印）
书名原文: Astronomy: A Visual Guide
ISBN 978-7-5714-0563-2

Ⅰ.①D… Ⅱ.①伊… ②陈… Ⅲ.①天文学—少儿读
物 Ⅳ.①P1-49

中国版本图书馆CIP数据核字(2019)第256686号

责任编辑：王　晖
责任校对：贾　荣
责任印制：李　茗
装帧设计：昇一设计
图文制作：申　彪
出 版 人：曾庆宇
出版发行：北京科学技术出版社
社　　址：北京西直门南大街16号
邮政编码：100035
电　　话：0086-10-66135495（总编室）
　　　　　0086-01-66113227（发行部）
网　　址：www.bkydw.cn
印　　刷：北京华联印刷有限公司
开　　本：930mm×1050mm　1/12
印　　张：29
字　　数：400千字
版　　次：2020年10月第1版
印　　次：2024年10月第4次印刷
ISBN 978-7-5714-0563-2

定　价：268.00元

www.dk.com

目　录

简 介

天文学，是一门没有边界、没有终点的科学。它尝试去研究星际间最微小的尘埃，尝试去探寻最遥远的星系，尝试去解答一些最基本的问题：生命来自何处？宇宙是否存在其他智慧生命？而且，天文学一直是业余爱好者也可以发挥作用的一门奇妙学科。

在漫漫星空下，我们望向天空的每一眼都跨越时间与空间的沟壑，你眼中看见的或许是一个个不变的光点，但是它们的真正面貌却纷繁复杂。

在距离我们1500光年之外的猎户座大星云（Orion Nebula），大量的恒星正在其中诞生，46亿年前太阳和太阳系行星形成的过程正在这个美丽的星云中再次呈现。

昂宿星团（Pleiades），是一群从气态星云（类似于猎户座大星云）中刚刚诞生的、炽热的蓝白色恒星。这些恒星中最年轻的成员从人类诞生之时才刚刚开始发光发热。

参宿四，是猎户座中一颗正在膨胀的红超巨星。它已经走到了生命的末期，并将在未来通过一次耀眼的爆发结束一生。在爆发的同时，组成这颗恒星的原子也将喷涌到星际间。在千万年之后，那些原子将重新聚合成新一代的恒星、行星，甚至可能诞生新的生命。

在几千年前人类首次开始研究天空的时候，没有人知道恒星是什么。在过去的一两百年间，人类才得知那些恒星是太阳在光年之外的变体。直到20世纪核物理的发展，才使得人们理解了恒星的构成和发光的原理。如今，我们知道了所有的恒星的能量来源于内部核心的核聚变。同时，在天文理论和天文观测的共同努力下，我们逐步理解了恒星的一生：它们是如何诞生的，怎样发展变化的，以及如何死亡的。最激动人心的是，天文学家们已经开始去寻找围绕着其他恒星运行的系外行星，并证实了行星系统是恒星形成过程中自然诞生的副产物，这个理论极大地提高了宇宙中存在其他生命的设想可能性。天文学的未来，必然是丰富多彩的。

瞄准星星的照准仪

中心支点

》 中世纪的星盘
星盘是一个圆盘形的装置，它在中世纪被广泛使用，通过瞄准星星来确认当地的纬度以及测定时间，类似于当时航海导航用的六分仪。

星盘本体，在边缘处有刻度

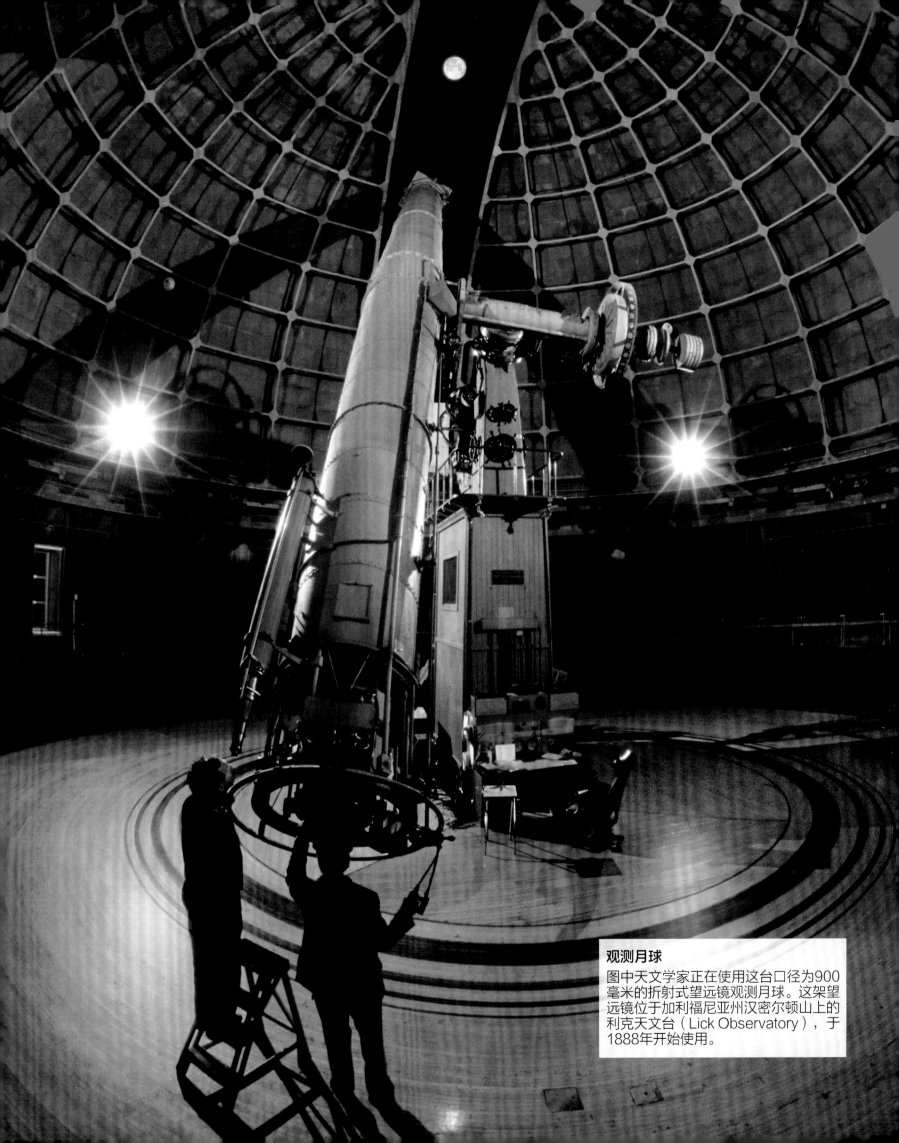

观测月球

图中天文学家正在使用这台口径为900毫米的折射式望远镜观测月球。这架望远镜位于加利福尼亚州汉密尔顿山上的利克天文台（Lick Observatory），于1888年开始使用。

在最早没有天文设备的情况下，我们通过肉眼所能看到的恒星和星云，都位于我们所在的星系——银河系。自中世纪开始，双筒望远镜和小型望远镜的诞生，使得我们的视野拓展到了几百万光年之外的其他星系。如今，通过现代的大口径天文设备，我们的观测极限延伸到了138亿年前，即宇宙大爆炸（宇宙的起源，意味着空间和时间的诞生）之后的数十万年。

现代宇宙学最大的成就之一就是测定了宇宙大爆炸发生的时间，紧随而来的是一个新的意外发现——我们所处宇宙的膨胀速度并没有如之前的理论推断变缓，反而由于一种驱动宇宙运动物质（我们称之为暗能量）而在加速膨胀。在暗能量的推动之下，宇宙命运将会是永远膨胀，密度逐渐减小，最终坠入永恒的黑暗。对于暗能量，我们知之甚少。因此，理解暗能量的本质将是21世纪宇宙学面对的一大挑战性课题。

本书是在各个团队的多方面帮助下完成的。前半部分对宇宙及宇宙中的天体进行广泛的介绍。如果你渴望探寻宇宙的真谛，这些介绍能为你提供很好的知识铺垫。本书也为各位天文爱好者如何选择适合自己的天文观测设备提供了建

观测月食

业余天文爱好者们正在用小型天文望远镜跟踪一次月全食的全过程。天气虽是阴天，但仍然阻挡不了他们对于天文的热爱。未来10多年将要到来的日食和月食，会在本书最后的天文年历中列出。

> **在我们仰望星空之时，星空那端或许也有生命在仰望着你。**

◀ 泛红的月球

月食是一种壮观的并且容易被观测的天文现象。当月球进入地球的影子的时候（太阳、地球、月球按顺序排列且在同一条直线上），月球就会呈现出照片中红色的色调。整个月食的过程，通过肉眼或借助双筒望远镜就能轻松地看到。

指南。星空指南由专业天文学者汇编而成，能帮助我们更好地辨识和理解所观测到的各式各样的天体和天文现象，如正在活跃诞生的星云、年轻抑或是年老的星团、垂死的恒星所抛出的尘埃和气体形成的行星状星云。在星空指南的提示下，我们还能观测到更遥远尺度下的天体——形形色色的椭圆星系和旋涡星系，甚至有机会看见正在融合的星系。当我们正在注视着那些遥远的、散发着微弱星光的星系时，或许就有那么一颗行星上的生命也同时朝着我们凝望。

议。对于那些希望亲眼看看宇宙的天文爱好者们，你们是幸运的，因为相比过去，如今有了更多更好的天文设备供你们挑选，小至双筒望远镜，大至配备电子成像系统并由计算机控制的天文望远镜。本书的后半部分以星图和文字相结合的形式，为想要观测深空天体的人们提供必要的

作者：伊恩·里德帕斯

天文学的历史

天文学的开端

　　天文学，被很多人誉为最古老的自然科学。自从文明的曙光出现以来，人类就渴望去理解天体复杂的运行规律，数不胜数的古代遗迹和古代手工制品反映了人们对天文的着迷。

⬆ 石碑《犁星》（MUL. APIN）

古巴比伦人在这块石碑上用楔形文字刻下了古巴比伦时期的星座列表。图中这样的石碑共有2块。这块石碑只有8.4厘米长，是微刻艺术的杰作。

古巴比伦人的天文观测传统

　　英国的巨石阵，埃及的金字塔，都是在公元前2500年左右建造完成的。这两个建筑都表现出人们对天文的深刻认知，它们似乎都精确地与太阳、月球和星辰的起落基点以及方位相对应。但是，天文学真正的发源地是在中东地区。

　　在公元前700年左右，位于两河流域（如今伊拉克地区）的古巴比伦人用陶土制作了两块石碑，石碑上刻着当时人们所知道的恒星和行星运行规律的总结。石碑上所记载的恒星和星座列表，有力地佐证了古巴比伦人长期存在的天体观测传统。石碑上的一部分星座，如狮子座、天蝎座，几乎不变地流传到现今。古巴比伦人对天文学还做出了另外一个重大意义的贡献：他们测量出一年的长度大约是360天，将整个天空细分成360°，每度再细分成60个部分（如今的1角分）；然后引入了24小时一天的概念，将每小时分成60个部分（如今的1分钟）。这些度量方法都流传到了今天。

古希腊人对于天空的认知

　　公元前500年左右，古巴比伦人的天文学知识传播到了古希腊。但是，不同于古巴比伦人对于占星学（用天体的相对位置和相对运动来预言人的命运）的热衷，古希腊人试图去理解这些天文现象背后的物理规律，也因此使得天文学与占星学之类的迷信行为区分开来。生活于公元前4世纪的古希腊天文学家欧多克索斯（Eudoxus），提出了同心球理论，他以27个以地球为中心的同心球壳解释了附着于球壳上的天体的运动，同心球壳相互嵌套，因此产生了复杂的天体运动规律。后人不断地修改欧多克索斯的理论体系，直到公元17世纪才结束。但是，有两个原则却根深蒂固地留传下来：其一是天体的运动是呈完美的圆形，其二是地球是宇宙的中心"地心说"。

◀ 古希腊天文学家

直至文艺复兴时期的欧洲，古希腊人的科学理论在当时仍然被认为是最高的学术权威。这幅图是15世纪德国人所绘画的在阿托斯岛（Mount Athos）上观星的古希腊天文学家，可见文艺复兴时期人们对于古希腊科学家的崇拜。

》 古代远东地区的天文

其他文明对于星座的划分与古希腊截然不同。例如，中国古代创立了283个星座，其中很大一部分星星是很小很暗的。不同于古希腊以神话故事中的野兽和英雄来描绘天空中的星系，古代中国的星系象征着宫廷中的情景以及社会生活。此外，远东地区的天文学家们建造了一种独特的瞭望台来观测突然发生的天文奇景，他们称这些天文奇景为"来做客的星星"，事实上这些天文奇景就是我们现在所说的彗星、新星和超新星。这些事件——被记录，其中就包括在公元1054年发生的蟹状星云超新星爆发。

古希腊最著名的天文观测学家依巴谷（Hipparchus，也称喜帕恰斯），在公元前2世纪汇编了人类历史上第一本恒星星表（肉眼可见的恒星）。他详细地测量了这些恒星的位置，并且根据亮度把它们分成6类，建立了现在仍在使用的星等标（magnitude scale）来描述天体的明亮程度。星等愈大，愈暗淡。

公元2世纪，天文学家托勒密（Ptolemy）写成了一本关于古希腊天文知识概述的著作——《天文学大成》（Almagest）。"Almagest"这个词在古阿拉伯又译为"最伟大的"，所以它还有另外一

》 庆州瞻星台
位于韩国庆州的石塔是过去天文学者们在晴朗的夜空下观星的场所。瞻星台建于公元634年，也是目前世界上留存下来最古老的天文台。

个名字——《至大论》。这本书在原有的依巴谷星表（Hipparchus's catalogue）的基础上，从之前的850个恒星拓展到了超过1000个恒星，并且把这些恒星排列成48个星座，这48星座是如今星座系统的基础。托勒密还提出一个天体运动的新模型——本轮—均轮模型，认为每个天体都在一个称为本轮的轨道上匀速转动，本轮的中心在以地球为中心的轨道（也称之为均轮）上匀速转动。

阿拉伯天文学

随着古希腊和古罗马文明的衰落，天文研究的中心逐步向东移至伊拉克首都巴格达。巴格达也是托勒密著作被翻译成阿拉伯文的地方。在公元10世纪末期，一位名叫阿尔苏飞（al-Sufi）的阿拉伯天文学家出版了《恒星之书》（Book of Fixed Stars），其主要内容是修订托勒密星表。除了星表以外，阿尔苏飞还描绘了每个星座象征物的轮廓，便于人们更好地辨识星座。经过了广泛地印刷和再版，这本包含各种插图的星座介绍成为最著名的阿拉伯天文学著作之一。10世纪至13世纪，历史悠久的古希腊天文学通过当时被阿拉伯占领的西班牙而重新被引入欧洲。

《 土耳其天文学家
这幅16世纪的绘画描绘的是苏莱曼一世（奥斯曼帝国君主）建造的一座天文台。这幅画表明了古阿拉伯的天文学传统很好地被接替者——奥斯曼土耳其人传承了下来。

西方天文学的重生

在经历长时间的"休眠"之后，欧洲的天文学于16世纪在波兰传教士、天文学家尼古拉·哥白尼（Nicolaus Copernicus，1473—1543）的召唤下再次苏醒了。公元前3世纪，古希腊哲学家阿里斯塔克斯（Aristarchus）最早提出了太阳是宇宙的中心，即"日心说"的观点。而哥白尼使得"日心说"重新流行起来。"日心说"解释了水星和金星从未远离太阳的原因，是因为它们的公转轨道位于地球的内侧，更加接近太阳。"日心说"也解释了为什么火星、木星和土星在天空中的轨道会偶尔向后退，简称"逆行"（retrograde）；这是由于地球的轨道周期短于这些外侧行星的轨道周期，因此会周期性地"超越"外侧的行星。

在随后的年代，丹麦的一位贵族，天文学家第谷·布拉赫（Tycho Brahe，1546—1601）意识到需要更先进、更优秀的观测方法来判断行星运动的规律。在1576年至1586年间，他在位于丹麦和瑞典之间的一座岛屿——汶岛（Hven）上建造了两座天文台，命名为"乌兰尼堡"（Uraniborg）和"斯特杰堡"（Stjerneborg）。在那里，第谷积累了一系列的关于行星运动的观测数据。不过，第谷从未考虑去接受"日心说"理论，他提出了自己独创的一套精妙的宇宙结构体系。在他看来，所有行星都绕太阳运动，太阳和月球却是绕着地球旋转，并且地球是保持静止的。

行星运动规律

第谷·布拉赫在晚年找到了德国杰出的数

⚌ 星象仪

这个星象仪是由威廉·扬松·布劳（Willem Janzsoon Blaeu）于1603年制成的。这个球体上所有恒星的位置都是根据第谷·布拉赫的星表而绘制的。

学家约翰尼斯·开普勒（Johannes Kepler，1571—1630）担任他的助手，并在病逝前将他10多年的观测数据留给了开普勒。开普勒的数学水平高于他的老师，他对这些观测数据进行了仔细的计算分析。在多年的努力下，开普勒发现行星确实如哥白尼所说的那样围绕着太阳运动，但

》》《天体运行论》

尼古拉·哥白尼经过长年的天文观测和计算完成了他的伟大著作《天体运行论》（*On the Revolutions of the Heavenly Spheres*）。但直到他去世的1543年，《天体运行论》才出版。在这本书中，他反对"地球是宇宙的中心"这个从古希腊流传下来的理论，而坚持认为太阳处于中心，并且地球是一个环绕着太阳的行星。不过他的理论还是有一个重大的缺陷——他仍然认为行星的轨道是一个正圆和周转圆的结合。尽管《天体运行论》在天文史上有着举足轻重的地位，但在那个年代，这本书却几乎无人问津，并被起了个绰号"没有人会去读的书"。

》 哥白尼画像和他的《天体运行论》

是行星的轨道并不是一个正圆和周
转圆的结合，而是所有的行星分别
在半径和偏心率各不相同的椭圆轨道
上围绕太阳公转。除此之外，开普勒还计算
出行星轨道的周期与行星同太阳的平均距离在数
学上是有关联的。

伽利略的发现

当开普勒正在为行星运动以及宇宙学奠定新
理论基础的时候，天文观测学也在悄悄地发生着
变革。当第一架望远镜探向天空之时，人们看到
了不可思议的壮观奇景。意大利科学家伽利略·
伽利雷（Galileo Galilei，1564—1642）是天文
观测学历史上最伟大的先驱。通过自制的望远
镜，伽利略观测到了无数散发着微弱光芒并且肉
眼不可见的恒星。更特别的是，横跨天穹的灿烂
银河在望远镜中也被解析成了大量散发着微弱光
芒的恒星。除此之外，伽利略还发现太阳系的行
星在望远镜中被放大成了一个个圆盘，但是遥远
的恒星仍然是一个个亮点，这证明了这些恒星距
离我们非常远，宇宙比我们原先设想的要广阔得
多。伽利略对于月球的新发现，也是对古代观念
又一次沉重的打击。古人认为天空是完美无瑕
的，包括月球。伽利略却发现月球的表面并不是

一个平滑的、完美的球面，相反
是"伤痕累累"的，上面布满了环形
山和撞击坑。伽利略的新发现中最有意
义的是他观察到木星被4颗卫星环绕着，这4颗
木星卫星其实是众多木星卫星中最大的4个，现称
为"伽利略卫星"。之后他又发现了金星的盈亏现
象（类似于月球，在地球上见到金星被太阳照亮的
半球也出现"相"的周期变化），证明了金星是围
绕太阳运动的。伽利略还曾瞥见过土星环，不过当
时他并不清楚那是什么。

伽利略众多关于天空的新发现紧跟着开普勒
在天文理论上的突破，推翻了长久以来人们所坚
信的"地心说"理论。但是，一个更加基本的问
题仍未被解决，那就是促使行星环绕太阳旋转
的"力"是什么？

这又得提到伽利略对于近代物理学的建立有
着非常重要意义的另一个贡献。伽利略从一座高
塔（据说是比萨斜塔上）上进行了落体实验，将两
个不同质量的物体从高处丢下，发现这两个物体
同时落地。他从实验上否定了统治两千年的亚里
士多德（Aristotle）的落体运动观点，即重物比
轻物下落更快。此外，他还发现一个从高处落下
的物体的速度每秒增加9.8米，这个常数在后来被
称为重力加速度。

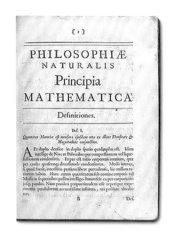

⌃ 牛顿的《自然哲学的数学原理》

在1687年出版的《自然哲学的数学原理》中，牛顿阐述了三大运动定律，并定义了万有引力定律。这本书所建立的经典力学理论体系成为近代科学的基础，为之后学习物理与天文的学生们提供了完善的数学依据。

≫ 哈雷彗星

哈雷准确地计算了一个椭圆轨道彗星的回归周期为76年左右，之后这颗彗星被命名为"哈雷彗星"。

牛顿和万有引力

半个世纪后，英国物理学家艾萨克·牛顿（Isaac Newton，1643—1727）在他位于林肯郡的自家花园里看到了一个从树上落下的苹果，他因苹果从树上坠落而产生了万有引力的灵感。他意识到，使得苹果从树上落下的"力"与使得月球环绕着地球的"力"是同样的。

随后，牛顿根据这个发现开始推演万有引力定律，并将该定律写在了1687年出版的《自然哲学的数学原理》（*Principia Mathematica*）一书中。根据牛顿的理论，两个物体之间的引力大小取决于它们的质量和距离：引力大小与它们质量的乘积成正比，引力大小与它们距离的平方成反比。万有引力定律第一次解释了行星会围绕着太阳的原因，以及月球会导致地球上海洋的涨落（潮汐力）的原因。近现代，这个理论还被应用到人造卫星和太空探测器的轨道选取和运动推算上。可以说，牛顿和他的万有引力定律对于人类文明的发展有着举足轻重的地位。

借助牛顿的万有引力公式，同为英国天文学家的埃德蒙·哈雷（Edmond Halley，1656—1742）计算出彗星是以一个高度椭圆形（偏心率极大）的轨道环绕太阳运行。他认为

1531年、1607年和1682年在地球上所看见的彗星是同一颗，并且预测下一次彗星将于1758年左右回归。果不其然，在哈雷逝世16年之后，这个彗星如期而至，随后被命名为"哈雷彗星"。

⌃ 贝叶挂毯

贝叶挂毯（Bayeux Tapestry）创作于11世纪。公元1066年，威廉公爵率领军队在黑斯廷（Hastings）击败哈罗德国王的军队，占领了英国。在战争前夕，哈雷彗星经过地球，人们便把当时哈雷彗星回归的景象绣在这块挂毯上，以示纪念。这幅作品也证明了哈雷关于彗星周期计算的准确性。

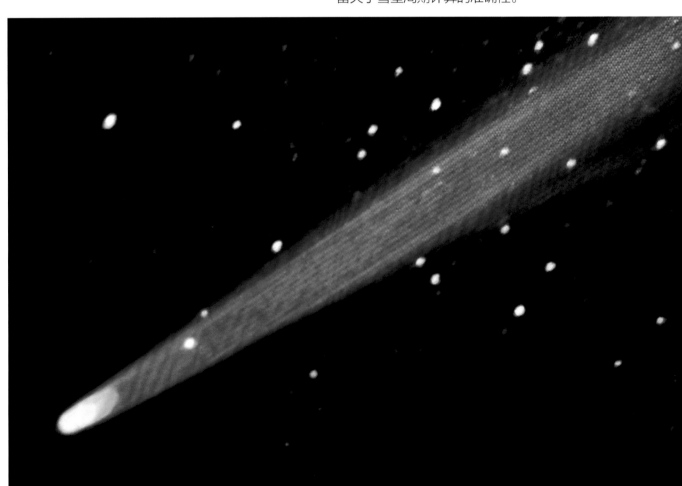

>> 望远镜的发展

13世纪，包括罗杰·培根（Roger Bacon）在内的作家，都提到过用镜片组合方式来观察远处物体的设想。历史上真正第一个制造出望远镜的人是汉斯·利伯谢（Hans Lippershey），一个来自荷兰的眼镜店老板。关于他这项新发明的消息传播得非常快，伽利略在第二年前往威尼斯的时候听到了这个消息。

铜制镶边握把　　　　　　　　　　小型物镜（凸透镜）

伽利略的望远镜

伽利略得知消息后立即自己制作了一个望远镜，在一根木管的一端放置一个凸透镜，另一端放置一个凹透镜，完成了一个简易的折射式望远镜。通过这个简易的折射式望远镜，伽利略有了许多震惊世界的新发现。在伽利略之后制造的诸多望远镜中，最先进的设备能够将物体放大30倍。在17世纪后期，惠更斯（Huygens）等天文学家改进了伽利略望远镜的结构。

牛顿的望远镜

折射式望远镜的一大缺陷就是会产生色差（由于来自星空的光是由多种单色光组成的，它们通过透镜时的折射率也各不相同，因此会汇聚到不同点，使成像模糊不清）。色差现象是可以被规避的，方法就是借助一块反射镜来收集并汇聚光束，而不通过透镜产生折射。1672年，牛顿制造了一台30厘米口径的反射式望远镜，在望远镜底部放置了一块由铜锡合金制成的凹面反射镜，称为主镜。主镜将来自星空的光束汇聚并反射到另一块位于主镜的焦点前的平面反射镜上，这块平面镜以一定角度放置，将光束直接导向位于镜筒边缘的目镜上。

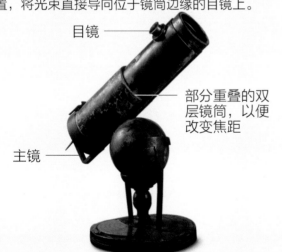

目镜

部分重叠的双层镜筒，以便改变焦距

主镜

赫歇尔的望远镜

在18世纪的大部分时间里，牛顿式望远镜并没有广泛地被效仿制作，其主要原因是大型曲面反射镜在自身重量影响下会扭曲，产生形变。而与此同时，消色差透镜的诞生与发展使得折射式望远镜成为一个更受欢迎的选择。然而，德裔英国天文学家威廉·赫歇尔（William Herschel, 1738—1822）却十分喜爱大型反射式望远镜，他亲自放置并打磨镜片，制造了几台大型望远镜。1781年，他通过自制的望远镜偶然发现了天王星，并因此获得了英国皇家学会的嘉奖。

外围的木质框，用来支撑镜筒的重量

整个望远镜结构被安置在一个可以旋转的圆形底座上

罗斯伯爵的望远镜

威廉·帕森思（William Parsons, 1800—1867），又称罗斯伯爵三世，是一个非常富有的贵族，他最大的理想就是拥有一台巨大的反射式望远镜。1845年，他在位于爱尔兰比尔城堡（Birr Castle）的自家庄园中，制造完成了一台口径达到1.8米、焦距为16.45米的巨型反射式望远镜。罗斯伯爵三世和他的后代主要用这台巨型仪器来研究星云、星团和星系。

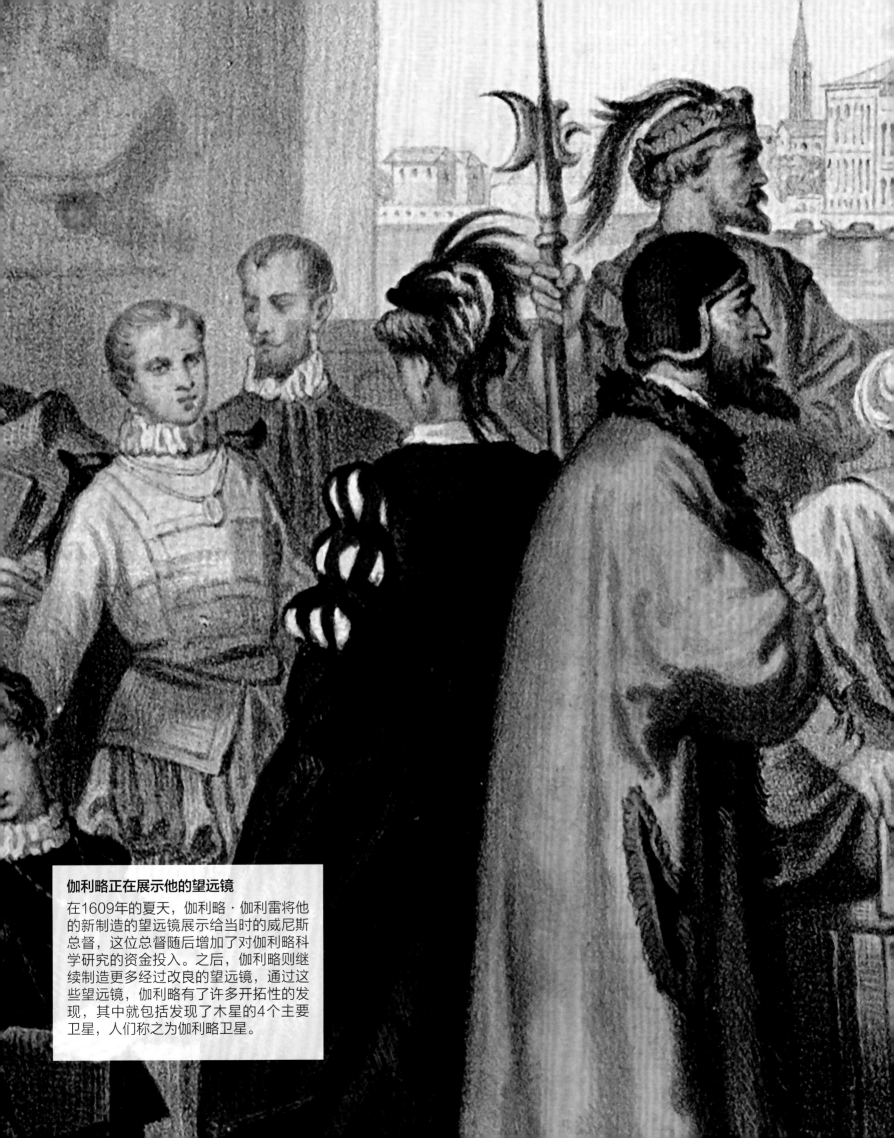

伽利略正在展示他的望远镜

在1609年的夏天,伽利略·伽利雷将他的新制造的望远镜展示给当时的威尼斯总督,这位总督随后增加了对伽利略科学研究的资金投入。之后,伽利略则继续制造更多经过改良的望远镜,通过这些望远镜,伽利略有了许多开拓性的发现,其中就包括发现了木星的4个主要卫星,人们称之为伽利略卫星。

天体物理学的兴起

自18世纪后期以来，天文设备在制作工艺和设计上取得了长足的进步与突破，光学望远镜以外的天文观测设备开始涌现。因此，天文学家们能够首次接触到太阳之外恒星的物理性质。

光的秘密

对光的研究贯穿整个天文学的早期历史，太阳之外的恒星仅仅是夜空中一丁点大的光点，因为它们实在距离我们太遥远了，以至于用最高的放大倍数也无法将它们放大成圆盘。但是随着天文设备聚光能力的增强，天文学家开始对这些遥远的星光进行更加复杂的研究。

早在17世纪末，艾萨克·牛顿就已经通过棱镜研究太阳光，将太阳光分解成各种颜色的单色光。改进牛顿的实验并第一个发明出分光镜的是英国化学家威廉·海德·沃拉斯顿（William Hyde Wollaston，1766—1826），分光镜可以分析出从一个物体中发出的光的波长，并制成光谱。1821年，德国科学家约瑟夫·冯·夫琅禾费（Joseph von Fraunhofer）发现通过分光镜的太阳光并不是一段连续的光谱，他在明亮彩色的背景上观察到许多狭细的暗线。1859年，德国科学家罗伯特·本生（Robert Bunsen）和古斯塔

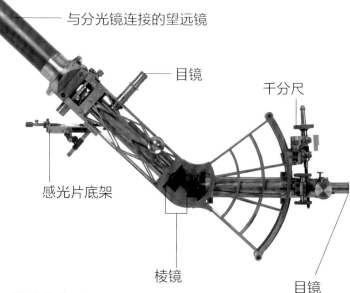

与分光镜连接的望远镜

目镜

千分尺

感光片底架

棱镜

目镜

⏫ 光的分解
分光镜的作用是将来自恒星的光通过一块棱镜或者衍射光栅（diffraction grating，在一块深色的玻璃片上刻出大量平行刻痕制成），由于不同波长的光偏转角度不同，因此会产生略有不同的传播路径。

⏫⏩ 星云还是星系
类似于M33的旋涡星系（右图）在19世纪仍然被认为是星云。威廉·帕森思，即罗斯伯爵三世，用他位于爱尔兰的望远镜研究了各种各样的星云状物体，其中就包括M51，也叫涡状星系（上图）。他发现了M51的旋涡状结构，并认为它本质上是一个星系。

夫·基尔霍夫（Gustav Kirchhoff）成功地解释了这些暗线的本质：太阳光谱的暗线是太阳大气中元素吸收的结果。

在当时，因为来自其他恒星的光太微弱，所以无法用这种方式分析。19世纪摄影技术发展起来之后，科学家们可以通过长时间曝光来获取恒星的光谱。与此同时，1838年，德国天文学家弗里德里希·贝塞尔（Friedrich Bessel）完成了另一项突破，他第一次用视差法测量了恒星与地球的距离。

恒星的规律

光谱学和摄影学在天文仪器上的运用，使得天文学家获得了大批恒星颜色、亮度和光谱的数据。起初，这些数据因疏于整理分析显得有些混乱，后来一些来自美国哈佛大学天文台的女天文学家于1890年间对这些数据进行了详细的整理和分析。在安妮·坎农（Annie Cannon）的带领下，这些被称为"哈佛计算机"的女天文学家们汇编了一本亨利·德雷伯星表（Henry Draper Catalogue）。星表中包含了上千颗恒星的光谱，并依据它们的光谱线和颜色（那时代表着恒星的表面温度）把恒星分类为不同的"光谱型"（spectral types）。与此同时，另外一些天文学家们正忙于用视差测量法来对那些距离我们较近的恒星测距。关于恒星参数之间关联的研究，直到1906年和1913年，才由两位天文学家埃希纳·赫茨普龙（Ejnar Hertzsprung）和亨利·诺利斯·罗素（Henry Norris Russell）各自完成，他们都通过在一个图表上比较恒星的光谱和光度来寻找规律（见下方详细介绍）。作为结果的赫茨普龙–罗素图表（简称赫罗图）揭示了大多数恒星的光谱类型与光度遵循一个简单的规律，而不符合上述规律的恒星也大都落在几个明显的区域内。

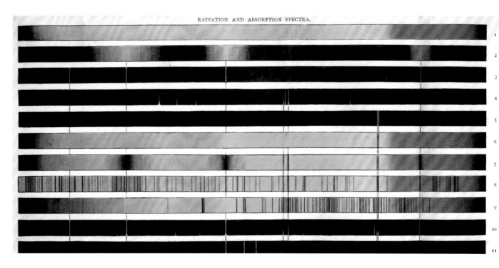

第一组恒星的光谱
摄影技术的诞生使得天文观测能够永久性地记录数据。这些恒星的光谱来自亨利·德雷伯星表，亨利·德雷伯是天体摄影的先驱者。

赫茨普龙和罗素

1905年，丹麦天文学家埃希纳·赫茨普龙（Ejnar Hertzsprung，1873—1967）率先对恒星的亮度提出了一个基准——绝对星等（absolute magnitude）。绝对星等是假定把恒星放在距离地球10个秒差距（32.6光年）的地方测得的恒星亮度。一年之后，赫茨普龙在一篇论文中将昴宿星团（Pleiades）中恒星的绝对星等和它们的颜色、光谱型进行比较，把这些数据绘制在一张图表上，并标注了两类恒星——较亮的巨星和较暗的矮星之间的关系。然而，赫茨普龙仅仅将他的论文发表在一本不出名的德国摄影杂志上，这个图表一直不为人知。直到1913年，美国天文学家亨利·罗素（Henry Russell，1877—1957）将他自己独立完成的类似结论提交给了皇家天文学会，恒星的规律才为人所知。

埃希纳·赫茨普龙

亨利·罗素

宇宙的新认知

　　20世纪初，随着天文学家对于宇宙真实大小和本质的认识逐渐变得明朗，天文学开始了一次新的革命。人们对于宇宙的观念也发生了巨大的改变：意识到宇宙是在不断扩张，并且是从一个"奇点"中诞生的。

⚏ 广义相对论

爱因斯坦在广义相对论中提出引力场中光线的偏折效应，这个理论在1919年被亚瑟·爱丁顿（Arthur Eddington）证实。通过观察一次日全食的过程，他发现由于太阳的重力场会使光线弯曲，太阳附近的星星位置发生了变化。这个发现证实了广义相对论的正确性。

⚏ 在威尔逊山的爱因斯坦

许多人都尝试着去证明爱因斯坦的广义相对论，其中就有时任威尔逊山天文台的台长查尔斯·圣约翰（Charles St. John），即图中与爱因斯坦一起讨论的那位先生。圣约翰曾尝试去测量太阳的引力红移。

对于星系的争论

　　由于观测到一部分星云的明显的旋涡状结构，人们产生了对于这些星云本质的激烈辩论。这场辩论一直持续到19世纪科学家们获取了"星云"的第一幅光谱才结束。之后，大多数天文学家都同意这些"旋涡状星云"是由数不胜数的恒星组成的，恒星由于太小或者太远，所以融为一体，组合成了一个模糊的天体，不过这些恒星距离我们多远却不得而知。有些科学家认为恒星相对较小，并处在环绕银河系的轨道上；有些科学家认为恒星是巨大的、无比遥远的独立星系。最后，由于亨丽爱塔·勒维特（Henrietta Leavitt）和埃德温·哈勃（Edwin Hubble）的出色工作，这场争论才最终结束。勒维特设计了一种能够测量恒星绝对距离的方法，之后哈勃将其运用，证明了星系与地球有几百万光年的距离，而这些"旋涡状星云"是银河系以外的星系。

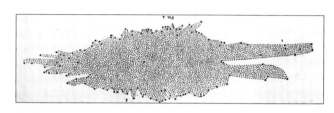

⚏ 银河系最早的地图

威廉·赫歇尔（William Herschel）在1785年最早尝试绘制宇宙的地图。通过夜空中恒星的分布，赫歇尔正确地推断出太阳系位于一块平坦的恒星云之中——即银河系呈圆盘状。

埃德温·哈勃

埃德温·哈勃（Edwin Hubble，1889—1953）在研究天文学以前曾是一名律师。1919年，他获得位于加州威尔逊山天文台的聘用，在那里他专攻星系的研究。1923年，哈勃发现了第一颗位于仙女座大星系（Andromeda Nebula，M31）的造父变星（Cepheid variable stars），并在接下来一段时间发现了更多的造父变星。通过这些数据，哈勃首次计算出了宇宙的真实尺度。1929年，哈勃提出了哈勃定律（Hubble's Law），证明了来自遥远星系光线的红移与它们（和地球）的距离有关。除此之外，哈勃还设计了一套新的星系分类标准，称为哈勃分类，并被沿用至今。哈勃对于近现代天文学做出了极其伟大且重要的贡献。

时空的本质

虽然哈勃的发现让人们意识到宇宙比原来预测的要大得多，阿尔伯特·爱因斯坦的相对论理论却让我们对于宇宙的认知发生了彻彻底底的改变。爱因斯坦当时面对最大的物理问题就是：光为什么一直以相同的速度行进，且这个速度与光源的运动无关。为了解释这一事实，爱因斯坦构想出一个全新的概念——四维时空。在四维时空里，时间与空间的测量在极端条件下会发生变化，极端条件包括以非常快的速度运动或处于强引力场中。相对论的内容非常之多，无法在此详述，但是相对论却为下一次宇宙学的大变革打下了基础。

宇宙膨胀和起源

哈勃对于宇宙尺度的测量，不仅仅揭示了宇宙是庞大的，更找到了一个惊人的现象——星系距离我们越远，退行的速率就越快。因此，哈勃得出了宇宙正在以不变的速率进行膨胀的结论。

对于天文学家而言，哈勃的发现意味着宇宙是在遥远过去的某一时刻从一个点中诞生的。比利时天文学家乔治·勒梅特（Georges Lemaître）在1927年率先提出宇宙诞生于一个"原初原子"（后被称为"奇点"），随后在1948年，乔治·伽莫夫（George Gamow）和他的同事证明宇宙起源于一次爆炸。至此，"大爆炸宇宙论"便成为宇宙起源与演化的主流模型。不过"大爆炸"（Big Bang）一词却是由这个理论最大的反对者弗雷德·霍伊尔（Fred Hoyle）命名的。霍伊尔始终坚信着自己的稳恒态宇宙模型，即随着宇宙扩张，新的物质会不断产生。

⚀ 宇宙起源的决定性证据

大爆炸宇宙论认为：虽然宇宙的膨胀和冷却持续至今，宇宙大爆炸产生的微弱的残留热量如今仍然存在。1964年，美国天文学家亚诺·彭齐亚斯（Arno Penzias）和罗伯特·威尔逊（Robert Wilson）发现了温度为3K的宇宙微波背景辐射，证实了大爆炸的说法。

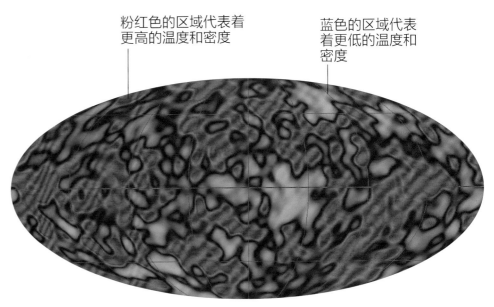

粉红色的区域代表着更高的温度和密度

蓝色的区域代表着更低的温度和密度

⚀ 大爆炸的"余烬"

宇宙微波背景辐射使得整个天空散发着比绝对零度高3℃的热辐射，它代表着宇宙的第一束光，展现了一幅宇宙首次变明亮时候的全宇宙地图。不过背景辐射存在着微小的温度波动，这种温度的波动在1992年被宇宙背景探索者（COBE）卫星首次拍摄下来，呈现在这幅图像中。

迈向太空

在20世纪中叶之前，太空旅行始终被认为是一部分古怪的人或者空想家所追寻的一个梦。第二次世界大战时期，军用火箭的诞生为太空旅行奠定了基础，迈向太空不再是一个幻想。而随后美国与苏联之间的冷战则加速了太空旅行的发展，使其真正地成为现实。

罗伯特·戈达德

罗伯特·戈达德（Robert Goddard，1882—1945）站在他设计的世界上第一枚液体火箭旁边。这枚火箭于1926年在马萨诸塞州沃德农场成功发射。虽然火箭仅仅飞到了12.5米的高度，但是这次开创性的发射为之后大功率火箭的发展铺平了道路。

太空旅行的早期思想

从古罗马时代开始，太空旅行就一直是人们幻想着的一个热门话题；不过直到19世纪，一些作家们才开始认真思考太空旅行时所面临的问题。法国作家儒勒·凡尔纳（Jules Verne）在他的作品中用一门巨型火炮将英雄们发射到了月球上（事实上，发射时产生的加速度足以杀死人类）。英国作家赫伯特·乔治·威尔斯（H.G. Wells）在他的作品中发明一种材料包裹住月球舱，使其在发射过程中免受地球重力的影响。但是，在现实中，唯一可行的解决方案只有火箭。当时，火箭被长期用作一种军事武器，火箭本身向前推进的能力不需要任何外部介质的帮助就能实

现，这个特质使火箭成为在真空中（离开地球大气层）穿行的不二之选。绝大多数太空火箭的技术原理是由一位俄国教师康斯坦丁·齐奥尔科夫斯基（Konstantin Tsiolkovsky）在1900年前后提出的。不过直到1920年，美国物理学家罗伯特·戈达德（Robert Goddard）才首次对具有强大势能（足以推进到太空）的液体推进剂进行实验。之后，德国空间旅行学会（VfR）对太空火箭的开发产生了浓厚的兴趣，学会的成员包括

军事火箭

装有液体燃料的V2火箭能够快速地部署在北欧的移动发射平台上并被迅速发射。纳粹德国使用这款火箭对英国伦敦和英国东南部进行了大规模导弹攻击。当时V2火箭成为一种令人恐惧的新型武器。

火箭专家沃纳·冯·布劳恩（Wernher von Braun，1912—1977）。在纳粹分子夺取了德国的政权之后，VfR的成员应征去做军事项目的研究，他们最著名的成就便是制造了第一枚弹道导弹——V2火箭。虽然V2火箭对于战争的影响非常有限，但是它明确地展现了火箭的无限潜能，无论是作为武器还是用在和平的空间探索上。

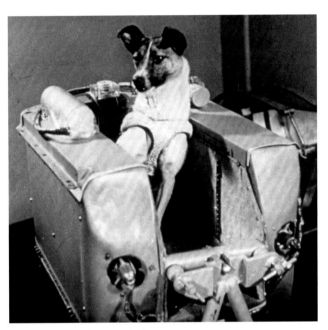

⌃ 太空中的第一只动物

在苏联发射第一颗人造地球卫星后不到一个月，苏联的火箭团队就准备发射一颗更加有意义的人造卫星。"史普尼克2号"（Sputnik 2）重达508千克并搭载了一名"乘客"——名为"莱卡"的小狗。莱卡在进入太空后数个小时就死亡了，是因太空舱过热中暑而死。

≫ 康斯坦丁·齐奥尔科夫斯基

康斯坦丁·爱德华多维奇·齐奥尔科夫斯基（Konstantin Eduardovich Tsiolkovsky，1857—1935）被誉为现代火箭技术的奠基人，航天之父。虽然他从未亲手制造过一枚火箭（照片中在他旁边的是一个火箭模型），但是他证明了液体火箭燃料和多级火箭的高效性，甚至他还论断了驱动火箭飞行的原理。可惜的是，齐奥尔科夫斯基的成就直到1917年苏联成立以前都未被认可。

太空竞赛

在德国战败之后，美国和苏联竞相获得尽可能多的德国火箭技术，因为双方都意识到装有火箭发动机的弹道导弹是核武器最理想的载具。不过火箭专家们，如冯·布劳恩（战后为美国工作）和苏联的谢尔盖·科罗廖夫（Sergie Korolev），却渴望着征服太空；他们俩均成功促使各自的国家将原本的导弹项目转向了太空——这个更加有雄心的目标。

当时，美国和苏联都计划在国际地球物理年会期间，即1957年发射各自的人造地球卫星。由于政治上的因素，使得美国不得不尝试使用动力不足的海军研究用火箭发射卫星，却放弃了冯·布劳恩设计的动力充足的军用火箭，因而发射失败。苏联则没有这种政治上的困扰，在1957年10月4日发射了世界上第一颗人造卫星——"史普尼克1号"（Sputnik 1）。

≪ 美国尝试追赶

1957年12月6日，美国尝试用先锋号火箭（海军研究用火箭）发射人造卫星，但在发射后不久便爆炸烧毁。随后，冯·布劳恩的军事火箭项目团队被政府通知准备下一次发射。最终，美国于1958年1月31日发射了人造卫星——"探险者1号"（Explorer 1）。

——— 天线

直径为58厘米的铝制球体

⌃ 红色之星

1957年，苏联"史普尼克1号"的发射改变了世界。它的构造其实并不复杂，仅仅是一个重84千克的金属球状物，主要仪器是一个无线电导航台，可以发送简单的信号给地球的站台，来证明其状态正常。

登月竞赛

第一颗人造卫星的发射标志着苏联取得了太空竞赛的领先，随之而来的第二个巨大挑战便是将人类送入太空，同样，苏联也率先完成了这个挑战。但是，在一个更加艰巨的挑战——登陆月球中，美国取得了胜利。

▲ 首位进入太空的人

尤里·加加林（Yuri Gagarin，1934—1968）乘坐航天器"东方1号"（Vostok 1）围绕地球飞行一周，耗时108分钟，成了第一个进入太空的人。后来，他在一次训练返回"联盟3号"（Soyuz 3）飞船的过程中遭遇飞行事故，不幸遇难。

▼ 水星"七侠"

水星计划的7名宇航员在美国第一次载人航天飞行前就被誉为民族英雄。早期计划建议女性可能更加适合太空飞行，不过因为政治因素被忽视了。

人类进入太空

在载人航天竞赛的最初阶段，苏联拥有一场"梦幻开局"。苏联的火箭动力强大，能够发射相对比较重的人造卫星；反观美国，他们最强大的火箭也只能将几公斤的物体送入地球轨道。而载人航天的另一大挑战便是如何将宇航员安全地送回地球，美国和苏联都用动物试验了多次，来测试航天器防护罩的强度和重回大气层的程序。

与此同时，苏联暗地里培养了一支宇航员精英，其中尤里·加加林（Yuri Gagarin）成为苏联第一次载人航天的人选。因此，当听到莫斯科宣布加加林的航天飞行任务将于1961年4月12日进行的时候，美国方面非常震惊。据传闻，在这次航天飞行过程中出现了很大的危险，加加林险些丧命于重回大气层的过程中。一个月后，美国宇航员艾伦·谢泼德（Alan Shepard）在一次短暂的亚轨道航天飞行过后，成为了第一个进入太空的美国宇航员。再经过了9个月，约翰·格伦（John Glenn）最终完成了美国首次轨道飞行。

在载人航天竞赛开始之前，美国总统肯尼迪就已经宣布太空竞赛的下一站是载人登月，并立下誓言美国将在20世纪60年代结束前将宇航员送

谢尔盖·科罗廖夫

谢尔盖·帕夫洛维奇·科罗廖夫（1907—1966）是苏联早期太空计划的领导者。早在19世纪30年代，他便参与到大型液体燃料火箭的研发之中，但在1938年却被迫害入狱。二战之后，他被释放并被重用，成为了苏联发展宇宙火箭及洲际导弹计划的主持人。在他去世之前，他还制定了苏联的登月计划。

到月球上。太空竞赛是耗资巨大的，登月挑战将美国和苏联都推向了各自的极限。美国在随后实施了双人飞行的"双子星计划"（Gemini programme）来研究载人登月需要的技术。此时，苏联却遇到了一系列的挫折，并最终失去了登月成功的可能。

阿波罗计划

阿波罗计划的开端是灾难性的。在1967年的一次模拟演习中，"阿波罗1号"的3名宇航员在一场大火事故中身亡。经过了一系列不载人的地球轨道飞行和一次载人地球轨道飞行之后，1968年12月，"阿波罗8号"成功环绕月球一圈并安全返回地球。又经过了两次演练飞行后，"阿波罗11号"完成了一次完美无缺的载人登陆月球任务。1969年7月20日，名为"鹰"的登月舱成功降落在月球的静海（Mare Tranquillitatis）。之后，美国陆续执行了几次阿波

罗任务，在1972年阿波罗计划结束前，另有5个登月舱将宇航员送上了月球。

▶▶ 土星5号运载火箭

迄今为止，"土星5号"仍是美国建造的推力最大的运载火箭。它高达110.6米，共有3级。在阿波罗计划中，"土星5号"将阿波罗飞船送向月球。

◀◀ 登月的最后一人

美国宇航员尤金·塞尔南（Eugene Cernan）是阿波罗计划中最后一个在月球上留下脚印的人。照片摄于1972年12月14日塞尔南即将离开月球的时候。

▶▶ 阿波罗登月任务

阿波罗11号

1969年7月20日登陆静海，尼尔·阿姆斯特朗（Neil Armstrong）成了第一个登上月球的人，照片中他正在从"鹰"号登月舱下至月球表面。

阿波罗12号 1969年11月19日登陆风暴洋（Oceanus Procellarum），宇航员检查了无人驾驶的"勘测员3号"（Surveyor 3）探测器，这架探测器在月球上已经放置了两年半了。

阿波罗14号 1971年2月5日登陆弗拉毛罗地区（Fra Mauro region）。这次任务的指令长是艾伦·谢泼德（Alan Shepard），他也是第一个进入太空的美国宇航员。

阿波罗15号

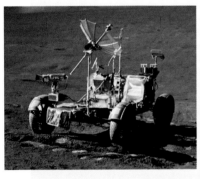

1971年7月30日登陆哈德利月溪（Hadley Rille）附近。在这次任务中，经过改良的登月舱携带了一辆电动月球车，使得宇航员在月球上探索的范围比前几次大了很多。

阿波罗16号

1972年4月20日登陆笛卡尔环形山（Descartes）附近。这是阿波罗登月任务中唯一一次探索月球的高原地带，这次的发现解答了很多的科学疑问。

阿波罗17号 1972年12月11日登陆陶拉斯·利特罗地区（Taurus Littrow region）。这是阿波罗计划中唯一一次让一名专业的地质学家哈里森·施密特（Harrison Schmitt）登陆月球。

航天飞机与空间站

在阿波罗登月计划之后，人类对于太空的探索方向又重新聚焦在近地轨道上。空间站的建立为长期的太空旅行开辟一条新的道路。与此同时，美国航空航天局（NASA）的航天飞机在退役前，也成为人类自由进出太空的良好工具。

美苏太空合作

这枚航天任务徽章是为了纪念美国与苏联在1975年进行阿波罗-联盟测试计划，这是两国第一次太空合作。

太空家园

当苏联意识到美国在登月竞赛上已经遥遥领先之后，重新将太空任务的重心放回了距离地球更近的地方。20世纪60年代，苏联每次太空任务的持续时间都在稳定地增长；但是苏联也意识到，如果宇航员想要在近地轨道上进行长期的研究，建立一个半永久性空间站是必要的。

空间站的建造初期是一段困难的时期。进入人类首个空间站——"礼炮1号"（Salyut 1）的第一批宇航员在返回地球的时候，由于意外导致返回舱空气泄漏，3名宇航员不幸遇难。不过，苏联很快制造出了下一代更加可靠的载人飞船——联盟号飞船（Soyuz capsules）。直至今天，联盟号飞船仍在不断将宇航员送入太空，再返回地球。之后，苏联将"礼炮6号"和"礼炮7号"空间站送入太空，两者都在轨道上工作了4年时间。1986年，它们被一个更大的空间站——和平号空间站（Mir）取代，并一直工作到了1999年。

美国对于空间站计划的最初响应是"天空实验室"（Skylab），它于1973年由"土星5号"运载火箭发射至近地轨道。美国第一个空间站本

苏联的成功

和平号空间站采用了组合式的设计，一些新的模块，如额外的实验室是在空间站运行一段时间之后才逐步添加上去的。同样的设计方案也被用在如今的国际空间站上。

天空实验室

这张"天空实验室"的照片展示了当时第一批来到空间站的宇航员安置的一块临时遮阳布，因为原有的保护罩在发射的时候损坏了。这批宇航员还亲自用手拉开了主太阳能电池板。

身存在着不少的问题，不过它接送过3批航天员，其中最长的一次，宇航员在空间站待了84天。但是，到1974年这个空间站被弃用之后，美国却没有立即建造其继任者的计划。

新型航天飞行模式

当时，美国航空航天局并没有将精力投入到空间站的建设，而是将大部分资源投入到航天飞机的发展建设中。顾名思义，航天飞机是一架可以穿梭于地面和近地轨道之间多次运送人和有效载荷的飞行器，航天飞机的发射借助于两个火箭助推器和一个外贮箱（储藏液体燃料）。1981年4月，航天飞机完成了第一次飞行，之后美国陆

《 **太空实验室**
国际空间站运行于距离地面约400千米的近地轨道上，它有一个足球场那么大，密封空间的容量大约是一架波音747飞机的空间。宇航员一般在国际空间站中会停留6个月至1年的时间，甚至更久。

而原本负责这块项目的NASA则将重心放在研发新式发射系统以及飞离地球轨道载人航天器上，为之后可能的火星载人计划做好技术准备。

可重复利用的火箭

在多年前，火箭的大多数部件仅仅使用了一次便在发射过程中失踪或者毁坏了，这一问题成为降低太空飞行成本的巨大阻碍。不过，在2016年的一次发射任务中，SpaceX成功回收了"猎鹰9号"的一级火箭。这标志着人类向火箭再使用目标的一次巨大飞跃。一些估算认为，可重复使用的发射器能够节约原本发射航天器成本的90%。

续建造了5架新的航天飞机。然而航天飞机从升空的一开始就没有发挥它预想的潜力，反而产生了诸多问题。例如：易碎的隔热瓦是用来抵御航天飞机发射以及进入大气层产生的高温，但航天飞机的隔热瓦、外贮箱、火箭助推器是相互挨在一起的，这使得航天飞机在面对故障时显得异常脆弱。1986年1月发生的"挑战者号"航天飞机的爆炸解体事故，使得航天飞机的发射暂停了很长时间，并且花费了大量资金对航天飞机进行再设计。

太空变革

到了20世纪90年代，太空局势发生了重大变化——随着苏联的解体，NASA和新成立的俄罗斯航天局重新开始合作。首先，美国开展多次航天飞机与和平号空间站对接的任务，之后一个更庞大的"国际空间站"（International Space Station，ISS）项目开始实施，当时除了美国、俄罗斯，还有欧洲空间局、日本、加拿大和巴西参与了国际空间站的建设。

国际空间站的建设开始于1998年，于2001年迎接了第一批常驻宇航员。然而，国际空间站随后的建设时间表却比预定的延后很多，主要原因就是2003年发生的"哥伦比亚号"航天飞机失事事件。在2011年国际空间站最后一个组件发射上天，完成组装工作后，美国迅速结束了所有航

天飞机项目；而所有前往空间站的人员都将乘坐俄罗斯的联盟号飞船。在那之后，美国政府鼓励部分美国太空运输公司，包括埃隆·马斯克（Elon Musk）的太空探索技术公司（SpaceX），来开发新型飞行器以填补航天飞机退役后美国近地轨道无人和载人航天飞行任务。

《 **猎鹰9号**
2016年4月8日，"猎鹰9号"的一级火箭（下半部分）成功降落在大西洋的一处海上平台上。降落地点距离发射地点的肯尼迪航天中心（佛罗里达州卡纳维拉尔角）大约为320千米（200英里）。

太空漫步

1984年，搭载航天飞机飞上太空的美国宇航员布鲁斯·麦克坎德雷斯（Bruce McCandless）使用喷气背包完成了人类历史上第一次没有系安全绳的太空漫游。他飞离了航天飞机大约100米，这个距离比之前任何宇航员离开航天器的距离都要远。

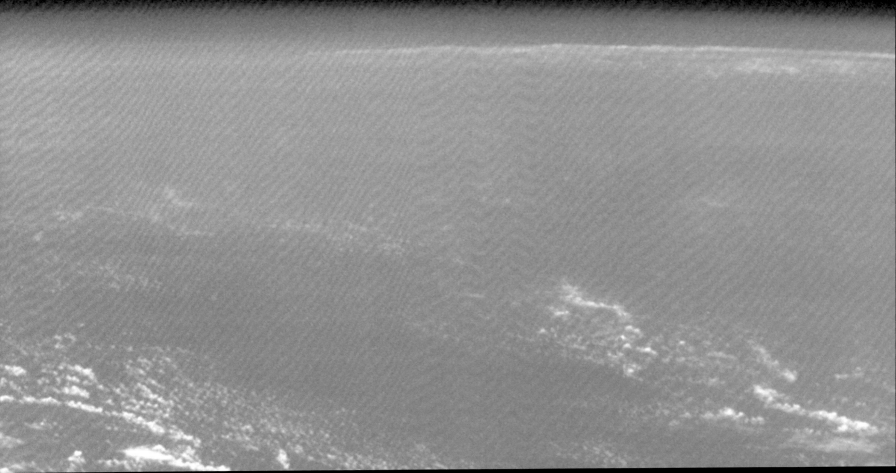

探索太阳系

人类本身虽然并不能离开地球很远的距离，但是无人太空探测器却能够踏入太空深处。目前这些能够自动操作的探测器已经探索了太阳系中所有的行星以及一些小的星体，并传回了这些星体的壮观图像，这使我们对于太阳系的认知产生了巨大改变。

▲ "先驱者号"探测器

早期的"先驱者号"探测器，如"先驱者2号"的任务对象都是月球。它们是美国第一批发射的行星际太空探测器。

向"其他世界"进发

早在1959年，苏联就已经开始向月球发射探测器。第一架月球探测器偏离了月球轨道几千千米，第二架则直接撞上了月球，第三架终于成功飞到了月球远地面（背面），拍下了月球不为人知的一面（月球在潮汐锁定的影响下永远以同一面对着地球）。

而随着火箭推进力的上升，太空竞赛的美苏双方都开始能够将探测器送往太阳系的其他星球。美国率先发射了"先驱者号"探测器（Pinoeer probes）探索了行星际空间。不久之后，美国又发射了"水手号"探测器（Mariner probes，通常成对建造，避免飞行过程中的意外），几台"水手号"探测器分别成功飞越了金星（1962年，水手2号）、火星（1965年，水手4号）和水星（1974年，水手10号）。不过，这些第一代探测器仅仅揭示了这些行星的冰山一角，直到科学家们完善了航天器进入行星轨道和着陆行星表面的技术（以月球为演练实验）之后，我们对于太阳系行星的认知才逐渐开始增加。苏联发射了一架经过严密保护的探测器前往金星，在穿过金星浓厚的大气层后，最终在1975年拍摄了金星表面的图像。与此同时，NASA的"先驱者–金星1号"（先驱者12号）和"麦哲伦号"金星探测器则在金星轨道上使用雷达装置对金星进行了多年的勘探。NASA的"水手9号"于1971年抵达火星轨道，传回了清晰的火星地表照片，彻底改变了我们对于火星的认知。接下

▶ 金星着陆器

苏联的"金星9号"于1975年10月22日将携带的着陆器送至金星表面，并传送回地球53分钟的金星表面数据。

来，"海盗1号"（Viking 1）和"海盗2号"（Viking 2）于1976年进入火星轨道，两个探测器都配备有轨道飞行器和着陆器，着陆器到达火星地表后能够继续对火星进行探测。

漫长的旅行

相对于内太阳系行星（水星、金星、火星），太空探测器前往外太阳系行星所花费的时间要长得多。"先驱者10号"于1973年第一次飞越木星，"先驱者11号"于1979年第一次飞越土星，但是科学家仍对这两颗特殊的巨行星充满疑问。与此同时，行星的独特排列位置使得探测器有机会连续前往多个行星进行探测。这两者促成了一项新的探测任务——"旅行者计划"。"旅行者1号"（Voyager 1）和"旅行者2号"均运用了引力弹弓效应（利用行星的重力场来给太空探测船加速，将其甩向下个目标，使我们能探测冥王

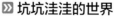

▶ 水手9号

作为第一个环绕火星的航天器，"水手9号"让世人知道：火星并不是一个像月球一样的星球。

▶ 坑坑洼洼的世界

这张来自"水手9号"的照片揭开了火星的面纱。从照片中我们可以看到火星表面的峡谷、火山和干涸的河床。

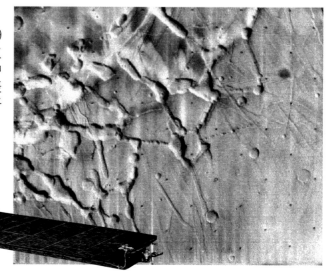

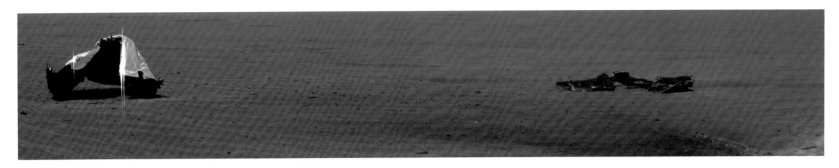

星以内的所有行星，当时的行星所处的位置便于最大化利用引力弹弓效应）来探测这些巨行星及其卫星。它们于1979年造访了木星，1980—1981年间造访了土星。"旅行者2号"继续前行，成了第一个、也是如今唯一一造访过天王星和海王星的探测器。

在1986年哈雷彗星回归之际，国际上的太空探测器组成了一支"小舰队"造访了哈雷彗星。其中就包括拍摄了许多张彗核照片的欧洲空间局的"乔托号"（Giotto）探测器。后续的彗星、小行星探测任务则更进一步，探测器不仅环绕这些星体，甚至着陆到它们的表面。自20世纪90年代末期开始，太空探测器携带着登陆艇、火星车又回到了火星，揭示了许多火星与地球相类似的地方。此外，NASA的"伽利略号"（Galileo）木星探测器、"朱诺号"（Juno）木星探测器、"卡西尼号"（Cassini）土星探测器都围绕着木星或者土星非常长的时间，带来了这两颗行星更进一步的详细数据。"新地平线号"（New Horizon）探测器则在2015年飞越了位于太阳系边缘的冥王星。

⊼ 土星探测器

在这张照片中，"卡西尼-惠更斯号"（Cassini-Huygens）探测器（本体是两个探测器的组合）被放置在整流罩中等待升空。它的尺寸有一辆巴士那么大，并配有当时最先进的设备来执行一次完整的土星系统的探测。

⟫ 卡尔·萨根

卡尔·萨根（Carl Sagan，1934—1996）是美国天文学家，他主持拍摄的13集电视片《宇宙》享誉世界。在NASA就职期间，他参与了许多行星探测器的项目；更是作为研究领导者，研究宇宙中是否存在其他生命。卡尔·萨根帮助设计了安放在"先驱者号"探测器上的金属板以及安放在"旅行者号"探测器上的特制唱片。这些物品能够保存几亿年，在遥远未来的某一天，它们可能会被外星文明发现。

⟫ 土卫七

这张是"卡西尼号"在2005年9月拍摄的假彩色合成的土卫七的清晰照片。"卡西尼号"所设计的复杂飞行轨迹能够在数百千米范围内对土星几个主要的卫星进行探测，揭示这些卫星不为人知的细节。

⊼ 回到火星

这张火星地景是在2004年由"机遇号"（Opportunity）火星探测器拍摄的。"机遇号"是美国宇航局在火星上同时执行勘测任务的两个探测器之一（另一个是"勇气号"），它降落在火星的子午线高原，并证实了这块区域曾经处于水面的下方。

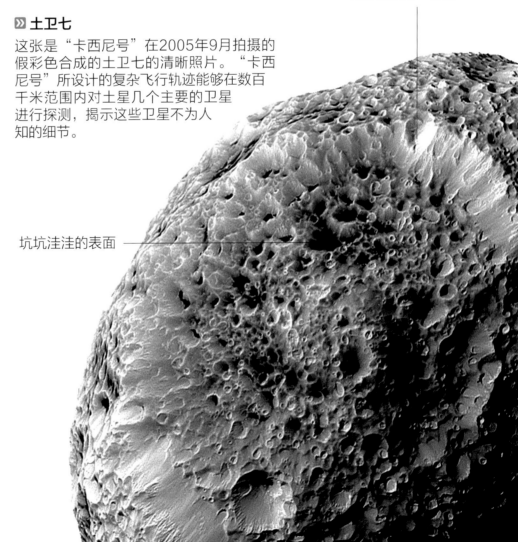

峭壁表面的一部分

坑坑洼洼的表面

解密恒星

20世纪前期，天文学家们拥有足够的科学技术来研究遥远恒星的性质，甚至它们的组成，不过对它们内部能量的来源以及为何会闪耀的原因，却仍然不得而知。

恒星"熔炉"

在19世纪90年代，放射性元素的发现为新型的测年法技术开辟了道路，称为放射测年法，借助放射性元素的半衰期，科学家们得以知晓地球的年龄为数十亿年。当时，人们普遍认为太阳和地球是在相同的时间段形成的，这就意味着太阳也已经闪耀了数十亿年。但是，当时已知的能量源中并没有能够维持太阳发光那么长时间的（在那之前被广泛接受的理论是引力收缩和加热，可以维持太阳发光数百万年）。

幸运的是，在核物理学的兴起以及核物理学家的深入研究下，围绕太阳的这个重大疑问得以解决。随着对于原子核反应的认知越来越深入，一些天文学家，诸如亚瑟·爱丁顿（Arthur Eddington），开始意识到核聚变反应（质量小的原子在高温高压下生成新的质量更重的原子核）能从小质量物质的湮灭中得到极其巨大的能量来源。又经过了不少时间的研究之后，1938

年，德裔美国物理学家汉斯·贝特（Hans Bethe）将精确的恒星核聚变反应链揭示了出来。如今，科学家们预测太阳以及类似于太阳的恒星有充足质量的氢，可以保证它们燃烧大约100亿年的时间。

》 亚瑟·爱丁顿

英国天文学家亚瑟·爱丁顿（Arthur Eddington，1882—1944）在1919年率领一个观测团队来到西非普林西比岛（Principe）观测日全食，以证实爱因斯坦广义相对论的准确性。之后，他首次直接测量一对联星的质量，并发现了主序星（main-sequence stars）质量和亮度之间的关系。除此之外，他还提出核聚变反应是恒星能量的来源这一正确论断。

》 太阳中的质子-质子链反应

质子-质子链反应发生在太阳或更小的恒星的内部，是这类恒星产生能量的主要来源。在这个反应中，氢核（质子）相互融合，再经过放射性衰变，最后形成一个氦核（两个质子和两个中子的组合）。

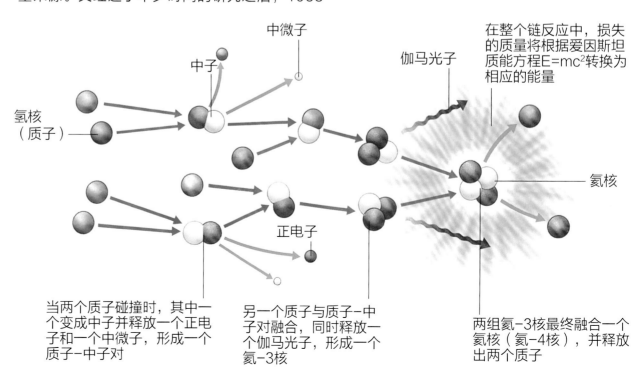

中微子

中子

氢核（质子）

伽马光子

在整个链反应中，损失的质量将根据爱因斯坦质能方程$E=mc^2$转换为相应的能量

氦核

正电子

当两个质子碰撞时，其中一个变成中子并释放一个正电子和一个中微子，形成一个质子-中子对

另一个质子与质子-中子对融合，同时释放一个伽马光子，形成一个氦-3核

两组氦-3核最终融合一个氦核（氦-4核），并释放出两个质子

并压力来支撑。1932年，俄罗斯物理学家列夫·朗道（Lev Landau）根据原子物理学的理论推断出白矮星具有一个最高质量，在这个质量（我们如今称之为钱德拉塞卡极限，约为太阳质量的1.4倍）之上的恒星，其内部物质的电子简并压力不足以支撑这些物质相互的引力作用，恒星核便会继续坍缩成密度更高的形态——中子星。1967年发现的第一颗脉冲星就属于中子星。中子星依靠中子简并压力支撑，但是中子星的质量也是有上限的，称为奥本海默–沃尔科夫极限（3.2倍太阳质量），在这个质量之上，中子简并压力也不足以支撑引力作用，中子将会分解为更小的夸克，最终它们会坍缩形成黑洞。

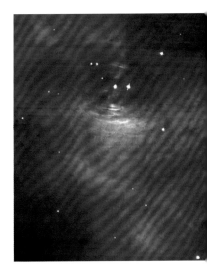

超越极限质量的恒星

在这张蟹状星云（Crab Nebula，M1）超新星遗迹的照片上，我们可以看到其中心那颗高速旋转的中子星（脉冲星）产生的"涟漪"。中子星是质量超过1.4倍太阳质量（钱德拉塞卡极限）的恒星在生命的末期坍缩形成，这个极限质量是由列夫·朗道发现的。

斯蒂芬·霍金

科学著作《时间简史》的作者斯蒂芬·霍金（Stephen Hawking），在1960至1970年间对于黑洞结构提出了开创性的理论。黑洞是一种拥有异常强大的引力的天体，以至于光都无法从其中逃脱。黑洞早在18世纪就被提出，但是直到20世纪60年代粒子物理学的兴起，黑洞才重新被研究。霍金对于黑洞的性质提出了许多的推想，其中最著名的就是"霍金辐射"（Hawking radiation），即在黑洞边界会放出黑体辐射，导致黑洞蒸散的现象。

来自太阳的粒子

中微子探测器，例如照片中这个位于加拿大的巨大球体，一般建造在地下深处以屏蔽宇宙射线以及其他背景辐射。它们的体型非常庞大，球体内部充满介质，借此去侦测从恒星核聚变反应中释放的几乎没有质量的中微子。

恒星——一个极端天体

在科学家们意识到恒星是一个时刻通过核聚变释放大量能量的巨型机器之后，一连串的新发现和新理论诞生了。原子物理学的发展和突破为科学家们理解那些特殊恒星的性质及结构提供了必要的理论支持。例如：天文学家们在当时已经知道了一种密度极高的，称为"白矮星"（white dwarfs）的恒星的存在。1927年，印度天文学家苏布拉马尼扬·钱德拉塞卡（Subrahmanyan Chandrasekhar，1910—1995）提出白矮星可能是已经燃尽的恒星核坍缩形成的，这类星体不再进行核聚变，仅仅依靠内部物质产生的电子简

探寻宇宙的真谛

20世纪末期，天文设备和仪器经历了突飞猛进的发展。地面天文望远镜的口径变得越来越大，而位于太空的轨道天文台的建立则实现了对那些被大气层阻挡波长的观测研究。此外，计算机技术的发展使得天文数据处理有了更新颖的方式。

望向天空的更深处

自1948年至1991年，位于加利福尼亚州帕洛马山上的海尔望远镜（5米口径）一直是世界上最大的光学望远镜。从20世纪90年代开始，更薄的镜片诞生了。与此同时，计算机控制系统可以不断地纠正镜片的形变以确保望远镜处于"最佳状态"（这个系统称为"自适应光学"）。这两个有利因素直接引领了新一代"巨无霸"望远镜的诞生。

干涉测量法是一种用多台设备把来自同一天体的光或无线电波进行组合的观测方法，它能够间接地增加设备口径，以增强图像的分辨率。20世纪40年代，这项技术首次被用在射电望远镜上，如今光学望远镜也用这种方法来增加图像的分辨率。最著名的例子就是位于智利的甚大望远镜（Very

天文学家们的"圣山"

在位于夏威夷大岛的莫纳克亚山（Mauna Kea）顶上，分布着世界上多个著名的天文望远镜，这些望远镜中最大的是凯克望远镜（Keck telescopes）。凯克望远镜有两台，其中一台呈现在照片中。两台望远镜都具有一块10米口径的主镜。它们的图像通过干涉测量法组合，可以等效地达到一块85米口径望远镜的分辨率。1992年，凯克望远镜Ⅰ建成，1996年凯克望远镜Ⅱ建成。

》莱曼·施皮策

美国天文学家莱曼·施皮策（Lyman Spitzer, 1914—1997）对恒星形成、星际间介质和行星系统形成的研究做出了重大贡献。他率先意识到空间望远镜的优越性，并在1946年的一篇论文中详细阐述了空间望远镜在可见光波段和不可见光波段上的优势。1990年，哈勃空间望远镜的发射与他向美国政府的游说息息相关。

Large Telescope，VLT）；它由4台相同的8.2米口径望远镜组成，组合的等效口径可达16米。

宇宙的新视野

　　革命性的新一代望远镜将许多崭新的天体带进了天文学家们的视野里。虽然哈勃空间望远镜（Hubble Space Telescope，HST）的主镜并不是很大，但是它的位置在地球的大气层之上，因此光线既不会受到大气湍流的扰动，也不会被大气吸收，所以它的分辨率是目前所有天文设备中最好的。相比之下，巨型的地面天文望远镜，诸如凯克望远镜、甚大望远镜，能看到深暗的天体，但分辨率不如哈勃空间望远镜。与此同时，影像记录技术近年来也发生了重大改变，电子CCD元件取代传统的胶片。CCD相机有诸多优势：CCD是数字化记录图像数据的，能够将许多短曝光图像组合成一张长曝光图像。新科技的诞生促成了更多的天文学新发现，如位于冥王星外侧的柯伊伯带（Kuiper Belt）、太阳系外的行星系统和宇宙的深层构造。

▶▶ 宇宙的极限

天文学家们如今能够测量成千上万个遥远星系的红移，通过红移能够计算出这些星系与地球的距离，并绘制星系的分布图。通过这些分布图，我们可以看到宇宙大尺度结构下呈现的纤维状结构。至今，最详细的宇宙大尺度结构图是由斯隆数字巡天（Sloan Digital Sky Survey，SDSS）项目制作的。

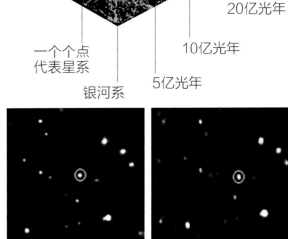

20亿光年

10亿光年

5亿光年

一个个点代表星系

银河系

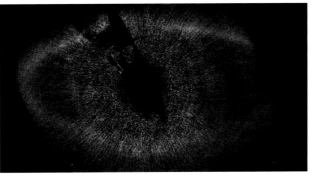

⮝ 太阳系外的世界

这张照片是由哈勃空间望远镜拍摄的北落师门（Fomalhaut，南鱼座 α），可以看到一圈圆盘状尘埃云环绕着恒星。在尘埃云中，行星可能正在形成。这张照片拍摄的时候使用了日冕观测仪来阻挡来自恒星的光线，中间黑色的部分就是被遮挡的恒星。这项技术只能应用在空间望远镜上。

⮝ 太阳系的边缘

最新的天文望远镜观测到了在宇宙背景上一些极其暗淡的天体，如矮行星"厄里斯"（Eris），可以看到这颗矮行星相对于宇宙背景上的恒星正在缓慢移动。

"不可视"的宇宙

在20世纪中叶之前，天文学家们只能研究那些散发出可见光波长辐射的天体。但是可见光只占据了电磁波频谱的很小一部分，电磁波频谱的范围非常之广，从具有很长波长（低频）的无线电波，到波长极短（高频）的伽马射线。高频电磁波会对生物造成非常大的伤害，幸运的是地球的大气层几乎阻挡了可见光和部分无线电波以外所有的电磁波。直到1946年，第一个探测器被发射到大气层上方之后，天文学家们才首次发现太阳释放的辐射是由非常多的不同波长电磁波组合而成。

自此以后，天文学就开拓了不可见光的研究领域。空间望远镜如今已经绘制了从伽马射线到X射线的宇宙地图，通过这些波段的图像，科学家们能观测到一些宇宙中发生的最猛烈的天文现象。此外，宇宙中最炽热的恒星散发的辐射主要集中在紫外线波段。而在红外线波段主要是一些较冷的星体所散发的辐射，这些辐射都不处于常见的可见光波段。

射电天文学

最早被发现的可见光波段之外的天体辐射源，属于射电源。这是因为部分波长的无线电波可以穿过大气层到达地球表面，并被位于地表的设备接收。来自宇宙的无线电波信号最早在1932年被美国工程师卡尔·央斯基（Karl Jansky）观测到，他发现当辐射强度位于最高点时，银河正好位于夜空中，但是对于这一天文现象他没有继续进行研究。几年之后，另一个美国人格罗特·雷伯（Grote Reber）建造了世界上最早的抛物面天线。而世界上第一个大型射电望远镜是由英国人伯纳德·洛弗尔（Bernard Lovell）主导建造的，但是直到20世纪50年代才竣工。如今，射电天文学家们使用干涉测量法将分布在世界各地的射电望远镜接收到的信号进行组合，以获得更高分辨率的射电数据。射电天文学领域探寻到的几个重大的发现，包括星际间气体的分布

❯❯ 伯纳德·洛弗尔爵士

英国射电天文学家伯纳德·洛弗尔爵士（Sir Bernard Lovell，1913—2012）是世界上第一架射电望远镜——洛弗尔望远镜的幕后推动者。洛弗尔望远镜口径为76米，位于英国柴郡的卓瑞尔河岸（Jodrell Bank）。1957年竣工的这台望远镜在当时只有它能够对美国和苏联发射的人造卫星进行跟踪。洛弗尔的成就不仅仅于此，他还是最早观测到来自流星的射电辐射的人，对太阳和"耀星"（flare stars，一种较暗的变星）的射电辐射研究也做出了巨大贡献。

❯❯ 炽热的宇宙

大多数不可见波段的宇宙图像只能在太空通过空间望远镜进行绘制。这幅全天区的X射线图像是由"伦琴卫星"（European ROSAT satellite）拍摄的。其中，太阳附近的炽热气体呈黄色和绿色，而强大的射电信号源，如超新星遗迹，呈蓝色。

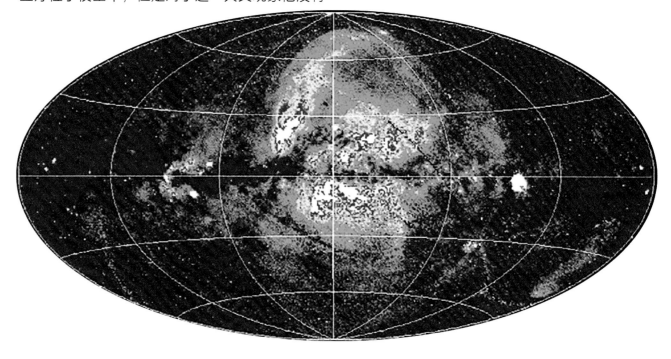

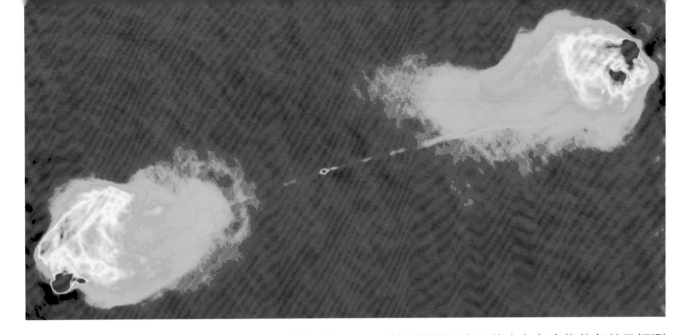

《 活跃的星系

射电星系是一种活跃的星系，高能粒子从星系中央的黑洞喷射而出，随后与星系际介质碰撞，产生了整个天空中最为强烈的射电信号之一。

☑ 寻找外星生命

阿雷西沃望远镜（Arecibo radio telescope）是一架直径为305米的射电望远镜，位于波多黎各的阿雷西沃。在2016年中国贵州的500米口径球面射电望远镜（FAST）建设完成之前，它一直是世界上最大的单面口径射电望远镜。1974年，阿雷西沃望远镜向太空中发射了人类史上第一束编排好的信号，标志着人类向宇宙的第一声呐喊。此外，这台望远镜还发现了一些系外行星和一对脉冲联星。

（利用氢的射电辐射绘制）、黑洞的射电辐射（其中最著名的就是银河系中心的黑洞）以及活跃的射电星系。

天文学前沿

如今的天文学仍在继续开拓新的领域，在最新一代望远镜的帮助下，科学家们能够研究各类特殊的天体。随着几千个系外行星的发现，对于外星生命，尤其是外星智慧生命的研究日益火热。一门全新的科学——天体生物学（Astrobiology）诞生了，其目的是研究天体上存在生物的条件及探测天体上是否有生物存在。天体生物学领域曾经在世界范围开展了一个"搜寻外星智能"（Search for Extraterrestrial Intelligence，SETI）的项目，该项目持续监听来自外星文明的信号。除此之外，越来越强大的望远镜使我们的观测能够越来越靠近大爆炸发生的时期，这便于科学家们了解星系形成的秘密，寻找第一代恒星。从方方面面可以看到，现代天文学让我们越来越接近宇宙起源的真相。

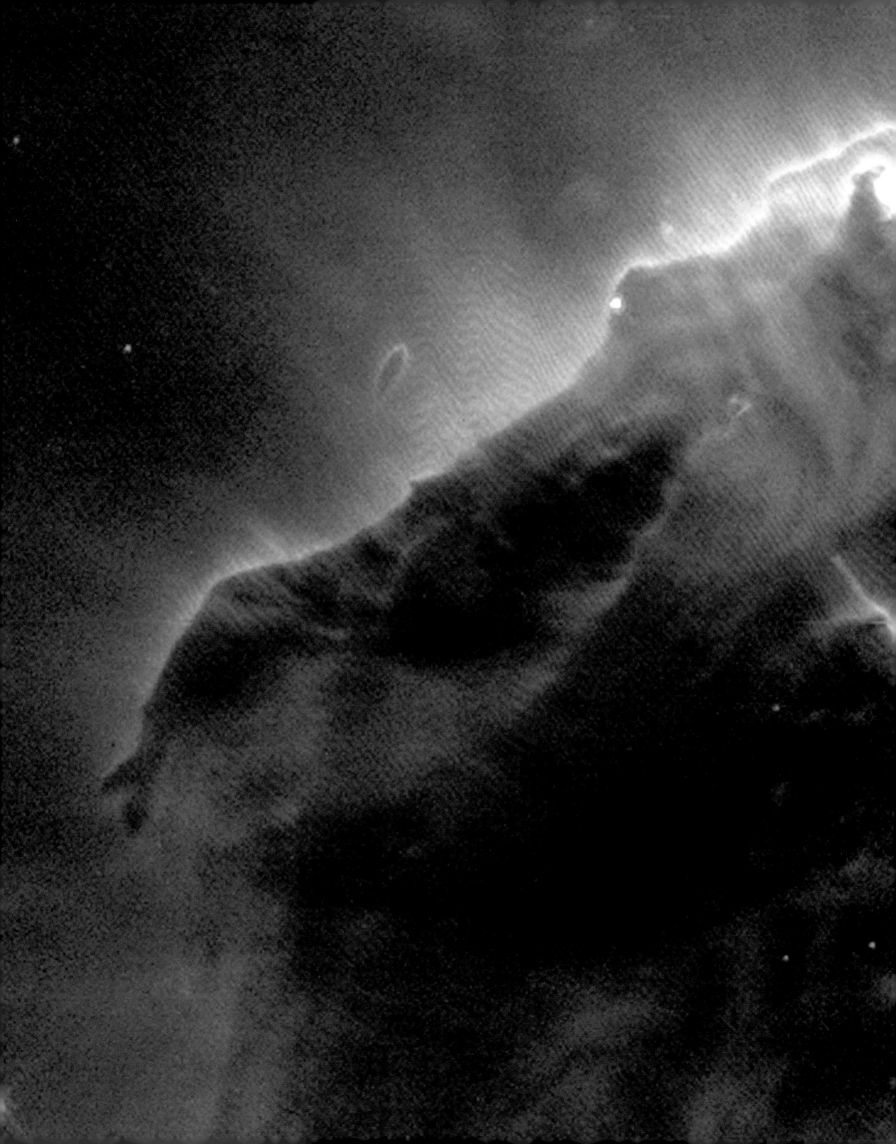

我们身处的宇宙

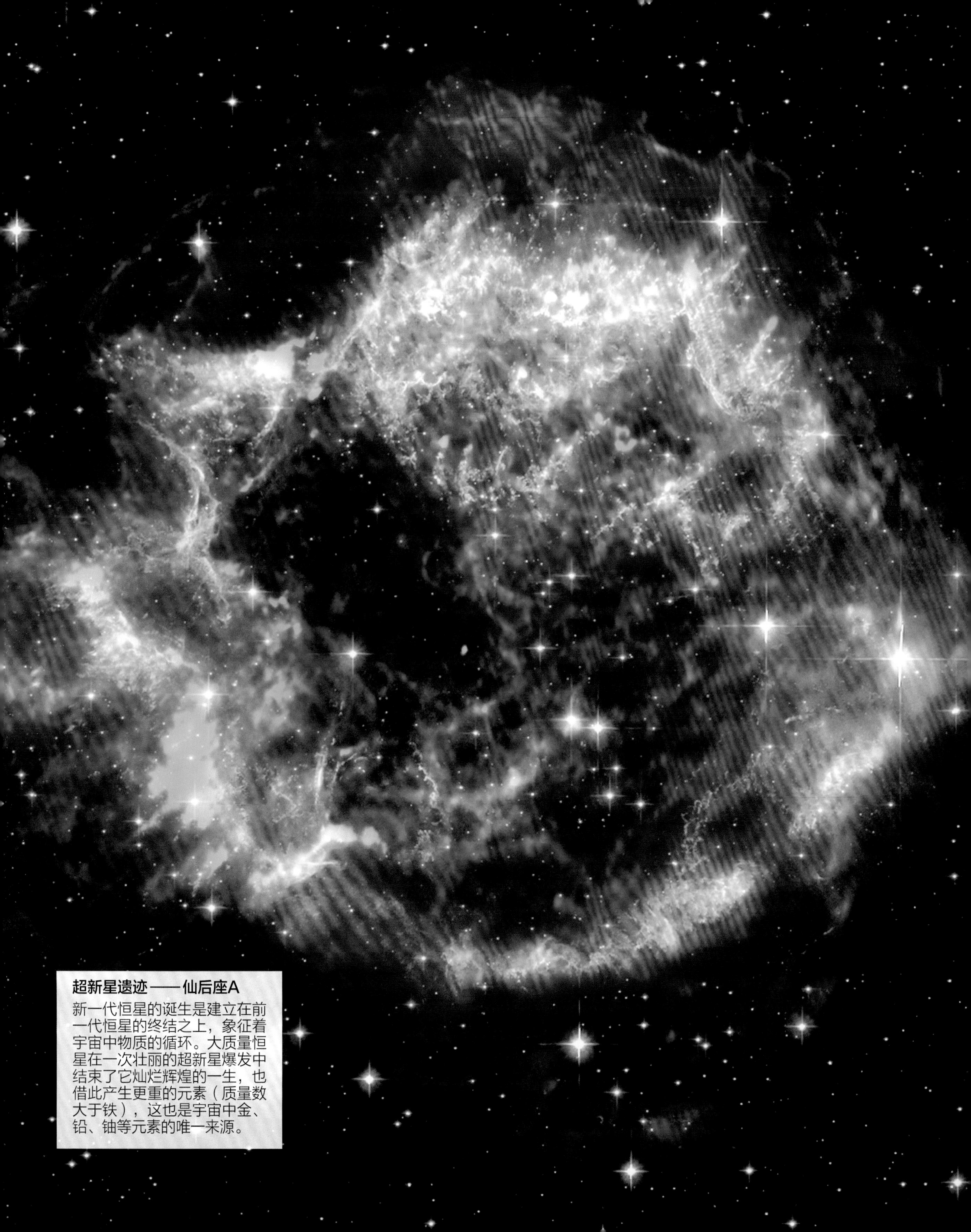

超新星遗迹 —— 仙后座A

新一代恒星的诞生是建立在前一代恒星的终结之上，象征着宇宙中物质的循环。大质量恒星在一次壮丽的超新星爆发中结束了它灿烂辉煌的一生，也借此产生更重的元素（质量数大于铁），这也是宇宙中金、铅、铀等元素的唯一来源。

宇宙的起源

宇宙学是对宇宙本身的研究，探究宇宙的起源、结构和演化。这是一门具有高度理论性的学科，同时整个天文学的基础也依托于宇宙学之上。纵观人类历史，无论是天文学家们还是普通群众，都在用各式各样的理论来解释宇宙，其中某些理论也具有一定的科学依据。现代宇宙学是建立在"大爆炸宇宙论"（Big Bang Theory）之上的。"大爆炸宇宙论"虽然起源于20世纪中叶，但时至今日，"大爆炸宇宙论"仍然能合理地解释宇宙的观测性质以及理论物理定律。

天空中再遥远的物体也与我们一样，属于同一个宇宙。尽管如此，我们唯一能做的却仅仅是期盼着它们与我们一样遵循着相同的物理规律，并且与我们附近的某个天体相似。这就是宇宙学的现状，由于学科的局限性，宇宙学家们无法针对天体进行实验，他们只能通过设计模型解释宇宙的规律。计算机模型在一定程度上改善了这个问题，但是宇宙学仍需要科学家们长时间的努力去寻找合适的理论来解释如今的天文观测结果，如光速不变原理、宇宙中物质分布规律等。

大爆炸宇宙论

"大爆炸宇宙论"认为如今的宇宙是由一个致密炽热，包含现在所有物质的"奇点"于138亿年前一次旷世惊人的大爆炸后不断膨胀演化而成的。这个理论解释了许多当今宇宙的特征，并且对于这个理论最有力的佐证就是整个天空始终存在着大爆炸后残余的微弱辐射。

然而，大爆炸宇宙论的发展并不是一帆风顺的。它经历过多次的"修修补补"来解释宇宙观测方面带来的新问题，其中最大的一次修正是"暴胀理论"（inflation theory）。暴胀理论诞生于20世纪70年代，当时天文学家们的观测结果表明宇宙中星系的分布是非常不均匀的，而最初的大爆炸理论认为物质应该会更加均匀地分布，因此诞生了暴胀理论来解释这个现象。暴胀理论，顾名思义，代表着短暂但是迅猛的增长。

在这段时间中，早期宇宙从一个原子的大小猛增至一个星系的大小，此时内部密度的微小涨落将被无限放大，便形成了如今星系分布的不均匀性。

展望宇宙的未来

现代宇宙学面对诸多挑战，其中最大的挑战便是预测宇宙的最终命运。最近的观测数据结果表明，宇宙的膨胀速率并没有减缓，反而是越来越快，这意味着宇宙将会永远地扩张下去。导致宇宙加速膨胀的因素是一种名为"暗能量"（dark energy）的物质。但是，暗能量的本质是什么？如何将暗能量并入现在的宇宙模型？这些问题仍然没有一个定论。

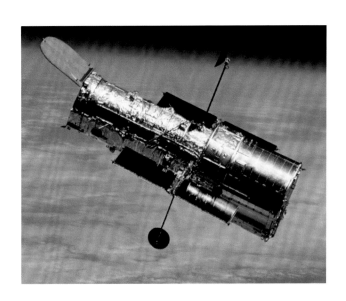

◀ 哈勃空间望远镜
哈勃空间望远镜的首要任务之一就是测量地球与遥远星系的距离，并借此计算宇宙膨胀的速率。

宇宙的结构

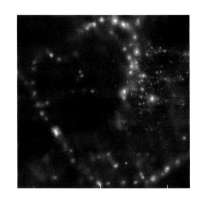

宇宙包含万物——空间、时间、所有的物质和它们所包含的能量，并从最大的恒星到最小的亚原子粒子。但我们只能对宇宙很小的一块区域进行细致的研究，通过这些研究，天文学家们得以了解整个宇宙的尺度和结构。

纤维状结构与空洞

在宇宙大尺度结构下，星系团以及超星系团分布在图像中狭窄而明亮的"纤维带"上，而这些"纤维带"包裹着一个个宇宙空洞，这些空洞是由暗物质支撑的。宇宙大尺度结构起源于宇宙诞生的最早期。

宇宙的距离阶梯

宇宙是如此庞大，以至于我们只能以对数的形式展现天体与地球的距离。在下方的图表中，第一个刻度代表与地球的距离为10000千米，之后每个刻度表示的距离增加10倍（并不是所有的刻度都进行了标注）。

"更庞大"的宇宙

宇宙，向各个方向都在无限延伸。对于我们这些身处地球的观测者而言，以我们为中心存在着一个称为"可观测宇宙"（observable Universe）的球体空间。这个空间中，最遥远的可视物体距离我们大约465亿光年，而超过这个极限距离的物体将永远不能被我们所观测到。

不过，"可观测宇宙"远不是宇宙的边界。不同观测者的"可观测宇宙"是不同的，对于一个距离我们138亿光年以外的行星上的观测者，它也拥有自己的"可观测宇宙"，不过它的宇宙

地球与行星

类似于地球的岩质行星拥有几千千米的直径，而类似于木星的气态巨行星比岩质行星要大得多，直径超过了10万千米

宇宙的尺度阶梯

宇宙的尺度十分庞大，想要了解它的一切是不可能的。科学家们用一系列天体及天体系统（从地球、太阳系到银河乃至更大的天体）来对宇宙的尺度产生一个较为直观的感受。

空间所包含的区域，我们人类却不得而知。通过"可观测宇宙"的理论，我们可以意识到：宇宙并没有一个确切的边界，或者说没有任何事物能够跨越宇宙的边界。不过由于强大的引力能够使空间扭曲，宇宙可以以一种奇怪的方式"弯曲"，甚至在空间上产生折叠。

太阳系

行星在整个太阳系中可谓微乎其微，它们环绕太阳的轨道半径从几千万千米至几十亿千米。太阳本身是一个典型的中年恒星，它的直径为140万千米

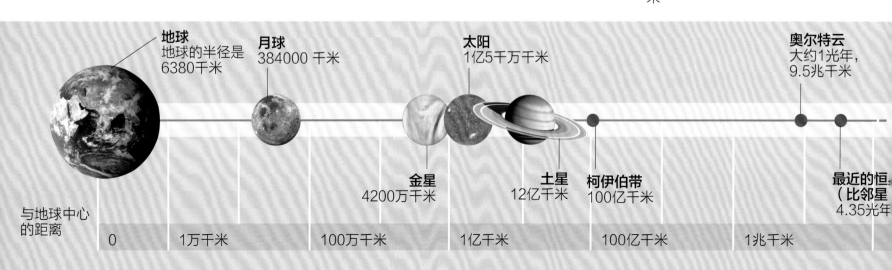

地球 地球的半径是6380千米

月球 384000 千米

太阳 1亿5千万千米

奥尔特云 大约1光年，9.5兆千米

金星 4200万千米

土星 12亿千米

柯伊伯带 100亿千米

最近的恒星（比邻星 4.35光年

与地球中心的距离

| 0 | 1万千米 | 100万千米 | 1亿千米 | 100亿千米 | 1兆千米 |

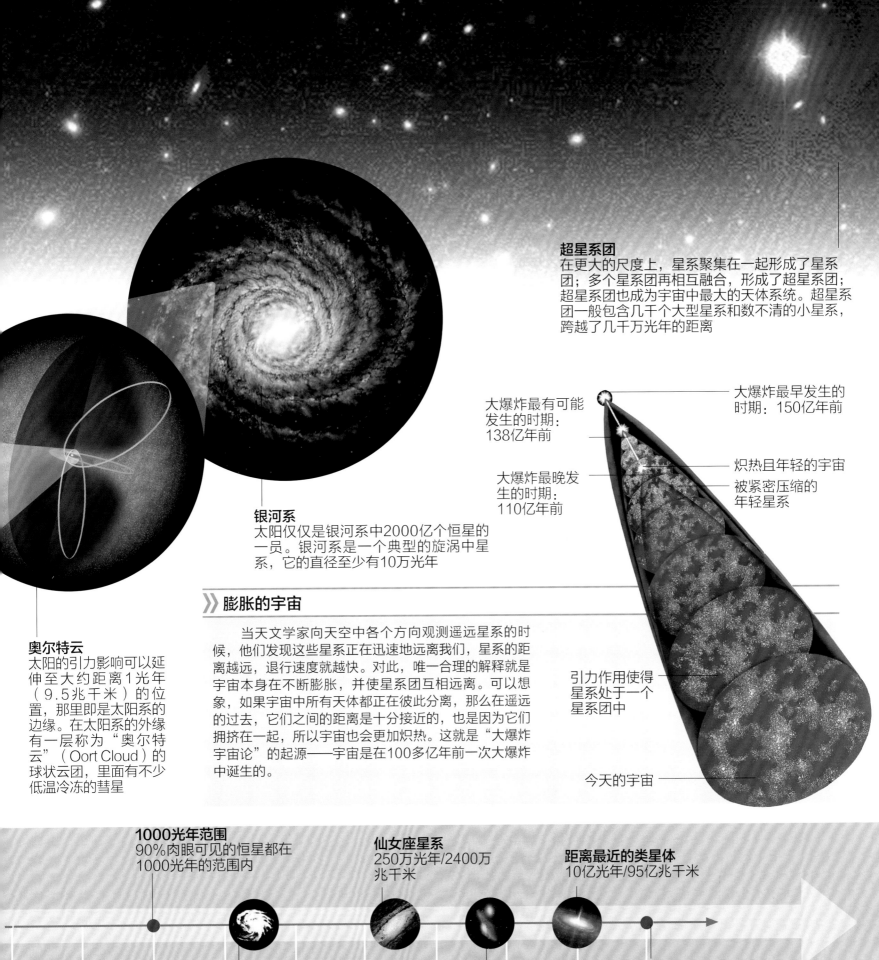

超星系团
在更大的尺度上，星系聚集在一起形成了星系团；多个星系团再相互融合，形成了超星系团；超星系团也成为宇宙中最大的天体系统。超星系团一般包含几千个大型星系和数不清的小星系，跨越了几千万光年的距离

大爆炸最早发生的时期：150亿年前

大爆炸最有可能发生的时期：138亿年前

大爆炸最晚发生的时期：110亿年前

炽热且年轻的宇宙

被紧密压缩的年轻星系

引力作用使得星系处于一个星系团中

今天的宇宙

银河系
太阳仅仅是银河系中2000亿个恒星的一员。银河系是一个典型的旋涡中星系，它的直径至少有10万光年

奥尔特云
太阳的引力影响可以延伸至大约距离1光年（9.5兆千米）的位置，那里即是太阳系的边缘。在太阳系的外缘有一层称为"奥尔特云"（Oort Cloud）的球状云团，里面有不少低温冷冻的彗星

》膨胀的宇宙

　　当天文学家向天空中各个方向观测遥远星系的时候，他们发现这些星系正在迅速地远离我们，星系的距离越远，退行速度就越快。对此，唯一合理的解释就是宇宙本身在不断膨胀，并使星系团互相远离。可以想象，如果宇宙中所有天体都正在彼此分离，那么在遥远的过去，它们之间的距离是十分接近的，也是因为它们拥挤在一起，所以宇宙也会更加炽热。这就是"大爆炸宇宙论"的起源——宇宙是在100多亿年前一次大爆炸中诞生的。

1000光年范围
90%肉眼可见的恒星都在1000光年的范围内

仙女座星系
250万光年/2400万兆千米

距离最近的类星体
10亿光年/95亿兆千米

银河系的中心
28000光年

室女座星系团
6000万光年

看得见的宇宙的边界
138亿光年/1240亿兆千米

| 100兆千米 | 1万兆千米 | 100万兆千米 | 1亿兆千米 | 100亿兆千米 |

大爆炸理论

"大爆炸宇宙论"是如今解释宇宙诞生与演化的最佳理论。大约138亿年前，宇宙在一次剧烈的爆炸中诞生了，宇宙中所有的物质和能量也都在那一刻产生，并随着时间推移演变成今天的样子。

"爆炸"的瞬间

宇宙大爆炸并不是传统意义上普通的一次爆炸——这次爆炸创造了宇宙的一切，包括空间和时间。大爆炸宇宙论无法去解释大爆炸发生之前的情形，因为大爆炸之前空间和时间都是不存在的，我们只能说宇宙诞生时处于体积无限小，密度无限大，温度无限高的状态。在大爆炸发生后的10~43秒（也称为"普朗克时间"）内，所有的物理法则都不适用。

在"普朗克时间"之后，大爆炸宇宙论合理解释了宇宙从热到冷的演化史。最初，能量密度非常之大，构成物质的粒子在这段时间内遵循爱因斯坦的质能公式（$E=mc^2$）自发地创生和湮灭，随着宇宙进一步膨胀，密度和温度随之降低，在这段时间内形成的粒子所具有的能量（质量）开始逐渐下降，最终在大爆炸发生1微秒（1秒的百万分之一）之后，宇宙的温度降低到了1000兆（1015℃）以下，不再产生新的物质。

》乔治·伽莫夫

大爆炸宇宙论是由俄裔美国物理学家乔治·伽莫夫（George Gamow，1904—1968）和他的同事在20世纪50年代提出的。伽莫夫是一位著名的原子物理学家，他曾解释了恒星内部热核反应的原理。他在高能核物理方面的知识帮助解释了在宇宙最初高温高密的状态下不同粒子是如何形成的。

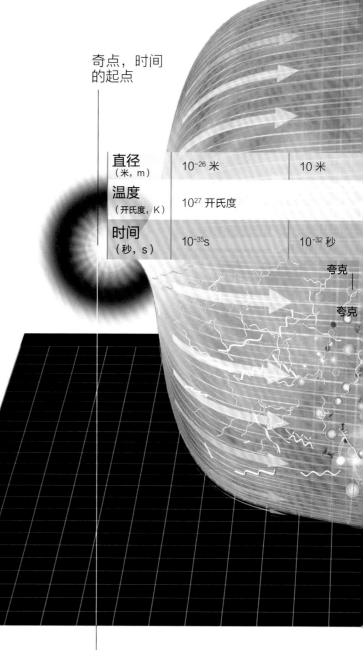

奇点，时间的起点

直径（米，m）	10^{-26} 米	10 米
温度（开氏度，K）	10^{27} 开氏度	
时间（秒，s）	10^{-35} s	10^{-32} 秒

夸克

夸克

时间的开始

大爆炸发生后的 10^{-35} 秒见证了宇宙的暴胀，伴随着压强和温度的急剧下降；在暴胀的停止之后，温度又再次激增

》 暴胀理论和力的"分离"

宇宙的暴胀期，在之前也提到过，是宇宙诞生后很短的一段时期，这段时期内，早期宇宙从一个原子的大小猛增至一个星系的大小。暴胀理论能够解释如今星系分布的不均匀性。科学家们认为暴胀出现的起因是由4种基本力驱使下释放的大量能量，这4种基本作用力从那时起便象征着宇宙演化的法则。而它们则是从一种称为"超力"（superforce）的作用力中分化而来的。

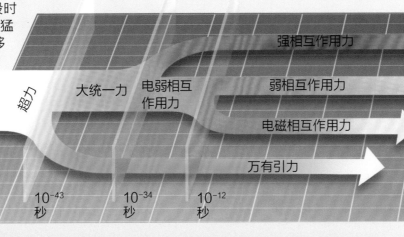

			强相互作用力
超力	大统一力	电弱相互作用力	弱相互作用力
			电磁相互作用力
			万有引力
10^{-43}秒	10^{-34}秒	10^{-12}秒	

10^5 米	10^6 米		10^9 米		10^{12} 米
10^{22} 开氏度	10^{21} 开氏度		10^{18} 开氏度		10^{15} 开氏度
10^{-24} 秒	10^{-21} 秒	10^{-18} 秒	10^{-15} 秒	10^{-12} 秒	10^{-9} 秒

夸克
反夸克
夸克-反夸克对
希格斯玻色子
光子
反中微子
夸克-反夸克对形成并湮灭
X-玻色子
引力子（理论存在）
衰变的X-玻色子
物质与反物质
夸克-反夸克对
夸克
反夸克

"浓稠"的粒子"汤"

在极高温的情况下，物质从能量中自发地产生，形成了许多奇特的粒子。其中一部分的重粒子只有在现今的高能粒子加速器中才能产生

物质比反物质更多

宇宙大爆炸产生了等量的物质和反物质，然而如今的宇宙却是由物质支配的，反物质微乎其微。对此的解释是有一种称为"X-玻色子"（X-boson）的粒子，在它衰变时会产生稍微多一些的物质。在这种情况下，微小的不平衡（可能只有0.000001%）产生了，导致了物质比反物质更多的情况

当物质和反物质（与物质质量、电量相等但电性相反）碰撞时，双方就会相互湮灭抵消，发生爆炸并产生巨大能量

宇宙的冷却和粒子的湮灭

随着粒子和反粒子的相互碰撞并湮灭，在大爆炸中产生的大部分粒子重新转换成能量，只留下了很少量的物质留存在宇宙空间中。湮灭产生的能量使宇宙的温度维持不变了一段时间，但之后温度再次降低，导致即使是光粒子也不再能够自发地创生。最终，宇宙的"内容"就不再发生变化了

早期宇宙

在大爆炸发生1微秒之后，温度仍在不断下降。这意味着粒子的运动不再那么迅速，开始能够组合在一起。粒子的组合最初发生于夸克，它们组合成了质子、中子（质子和中子是如今所有原子的组成部分）。质子、中子中的小部分随后又相互组合，形成了轻元素的原子核。在这段时期，光子不断地被物质粒子俘获，与物质粒子发

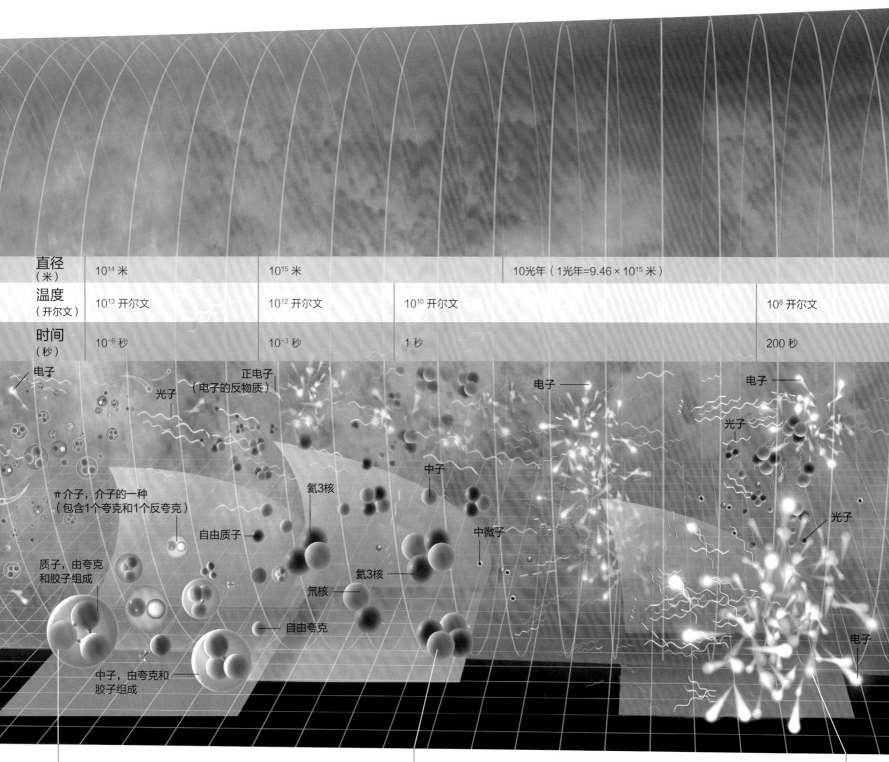

直径（米）	10^{14} 米	10^{15} 米	10光年（1光年=$9.46×10^{15}$ 米）	
温度（开尔文）	10^{13} 开尔文	10^{12} 开尔文	10^{10} 开尔文	10^{8} 开尔文
时间（秒）	10^{-6} 秒	10^{-3} 秒	1 秒	200 秒

电子　正电子（电子的反物质）　光子　电子　电子　光子　光子　电子

π介子，介子的一种（包含1个夸克和1个反夸克）　氦3核　中子　中微子　自由质子　氦3核　氚核　质子，由夸克和胶子组成　自由夸克　中子，由夸克和胶子组成

第一个质子和中子

我们所熟悉的物质粒子中，最早形成的是质子和中子——存在于如今原子的原子核内。2个上夸克（upquark）和1个下夸克（downquark）组成了带1个正电荷的质子，而1个上夸克和2个下夸克组成了不带电荷的中子

原子核的合成

随着温度的继续下降，质子与中子之间形成了稳定的键，形成了原子核。不过在这种方式下，只能形成那些最轻的原子核，所以在早期宇宙中弥漫着大量的氢核（单独的质子）和氦核

不透明的宇宙

原子核合成的过程减少了宇宙中自由粒子的数量，但此时仍有无数的轻子（leptons）——以带负电荷的电子为主的轻粒子，漂荡在宇宙空间。此时电磁辐射（以光子为载体，包括可见光和不可见光）在轻子和原子核之间来回碰撞，无法长程传播，导致宇宙仍然是"不透明"的

生快速的碰撞，使得光子无法长程传播，只是不断地湮灭和产生，因此对于后来的"观测者"而言，宇宙仍然处于不透明的、看不见的状态。而

暗物质由于不受这些粒子的影响，开始逐步形成结构。最终，在38万年之后，电子和原子核结合成了原子，使得粒子的数量大幅减少，宇宙终于变得"透明"了。宇宙的第一缕光诞生了。

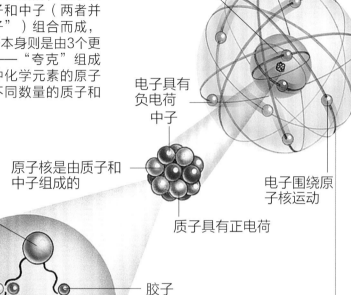

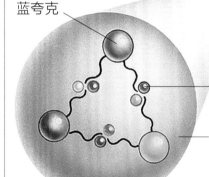

原子的内部结构

原子是由原子核和绕核运动的电子组成的，原子核则是由质子和中子（两者并称为"核子"）组合而成，质子或中子本身则是由3个更小的粒子——"夸克"组成的。每一种化学元素的原子核都具有不同数量的质子和中子。

原子核

电子具有负电荷

中子

原子核是由质子和中子组成的

电子围绕原子核运动

质子具有正电荷

蓝夸克

胶子

质子与中子都是由夸克和胶子组成的

10,000光年　　　1亿光年

3,000 开尔文

300,000 年

氦3核

氦原子

氦4核

氢原子

第一个原子

在大爆炸发生38万年以后，宇宙的温度降低到原子能够稳定存在的状态。质子和电子牵手结合起来，形成了轻元素的原子；它们也不再热衷于俘获光子，而让光子自由传播。自此以后，笼罩在宇宙空间中的"茫茫大雾"终于消散了

》 暗物质是什么？

宇宙中90%的物质被认为是"暗"的，这些物质称为"暗物质"（dark matter）。暗物质尚未被直接探测到，它们大量聚集在星系团中，或者包裹着个体星系，因此会产生引力作用被人们察觉到。暗物质使得星系自转曲线在外围区域会发生改变，如图像中的旋涡星系M81。小部分暗物质可能来源于死去的恒星，但是科学家们普遍认为暗物质是弱相互作用大质量粒子（Weakly Interacting Massive Particles，WIMPs）。暗物质在宇宙大爆炸的余波中逐渐聚合，并在原子形成之前就已经形成了结构。

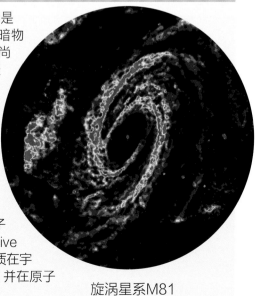

旋涡星系M81

第一代恒星与星系

在宇宙演化史上曾经有一段"黑暗"时期；在那时，气体正在积蓄能量，恒星诞生正处在萌芽阶段，宇宙的结构正在初步建立。"黑暗"时期虽然存在电磁辐射，但超越了当今望远镜的观测极限，因此观测数据十分稀少，人们对于"黑暗"时期的认识很大程度上还停留在理论层面。

"播下种子"

宇宙微波背景辐射揭示了大爆炸38万年以后宇宙最初的结构，它显示出微小的温度涨落，对应着物质局部密度的细微差异。天文观测结果也显示出大爆炸发生20亿年后，星系形成就已经来到了后期阶段，这意味着物质在大爆炸发生之后便又迅速地聚合在一起。总结这些观测结果之后，科学家们认为：物质局部密度的细微差异在宇宙暴胀期就已经出现，并随着宇宙演化被不断放大，并逐步形成第一代星系的结构。可以说，这些微小的温度涨落是当今恒星与星系的种子。

第一缕光

在星系形成之前，来自宇宙大爆炸的轻质气

➤ 典型的早期星系

哈勃超深空图像（Hubble Ultra-Deep Field）展示了早期星系的一些细节，在这个模糊的"斑点"中，可以看到一个明亮的星系核正在吸收周围的尘埃气体。

体必须经过一些特定的"步骤"才能聚合成星系。天文学家们认为这个步骤是由一种巨型恒星完成的，称之为"超级太阳"（megasun）。不同于如今的恒星，超级太阳拥有纯净的氢和氦，使得它们能够成长得非常巨大，达到数百个太阳质量。当这类恒星死亡时（它们的寿命非常短），会产生巨大的爆炸，将重元素散播到宇宙空间。它们本身会成为黑洞，也就是星系开始形成的地方。

宇宙大尺度结构

如果宇宙中所有的物质是均匀地散播，并且只依靠引力作用结合起来，星系形成就不可能在几十亿年间完成，在宇宙大尺度结构下也就看不到那些纤维带和空洞了。研究表明，这些纤维带几乎不可能是在大爆炸发生之后通过引力形成的，因为没有那么多时间来形成这种构造。这就意味着，这些结构从大爆炸一开始（暴胀期）就存在了。

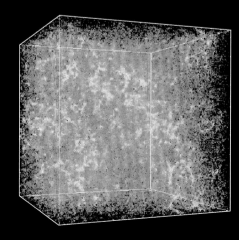

纤维带与星系的形成

解释宇宙大尺度结构中纤维带和空洞的来源是宇宙学的一个重大课题。这个计算机模拟程序演示了纤维带是如何一步步演化至星系团和星系的

⌃ 5亿年后的宇宙

在大爆炸发生约5亿年之后，宇宙大尺度结构中的纤维带和空洞就已经出现。星系团在物质密度最高的地方开始"萌芽"。

引力波

宇宙微波背景辐射有着巨大的科学研究价值，不过它本身也是一堵不可逾越的高墙，拦在科学家们通过电磁辐射探寻宇宙最早期演化的道路上。幸运的是，2016年发现的引力波可能为科学家研究"婴儿"宇宙提供了一条全新的道路。引力波是指时空弯曲中的涟漪，通过波的形式从辐射源向外传播，其中可能包含大爆炸发生很短时间后宇宙的信息。在未来，引力波天文台，如照片中位于意大利比萨的室女座引力波天文台，将会探测到越来越多的引力波信号。

引力波经过地球时会轻微改变真空管的长度

引力波探测器是由2根真空管组成的"L"形结构

行星的形成

类似于地球的岩质行星是由大量的重元素组成的，这些重元素是通过星系中无数次超新星爆发产生并散播到宇宙空间中的，因此任何类地球行星都不大可能在最早的几代恒星附近形成。不过早期恒星周围可能诞生了不少气态巨行星（gas giant）和散发微弱光芒的"褐矮星"（brown dwarf）之类的天体。

"潜在"的行星

哈勃空间望远镜在观测猎户座大星云（Orion Nebula, M42）时发现了5个原行星盘。原行星盘是在新形成的年轻恒星外围环绕的浓密气体，其中可能演化出类似于太阳系的行星系统。

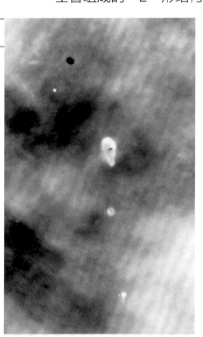

⌃ 典型的早期星系

哈勃超深空图像（Hubble Ultra-Deep Field）展示了早期星系的一些细节。在这个模糊的"斑点"中，可以看到一个明亮的星系核正在吸收周围的尘埃气体。

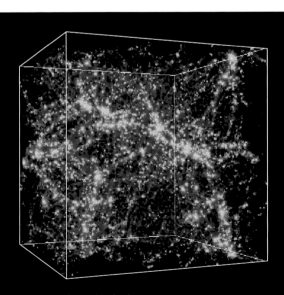

⌃ 13亿年后的宇宙

此时，个体星系正在拥挤的纤维带上逐步形成。早期宇宙的观测图像表明，当时存在着大量的"蓝色"星系，这类星系富含尘埃云气以及年轻的恒星。

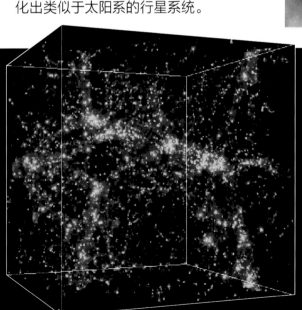

⌃ 138亿年后的宇宙

在之后的100多亿年里，星系仍然在不断地演化，星系间介质被各个星系不断地吸收。不过宇宙大尺度结构的总体格局仍然和100亿年前的相似。

哈勃超深空视场

"哈勃超深空视场"是一张由哈勃空间望远镜拍摄并合成的小区域星空影像,其中散布着大约10000个星系,这些早期星系可以追溯到宇宙的起源。这幅图像显示的是超深空视场的一部分,位于天炉座(Fornax)。它是由多种波段(从紫外线到近红外线)的曝光图像合成的。

不断膨胀的宇宙

科学家们通过观测数据发现，当遥远的星系正在以飞快地速度远离我们的时候，我们对于宇宙的认知再次发生彻底的变化。星系之间并不是因为力的作用相互远离，而是因为宇宙自身的膨胀导致的。

宇宙空间的延展

宇宙正在膨胀的证据来自于遥远星系发出的光。当天文学家们将这些光分解成光谱，并从中寻找恒星大气对应的光谱谱线时，他们发现这些谱线处在了错误的位置——谱线朝着更长的波长方向移动了一段距离，显得更加"红"了。这种物理现象称为"红移"（red shift），对于红移最佳的解释是"多普勒效应"（Doppler effect）：星系辐射的波长因为星系与观测者互相远离而变长。

不同星系的红移程度是不相同的。在20世纪20年代，埃德温·哈勃比较了星系与地球的距离和星系辐射的红移，他发现距离和红移之间是有关联的——星系距离地球越远，星系辐射的红移就越厉害（星系远离我们的速度越快），这个现象称为哈勃定律。对此，唯一合理的解释是整个宇宙正在不断地膨胀——距离我们更远的物体，受到空间膨胀的影响就越大，远离我们的速度就越快。然而宇宙膨胀理论只在宇宙大尺度上才成立，在一个较小的空间内，星系之间的红移由于相互之间的引力作用需要被修正，甚至被抵消而产生"蓝移"（最典型的例子就是仙女座星系M31）。

在哈勃定律中，星系的退行速度同距离的比值是一个常数，称为"哈勃常数"。宇宙的膨胀可以追溯到大爆炸时期，如果宇宙的膨胀一直以相同的速率进行，那么哈勃常数就可以用来确定宇宙的年龄。目前，通过哈勃空间望远镜和其他一些观测结果给出的最精确的哈勃常数，天文学家们计算出宇宙的年龄为138亿年左右。

红移和蓝移

多普勒效应指出：波源的移动会影响我们接收到光波的频率，并进而影响测量得到的波长。当波源正在远离观测者时，观测者接收到的波长就会变长，产生红移；而当波源正在接近观测者时，观测者接收到的波长就会变短，产生蓝移。

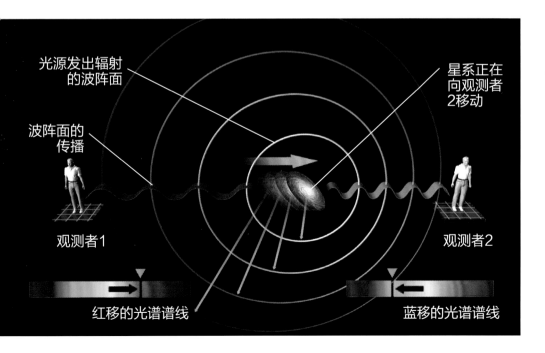

光源发出辐射的波阵面

波阵面的传播

星系正在向观测者2移动

观测者1

观测者2

红移的光谱谱线

蓝移的光谱谱线

局部引力作用

想象一下，宇宙是一块不断在延展的橡胶板，星系散布在其中。星系本身的质量会在橡胶板上产生局部的凹陷，并将经过的物体拉向星系（凹陷中心）。这个假设基于爱因斯坦的广义相对论，解释了星系的局部引力作用。我们所处的"本星系群"（Local Group of Galaxies）主要是受到来自银河系和仙女座星系的引力作用的约束，银河系和仙女座星系目前也正在互相靠近，并将在遥远的未来合并。

巨型质量源

在距离我们2亿多光年外的半人马座（Centaurus）方向，有一块大量质量集中的区域。这块区域的引力作用不仅影响了银河系，还影响着4亿光年内的所有星系。

▼ 宇宙的膨胀

这幅插图片展示宇宙一块空间区域在90亿年间变化的过程。个体星系就像一块不断增大的蛋糕中镶嵌的一颗颗葡萄干，随着宇宙的膨胀，它们被逐渐"拆散"。图中位于中心的星系在整个演化过程中也并不是静止的，只是为了展现出星系相对位置的变化而将其放在了中心。

》 亨丽爱塔·勒维特

1912年，美国女天文学家亨丽爱塔·勒维特（Henrietta Leavitt，1868—1921）辨识出几颗与地球距离相近，位于大麦哲伦云（Large Magellanic Cloud，LMC）的造父变星。她发现这些变星的光变周期与它们的亮度（绝对星等）相关。造父变星的周期-光度关系（简称周光关系，period-luminosity relationship）意味着只要发现造父变星，便可以大致估计该星所在的星系及该星与地球之间的距离。

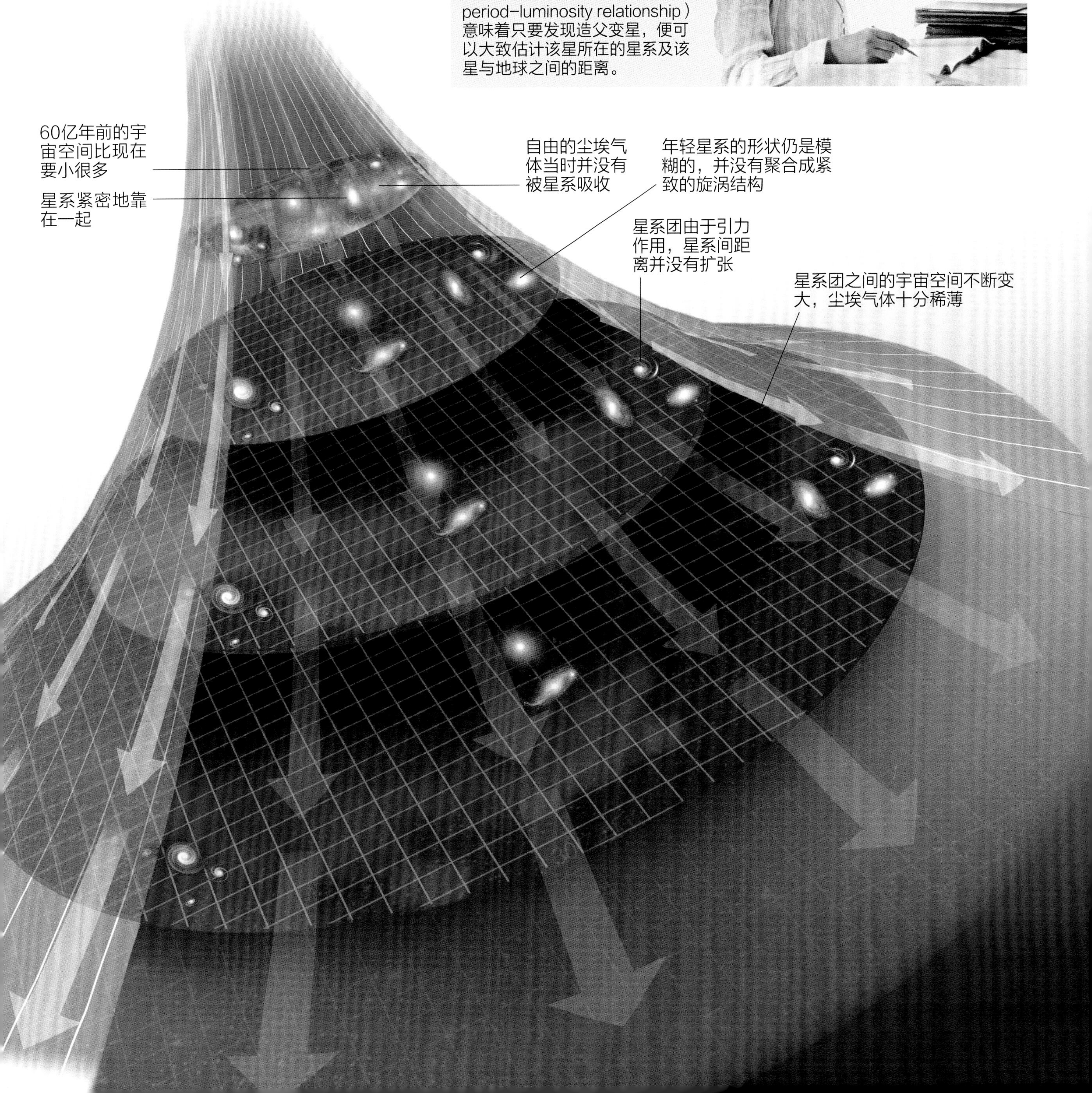

60亿年前的宇宙空间比现在要小很多

星系紧密地靠在一起

自由的尘埃气体当时并没有被星系吸收

年轻星系的形状仍是模糊的，并没有聚合成紧致的旋涡结构

星系团由于引力作用，星系间距离并没有扩张

星系团之间的宇宙空间不断变大，尘埃气体十分稀薄

宇宙的命运

宇宙未来将呈现出怎样的形态？它将如何"衰老""死去"一直是宇宙学一个非常有趣的课题。虽然可能需要等待数万亿年，宇宙才会产生显著的变化，但对于宇宙终极命运的研究并不是毫无意义的，它揭示了当今宇宙中一些隐藏的性质。

命运的抉择

宇宙的命运是由两个力决定的——一个是宇宙膨胀产生的向外推力，另一个是引力作用产生的向内拉力。如今我们知道，借助于大爆炸产生的能量，宇宙仍处于不断膨胀的状态，并且膨胀的速率也已经被测量过。引力的强度则取决于宇宙中物质的量，而天文学家也已经知道宇宙中存在着大量的未被探测到的"暗物质"。在过去，普适的宇宙模型预测暗物质的引力将和宇宙膨胀的推力达成一个平衡，如果宇宙的命运仅仅只有这两个因素参与，那么引力作用会慢慢使膨胀的速率下降，但不会逆转膨胀的趋势。

☑ 冰冷的死亡

根据大冻结理论：在遥远的未来，星系之间都将合并，并形成类似于NGC 1316这样的巨型椭圆星系。恒星形成将停止，最后一颗恒星将"熄灭"。在数万亿年后，恒星中的物质也将分解。

>> 超新星宇宙学计划

超新星宇宙学计划致力于寻找在遥远星系中的Ia型超新星。这类超新星是由于白矮星吸收了周围恒星的质量，白矮星内部物质再次开始核聚变，并以超新星爆炸终结。由于独特的吸积机制，这种类型的超新星的质量几乎一致，产生一致的峰值光度，所以根据视亮度可以对它们进行测距（在绝对星等相同的情况下，通过视星等测定距离）。通过这种方式测量的距离比原本用红移测距测量宿主星系得到的结果要大，揭示出宇宙的膨胀速度正在加快。

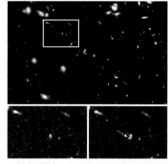

位于遥远星系的超新星普里莫（Primo）

超新星尚未发生

于2010年10月10日发生超新星爆发

暗能量

近些年来，一个新的因素介入这个宇宙平衡的"方程"。宇宙学家使用一种新的办法重新测量宇宙膨胀速率（详见上方"超新星宇宙学计划"专栏），发现遥远的星系比理论位置（如果宇宙从大爆炸开始就减速膨胀）距离我们更遥远，换句话说，仿佛有一种什么"力"正在给予宇宙膨胀"加速"。科学家们将其称为"暗能量"（dark energy），它提供了一种使宇宙加速膨胀的动力。进一步的观测数据表明这种力可能随着时间推移逐步增大，并且在大约60亿年前逆转了减速膨胀的趋势。暗能量的存在似乎预示着宇宙将会永远地膨胀下去。如果这种力一直增强下去，有可能会对宇宙的未来产生剧烈的影响。

可能的命运

关于宇宙未来的争论过去往往集中在两个方面——"大坍缩"（Big Crunch）和"大冻结"（Big Chill），但暗能量的发现似乎宣布"大坍缩"不可能发生。同时也产生了另外两种可能性理论——"修正大冻结理论"（Modified Big Chill）和"大撕裂理论"（Big Rip）。这四种"剧本"将在这里一一阐述。

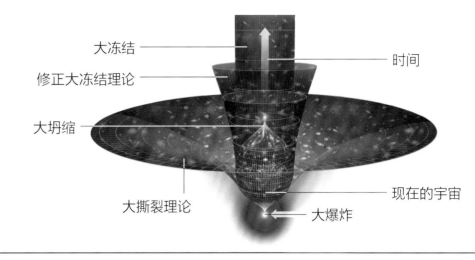

大冻结 —— 时间
修正大冻结理论 ——
大坍缩 ——
—— 现在的宇宙
大撕裂理论 —— —— 大爆炸

—— 大坍缩
—— 收缩导致宇宙变得炽热
—— 宇宙在达到最大直径后开始收缩

大坍缩理论

在大坍缩模型中，宇宙的引力作用强于大爆炸给予的宇宙膨胀的动力，因此宇宙将会停止膨胀，并且收缩。宇宙温度会再次升高，密度会再次增大，回复到刚诞生时炽热的状态，最终坍缩成"奇点"。这可能促使新宇宙的诞生。

—— 膨胀极度缓慢，但会永远持续下去
—— 引力作用减缓了膨胀速率

大冻结理论

在大冻结模型中，物质的引力作用难以减缓膨胀速率并使其停止。宇宙将会继续膨胀，但是会膨胀得越来越慢。星系将瓦解、恒星将变暗，最终原子将衰变成组成它们的粒子。

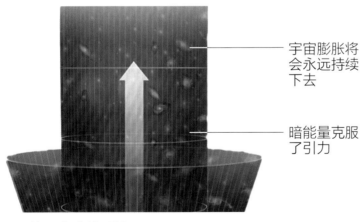

—— 宇宙膨胀将会永远持续下去
—— 暗能量克服了引力

修正大冻结理论

如果宇宙中暗能量产生的力保持稳定，那么宇宙膨胀的速率将会稳定地增加，克服引力作用，将星系之间越扯越远。在这个理论下，宇宙的终结命运也仍将是大冻结。

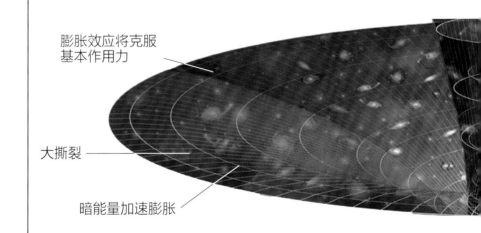

膨胀效应将克服基本作用力
大撕裂 ——
暗能量加速膨胀

大撕裂理论

如果暗能量的膨胀效应越来越厉害，那么在几十亿年后，这种力不仅将克服引力，还将克服原子之间的作用力。此时，所有物质都将被撕碎，时间本身也会终结，宇宙将不复存在。

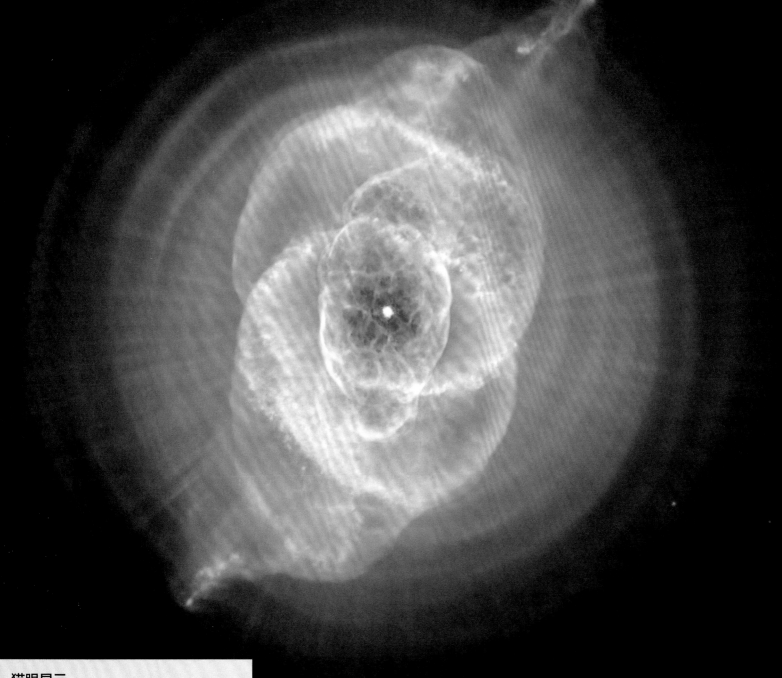

猫眼星云

猫眼星云（The Cat's Eye Nebula）
这个美丽的行星状星云，拥有复杂的
对称性，这些复杂结构来源于其中心
恒星喷发的尘埃和气体。

宇宙中的成员

　　漫天繁星是夜空最明显的特征，然而它们仍是几千年来世界上最神秘的物体之一。在常人眼里所看见的宇宙无非是杂乱无章散布在夜空中的星星，但是详细的天文观测告诉了我们：宇宙中存在着各种各样的天体。除了我们所处的太阳系，宇宙的天体还包括各种类型的恒星，不同方式形成的星云、星团和无数的星系。

　　夜空中的星星（特指恒星）距离地球都非常遥远，即使是如今性能最好的望远镜也无法放大出它们的结构，观测到的仍是一个光点。几百年前，没人能说出它们是什么，虽然有些天文学家猜测它们是类似于太阳的物体。18世纪至19世纪，一系列科学技术的突破促成了天体物理学的诞生，对于恒星物理性质的研究也逐步开展起来。如今，天文学家们能够解释恒星中发生的几乎所有的现象，并把它们归纳到恒星演化的各个阶段。

星尘

　　星云的构成很简单，仅仅是由尘埃和气体聚集而成，不过它们的形成方式却是多种多样的。发射星云和反射星云充满着构成恒星的原料——通常富含上一代恒星留下的物质。发射星云是受到附近恒星强烈辐射作用下，星云中气体被激发而发光的，而反射星云是靠反射附近恒星的光线而发光的。暗星云则是由浓厚的尘埃云构成，它们位于更遥远的发射或反射星云前方，因此只能够看到它们的轮廓。这3种星云统称为弥漫星云。行星状星云和超新星遗迹则是由恒星在生命最后阶段所抛出的炽热物质构成的。

星系和星团

　　我们所处的银河系是2000多亿颗恒星、恒星伴生的气体尘埃云和围绕恒星的行星系统等元素构成的。在晴朗的夜空中，银河系能被肉眼看见，呈现出暗淡的窄带状结构横跨天际。通过光学仪器观测，银河系则解析成了无数的光点。在银河系中，很多恒星聚集成星团的结构。密集程度较低的疏散星团是恒星活跃诞生的场所，包含了一些年轻的恒星，通常都位于银河系赤道平面（星系盘）。密集程度更高的球状星团，通常不处于银河的星系盘上，拥有更加古老的存在，如星系中最早诞生的恒星。

　　银河系只是整个宇宙2000多亿个星系中的一员。星系中很多是与银河相似的旋涡星系，同样还有很多其他类型的星系。椭圆星系是古老的星系，包含着不少以老年恒星为主的球状星团。不规则星系的外观通常是混乱的，它们中的一部分可能曾经是旋涡星系或椭圆星系，是因为引力的作用受到破坏而变形的。宇宙中绝大多数星系属于矮星系，即光度最弱的一类星系，但是除了几个位于银河系"家门口"的矮星系（本星系群中的矮星系），剩下的几乎无法被观测到。事实上，不同类型的星系之间是有联系的，不过天文学家对它们的研究分析直到近些年来才逐步开展起来。

蝌蚪星系

蝌蚪星系（The Tadpole Galaxy）是一个遥远的旋涡星系，距离地球大约4亿2000万光年。这个星系有一条引人注目的"尾巴"，科学家推测，曾经有另外一个星系撞上这个星系，且已经逃离了"作案现场"，但强烈的相互作用产生了这个由恒星、尘埃、气体组成的"尾巴"。

恒星分类

当我们朝着晴朗的夜空凝望之时，看到的是恒星在天空中杂乱分布的景象，它们有着不同的亮度和颜色。事实上，恒星在亮度和颜色上的差异正是划分恒星类型最基本的标准。需要注意的是，我们所看到的恒星亮度并不是实际亮度。

收集恒星数据

除了太阳之外，其他恒星与地球相距非常遥远，难以对它们进行深入地探究。因为即使是借助最强大的天文望远镜观测，这些恒星也仅仅呈现为一个个光点。但是，天文学家们仍想方设法探寻这些恒星的性质，采用了一系列独特的技术通过实验和形成的太阳科学模型，进一步了解这些遥远的恒星。

恒星的颜色与赫罗图

一个恒星的颜色取决于它的表面温度；正如在熔炉中冶炼的铁块，随着温度升高先变红、再变黄，最后成为白热状态；因此恒星表面单位面积能量加热的量决定了它的颜色。然而，恒星的大小是会发生变化的，如果一个恒星在它生命周期中的某个阶段变大了，它的表面积也会增大，使得单位面积的供能减少。因此，恒星会在变大的同时，表面温度变得更低。天文学家们将恒星光度与颜色（更准确地来说，是光谱型）的关系绘制在图表上，诞生了"赫罗图"（Hertzsprung–Russell diagram），通过这个图表，天文学家们得以推算一颗恒星的实际亮度。

❱❱ 五彩斑斓的星场

在银河系中心（位于人马座）方向上，可以看到聚集了众多恒星的星场。其中包含了几乎所有类型的恒星，从暗淡的矮星到明亮的巨星，从低温的红色恒星到炽热的蓝色恒星。

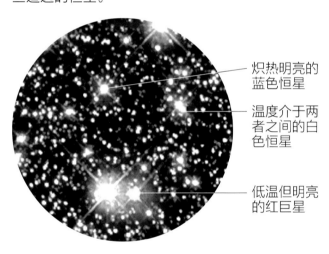

炽热明亮的蓝色恒星

温度介于两者之间的白色恒星

低温但明亮的红巨星

❱❱ 光谱学的应用

天文学家们使用分光镜设备将来自恒星的复色光分离开来，并研究不同波长光的亮度。恒星的彩色光谱能够揭示它在哪个波长最明亮，并通过这个波长来计算它的表面亮度。大多数恒星光谱都具有好几根暗线，这表明位于这几个波长的光在传播过程中被吸收。这些"吸收线"（absorption lines）是由于恒星大气中不同元素的原子选择性的吸收。每一种元素都会吸收或放出特定不同波长的光。因此，通过吸收线的研究，天文学家们能够了解恒星、行星、星云的组成。

暗吸收线

光谱

⬆ 安妮·坎农

从19世纪90年代开始，坎农就开始在哈佛大学天文台进行研究，她记录了几千个恒星的光谱，并帮助证实了恒星颜色与恒星大气所含元素之间的关联。

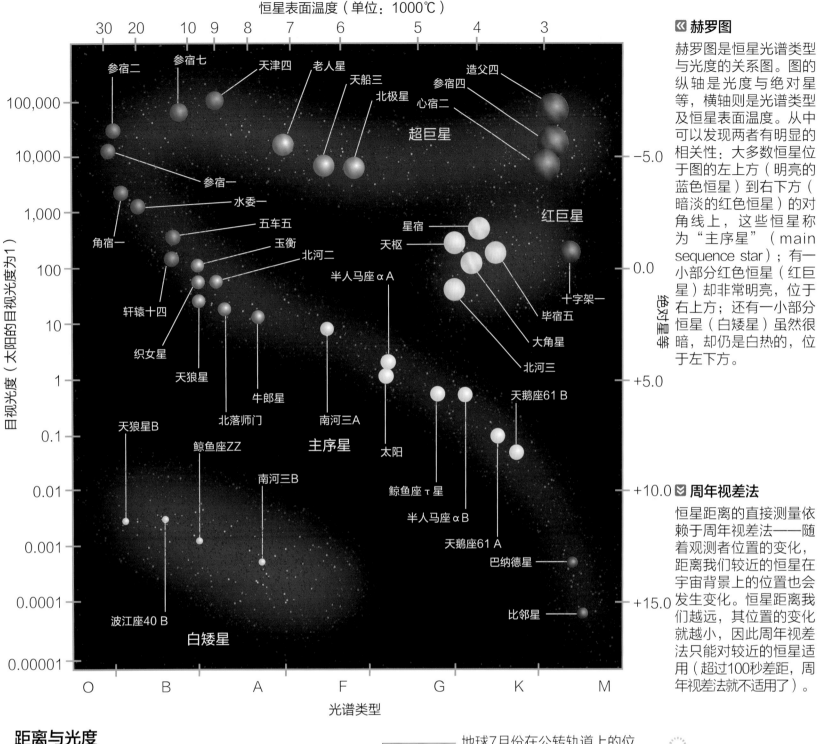

恒星表面温度（单位：1000℃）

目视光度（太阳的目视光度为1）

光谱类型

赫罗图

赫罗图是恒星光谱类型与光度的关系图。图的纵轴是光度与绝对星等，横轴则是光谱类型及恒星表面温度。从中可以发现两者有明显的相关性：大多数恒星位于图的左上方（明亮的蓝色恒星）到右下方（暗淡的红色恒星）的对角线上，这些恒星称为"主序星"（main sequence star）；有一小部分红色恒星（红巨星）却非常明亮，位于右上方；还有一小部分恒星（白矮星）虽然很暗，却仍是白热的，位于左下方。

绝对星等

周年视差法

恒星距离的直接测量依赖于周年视差法——随着观测者位置的变化，距离我们较近的恒星在宇宙背景上的位置也会发生变化。恒星距离我们越远，其位置的变化就越小，因此周年视差法只能对较近的恒星适用（超过100秒差距，周年视差法就不适用了）。

距离与光度

　　恒星的视亮度（在地球上看到的亮度）取决于它本身的光度和它与地球的距离。我们称恒星在夜空中的亮度为"视星等"（apparent magnitude），它实际的亮度为"绝对星等"（absolute magnitude）。绝对星等的定义是假定把恒星放在距地球10秒差距（32.6光年）地方测得恒星的亮度。唯一一种直接测量恒星距离的方法是周年视差法。由于地球绕太阳进行公转，恒星在天空中的位置会有微小的改变，所以这种方法只能对一些相对较近的恒星有效。

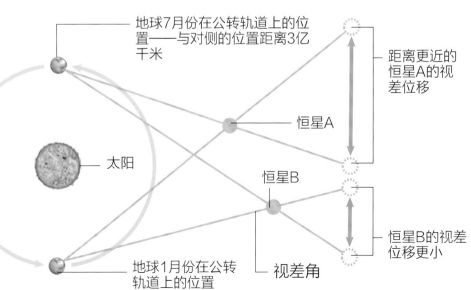

恒星的生命周期

虽然已经有形形色色的恒星被发现，但是它们都可以看作是恒星演化标准模型中的某一个阶段。在这个模型中，一个恒星的质量支配着其核心部分的核反应过程，进而决定了其余的物理性质、它的寿命和它最终的命运。

恒星的"生命"初期

这组图片序列展示了恒星演化的早期情景。大多数超过0.1倍太阳质量的原恒星将最终成为主序星，其他很多质量较轻的原恒星则不足以在核心点燃聚变反应，将会逐渐变得暗淡，成为褐矮星。

恒星的诞生

新生的恒星起源于星系中大体积的气体尘埃云因自身引力而造成的坍缩。这种坍缩现象是非常频繁的——它们可能被各种原因触发，如附近恒星的引力作用、超新星爆炸产生的冲击波、旋涡星系本身缓慢、常规的旋转。取决于气体尘埃云的规模和其他一些因素，恒星可能诞生在一个大型的密集星团中，或者更疏散的空间中。气体云在坍缩的过程中，密度越来越大，温度越来越高，并逐步成为一个旋转的、扁平的圆盘。此

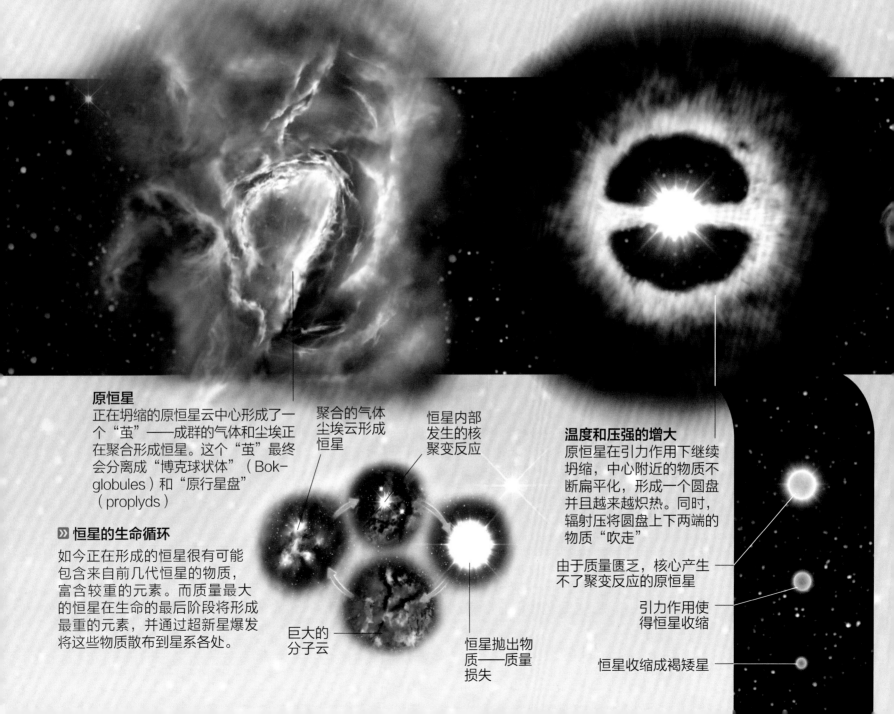

原恒星
正在坍缩的原恒星云中心形成了一个"茧"——成群的气体和尘埃正在聚合形成恒星。这个"茧"最终会分离成"博克球状体"（Bok-globules）和"原行星盘"（proplyds）

恒星的生命循环
如今正在形成的恒星很有可能包含来自前几代恒星的物质，富含较重的元素。而质量最大的恒星在生命的最后阶段将形成最重的元素，并通过超新星爆发将这些物质散布到星系各处。

聚合的气体尘埃云形成恒星

恒星内部发生的核聚变反应

温度和压强的增大
原恒星在引力作用下继续坍缩，中心附近的物质不断扁平化，形成一个圆盘并且越来越炽热。同时，辐射压将圆盘上下两端的物质"吹走"

由于质量匮乏，核心产生不了聚变反应的原恒星

引力作用使得恒星收缩

巨大的分子云

恒星抛出物质——质量损失

恒星收缩成褐矮星

时，气体云的引力中心称为原恒星（protostar），原恒星的引力作用使周围的物质向其坠落，物质的引力势能转化为热能，致使原恒星中心的温度持续升高。当温度达到一定程度的时候，核聚变反应即被点燃，至此，原恒星阶段结束。

"青年"恒星阶段

在年轻的恒星周围仍然环绕着大量的气体尘埃云，其中一些将由于引力作用被卷入恒星，但通常还有差不多等量的气体云被驱离引力中心。许多年轻恒星都会产生磁场，磁场"清扫"周围的物质，并将在两个极点附近将它们以喷射流的形式释放出去。此外，辐射产生的压力也可能将氢这类较轻的元素"吹走"。与此同时，恒星本身也在继续收缩，并且有可能经历一段活跃多变、不稳定的变星时期，称为"金牛T星"（T-Tauri）。这个时期结束后，恒星最终成为主序星，并在主序星阶段度过它大多数的寿命。

》》 **恒星活跃诞生的星云**

天空中最壮丽的一部分发射星云列在了图表中。由于恒星的形成往往发生在银河系的旋臂上，所以这些发射星云通常位于天空中明亮的银河附近。

星云名称	所处星座
鹰状星云（M16）	巨蛇座
礁湖星云（M8）	人马座
猎户座大星云（M42）	猎户座
蜘蛛星云（NGC 2070）	剑鱼座
三叶星云（M20）	人马座
天鹅星云（M17）	人马座

——— 由带电粒子组成的强大的恒星风暴

步入"青年"
随着恒星逐步接近主序星阶段，圆盘上的物质继续朝着中心被卷入。原恒星逐渐增强的磁场吸收了这些物质，并在两个极点附近将它们喷射出去

主序星
在这个阶段，恒星将持续稳定地闪耀，并度过一生大部分时间。恒星的亮度和寿命是由其内部的核聚变反应决定的，核聚变的形式则是由恒星的组成和质量控制的

》 **发射星云**
新形成的恒星通常都会散发出强烈的紫外线辐射，这些辐射能够被周围的气体吸收，然后在可见光波段再次发射出去，创造出壮丽的发射星云，如这张照片中的三叶星云。

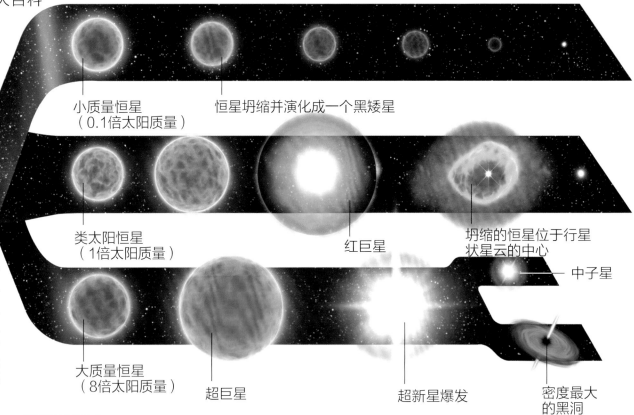

小质量恒星
（0.1倍太阳质量）

恒星坍缩并演化成一个黑矮星

类太阳恒星
（1倍太阳质量）

红巨星

坍缩的恒星位于行星
状星云的中心

中子星

大质量恒星
（8倍太阳质量）

超巨星

超新星爆发

密度最大
的黑洞

 恒星演化

质量最大的恒星最终可能以超新星爆发结束一生，并留下一个中子星或者黑洞；类太阳恒星将成为红巨星，然后坍缩成白矮星；而质量最小的恒星则会自然地逐渐缩小。

恒星的死亡

主序星通过核心部分氢的核聚变反应产生能量。当内部的"氢燃料"供应枯竭时，它们开始使用一种新的能量来源——氦，或许还有一些更重的元素，而这部分"燃料"（氢以外的元素）是它们在前一阶段核聚变反应中生成的产物。恒星内部能量供应的变化使得恒星变得极其不稳定，使它膨胀到巨大的尺寸。恒星最终灭亡的命运也是确定的，与它的演化过程一样，由恒星的质量决定。

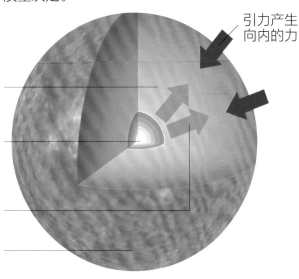

引力产生
向内的力

新的聚变反应，生成钠、镁、硅和其他元素

核心部分形成洋葱状的层级结构

辐射产生向外的压力

铁是聚变反应能生成的最重的元素

红超巨星

恒星中的每一"层"气体都会受到两个大小相等方向相反的力的作用而保持平衡——引力产生向内的力和辐射产生向外的压力。随着辐射强度的变化，恒星将会膨胀或者收缩。

巨星和超巨星

天空中最明亮的那些恒星很大一部分属于巨星——巨星较高的光度使得它们在相同距离下比一般恒星要亮得多，因此更加容易被观测。这个表格列出一些红巨星和质量更大的超巨星。

名称	视星等	恒星种类	所处星座
大角星	0.0	橙巨星	牧夫座
参宿四	0.5	红超巨星	猎户座
毕宿五	0.9	红巨星	金牛座
心宿二	1.0	红超巨星	天蝎座
北河三	1.1	橙巨星	双子座
海山二	5.5	蓝超巨星	船底座

巨星

当一颗恒星燃烧完核心部分的氢之后，氢燃烧过程移动到外部球壳上，形成氢外壳。恒星会变得更加明亮，但是从内部产生的辐射压使得恒星外部膨胀并降温。类似于太阳的恒星会变成红巨星，质量更大、光度更高的恒星可以变成各种颜色的超巨星。在巨星的内部，核心部分逐渐坍缩，直到它的温度能够燃烧氦。此时，恒星会再次稳定，稍稍收缩成一个相对正常的尺寸，持续到氦燃烧阶段的结束。

行星状星云

氦是类太阳恒星能够燃烧的最重的元素，因此氦的燃尽标志着恒星做濒死前最后的"挣扎"。随着氢外壳和氦外壳进一步向外移动，恒星的不稳定性增加，并最终把核心以外的物质都抛离恒星本体，物质向外扩散成为星云。这类星云起名为"行星状星云"（planetary nebula），其原因是它们的外形与行星盘十分相似。它们通常呈球形，但是会被磁场或伴星的引力作用轻易扭曲，因此会形成更加复杂和美丽的形状。

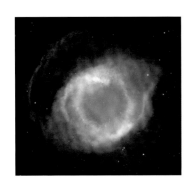

« 螺旋星云

螺旋星云（Helix Nebula）气壳最厚的部分朝向地球，因此当我们观看这个球形的行星状星云时，它呈现出戒指一样的外形。

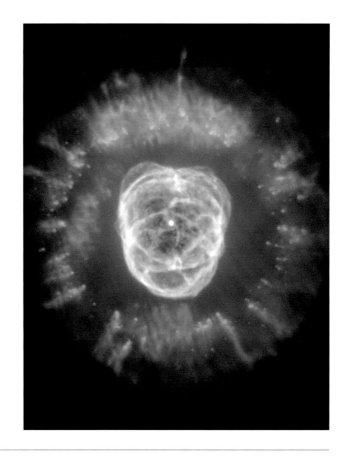

« 爱斯基摩星云

爱斯基摩星云（Eskimo Nebula）是夜空中最壮丽的行星状星云之一，它具有非常复杂的多层云气结构，在外层还有彗星状的橙色踪迹。它奇特的构造可能是由于这颗垂死的红巨星附近一颗看不见的伴星的影响。

超新星

对于超过8倍太阳质量的恒星，氦燃烧并不是恒星生命的终点；依次产生的更重的元素能够在核心进行聚变反应。最终恒星核心形成了洋葱状的层级结构。然而，由于不同元素的原子结构差异，意味着更重的元素只能燃烧更短的时间，产生更少的能量。最后，聚变反应来到了铁元素——第一个核聚变吸收的能量大于放出的能量的元素。当恒星尝试利用铁元素进行核聚变并且失败之后，恒星内部的能量供应切断了，随着向外的辐射压的消失，核心由于自身重力的影响向内坍缩。坍缩时反弹的冲击波将恒星彻底"撕碎"，并在短时间内允许聚变反应生成比铁更重的元素，这也是宇宙中金、铅、铀等元素的唯一来源。

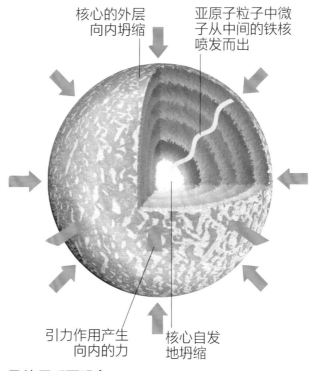

核心的外层
向内坍缩

亚原子粒子中微子从中间的铁核喷发而出

引力作用产生
向内的力

核心自发
地坍缩

« 超新星

当恒星尝试燃烧铁时，核心便不再提供向外的辐射压了，并即刻因为引力作用而坍缩。在恒星被扯开的时候，会释放出大量的中微子。

爆发前

爆发期间

« 比星系更明亮

近期发生的最明亮的一次超新星爆发是位于大麦哲伦云（银河系的伴星系）的SN1987A。通过两幅照片对比，我们可以看到，在几周的时间内，超新星爆发出的光芒比整个星系的都要亮。天文学家们已经确定了原来的恒星——它是一颗18倍太阳质量的蓝超巨星。

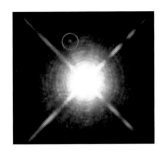

第一颗被发现的白矮星是天狼星B（画圈位置），它是夜空中最明亮的恒星——天狼星的伴星。它是由于对天狼星A运行轨迹的扰动而被发现的。

⌄ 蟹状星云

这幅蟹状星云（Crab Nebula）壮观的照片由位于智利的欧洲南方天文台（European Southern Observatory）的甚大望远镜（VLT）拍摄的。蟹状星云是一个1000岁的超新星遗迹。

白矮星

当类太阳恒星"脱下"它的外层气体，形成行星状星云之后，只有核心区域留存了下来。通常这是一个密度极高，充满高温物质，有太阳质量却只有地球尺寸，强烈发光的天体。白矮星的表面温度通常有10万摄氏度，但是它们的微小尺寸使得它们很难被观测到。一部分白矮星拥有碳、氧以及其他在氦燃烧阶段生成的元素组成的大气。

大多数白矮星注定会在上千万年的时间内慢慢冷却，失去光芒，最终成为黑矮星。然而，处于联星系统的白矮星有时具备充足的引力吸收其伴星的物质。这种情况下，白矮星将演化成一颗激变变星（cataclysmic variable）。

超新星遗迹

当一颗恒星伴随着超新星爆发灭亡时，它向周围空间迅猛地抛出大量物质，并与星际介质相互作用形成耀眼的超新星遗迹，象征着这颗恒星曾经存在的证明。最著名的超新星遗迹是蟹状星云，产生这个遗迹的超新星爆发发生在公元1054年，被中国人和印第安人所记录。由于超新星遗迹是由炽热的气体组成的，因此它们通常散发出强烈的X射线辐射。当这些炽热的气体向周围空间快速扩散的时候，一些重元素也随之被带了出去。这些重元素可能会与星际间气体云相碰撞，甚至可能触发下一代恒星的诞生。

》 白矮星

白矮星的光芒非常暗淡，极少的一部分才被业余天文爱好者观测到。除此之外，两颗非常明亮的白矮星（天狼星B、南河三B）是更为明亮的主星的伴星，往往主星的光芒会掩盖这两颗白矮星。所以，最容易观测的白矮星目标是波江座40 B（Omicron² Eridani）。

名称	视星等	所处星座
天狼星B	8.4	大犬座
南河三B	10.9	大犬座
波江座40 B	9.5	波江座
范马南星	12.4	双鱼座
NGC 2440	11.0	船尾座
飞马座IP	14.0	飞马座

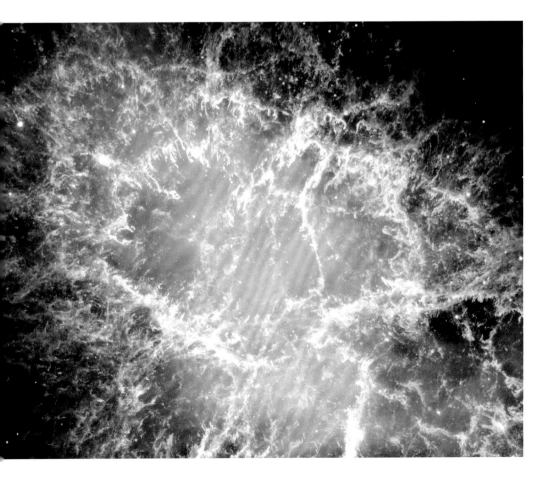

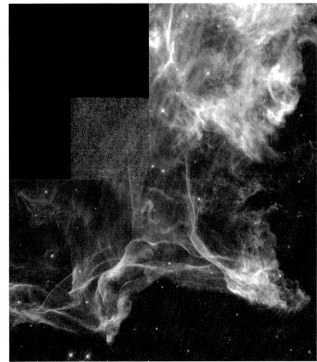

⌃ 天鹅圈

哈勃空间望远镜拍摄了这张令人惊叹的"天鹅圈"（Cygnus Loop）照片，这是一个5000岁的超新星遗迹。

中子星

超新星爆发留下了一个质量巨大却微乎其微的核心，它的引力非常巨大，甚至"撕碎"了原子结构，使得拥有等量相反电荷的质子和电子合并形成快速自旋的中子。通常当核心坍缩到一个城市的大小之后，中子产生的中子简并压支撑住了引力作用，阻止了进一步压缩。中子星拥有特别强的磁场，能够引导辐射，使辐射像光束一样从中子星的两个磁极放出。此外，地球上观测到的脉冲星均属于中子星。

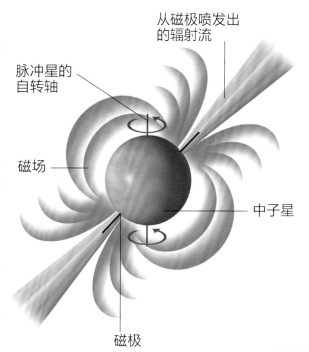

从磁极喷发出的辐射流

脉冲星的自转轴

磁场

中子星

磁极

《 脉冲星的起源

如果一颗中子星的磁场和自转轴并不重合，那么它的辐射光束便会像灯塔一样"扫来扫去"。因此在观测者看来，这颗恒星会出现闪烁，故称之为脉冲星。

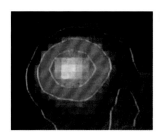

《 杰敏卡脉冲射线源

杰敏卡脉冲射线源（Geminga pulsar）是天空中最耀眼的伽马射线源之一。它是一颗中子星的辐射，中子星几乎所有的辐射都是以这样一种高能辐射的形式放出。

黑洞

如果一颗恒星核心的质量过于强大，那么它将不会坍缩成一颗中子星。在这种情况下，中子简并压抵消不了引力的作用，中子将进而分裂成组成它们的夸克。同时核心的密度大到它产生的引力连光也无法逃脱，最终的结果是一个恒星质量的黑洞诞生。由于黑洞与外界是完全隔绝的，所以它们是目前科学界最奇特的物体之一。黑洞的引力场影响着周围的空间，但是它们本身却极其难以探测。

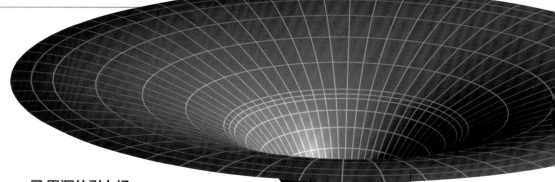

》 黑洞的引力场

黑洞在空间中形成了一种引力"漏斗"的结构。任何物体如果进入黑洞的"视界"（event horizon）——逃逸速度刚好超过光速的地方，那么它注定将回不到原来的空间。

相对较弱的引力

强大的引力

在视界内部，没有物体（包括光）能摆脱引力场的束缚

极其强大的引力

引力"井"，引力增加至无限大

黑洞的中心是一个奇点

》》 寻找黑洞

当黑洞存在于一个联星系统时，它是最容易被探测到的。假设一颗可视恒星受到"伴星"的引力作用，通过引力作用的大小可以计算出"伴星"的质量，如果"伴星"的质量超过了中子星的上限，那么它必然就是一个黑洞。其中，壮观的X射线联星系统是目前用来寻找黑洞的最佳方法之一。

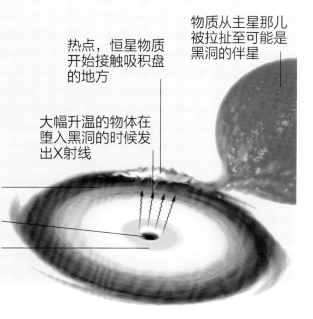

热点，恒星物质开始接触吸积盘的地方

物质从主星那儿被拉扯至可能是黑洞的伴星

大幅升温的物体在堕入黑洞的时候发出X射线

围绕着黑洞的吸积盘

位于吸积盘中心的黑洞

靠近吸积盘中心的气体的温度将上升到1亿摄氏度

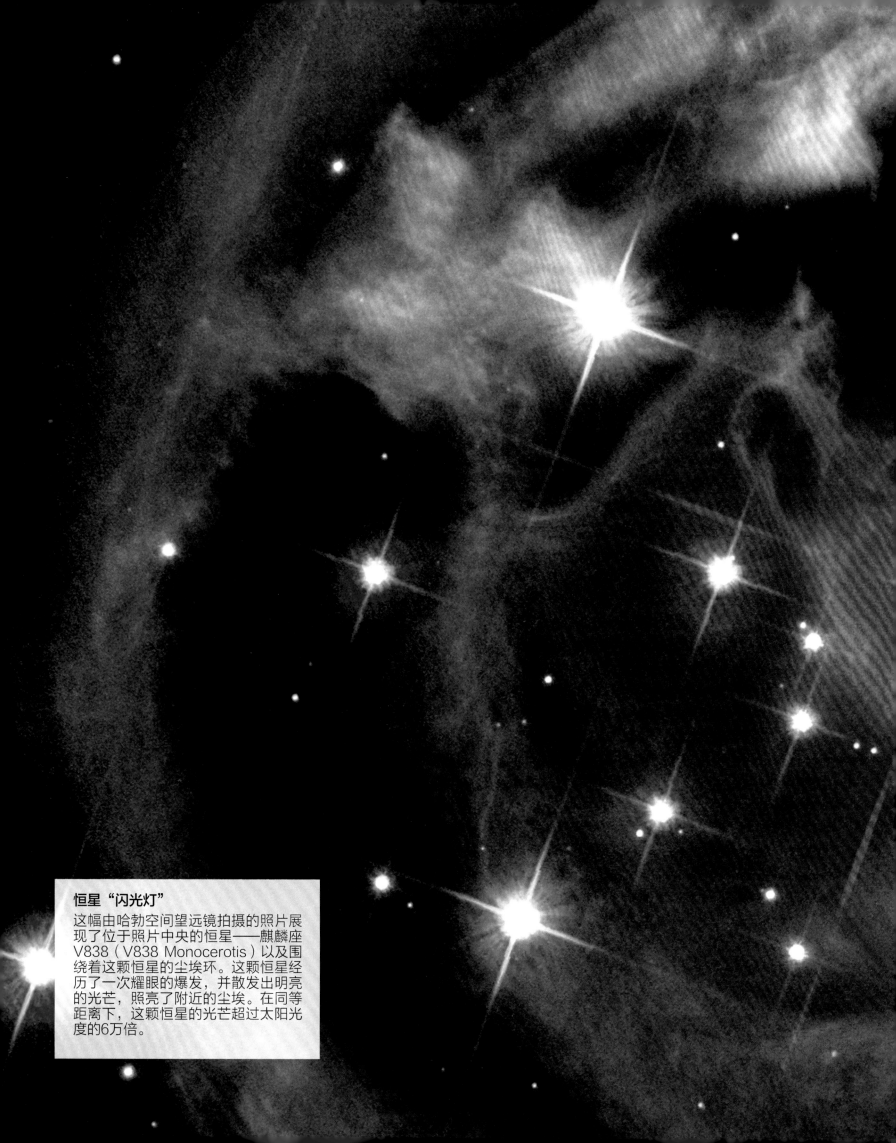

恒星"闪光灯"
这幅由哈勃空间望远镜拍摄的照片展现了位于照片中央的恒星——麒麟座V838（V838 Monocerotis）以及围绕着这颗恒星的尘埃环。这颗恒星经历了一次耀眼的爆发，并散发出明亮的光芒，照亮了附近的尘埃。在同等距离下，这颗恒星的光芒超过太阳光度的6万倍。

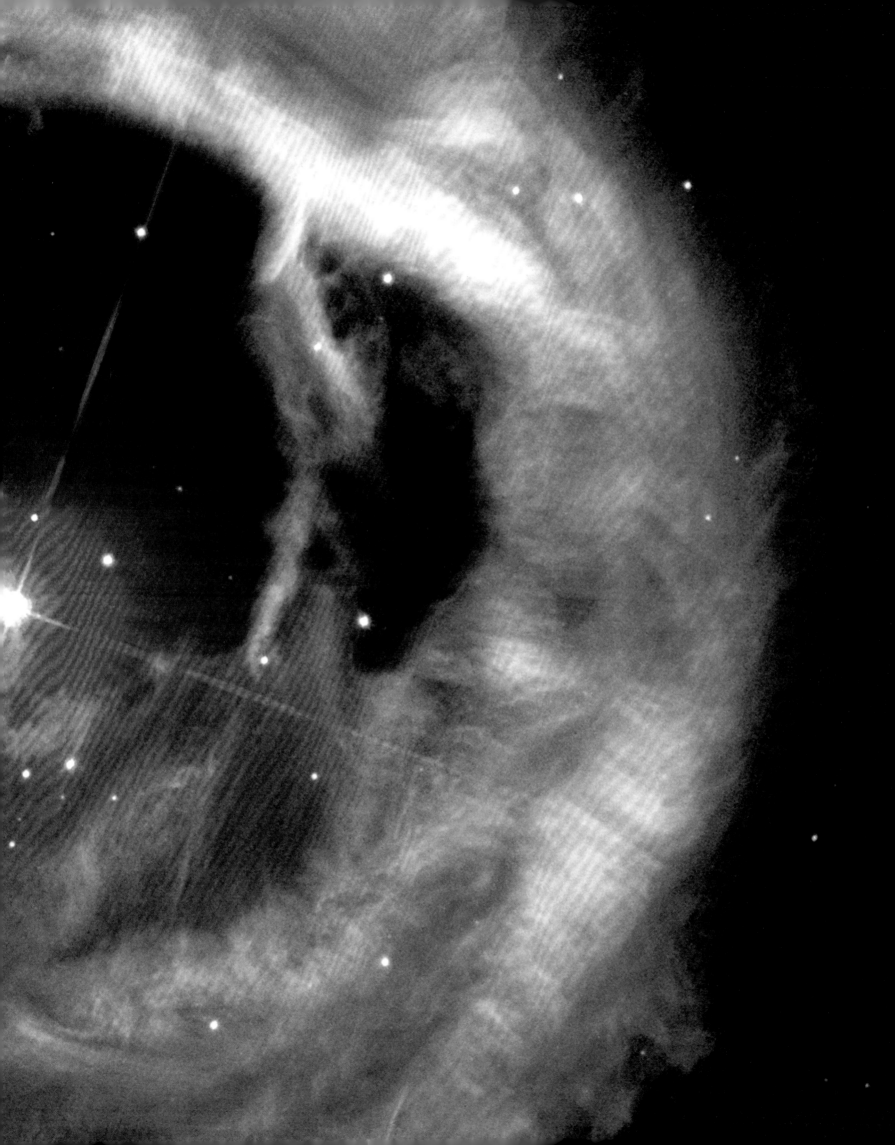

多星结构和星团

在银河系数千亿颗恒星里，像太阳这种单独存在的恒星是少数的——大多数恒星都处于联星或者多星系统之中。几乎所有的恒星都是在大型的星团中诞生的——有些紧密地聚集在一起，有些缓慢地分离。

多星结构

当一块正在坍缩的原恒星云分成了两块或者更多块，并且它们之间仍然由于引力作用相互连接在一起，那么这种联星或多星系统就形成了。联星系统与双星系统是不同的：联星系统的两颗星之间必然有力的作用，两者沿着轨道互相环绕；而双星系统中两颗星之间的实际距离可能要大得多。简单的联星系统是宇宙中最常见的类型，不过更大的多星系统结构也是非常普遍的。由于原恒星云分离的过程是不均匀的，一个多星系统中的恒星将拥有不同的质量，因此有不同的演化途径和寿命。这样的情况造成了恒星之间强烈的对比色和不同的亮度，产生了许多壮观的联星结构；同样，恒星质量的不同也会产生一颗恒星已经成为恒星遗迹，另一颗仍处于主序星阶段的情况，这也是部分变星产生的原因。

通常，位于多星系统中的恒星由于距离太紧密，甚至不能通过最强大的天文望远镜将它们单个地分辨出来。但是，这样的多星结构也并不是完全无法辨识的，如果它们的互相环绕的轨道平面与从地球看过去的视线方向一致，那么它们就会形成"食变星"（eclipsing variables）被我们观测到。在其他情况下，能证明是多星系统的唯一证据就是：一个看上去是"单个"恒星的光谱中出现了"双重"吸收线，或者光谱出现了周期性红移或蓝移。这类联星也被称为光谱联星。

》 多星系统

夜空中大多数恒星都位于多星系统中，表格里列举了一些能借助小型望远镜观测到的多星结构。如果用裸眼观测其中一些多星系统，看上去仿佛是一颗单独的恒星，很多时候无法分辨出来。

名称	视星等	类型	所处星座
天鹅座 β	3.1	联星	天鹅座
织女二	3.9	四合星	天琴座
开阳	2.0	四合星	大熊座
梗河一	2.4	联星	牧夫座
北河二	1.6	六合星	双子座
猎户座四边形	4.7	四合星	猎户座

》 对比鲜明的恒星

天鹅座 β（Albireo）是夜空中色彩对比最明显的联星系统之一。它包含了一颗黄巨星和一颗质量较小的蓝绿色主序星。

》 测量多星系统中恒星质量

位于多星系统中的恒星提供了天文学家们测量它们相对质量的方法。所有位于同一个系统的恒星会围绕它们质量的中心，或者称"引力中心"（barycentre）旋转。如果两颗恒星的质量相同，那么引力中心将位于两者的中间；如果其中一个质量更大，那么质量更大的恒星将会更靠近引力中心。

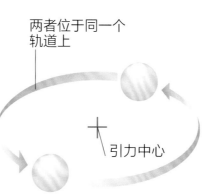

两者位于同一个轨道上

引力中心

两颗质量相同的恒星构成的联星系统

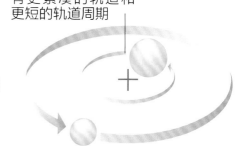

质量较大的恒星拥有更紧凑的轨道和更短的轨道周期

两颗质量不同的恒星构成的联星系统

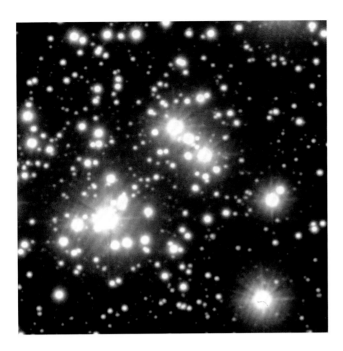

恒星"珠宝盒"

位于南十字座（Crux）的珠宝盒星团（Jewel Box cluster, NGC 4755），是目前已知的、最年轻的疏散星团之一。科学家估计它可能只存在了大约1000万年，这个星团主要由炽热的蓝色恒星支配着，其中还有一颗红超巨星。

疏散星团

疏散星团是指由数十颗乃至几百颗刚刚诞生的恒星所组成的天体结构。它们松散地聚集在一起，并且通常有星云状物质的痕迹环绕着，这些星云状物质也是这些恒星诞生的起源。一般而言，疏散星团主要由一些极度炽热的蓝白色恒星

》疏散星团与球状星团

疏散星团被发现的位置通常更接近银河系星系盘，即天空中靠近银河的区域。球状星团则主要位于银河系星系盘的上方或者下方，即天空中远离银河的区域。这个表格中星团的视星等是根据这个星团中所有恒星光度的总和估算出来的。

名称	视星等	类型	所处星座
昂宿星团	1.6	疏散星团	金牛座
毕宿星团	0.5	疏散星团	金牛座
珠宝盒星团	4.2	疏散星团	南十字座
蝴蝶星团	4.2	疏散星团	天蝎座
鬼星团（蜂巢星团）	3.7	疏散星团	巨蟹座
双星团	4.3,4.4	疏散星团	英仙座
半人马座ω	3.7	球状星团	半人马座
M4	5.6	球状星团	天蝎座
杜鹃座47	4.0	球状星团	杜鹃座
M13	5.8	球状星团	武仙座

支配着，其中最壮观的那几颗称为"OB星协"（OB associations），这个名字来源于它们的光谱类型。类似于这样明亮的蓝色恒星，在除了疏散星团以外的天体结构中很难被找到。由于它们质量很大，导致只有数千万年的寿命，没有充足的时间"熬到"星团最终弥散的时候。

》查尔斯·梅西耶

法国天文学家查尔斯·梅西耶（Charles Messier, 1730—1817）在他著名的梅西耶天体表中列出了超过100个明亮的疏散星团和球状星团。他制作这个星表的最初目的，只是为了避免使它们与新发现的彗星（梅西耶自己发现了15个）及天空固有的一些特征产生混淆。不过，这个星表最终成了后来天文学家们研究所谓的"深空天体"（deep-sky objects）的第一本标准参考书，并且以梅西耶或"M"开头的这些天体的名称至今仍被使用。

球状星团

相比于疏散星团，球状星团拥有更大密度、更加显著的聚合结构，它们由成千上万甚至数百万颗黄色或红色的恒星组成，并且整体环绕着银河系或其他星系。不同于大多数恒星都位于银河系的星系盘上，球状星团的位置并不仅仅局限于此，它们更多地在星系盘上方或者下方环绕着银河系，处于一个称为"星系晕"（Galactic halo）的球形区域空间中。球状星团中恒星的光谱表明这些恒星只含有少量的重元素，这是不同寻常的。因此，科学家推论，球状星团可能是在很久之前形成的，即星系之间相互碰撞并形成类似于银河系这样的旋涡星系。

恒星中的"长者"

球状星团中的恒星只含有少量的重元素，意味着这些恒星"衰老"十分缓慢——以银河系中的杜鹃座47（47 Tucanae）为例，其年龄估计有100亿岁。大质量的蓝色或白色恒星很快就消失了，只留下了质量较轻的红色和黄色恒星。

变星

　　天空中并不是所有的恒星在亮度（视星等）上都是固定不变的。许多恒星属于变星，即它们的亮度会产生周期性的变化，这个周期又称光变周期，可能短则几小时，也可能长达数年。还有一小部分变星，它们的亮度变化没有任何规律可依据。变星产生的原因也是多种多样的。

脉动变星

　　许多恒星在它们一生中都会经历不稳定时期。以金牛T星为例，在稳定成主序星之前，它们的大小和亮度都会不断地变化。另外一个更常见的例子是恒星离开主序星阶段并膨胀成巨星的时期，恒星内部构成的变化会使得它的外层结构受到的辐射压产生改变，导致恒星的膨胀和收缩。总而言之，当恒星出现不稳定性，就会产生膨胀和收缩的周期性变化，而恒星大小的改变往往伴随着亮度和颜色的变化。

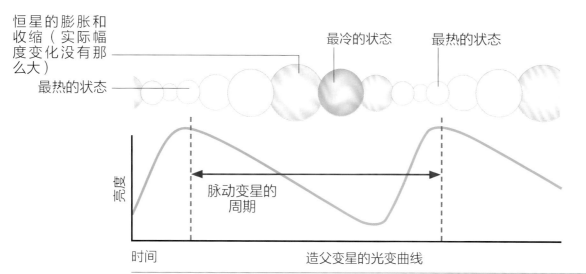

恒星的膨胀和收缩（实际幅度变化没有那么大）

最热的状态

最冷的状态

最热的状态

亮度

脉动变星的周期

时间

造父变星的光变曲线

《 脉动变星图示

造父变星（Cepheid variables）是一类高光度周期性的脉动变星，一般发生于超过太阳3倍质量的黄超巨星上，它们的光变周期一般为几天至数周。天文学家们通过观测数据绘制出造父变星的亮度变化图，称之为"光变曲线"（light curve）。这条曲线体现出在一个周期中，造父变星的亮度会急剧上升到最大值，然后缓慢下降到最小值。

食变星

　　食变星是最容易理解的一类变星，起因于一些联星系统互相绕行的轨道几乎与视线方向平行。从地球方向看过去，这两颗恒星会互相交替掩食，如果某一颗恒星经过另一颗恒星前方或者后方的时候，食变星就会发生。食变星的规律一般是这样的：当两颗恒星一左一右互相紧挨着，它们的光度输出就会合并，产生最大的亮度；当一颗恒星位于另一颗恒星后方，并且部分或者全部消失时，总的光度输出就会减少，亮度就会突然下降。

》 食变星图示

食变星的光变曲线是非常明显且容易辨认的。通常而言在一个周期中，这对联星的亮度在大多数时间内是稳定不变的，但在某两段时间内会有明显的下降。取决于这对食变星的相对大小和亮度，同一周期内的两次亮度变化可能相等（两颗几乎完全同样的恒星比较罕见），也有可能一次大一次小。

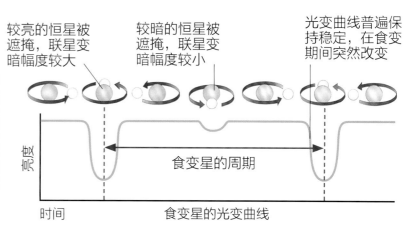

较亮的恒星被遮掩，联星变暗幅度较大

较暗的恒星被遮掩，联星变暗幅度较小

光变曲线普遍保持稳定，在食变期间突然改变

亮度

食变星的周期

时间

食变星的光变曲线

约翰·古德利克

英国天文学家约翰·古德利克（John Goodricke, 1764—1786）克服了严重的耳疾，成为一名有才华的数学家和天文观测学家。他创造了"光变曲线"的概念，并在不满20岁的时候测算了大陵五（英仙座β）的光变周期。但是，当他22岁那年，在一次天文观测中患上了急性肺炎，不幸去世。

激变变星

激变变星是一类壮观的、通常不可预测的变星。它通常发生于密近联星系统（close binary systems），并且其中质量较大的恒星已经演化成白矮星，质量较小的恒星处于巨星阶段。在这种情况下，白矮星的引力作用会将伴星的物质拉扯到自己这边。白矮星积聚了炽热、浓厚的大气，最终再次点燃了聚变反应，发生剧烈地爆炸现象，称为"新星"（nova）。这个过程会循环很多次，中间的间隔有的可以预测，有的难以预测。而更为壮观的激变变星是Ia型超新星。如果新星系统中一个质量较大的白矮星吸收了足够多的大气，并且质量超过钱德拉塞卡极限（Chandrasekhar limit），那么就会导致超新星爆发，白矮星坍缩成中子星。

⚠ **海山二**

海山二（Eta Carinae）是一颗超巨星，同时被分类为高光度蓝变星（一类爆发规律无法预测的激变变星）。如今，它是一颗5等星，处于肉眼能够观测的极限，1843年，它的视星等曾达到了−1等，成为当时夜空中第二亮的恒星。这次爆发也被称为"假超新星事件"。

自转变星

近年来天文学家们找到了一类新的变星，称为自转变星，其产生的原因是恒星表面部分区域要比其他区域更亮——可能是由于恒星黑子（类似于太阳黑子）或者一个明亮的"热点"（类似于参宿四上的）。当恒星自转时，其明亮和黑暗的区域不断进出观测者的视野，使得它朝向地球一面的亮度产生变化。另外一类自转变星称为椭球变星，顾名思义，恒星由于自身快速的自转或者伴星的引力作用，而产生形变并变成椭圆形。因此，观测者看到的辐射面积会产生变化，进而导致视亮度的变化。

◀ **参宿四**（计算机制图）

这张图片展示了参宿四（Betelgeuse）表面一个巨大明亮的热点。这是由于内部炽热的物质向外涌出导致的，这种情况可能会使得恒星的亮度产生变化，参宿四本身就是一个脉动变星。

星系

星系是由数十亿颗恒星，以及大量的尘埃、气体在引力作用下而相互聚集组成的系统。根据形态，星系被分为多种类型，星系团内的星系会因为相互的碰撞等原因而改变类型。

我们在宇宙中的位置

银河系是太阳以及夜空中所有肉眼可见的恒星的家园。它是一个巨大的旋涡星系，我们所处的太阳系位于银河系较边缘的位置（大约是银河系中心到边缘的2/3的位置），且处于银河系的猎户座旋臂上。由于旋涡星系普遍呈圆盘状，因此沿着星系盘的方向，相比于星系盘的上方或者下方，我们能看到更多的恒星——星系盘上密度更高的恒星云形成了横跨天穹的、壮观的银河带。

太阳环绕银河系的轨道周期大约是2.4亿年。不过这个周期对于大多数银河系天体却不适用，因为银河系内部区域的环绕速度要比外部区域快得多。银河系中心是由大量老年红色、黄色恒星支配着的，星系盘外部则存在着各种类型的恒星。光度最大的蓝色恒星主要集中在旋涡星系的旋臂，并且通常位于疏散星团中。处于银河系星系盘和旋臂中的恒星为"第一星族星"（Population I stars）——它们通常相对年轻，具有更高的金属量。古老的、低金属量的恒星则位于星系中心或球状星团中，称为"第二星族星"（Population II stars）。

我们的"邻居"星系

银河系在它附近的宇宙空间区域内并不"孤独"，反而这块区域内的星系是相当"拥挤"的。银河系是本星系群（Local Group）的一名重要成员，除银河系之外另外2个主要成员是仙女座星系（Andromeda Galaxy）和三角座星系（Triangulum Galaxy），分别距离地球250万光年和270万光年，它们的质量之和超过本星系群其他小星系总质量的50倍。仙女座星系也是本星系群最大的星系，它的直径大约是银河系的两倍。

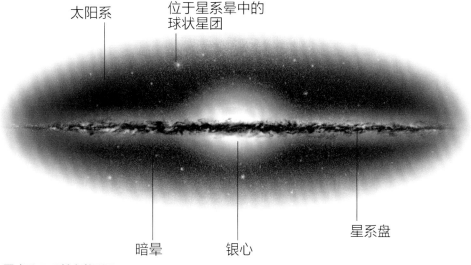

太阳系　位于星系晕中的球状星团

暗晕　银心　星系盘

⌃ 银河系的侧视图

从侧面观察，银河系是一个扁平的圆盘，星系中心存在着一个很大的、由老年红色或黄色恒星组成的凸出部分，即星系核。在银河系旋臂和星系盘上，则包含了更年轻、颜色偏蓝的恒星以及大量的气体尘埃云。

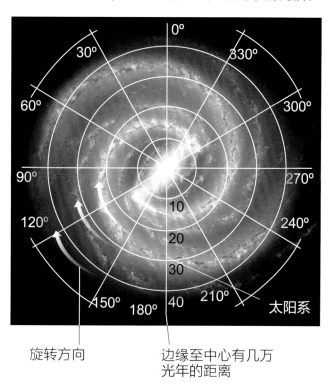

旋转方向　边缘至中心有几万光年的距离

⌃ 银河系的俯视图

从俯视图来看，银河系星系盘的直径大约为10万多光年，而深度只有几千光年。银心部分仿佛一个被拉长的球体，其长直径大约为25000光年。因此，根据星系核形状的判定，银河系实际上是一个棒旋星系（barred spiral，特殊的旋涡星系）。

▶ 夜空中的银河

这张银河系的长曝光照片展现了银河系中心，由高密度恒星组成的恒星云。明亮的恒星云中还横亘着暗色的窄带，这些暗带结构是介于地球和银心之间的尘埃云导致的，它们阻挡了背后恒星的明亮光芒。

仙女座星系和银河系之间有着非常强的引力作用，所以两者正在相互靠近，并将在几十亿年之后碰撞，合并为一个巨型星系。

距离银河系大约16万光年之外，有两个无定形的不规则星系正在围绕着银河系旋转，称为"大麦哲伦云"（Large Magellanic Cloud，实际是河外星系）和"小麦哲伦云"（Small Magellanic Cloud）。在更近的距离（大约7万光年），还有一个微小的、稀疏的矮椭圆星系存在，它被称为人马座矮椭球星系，正在和银河系碰撞、交会，从地球观察，它位于银河系核心的对面，因而非常黯淡。

▽ 球状星团

银河系中一些最古老的恒星在一些球状星团中被发现，如半人马座 ω（Omega Centauri）。

⌃ 银河系的伴星系

大麦哲伦云看上去就像从银河分离出来的一块区域。这个伴星系里蕴含着丰富的气体尘埃云、大量的年轻恒星以及淡粉色的星云（恒星活跃诞生区）。

▶▶ 银河系中心的黑洞

银河系虽然遍布着超新星爆发遗留下的恒星质量的黑洞，但它们相比于银河中心的黑洞可谓是"小巫见大巫"。银河系中心的星系核中潜藏着一个达到300万个太阳质量的巨型黑洞。这个超大质量黑洞周围的恒星和气体在很久之前就已经被吸入，使得黑洞本身处于"蛰伏"状态，但是它的引力作用仍然影响着银心其余部分恒星的旋转。如今天文学家们认为：大质量星系的中心都含有一个超大质量黑洞。

▶ 银河系的"心跳"

银河系中心的黑洞处于"蛰伏"的状态，银心区域却充斥着激烈的天文现象。这张X射线波段的图像展示了银心黑洞周围存在的超高温恒星、恒星遗迹，以及因剧烈活动产生的发光物质。

星系分类

在天文学中，星系的分类主要是根据星系的外观在整体上呈现出的形态。目前最流行的分类方法是哈勃分类，它将星系分为4种主要的类型——旋涡星系、棒旋星系、椭圆星系和不规则星系。除了外观上的区别，每一类星系中，恒星类型的分布以及星云等物质的丰度都是不相同的，都展现出截然不同的显著特征。这些特征也为星系演化的研究提供了必要的帮助。

仙女座星系（M31）

旋涡星系

旋涡星系的中心是老年的红色、黄色恒星支配的，周围则由富含气体和尘埃的旋臂环绕着。在旋臂的空隙之间，存在着各式各样、散乱分布的恒星，而旋臂在亮度上比较突出的原因只是因为旋臂中包含了大多数最明亮的、短寿命的恒星。这个观测结果表明旋臂并不是永久存在的，而是不断地运动、更替的，它们只是密度较高、恒星诞生比较活跃的延展区域。

M87

椭圆星系

椭圆星系的尺度有很大的范围：直径从几百秒差距到十万秒差距不等，包含了宇宙中最小的星系以及最大的星系。椭圆星系是由大量老年的红色或黄色恒星组成的巨型球体结构，年轻的恒星很少，这些恒星都遵循着各自的椭圆轨道环绕着星系中心，因此星系本身只有少许的不规则运动。椭圆星系只含有少量的气体、尘埃这类星际物质，因此内部几乎没有新的恒星形成。最大的椭圆星系只能在星系团中央才能被找到——这也是它们起源的证据。

NGC 1300

棒旋星系

棒旋星系是中间由恒星聚集组成短棒形状的旋涡星系，而旋臂则是由短棒的两端涌现。目前，大约2/3的旋涡星系可以划分为棒旋星系。有一些证据表明，大麦哲伦云实际上是一个生长受妨碍的棒旋星系，若不受银河系引力扰动，它应该有一个棒状核心和一根单独的旋臂。现在看来，我们所处的银河系也是一个棒旋星系——目前其棒状核心与我们的视线之间形成了一个45°左右的夹角。

大麦哲伦云

不规则星系

不规则星系，如大麦哲伦云，通常富含气体和尘埃，它们或多或少有一些不成形状的恒星聚集的结构。有些不规则星系看上去可能有中央的大黑洞、棒状核心、旋臂的痕迹。这类星系中往往发生着剧烈的恒星形成活动，并含有大结构的发射星云。其中最活跃的不规则星系可以划为"星暴星系"（starburst galaxy），相比于一般的旋涡星系，星暴星系具有高得多的恒星形成率。

活动星系

大多数星系释放的辐射量是其内部所有恒星的辐射之和，但是也有许多的星系并不是这样的。这些"活动星系"（active galaxy）一共有4种主要类型：类星体（quasar）和耀变体（blazar）是距离地球极其遥远的星系，它们的辐射大多来自于中心附近一块小型的突变区域。赛弗特星系（seyfert galaxy）的结构类似于旋涡星系，但是它有一个异常明亮的星系核。射电星系（radio galaxy）通常星系本身不明显，但是有非常巨大的"叶片"状，主要是由气体产生的射电辐射。

天文学家们认为这些活动星系如此特殊的"罪魁祸首"是星系中心的超大质量黑洞。虽然对大多数星系而言，其中心的黑洞是沉寂的，周围没有足够的物质作为能源；但是在活动星系中，物质正源源不断地被中心的超大质量黑洞疯狂吞噬。对于赛弗特星系和射电星系而言，这种现象还是相对受到抑制的；但是对于距离我们非常遥远的类星体和耀变体，它们正是这种剧烈的物理过程遗留下来的产物。

》恒星活跃诞生的星系

这个表格中列举了一些类型不同、亮度极高的星系，其中大部分位于本星系群中。虽然涡状星系（M51）和M87距离我们相对遥远，但是它们是所属的星系类型中最具代表性的成员之一。

名称	视星等	类型	所处星座
仙女座星系	3.4	旋涡星系	仙女座
大麦哲伦云	–	不规则星系	剑鱼座
小麦哲伦云	–	不规则星系	杜鹃座
三角座星系	5.7	旋涡星系	三角座
涡状星系	8.4	旋涡星系	猎犬座
M87	8.6	椭圆星系	室女座

》活动星系的星系核

这幅图片展现了位于星系中央超大质量黑洞正在经历的物理过程：它正源源不断地将物质拖入它的吸积盘中。这是大多数活动星系共有的特征，不过这种特征由于观测角度的不同，在观测结果上会有差异。

《 半人马座A的多波段图像

半人马座Ａ（ＮＧＣ5128）是距离地球最近的活动星系之一，这个椭圆星系正在与一个旋涡星系合并。这幅图像是由X射线、射电波段、可见光波段的图像组合而成的。

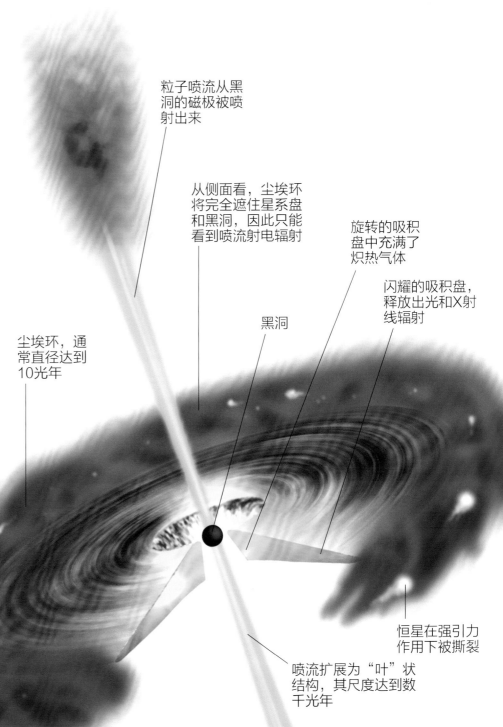

粒子喷流从黑洞的磁极被喷射出来

从侧面看，尘埃环将完全遮住星系盘和黑洞，因此只能看到喷流射电辐射

旋转的吸积盘中充满了炽热气体

闪耀的吸积盘，释放出光和X射线辐射

黑洞

尘埃环，通常直径达到10光年

恒星在强引力作用下被撕裂

喷流扩展为"叶"状结构，其尺度达到数千光年

星系演化与星系团

星系是"群居"的——它们通常在星系团中被发现。在宇宙大尺度结构中，星系团也会相互聚合形成超星系团。在星系团内部，个体星系之间持续地碰撞、合并，这种现象也诠释了不同类型的星系是如何出现的。

星系演化

曾经，天文学家们认为星系遵循着一个简单的演化顺序——从椭圆星系至旋涡星系。如今，天文学家们意识到这个演化顺序比想象中的要复杂得多。对于星系碰撞的研究发现，在两个旋涡星系融合的过程中，大量气体从星系中被剥离。由于这些促进恒星形成的气体被"抢去"，这两个相互融合的星系最终变成了一个巨大的椭圆星系，由红色、黄色恒星组成（蓝色、白色恒星已经燃尽）。然而，这个新诞生的椭圆星系借助更强大的引力作用再次吸入冷气体，并最终使星系盘和旋臂结构"重生"，然后再次循环类似的过程。

▶ 星系的发展

目前星系演化的最公认理论认为：星系在演化过程中经历了一系列的融合和碰撞，通过增强引力来抑制冷"背景"气体（恒星形成的必要因素）供应的减少。最终，星系将合并成巨型椭圆星系，并支配星系团的中心区域。

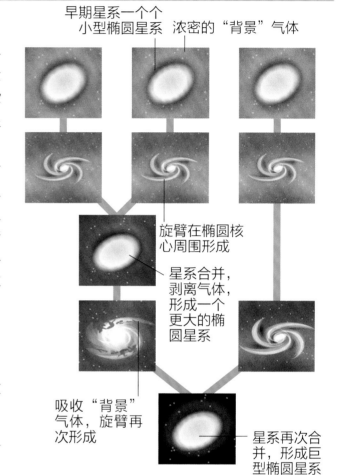

早期星系一个个
小型椭圆星系　浓密的"背景"气体

旋臂在椭圆核心周围形成

星系合并，剥离气体，形成一个更大的椭圆星系

吸收"背景"气体，旋臂再次形成

星系再次合并，形成巨型椭圆星系

星系团

星系团的组成结构包罗万象，有些可能只有几十个旋涡星系和不规则星系（如我们所处的本星系群），有些则包含了数千个星系（大多为椭圆星系），并由一个或多个位于中心的巨型椭圆星系支配着。令人惊讶的是，星系团的尺度却没有多大的区别——大多数星系占据了数百万光年的空间。（虽然星系团之间的融合现象也时有发生，但每一个星系团由于内部引力的影响都是独立的。）

▶ 星系团的演化

星系团以及内部的星系，随着时间推移会不断经历合并的过程。一个星系团的年龄可以通过包含大型椭圆星系的数量来估算。阿贝尔1689（Abell 1689）被认为是一个高度演化（非常古老）的星系团。

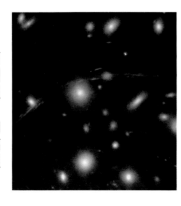

▶ 乔治·阿贝尔

美国天文学家乔治·阿贝尔（George Abell，1927—1983）开展了天文历史上第一次对于星系团的巡天勘察，同时他借助新技术用于区分星系团和随机分布的背景星系。在20世纪50年代期间，阿贝尔在帕洛马山天文台（Mount Palomar Observatory）使用当时最强大的天文望远镜完成了他大部分的巡天工作，整理出阿贝尔星系团表。阿贝尔星系团表仍是目前研究星系团的标准参考。此外，阿贝尔还非常重视对青少年的科学科普工作。

系外行星

太阳系并不是独一无二的，宇宙中必然存在着与太阳系相似的系统。自20世纪90年代开始，借助新技术和仪器，天文学家们终于能够研究环绕除太阳之外恒星的系外行星以及褐矮星（brown dwarfs）。

寻找行星

虽然早期的红外光探测卫星发现了年轻恒星周围类似于原行星盘的结构，但有关（完全形成的）行星系统的证据仍然难以找到，其主要原因就是这些系外行星实在是太暗了。直到20世纪90年代中期，天文学家们使用了全新的观测方法，第一次确认了系外行星的存在。在这之后的20多年里，天文学经历了革命性发展，数以千计的系外行星和更多未经证实的行星"候补"成员被找到。最初，天文学家们使用一种称为"径向速度量测法"的方法寻找系外行星，这个方法只能寻找到木星这样的巨行星；最新的一种探测方法——"凌日法"能够寻找到更加小的行星，并且已经确认了几颗与地球非常相似的行星。借助这个方法，天文学家们还发现了大量的褐矮星——一种介于恒星和巨行星之间的高密度气态天体。

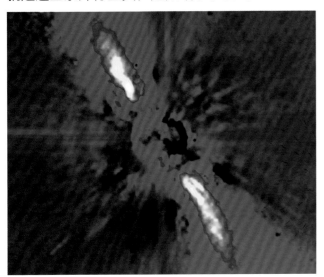

绘架座 β

这是位于50光年外的一颗质量与太阳相似的恒星——老人增四（绘架座 β）在可见光和红外光波段合成的图像。在主星被遮掩的情况下，这颗恒星周围有一圈由"发光"物质组成的盘状结构，称为岩屑盘。这个岩屑盘的范围与内太阳系接近。

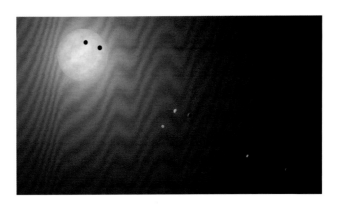

第一张系外行星照片

这张直接观测到系外行星的图像是由智利的甚大望远镜（VLT）于2005年拍摄的。这颗行星（左边）拥有木星的5倍质量，旁边环绕着一颗暗淡的褐矮星。

另一个"地球"

小型的类地行星，如位于"TRAPPIST-1"恒星系中的行星，是通过"凌日法"发现的。当行星经过恒星表面（从观测者角度）时，会挡住一部分恒星的光，使其亮度轻微地下降。未来的巨型望远镜有可能直接拍摄到这些行星的图像。

探测行星

最初探测系外行星的方法是借助于这些行星公转时对恒星的影响。就像处于联星系统中的恒星一样，一颗恒星和它的行星也是围绕着它们质量中心（引力中心）旋转。在行星系统中，这个引力中心很有可能位于恒星内部。但是在一定的时间间隔下察看恒星的光谱，恒星围绕着引力中心会产生"颤动"，天文学家们能够探测到极其细微的红移和蓝移，借此来确定行星的存在。

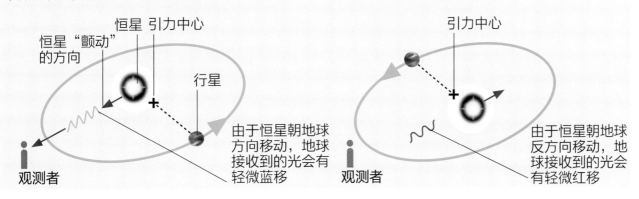

恒星"颤动"的方向　恒星　引力中心　行星

由于恒星朝地球方向移动，地球接收到的光会有轻微蓝移

观测者

引力中心

由于恒星朝地球反方向移动，地球接收到的光会有轻微红移

观测者

木星和伊奥

这张图像是哈勃空间望远镜拍摄的。木星的高层大气成为它的一颗卫星——伊奥（Io，木卫一）的背景，这颗卫星的影子投射在木星的云层顶端。

太阳系

　　地球，是一颗充满生机的岩质行星，更是人类赖以生存的家园。但是，地球不是周边范围内最大的、最重要的"天体"。太阳才是那个"天体"，地球是太阳家族中的一员。太阳系是由8颗行星、一些更小的矮行星、超过180颗卫星以及数十亿颗小行星、彗星组成的，这些成员已经一起存在了大约46亿年。在更大范围内，太阳系只是银河系千亿个恒星系统中的一员，而银河系本身也只是宇宙中千亿个星系中的一员。

　　太阳对周围大量的天体以及浩大的宇宙空间产生了重要的影响，作为太阳系最庞大、最中心的天体，所有其他的天体都环绕着它。水星、金星、地球和火星的公转轨道更靠近太阳，而木星、土星、天王星和海王星的公转轨道则在火星轨道外侧很远的地方。还有一些比较大的天体在海王星轨道外侧的柯伊伯带（Kuiper Belt）被发现，其中最著名的莫过于主要由岩石和冰组成的冥王星。早期冥王星被发现的时候被划分为行星，不过在2006年被重新定义为矮行星。

　　太阳系中所有的天体都是在差不多同一个时间段形成的——大约46亿年前。它们的起源是一片巨大的星云，由气体、尘埃构成，范围达到如今太阳系的数倍。到整个太阳系结构形成为止，这片星云只有千分之二质量的物质留存了下来，其余部分都被吹散至外围的宇宙空间。整个太阳系中，最先形成的是太阳，紧接着是行星。星云物质中的微小颗粒聚集到一起，形成越来越大的结构，从块状到巨石状，最后成为一个巨大的球体——岩质行星。而气态巨行星则是先形成了一个固态核心，后由于引力吸入了很多气体和尘埃，形成了浓厚的大气。位于火星轨道和木星轨道之间的物质则没有那么好的"运气"，它们没有聚合成行星，最终成为一圈小行星带。剩下的物质则位于海王星轨道之外，形成了柯伊伯带中的天体以及彗星。

从地球看太阳系

　　当我们仰望天空，那些离我们最近的天体都位于太阳系中。太阳照向地球产生了白昼，同时照亮了月球和其他行星，使它们在夜空中闪耀。只要天气条件优良，除了海王星和曾经的行星冥王星之外，所有的行星都可以通过肉眼看到。太阳、月球和6颗行星——水星、金星、地球、火星、木星、土星，从远古时期就被人类文明所了解。还有周期性"光顾"的彗星也是如此，虽然那时人们没有理解彗星的本质。其他的天体，如其他行星的卫星，是在17世纪初，第一架天文望远镜诞生以后首先被观测者们发现的。随后，天王星在1781年被发现，第一颗小行星在1801年被发现，海王星在1846年被发现，冥王星在1930年被发现，第一个柯伊伯带的天体则是在1992年被发现的。近60年来，太空探测器飞到了这些天体附近，拍摄了"特写镜头"，揭示了这些地球"近邻"不为人知的细节。在未来，太空探测器以及越来越强大的观测技术和设备，将为人类揭示太阳系中更多的细节以及新成员。

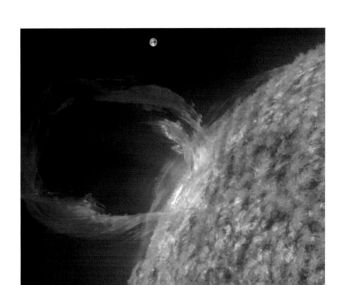

≪ 太阳——地球的"母亲"

太阳是天空中唯一一颗我们能够详细观测的恒星。这幅图像中，太阳表面产生了剧烈的爆发现象，将物质抛向太空，地球只是图像上方那个微小的球体。

我们的太阳系

太阳系是由太阳和它家族中天体组成的系统。家族成员包括行星、卫星和无数的小天体，如小行星和彗星。如今，随着天文设备的更新换代，越来越多小天体被发现，太阳系中已知成员数每月都在逐步上升。

太阳系的结构

太阳，是太阳系中质量最大、体积最大的天体，支配着整个太阳系。它位于太阳系的中心位置，并且产生强大的引力来维持太阳系的结构。其他任何一个天体都沿着一条路径环绕着太阳，环绕完成一圈的轨迹就称为公转轨道，同时每个天体在公转的时候也会自转。太阳系的八大行星都位于差不多同一平面的近圆轨道上运行。行星轨道之外是彗星的居所，彗星的轨道平面与行星轨道平面呈各种各样的角度，有些轨道的平面与行星盘几乎平行，而有些则形成了非常大的夹角；彗星的最远位置可以延伸到距离太阳1.6光年之外的地方，因此大部分彗星的轨道是偏心率非常高的椭圆轨道。在彗星所在的区域之外便是星际空间，不再隶属于太阳系。

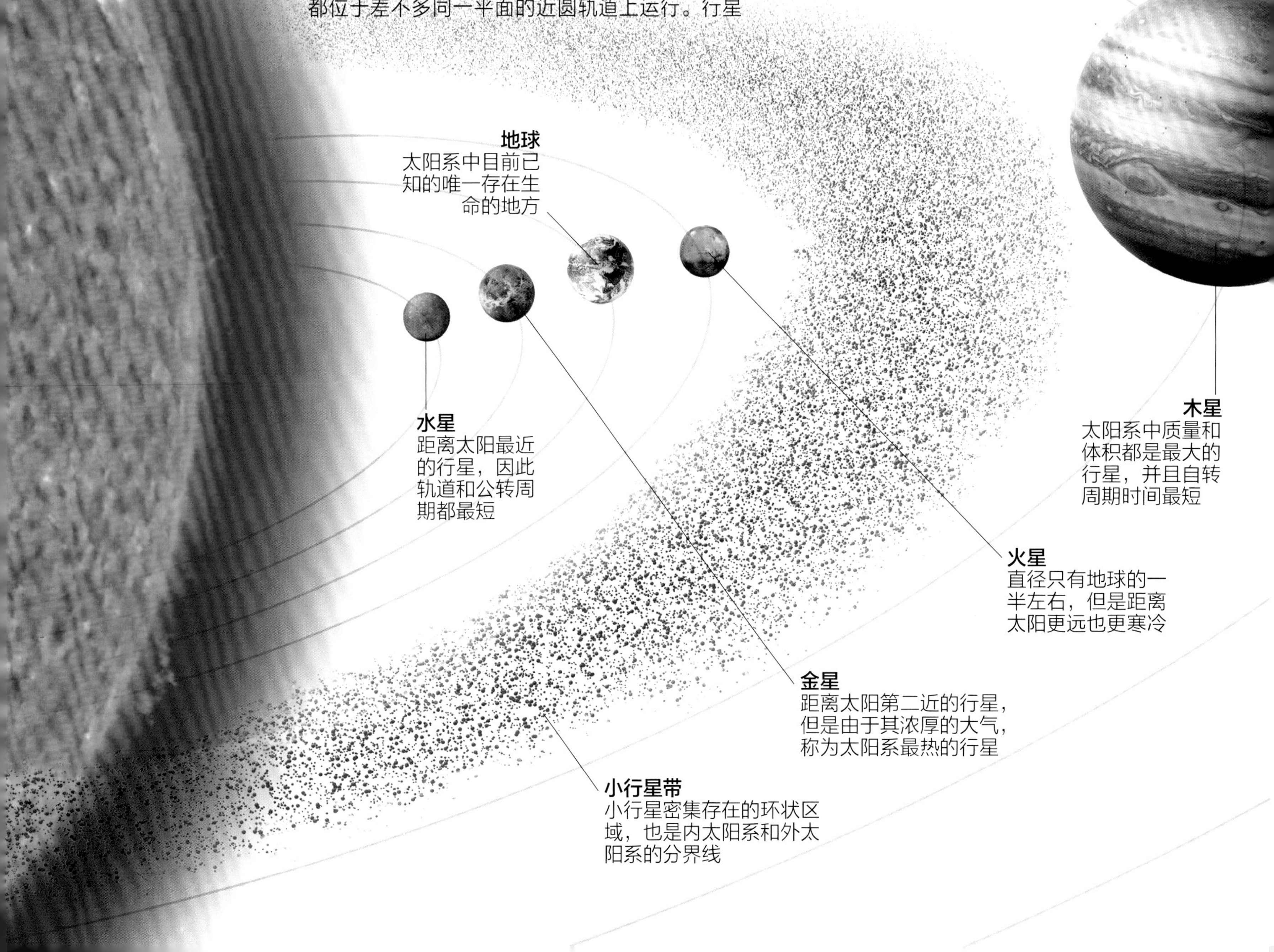

地球
太阳系中目前已知的唯一存在生命的地方

水星
距离太阳最近的行星，因此轨道和公转周期都最短

木星
太阳系中质量和体积都是最大的行星，并且自转周期时间最短

火星
直径只有地球的一半左右，但是距离太阳更远也更寒冷

金星
距离太阳第二近的行星，但是由于其浓厚的大气，称为太阳系最热的行星

小行星带
小行星密集存在的环状区域，也是内太阳系和外太阳系的分界线

太阳系的形成

　　太阳系形成于大约46亿年前，是一块高速旋转并由气体、尘埃构成的巨大云团，称为"太阳星云"（Solar Nebula）。云团中的物质在引力作用下向中心区域坍缩，形成了原恒星状态的太阳；没有被吸入的物质环绕着太阳形成盘状结构，也就是原行星盘，即行星诞生的场所。在原行星盘更靠近太阳的区域，只有岩石和金属能够在高温下存在，它们形成了岩质行星；而在温度更低的原行星盘外部区域，岩石、金属、气体和冰构成了外太阳系的气态巨行星。

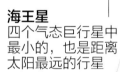 **行星轨道**

太阳系的八大行星都在位于差不多同一平面的公转轨道上运行，而且公转的方向相同——从北极看呈逆时针方向。行星距离太阳越远，它的公转轨道就越长，环绕一周的时间就越久。（在这幅图片中，行星和它们的公转轨道并不是按实际比例显示的）

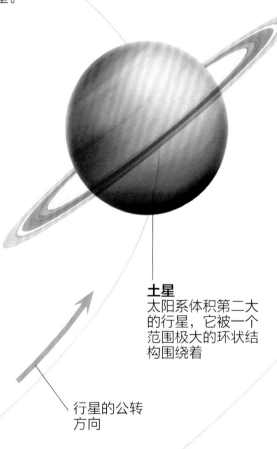

海王星
四个气态巨行星中最小的，也是距离太阳最远的行星

天王星
与太阳的距离是土星的2倍，它几乎"横躺"着围绕太阳公转

土星
太阳系体积第二大的行星，它被一个范围极大的环状结构围绕着

行星的公转
方向

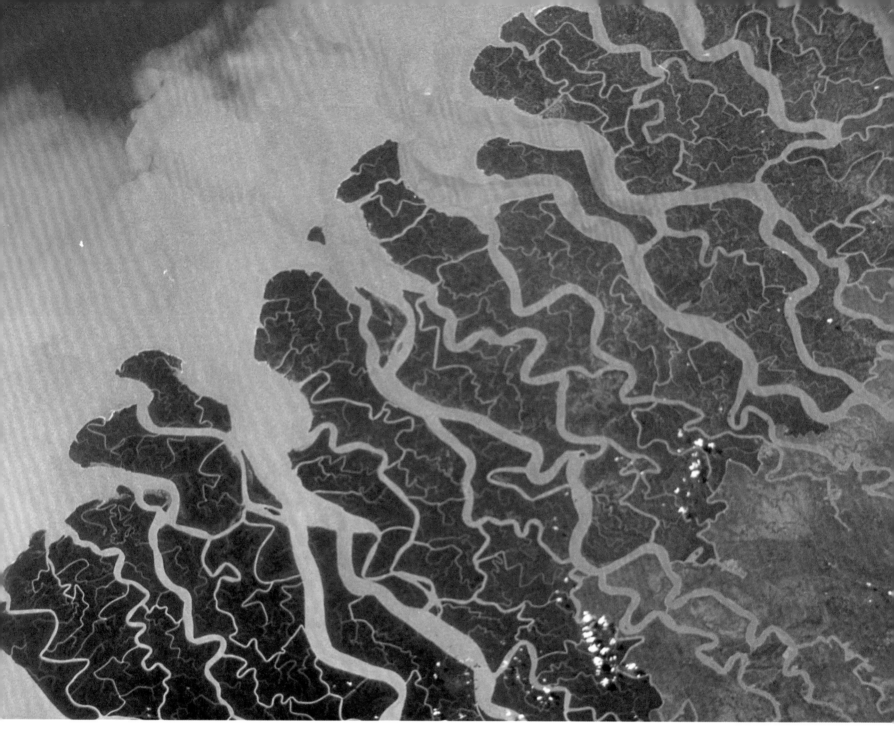

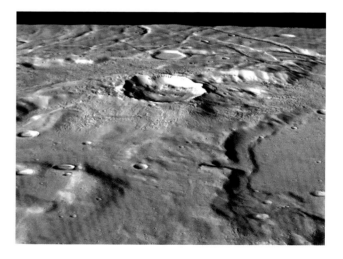

内部的岩质行星

太阳系的4个内行星——水星、金星、地球、火星，都是岩质行星。事实上，岩质行星这个名字有些许的误导，实际上它们都是由岩石和金属构成的。如果将这些行星"切开"，每一颗行星中间都是一个由金属构成的核心，核心周围则是岩质地幔，最外层则是岩质地壳。不过这些行星的地表结构却是截然不同的：水星干燥、灰色的表面布满了撞击坑；浓厚并且剧毒的大气层包裹着金星，并掩盖了表面的火山地貌；地球表面70%的面积都是液态水；火星干燥、寒冷的表面上拥有着太阳系最大的火山。

⌃ **恒河三角洲**
太阳系中只有地球的表面拥有液态水。如果地球过于接近太阳，那么地球表面的水将会沸腾；如果过于远离，那么水将会凝结。

⌃ **火星表面**
火星表面呈现出地质构造运动以及液态水曾经流过的痕迹。同时火星也布满了数以万计的撞击坑。

外部的气态巨行星

太阳系最大的四颗行星（木星、土星、天王星、海王星），也是除了太阳之外太阳系中最大的天体，均位于小行星带的外侧（也称"外行星"）。虽然这些行星的组成结构中气体只占了一部分，但它们仍被称为"气态巨行星"。这些行星所展现的外貌都是其高层大气顶部的结构。这四颗遥远的、寒冷的行星都拥有许多颗卫星，并且都被行星环围绕着，其中土星环最为耀眼。

⌃ 土星环

土星拥有一个范围广阔的却比较薄的环状结构，这种结构称为"行星环"。这张由"卡西尼号"探测器拍摄的照片，显示出土星环是由许多微细的同心环组合而成的，而这些小环中的颗粒主要成分都是冰。

》卫星、小行星和彗星

太阳系中还存在着数十亿个小天体。在这些小天体中，超过180颗卫星正环绕着八大行星中的6颗（除了水星、金星），其中最大的两个甚至比水星都要大，而最小的呈"土豆"状，仅仅只有几千米长。数十亿块太空岩石，统称"小行星"，组成了火星和木星之间的小行星带。位于海王星轨道外侧的柯伊伯带，则由数万个结冰的岩质小天体组成，而在更外侧的奥尔特云，则有超过1万亿颗彗星存在。

小行星"加斯普拉"

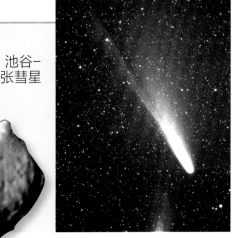

池谷-张彗星

⌃ 木星表面的风暴

木星浓厚大气的顶层，形成了不同颜色的带状结构，其中正在发生猛烈的风暴。

太阳

太阳是一颗充满了炽热且明亮的气体的恒星。在它的核心位置，氢原子通过核聚变反应转换为氦原子，并释放了大量的能量，这就是我们在地球上感受到的光和热的来源。太阳保持着这样的状态已经长达46亿年，在未来大约50亿年里将继续保持如此。

太阳的核心

太阳是巨大的，它的直径达到了地球的109倍，并且占据着太阳系总质量的99%。它主要是由氢（约占太阳质量的71%）和氦（约占太阳质量的27%）以及微量的、大约90种化学元素组成。在引力作用下组成太阳的气体聚集在一起，被拉向中心。越靠近太阳中心的地方，温度越高，压强越大。辐射压则尝试将太阳的气体向外推出，阻止它们变得更加"拥挤"。只要向内的引力和向外的压力维持平衡，太阳就能够保持它现在的大小和形状。

太阳的核心占据了太阳质量的60%左右，其温度大约为1500万℃。在这里，核聚变反应以每秒大约6亿吨的速率将氢转换为氦。在这个过程中，大约500万吨的质量转换为能量（根据爱因斯坦质能方程）。太阳并不是固态的，因此并不像地球以相同角速度自转。太阳不同区域的自转速度不尽相同：赤道位置的自转周期大约为25天，而两极地区的自转周期仅约10天。

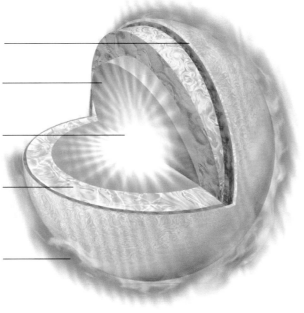

光球
太阳可见的表面

辐射区
在这里，能量以光子的形式传播

核心
核聚变反应发生的地方

对流层
能量以对流的形式向外传送

色球
光球上方一层不规则的大气

◧ **内部结构**

在太阳的核心，氢原子转换为氦原子。能量以辐射的形式向太阳表面传播，经过对流层，最后通过光球层离开太阳。

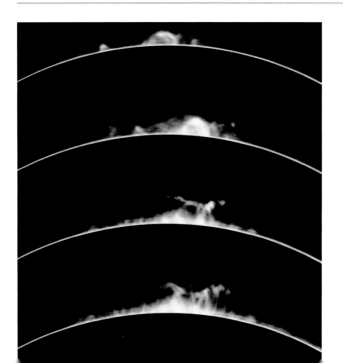

太阳表面

从地球上，我们所看见太阳的表面其实是一层厚度为500千米的结构，称为"光球"（photosphere）。"光球"由被称为米粒组织的对流胞组成，这些米粒组织使得光球呈现类似于橘皮一般的亮度分布不均匀性。每个由气体组成的对流胞直径大约为1000千米，它们的寿命非

◧ **耀斑**

炽热气体持续地从太阳表面以喷流状结构或片状结构喷发出来，并在短时间内释放大量能量。这一系列的照片拍摄了太阳耀斑在8小时内从光球层喷发的过程。

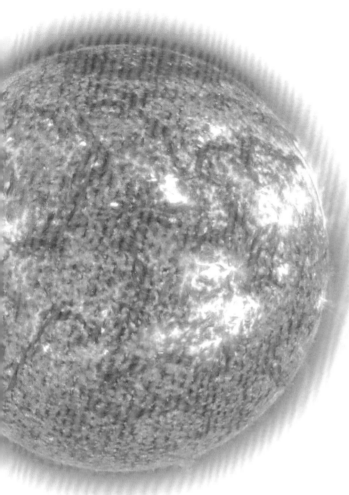

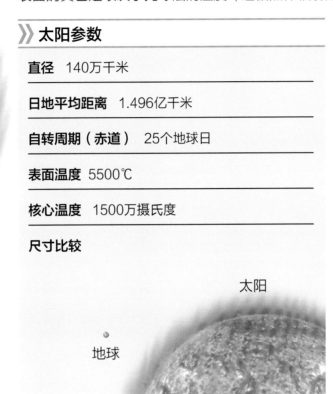

太阳全貌

在这张由"太阳和太阳圈探测器"（Solar and Heliospheric Observatory，SOHO）拍摄的图像中，可以清楚地看到太阳斑点样的表面。白色区域称为光斑，它们是太阳表面明亮的活动现象，并且和太阳黑子的出现有关。这幅图像是紫外光波段拍摄的，这也是为什么太阳看上去是深橘色的。实际上观测到的太阳表面的黄色是取决于光球层的温度（遵循黑体辐射定律）。

太阳参数

直径	140万千米
日地平均距离	1.496亿千米
自转周期（赤道）	25个地球日
表面温度	5500℃
核心温度	1500万摄氏度

尺寸比较

太阳

地球

常短，但会不断地再生。针状体是从太阳光球层产生的短寿命的喷流气体，相比于太阳整体结构它们显得很小，但是能喷射到数千千米远。而更强大、更主要的太阳活动，如耀斑、冕环则通常是与太阳黑子相关。

太阳黑子是光球表面有时出现的一些暗色区域，它们的直径通常为数百到数千千米。太阳黑子周期性地出现在太阳表面上，通常一次会存在几周的时间。太阳黑子的强磁场抑制了炽热气体的对流，因此它们的温度相比于周围区域要低一些，使它们清楚地显示为黑点。太阳黑子的位置通常在太阳的南北纬40°之间。它的活跃周期为11年，随着时间推移（一个周期的开始），黑子出现的纬度逐渐向太阳赤道靠拢，同时黑子的数量也会越来越多。

一个巨大的拱形珥

日珥

日珥（prominences）是太阳表面喷发出的巨型炽热气流，是太阳色球层上产生的一种非常强烈的太阳活动。日珥能高于太阳表面数十万千米，延伸至太阳的外层大气——日冕（corona），并持续存在几天至数周不等的时间。

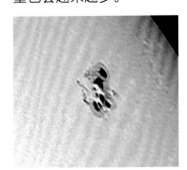

太阳黑子

太阳黑子相比光球的其他区域温度要低1500℃左右。在黑子中心温度最低的部分被称作本影，是磁场最强的区域。本影周围温度稍高一些的区域被称为半影。

太阳的大气层

太阳在光球外拥有范围很广的大气层，主要分为两层。内层是色球（chromosphere），包围在光球之外，厚度大约为5000千米。色球的奇特之处在于温度随着高度上升（朝宇宙空间方向）而增加，色球顶部的温度达到了2万℃。外层称为日冕，日冕的厚度达到几百万千米以上，而且温度愈发高，可以达到200万℃。日冕具有

如此高温是始料未及的，这一反常的现象意味着什么？如今科学家们还未找到合理的解释。

太阳大气层在地球上一般是无法被看见的，它们被光球产生的耀眼光所遮挡。暗粉色的色球和珍珠白色的日冕，只能在太阳被掩盖的情况下（如日全食的时候），才能被观测到。而从太阳高层大气射出的带电粒子流——太阳风，则始终是无法观测的。

》 色球

这张照片中很薄的、不规则的暗粉色弧状结构就是色球，在其下方更明亮的白色光芒则是来自光球。太阳此时已经被遮住了，可以看到一块像火焰一样的红色突出物从色球层被抛向日冕（日冕在照片中并不可见），这就是日珥。

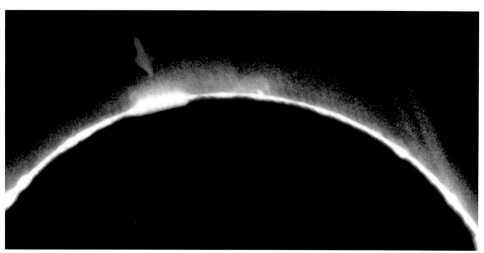

》 太阳动力学天文台

NASA于2010年将太阳动力学天文台（Solar Dynamics Observatory，SDO）发射至太空，它的科研任务是研究太阳的光球、大气层以及太阳风的产生。

研究太阳

迄今为止，已经有超过20个太空探测器飞向太阳，研究太阳的性质和太阳对周围宇宙空间的影响。有些探测器在地球轨道上研究太阳的性质，有些探测器则在太阳轨道上工作。"尤利西斯"（Ulysses）探测器环绕着太阳的极地轨道运行，"起源号"（Genesis）探测器成功地搜集到了太阳风粒子并带回地球。通过这些探测器，科学家们得以在不同波段下研究太阳一部分结构，包括耀斑、日冕。

》 泰德峰天文台

天文学家们在地球上用特殊的望远镜来研究太阳，在高海拔地区的高塔之中从事科学研究，高海拔地区能够将地球大气的扰动降到最小。在高塔的顶端，一块可移动镜片（定日镜，heliostat）将太阳光反射到固定位置的望远镜之中。接着太阳光被导向位于地下空间的测量仪器，地下空间始终保持着低温，来抵消太阳辐射产生的热量。位于泰德峰天文台（Teide Observatory）的真空塔式望远镜（Vaccum Tower Telescope，照片中最高的建筑）将高塔内空气全部抽走，尽可能地降低由太阳光带来的热量导致的图像畸变。

泰德峰天文台，位于特内里费岛

》日食

当太阳、月球、地球按顺序成一条直线时，月球将会挡住太阳的光芒，形成日食（solar eclipse）。日食只会发生在新月的时候，但并不是每一次新月都会发生日食，通常只有两年一次，这三个天体才会呈直线排列。此时，月球的影子将投影在地球上，位于这个投影（称为"本影"）之内的观测者能够看到日全食或日环食；而在本影之外、半影之内的观测者将会看到日偏食。

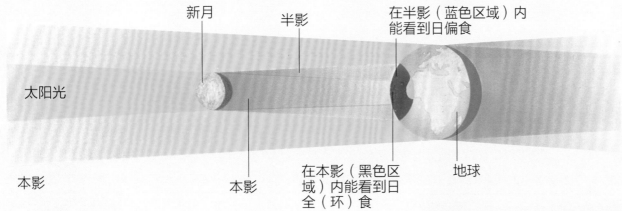

新月 | 半影 | 在半影（蓝色区域）内能看到日偏食

太阳光

本影 | 本影 | 在本影（黑色区域）内能看到日全（环）食 | 地球

日全食的阶段

在日全食过程中，从月球刚接触到太阳圆面（初亏）到完全遮住太阳圆面（食甚）大约要经过一个半小时。食甚阶段（最右一幅图）通常将会持续2~5分钟，但是最长的时间可以超过7分钟。也只有在日全食的时候，太阳外围的环状物——日冕，才能被看见。

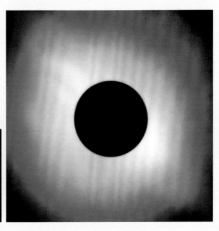

观测太阳

我们千万不能用肉眼或者天文仪器直接观测太阳，因为太阳强烈的光线会对我们的眼睛造成巨大伤害。天文爱好者们采取两种方式借助仪器观测太阳：一种是防护措施，如使用滤镜来阻挡大部分光线，使得视场的亮度降低至肉眼能够接收的范围；另一种是投影法（将太阳的影像投影到一个屏幕或者一张观测卡上），由于这种方法意味着我们不会直接看向太阳，所以更加安全。

观测卡

轻轻地移动目镜透镜的位置直到成像最清晰为止

》双筒望远镜投影法

将双筒望远镜的一个镜筒遮住，使太阳光只能从另外一个镜筒进入。调整观测卡的位置，直到太阳的像对准焦点，最清晰为止。

《 天文望远镜投影法

太阳的像可以直接通过天文望远镜的内部结构，从目镜中导出，并投影到观测卡上。将天文望远镜对准太阳，将观测卡放置在目镜后方50厘米处，最后调整目镜，锐化投影的像，使其最清晰为止。

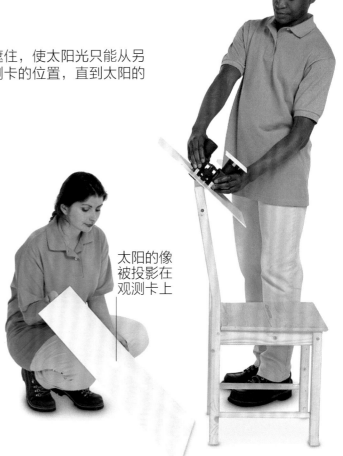

太阳的像被投影在观测卡上

耀斑

对于普通的天文观测而言，太阳看上去是一个明亮但没有特色的圆盘结构。然而，地表和太空中的高精度设备揭示了太阳表面更多的细节。位于地球轨道的"太阳过渡区与日冕探测器"（Transition Region and Coronal Explorer，TRACE）拍摄到日冕层中剧烈的能量释放过程——耀斑。

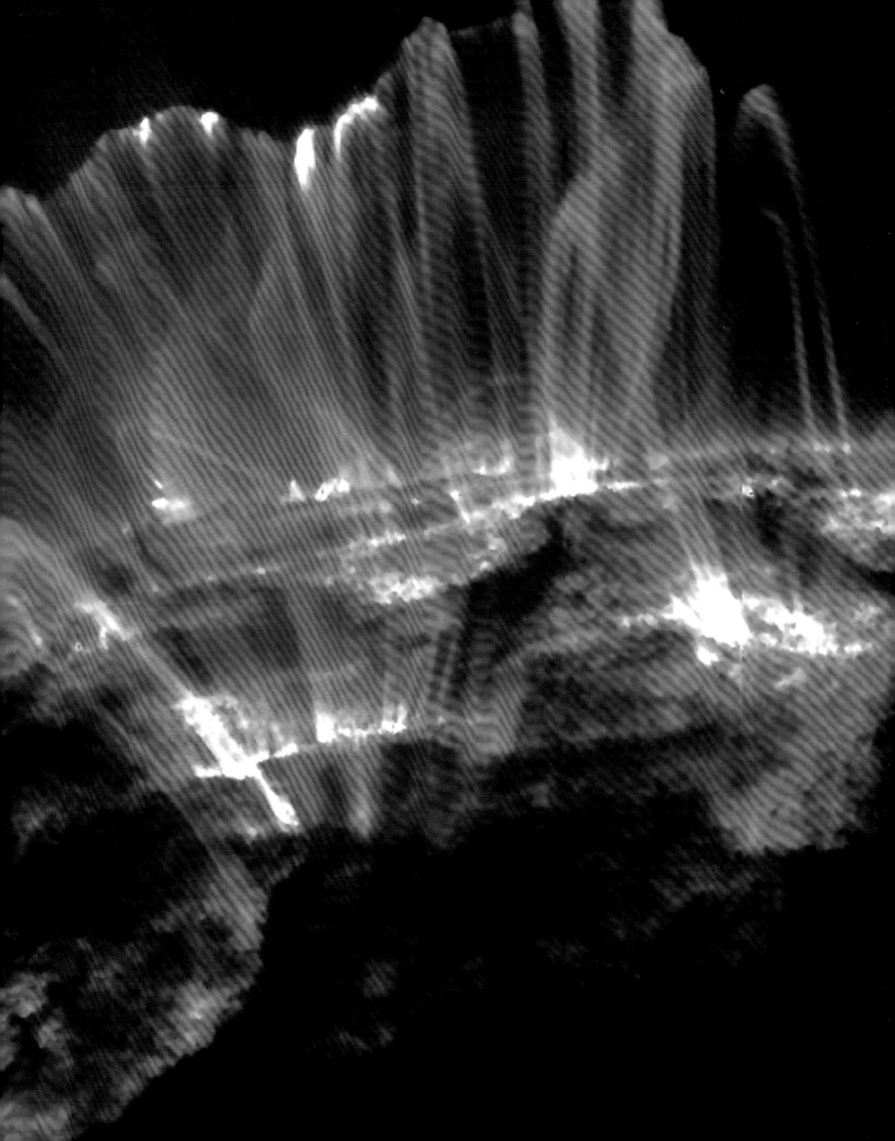

水星

水星是最接近太阳的行星，并拥有八大行星中最大的轨道偏心率。它是一个干燥的、多岩的、坑坑洼洼的世界。白昼，水星将感受到太阳猛烈的热量，气温蹿升（可达430℃）；夜晚，由于水星大气层极为稀薄，无法有效保存热量，气温骤降（可降至－180℃）。

水星的构造和大气层

水星的硅酸盐地壳下方是一层大约550千米厚并由硅酸盐岩石构成的固体地幔。在水星年轻的时候，这层地幔是液态的，也是火山喷发的来源。如今地幔已经冷却、固化，并且在过去的10多亿年间，火山喷发也渐渐消失。地幔下方是一个大型的铁质核心，当水星还是一颗年轻行星时，较重的铁元素逐渐下沉，形成了水星的核心。这个核心处于部分熔融的状态，这也是水星微弱磁场的来源。

水星地表的元素如钠，连同太阳风带来的氦，构成了水星极其稀薄大气的一部分。由于水星的引力不足以长期留住大气层，这个大气层是暂时存在的，并且需要不断地进行补充方能维持存在。

⯈⯈ 内部结构

相比于其他岩质行星，水星的密度是非常高的，意味着水星富含铁元素。水星拥有一个巨大铁质核心，其直径大约为3600千米，整个核心是由地幔和地壳包裹着，地幔和地壳都是由硅酸盐岩石组成，并且富含铁和钛。

硅酸盐地壳　铁质核心　硅酸盐地幔

氢气（22%）　氦气（6%）

钠（29%）

氧气（42%）　钾及其他气体（1%）

⯅ 大气成分

由于水星大气层中的气体在不断流失的同时也在不断补充，这层暂时存在的、稀薄的大气层的化学元素组成含量随着时间会不断变化，不过氧、钠和氦始终是水星大气中最丰富的元素。

水星的地质地貌

水星表面布满了数千个由陨石撞击地表形成的撞击坑。撞击坑中最古老的可以追溯到40亿年前，那时大量的陨石正在"轰炸"这颗年轻的行星。撞击坑的尺寸跨幅很大，最小的呈碗状，可能只有几千米那么大；而最大的撞击坑是卡洛里盆地（Caloris Basin），其直径达到了水星直径的1/4。据估测形成这个巨型撞击坑的"元凶"，是一个直径大约为100千米的小天体。撞击产生的冲击波改变了水星地表，形成了围绕撞击坑的环状山脊。更惊人的是，这次撞击使得撞击坑的对跖点（位于球体直径两端的点，即水星背面的对称点）出现了大范围的丘陵、凹槽地形。水星表面也含有火山熔岩造就的平原，以及年轻的高温行星冷却收缩时产生的峭壁状山脊。

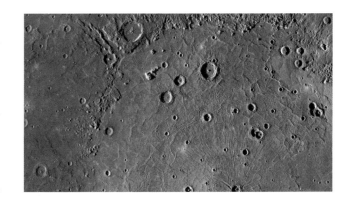

⯅ 布满"痘痘"的表面

卡洛里盆地是一个直径超过1500千米的巨型撞击坑。这张照片是由"信使号"（Messenger）探测器拍摄的，可以看到盆地底部的熔岩平原以及后续的、密密麻麻的小型撞击坑。

《 月球般的行星

水星是八大行星中最小的一颗，环绕太阳的公转周期也是最短的。水星的熔岩平原像月球一样布满了陨石撞击坑。

》 水星参数

直径	4879千米
距日平均距离	5790万千米
公转周期	88个地球日
自转周期	59个地球日
表面温度	−180℃至430℃
卫星数量	无

尺寸比较

地球　　　　水星

水星探测任务

由于水星很靠近太阳，它只有在地球的地平线附近才能被观测到，而地球大气层在地平线方向是比较紊乱的（大气层扰动较为强烈）。这导致了在地表很难研究水星的表面性质，所以太空探测器的重要性不言而喻。第一个造访水星的航天器是"水手10号"（Mariner 10），1974—1975年间3次飞越水星，拍摄照片揭示出水星是一个类似于月球而布满撞击坑的世界。第二个探测器"信使号"于2011年3月进入环水星轨道，除了研究任务之外，还拍摄并绘制出一幅更加详细的水星地表地图。

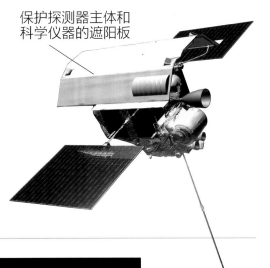

保护探测器主体和科学仪器的遮阳板

《 "信使号"探测器

在2008—2009年间的3次近距离飞越之后，"信使号"在2011年正式进入环水星轨道。进入轨道之后，这架探测器绘制了水星表面的地图，并研究了水星的地球化学、大气层和磁场。

观测水星

水星在很多方面都与月球相似，但是观测水星是一件很困难的事，因为它距离太阳太近了，所以只能黎明或者黄昏时分在靠近地平线的低空位置被找到。水星的最佳观测时期是它位于"大距"（greatest elongation）的时候，大距指的是从地球看出去，行星和太阳的最大夹角，此时在天空中，水星与太阳的视距离最远。这种情况每年会发生6~7次。此外，在一个世纪内，会发生几次"水星凌日"的现象，即太阳、水星、地球三者恰好排成一条直线时，在地球上可以观察到太阳上有一个小黑斑在缓慢移动。

木星

金星相比水星显得更加明亮，并且距离太阳更远

水星勉强能在落日的余晖中被发现

《 夜空中的水星和金星

水星只能在黎明或黄昏时分才能被看见。这张照片中，太阳已经落山，而水星在不久之后也将落到地平线以下。在夜空中，水星和金星看上去就像耀眼的恒星，且基本都能被肉眼看见。

金星

金星与地球在尺寸和结构上十分相似，也是距离地球最近的行星。金星作为地球的"邻居"，在晴朗的夜空中是最为明亮的一颗星。然而，金星却不愿展示自己的面貌，我们能看到的只有顶层那浓厚、延绵的云层。

金星的构造和大气层

金星的直径只比地球约小650千米，它的内部结构在厚度和组成上也与地球很相似。在硅酸盐地壳下方是一层熔岩地幔，地幔下方是熔融态的核心外层（外核），而核心的中心部分（内核）则是固体的。金星的独特之处在于它的自转速度比其他的行星都要慢，其自转周期甚至要比公转周期都要长。此外，金星的自转方向是从东向西的，与其他大多数行星都相反。

金星厚度达到80千米的大气层的主要成分是二氧化碳，而在大气层上还有一层由硫酸液滴组成的云盖，它反射了超过65 %的太阳光。金星浓厚的大气层同样也使来自太阳的热量逃离不出金星，产生了强烈的温室效应。因此，金星是一颗永远处于阴天的星球，并且具有比其他行星都要高的地表温度。

硅酸盐地壳

熔融的铁镍外核 　熔岩地幔

固态的铁镍内核

◀◀ 内部结构

金星是一颗密度较高的岩质行星，在引力作用下物质沉积，形成内部的层状结构。金星的核心由铁和镍组成，核心已经冷却，并且已经部分固化。地壳下熔融状态的地幔物质通过火山熔岩的形式释放到行星表面。

金星的地质地貌

金星表面遍布着火山地貌，表面大约85%的面积是低洼平原并且被熔岩覆盖。剩下的地区由3块高原组成，其中最大的是"阿佛洛狄忒陆"（Aphrodite Terra）。从地质学角度而言，金星的火山地貌是相当年轻的，其中数百个火山口以及广阔的熔岩平原存在的时间可能不超过5亿年，而有些火山可能仍在处于喷发状态。金星表面有一些特有的特征：平顶山形状的火山——看起来像薄煎饼；类似蜘蛛网的辐射状火山地貌，称为蛛网膜地形（arachnoid）。金星表面还有数以百计的撞击坑，连同金星表面其他的特殊地貌，它们都是以女性的名字命名的。

⌃ 巴顿撞击坑

这个撞击坑的直径达到了52千米，它是以美国红十字会创始人克拉拉·巴顿（Clara Barton）的名字命名的。

⌄ 壮观的火山

金星上的火山都是非常庞大的。玛亚特山（Maat Mons）是一个坡度不大的盾状火山，它经历了连续不断的喷发而不断变大，最终比周围地区高出近8000米。

二氧化碳　　　氮气及痕量气体

《 大气成分

金星的大气层含有大量的二氧化碳以及少量的氮气及痕量气体，如水蒸气、二氧化硫和氩气。

《 "乌云密布" 的金星

金星浓厚的云层阻止了任何人即使位于该星球上也看不到晴朗的天空。强烈的风暴将云层不断向西吹动——与自转方向相同，但是速度要快得多，所以云层每4天会环绕一次金星。深入金星大气层的太空探测器揭示了云层下方是一个昏暗的、令人窒息的世界。

》 金星参数

直径	12104千米
距日平均距离	1.082亿千米
公转周期	224.7个地球日
自转周期	243个地球日
表面温度	464℃
卫星数量	无

尺寸比较

地球　　　　金星

》 金星探测任务

自1962年来，已经有超过20个太空探测器飞越、环绕金星甚至降落在金星表面上。这些着陆器（登陆车）需要在各种艰难条件下生存，如具有腐蚀性的云层、地狱般的地表高温和强大的气压（地球大气压的92倍）。"麦哲伦号"（Magellan）探测器（1990—1994）以及"金星快车"（Venus Express，2006—2014）都曾环绕金星，并用雷达和红外光绘制整个金星的地表地图。"金星快车"也同时研究了金星浓厚的大气层。

苏联"金星计划"着陆探测器

》 夜空中的金星

在照片中呈现的是金星和月牙，金星位于左侧，也是一个非常明显的天体。由于金星在黎明或傍晚时也显得非常明亮，它在古代也被东方人称为"启明"或"长庚"，古代西方人则称其为"晨星"（Morning Star）和"昏星"（Evening Star）。金星的视星等和视尺寸会随着时间变化而改变。

观测金星

在地球的夜空中，由于金星距离我们很近，并且有强反射云层，所以金星显得熠熠生辉。在最亮的时候，金星的视星等可以达到-4.7等，这个亮度仅仅落后于太阳和月球。同时，金星和月球一样也有相位变化，当它靠近地球时，朝向地球的那一面只有部分发光，形成类似于"月牙"的样子。金星的最佳观测时期是它位于"大距"（greatest elongation）的时候：在太阳落山后的傍晚，它会从半圆形的相位缩小成细长的眉月形相位；或者在太阳升起之前的黎明，它则会从眉月形相位变成半圆形相位。

地球

地球是太阳系四个岩质行星中最大的一颗，也是目前已知唯一能够维持生命存在的行星。不同于其他星球，地球是一个充满活力的世界，它的表面有大量的液态水存在，并且地表是不断变化的。地球只有一颗卫星——月球，但月球上并没有生命存在。

地球的构造

地球诞生于大约46亿年前，在那之后构成地球的物质分化为不同的层状结构。位于中心的地核是炽热且稠密的，内核部分已经固化，地核主要由铁及部分的镍构成。地核上方是固态及少量熔融态的岩质地幔，最上层则是比较薄的地壳。地壳是由许多不同种类的岩石和矿物组成，不过主要还是硅酸盐岩石。地壳分成了七大板块以及一些小型板块，这些板块漂浮在软流圈（熔融地幔）之上。地球的大陆、海洋、天空都孕育着生命。

熔融的铁镍外核

固态硅酸盐地幔

固态的铁镍内核

岩质地壳

◀ 内部结构
地核的外核中，熔融的导电物质在地转偏向力的作用下运动，产生了能够抵御太阳风的磁场。

地球的地质地貌

地球的地壳厚度会随着位置变化而改变。最厚的部分形成了7个主要的大陆板块，而其余比较薄的地壳占据了地球表面的70%以上，大量的水覆盖在这些区域之上。地球上的水绝大部分都是液态的，液态水形成了地球的五大洋；只有2%是固态的，形成了位于南北极两端的冰盖。地球板块之间会有相互运动，因此在板块边界处会形成独特的地貌，如山脉、海沟和火山。

▲ 水的"杰作"
蒂格雷河，地球上流量流域最大、支流最多的河流——亚马逊河的一条支流，穿越了秘鲁的热带雨林，形成了照片中美丽的景色。水、风和各种生命都在不同程度上塑造了地球独特的表面结构。

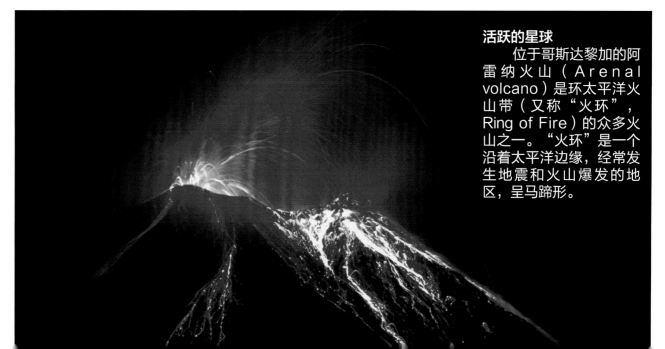

活跃的星球
位于哥斯达黎加的阿雷纳火山（Arenal volcano）是环太平洋火山带（又称"火环"，Ring of Fire）的众多火山之一。"火环"是一个沿着太平洋边缘，经常发生地震和火山爆发的地区，呈马蹄形。

地球的大气层和气候

　　地球的大气层主要是由氮气和氧气构成的。氧元素能够维持生命，并且在高层大气中形成臭氧，而臭氧就像一个护盾，能够有效地抵御太阳辐射。大气层的厚度大约为500千米，不过大多数集中在距地表16千米的空间之内，并且这里也是天气发生变化的场所。太阳照射在地球上的热量是不均匀的，因此导致了气压的变化，进而产生了风。而风则能驱使地球上的空气和湿气流动，导致各处出现不同的天气。

氮气　　　　　　　　氧气

氩气及痕量气体

⌃ 大气成分

氮气在地球的大气中占据主导地位，随后是氧气，这两者构成了干洁空气的体积含量的99%。而水蒸气的含量则是变化的，有时甚至能高达4%。

» 地球参数

直径	12756千米
距日平均距离	1.496亿千米
公转周期	365.26个地球日
自转周期	23.93小时
表面温度	15℃
卫星数量	1

« 蓝色海洋星球

当我们从太空中看地球，就能很清楚地辨识出地表有多少面积覆盖着液态水。水同时也不断地在地表和大气层之间传输，形成了水蒸气为主体的白云。陆地上则有1/3的面积被森林覆盖。

» 欧洲环境卫星

正如科学家们研究其他行星一样，他们也利用轨道卫星来实时监测地球。照片中的"欧洲环境卫星"（Envisat）是目前最大的观测卫星。

⌃ 极光

太阳风携带的粒子进入地球高层大气层后，能够在夜空中产生壮丽的景观，称为"极光"（aurora）。这些色彩斑斓的光是由于大气层气体与太阳风粒子相互作用产生的。北极光能够在北纬50°以北的地区看到，而类似的位于南边天空的光则称为南极光。

地球上的夜晚

这幅地球夜景是通过卫星拍摄的照片合成的，其中人造的灯光展现了在这颗星球上人类聚居地的主要位置。个别城市、部分主要干道以及一些特色地貌，如位于埃及的尼罗河，能够在这幅图景中被辨识出来。不过，人造灯光虽然彰显了繁华，但是其产生的遍布夜空的光污染，却对天文爱好者和天文学家们的观测过程产生了干扰。

月球

月球是一个寒冷、干燥、没有生机的世界。它是由岩石组成的，几乎没有大气层，地表呈灰色且布满大量的撞击坑。月球是太阳系中第五大卫星。作为地球的卫星，它在我们的天空中显得很大，因此也成为科学家探索宇宙的早期目标。月球也是如今人类唯一造访过的外太空星球。

⌃ 满月

满月下的月球被太阳光全部照亮，但是强烈的太阳光直射也会"淹没"一些月球的地貌特征，影响观测。

月球的构造和大气层

月球也拥有地壳、地幔和核心。它的地壳是由富含钙的花岗岩类岩石组成，近地面（月球朝向地球的正面）的厚度大约为45千米，远地面的厚度大约为60千米。地壳下方是富含硅酸盐矿物的固态岩质地幔，并且随着深度增加呈现出部分熔融的状态。位于中心的是一个可能存在的小型铁质核心。

月球的大气层异常稀薄。毫不夸张地说，月球大气层的总量约等于一架登陆的阿波罗飞船释放气体的量。月球的重力只有地球的1/6，因此不能维持大气层的存在，不过太阳风带来的物质会补充大气层。

❯❯ 明暗界线

在这幅图像中，只有月球的左半边被太阳光照射，明亮部分（被照亮区域）和黑暗部分（未照亮区域）的边界被称为月球的"明暗界线"（terminator）。相比于满月，这样的情况能够更好地观测月球的地貌特征，如撞击坑等。此外，被照射物的影子在这种情况下也能被拉到最长，通过影子可以分辨结构的高低。

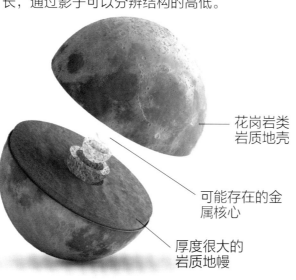

❯❯ 内部结构

月球大约只有地球直径的1/4。它的上层地壳有裂缝，下方是固态岩质地壳，再下方是岩质地幔。月球的平均密度表明了它的内部可能有一个小型铁核。

花岗岩类岩质地壳

可能存在的金属核心

厚度很大的岩质地幔

❯❯ 月球参数

直径 3475千米

地月平均距离 38.44万千米

公转周期 27.32个地球日

表面温度 −150℃至120℃

尺寸比较

地球   ● 月球

月球的形成

大多数天文学家认为月球的诞生是在45亿年前,一个火星尺寸的小行星与地球碰撞导致的。碰撞产生的熔岩飞溅到宇宙空间中,并在年轻的地球周围形成了一个物质环。经过一段漫长的时期,这些物质聚合在一起,形成了一个全新的、大型的天体,而这就是年轻的月球。在那之后,月球逐渐冷却、固化,并形成了表面的地壳。

1. 地球与小行星碰撞

一颗小行星与地球碰撞,给予了地球一次"侧击",导致地幔中的部分物质被"推"出。

2. 大规模物质云的形成

小行星的残骸以及来自地球的物质造就了由气体、尘埃和岩石组成的云层,并且云层迅速开始冷却。

3. 碎片环

大多数的小行星残骸变成碎片状,并沿着轨道环绕着年轻的地球,在地球周围形成了一个稠密的、像甜甜圈一样的环状结构。

4. 月球诞生

碎片相互碰撞,并在引力作用下形成了单一的大型球体——原初的月球。之后月球继续"清扫"轨道上剩下的物质。

月球的地质地貌

大约在40亿年之前,年轻的月球经历了被大量小行星"轰炸"的时期,并导致月球表面遍布小行星产生的撞击坑。同时,岩石的冲击也促成了海拔的落差。一段时间之后,熔岩通过表面的裂缝从月球内部渗透出来,并淹没了低洼地区,形成了相对平坦的平原。在那之后,由于月球在很长时间内都没有地质活动,并且没有水和风对地貌的侵蚀,所以20亿年来,月球的地形几乎没有变化。如今的月球是一个死寂的世界,表面覆盖着一层主要由碎石构成的"土壤"。微小的陨石如今仍在撞击月球,因此宇航员的脚印也将最终被抹去。

撞击坑

撞击坑的尺寸跨幅很大。小型撞击坑呈碗状,直径只有不到10千米,大型撞击坑中间被冷凝的熔岩填满,坑直径可以超过150千米。而中等尺寸的撞击坑在中心往往会有一座小山峰,四周有隆起的环状山脊。

开阔平原

熔岩填满了巨大的撞击坑的底部,并在冷却后形成大块平坦的、呈黑色的玄武岩平原。当我们从地球上观测,这些平原看上去像海洋,因此就被称为"月海"(maria)。

月表的尘土

月球土壤,又称风化层、表岩屑,是一层细粒度的、碎片状的基岩。在月球表面的风化层是非常细致的,呈尘土状,而随着深度增加,碎石颗粒将会越来越大。图中是宇航员在月球表面留下的清晰足迹。

地月之间的联系

　　月球沿着椭圆轨道环绕地球一周需要耗时27.3天，而在月球移动的过程中，地球也在绕着太阳公转。因此，一共要经过29.5天的时间，月球会回到天空中相对太阳的相同位置，或者说月球对地球再次呈现相同相位。月球的引力会对地球产生影响，在地球上造成两处海潮的隆升，产生了潮汐效应。潮汐力还减缓了地球的自转速度，并导致月球以每年3厘米的距离远离地球。

>> 潮汐锁定

　　月球的自转周期与公转周期相同，也是27.3天，这个现象称为"潮汐锁定"。由于这个原因，月球永远以同一面朝向地球，这个面也称为月球的近地面。

红点总是面向地球

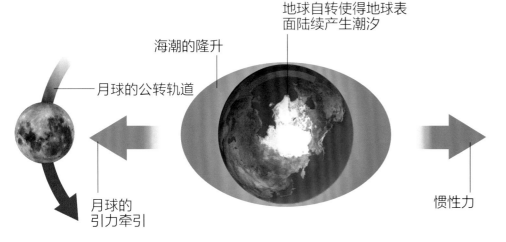

地球自转使得地球表面陆续产生潮汐

海潮的隆升

月球的公转轨道

月球的引力牵引

惯性力

⌃ 潮涨潮落

示意图中，海洋由于地月之间的引力作用产生了两处海潮的隆升（实际的变化幅度并没有这么明显）。随着地球自转（地球自转速度比月球环绕地球速度快得多），这个效应将扫过整个地球表面，产生海平面的变化——涨潮和落潮。

⌃ 美国俄勒冈州的落潮

涨潮和落潮的时间取决于月球在天空中的位置。而潮位高度，即大潮和小潮则与日、地、月的相对位置有关。

>> 月食

　　当太阳、地球、月球按顺序成一直线排列时，月食就会发生。月球会逐渐运行至地球的阴影里面，当月球完全进入阴影，就完全被"遮住"了；如果月球只有一部分进入阴影，那就会产生偏食。月食能够在地球的任何地方被看到，只要月球位于地平线以上。

▶ 月食发生的原理

地球遮挡了来自太阳的光线，并在后方投下了阴影，阴影又分为本影和半影。当月球刚好全部进入地球本影内，即图示中最暗的部分，就进入了月食的食既阶段（完全被"遮住"）；但不同于日全食，即使月球被地球的影子完全挡住，地球上仍能看到月球。不过这时候月球呈淡红色，这是由于部分太阳光经过地球大气层折射后打到了月球上（红光居多，其余颜色的光被散射）。月食发生的频率大约为一年三次。

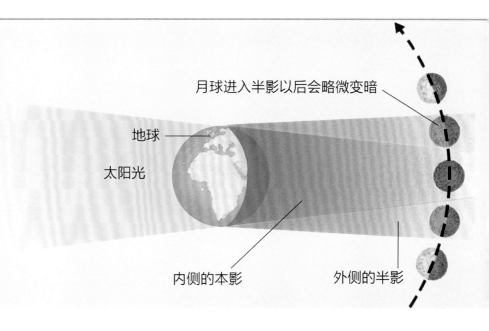

月球进入半影以后会略微变暗

地球

太阳光

内侧的本影

外侧的半影

月相

太阳光永远只能照亮月球的一半面积，正如它也只能照亮地球的一半面积一样。在月球绕着地球公转的过程中，日、地、月三者的相对位置会改变，使得月球被照亮的位置发生变化。由于月球始终以同一面朝着地球，所以从地球上看到的月球表面，有时候是完全被照亮的，有时候是部分照亮的，有时候是完全见不着的，并且让观测者感觉月球呈现了不同形状。这种月亮盈亏圆缺的变化称为月相，它的周期是29.5天。

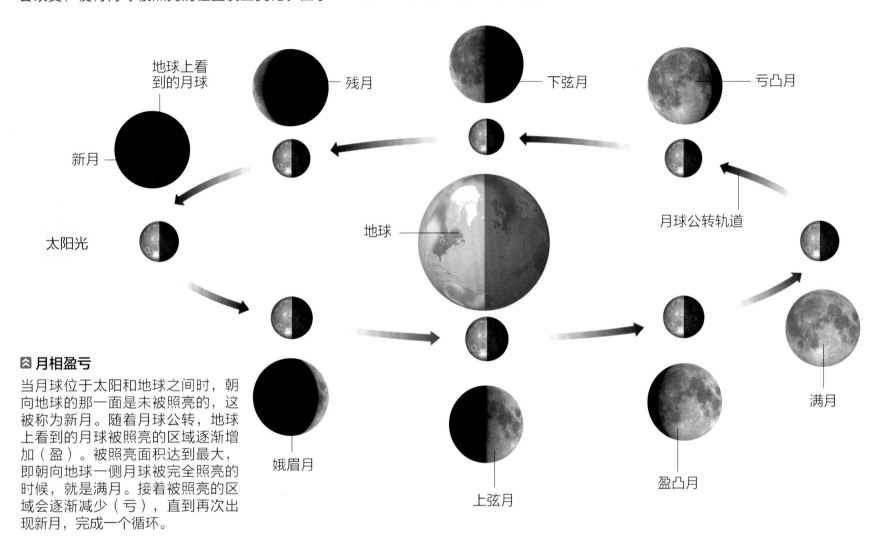

地球上看到的月球

残月

下弦月

亏凸月

新月

地球

月球公转轨道

太阳光

满月

⚠ 月相盈亏

当月球位于太阳和地球之间时，朝向地球的那一面是未被照亮的，这被称为新月。随着月球公转，地球上看到的月球被照亮的区域逐渐增加（盈）。被照亮面积达到最大，即朝向地球一侧月球被完全照亮的时候，就是满月。接着被照亮的区域会逐渐减少（亏），直到再次出现新月，完成一个循环。

娥眉月

上弦月

盈凸月

⚠ 月食开始

月球缓慢进入地球的本影，小部分月球盘被遮挡住。

⚠ 红月亮

随着月球更多的部分进入地球的本影，月球表面逐渐变成了浅粉色。

⚠ 月食进行了一半

此时地球已经遮挡了月球的大半部分，剩下的月牙明亮地照耀着。

⚠ 接近食既

月食即将进入食既阶段，此时月球只剩很小的一部分尚未进入地球的本影。

人类踏上月球

在1969—1972年间的6次阿波罗太空任务中，有12名宇航员曾经在月球上行走。他们在月球上的6个不同地区一共采集了超过380千克的月球岩石和土壤。

月球探测任务

目前，一共有超过60个航天器造访过月球。其中的一半是在1959—1969年这10年间发射的。当时美国和苏联都在计划将人类送上月球，最终美国在1969年实现了这一目标。而在同时期，苏联的探测器采集了月球土壤并将其送回地球，此外，苏联的两辆机器人月球车——"月面步行者1号"（Lunokhods 1）和"月面步行者2号"（Lunokhods 2）也曾在月球上漫游。除了这些计划，直到20世纪90年代前，都没有其他的航天器发射至月球。如今，在先进技术的帮助下，更多的高性能探测器将从环月轨道或者登陆月球表面，对月球进行更深层次的研究。

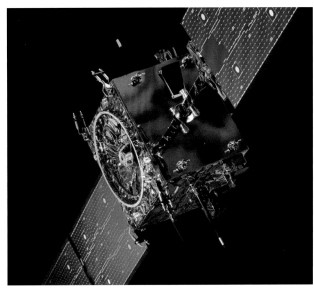

≪ 智能1号

智能1号是欧洲空间局第一个送往月球的环月人造卫星，于2003年9月发射。它的一项科研任务是检测月球表面化学元素的组成。

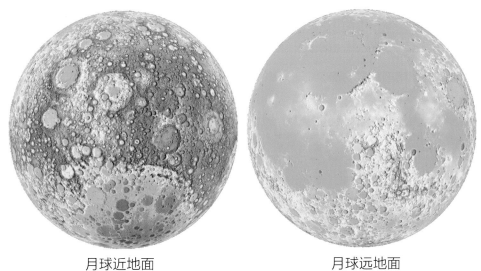

月球近地面　　　　　　　　月球远地面

月球表面

⌃ 月球表面地形

在1994年，"克莱门汀号"探测器完成了对月球表面精确的高程测量。这两幅地图是根据"克莱门汀号"数据绘制的，蓝色的是低海拔，绿色的是中等海拔，红色的是高海拔。左边一幅是月球近地面的高程测量图，右边是月球远地面的高程测量图。

月球测绘

月球，是人类最早观测的天体。自人类文明诞生以来，月球就占据着举足轻重的地位，明亮的月光在夜晚给予古代的人们以光明，它不断变化着的月相和天空中的轨迹传递着时间的信息。在17世纪第一台天文望远镜发明之后，人们将望远镜指向了月球，看到了月球的真面目，并绘制了第一幅月球地图，第一张拍摄的月球表面的照片诞生于1897年。几十年之后，太空时代的来临让人们有机会了解月球的远地面以及更多的月球表面细节。在1966—1967年间，5个月球轨道飞行器绘制了月球表面99%区域的地图。

观测月球

月球本身是不发光的，它是通过反射太阳光闪耀在地球的天空。大多数时候，月球能够很轻易地在天空中被找到，而只有在新月前后，月球的近地面未被照亮的时期，月球才难以被察觉。即使如此，月球未照亮的部分也能够接收一些地球反射的太阳光，使月球散发出依稀的微光，称为"地照"（Earthshine）。月球距离我们足够近，亮度也足够大，使我们能够比较轻松地通过望远镜观测月球表面的细节。月球上有两种地形清晰可见：一种是广阔、暗色的平原（月海）；另一种是明亮的、环形山遍布的高原地区。

侏罗山脉
虹湾
雨海
阿里斯塔克斯环形山
风暴洋
喀尔巴仟山脉
哥白尼环形山
开普勒环形山
格里马尔迪环形山
知海
东方海
伽桑狄环形山
云海
湿海
达尔文环形山
疫沼
第谷环形山
隆哥蒙塔努斯环形山

◀ 白昼的月球

每个月的一些时期，月球能够在白昼的天空中被看到。虽然在更明亮的天空背景下，月球不再是那么突出，但是仍有可能分辨出月球表面不同区域的明暗差异。

⌃ 肉眼观测

月球能够很容易地找到，并且在天空中的移动相当快。此时可以看出月球表面比较明显的明暗差异。

⌃ 双筒望远镜观测

借助双筒望远镜，仍能看到月球的整体，不过月球被明显地放大了，更多的地表细节和特征能够被观测到。

⌃ 天文望远镜观测

借助天文望远镜，月球被进一步放大，此时在视场中呈现的是月球表面的一部分。可以观测到无数的撞击坑，独特的山脉，许多月球表面细节一览无余。

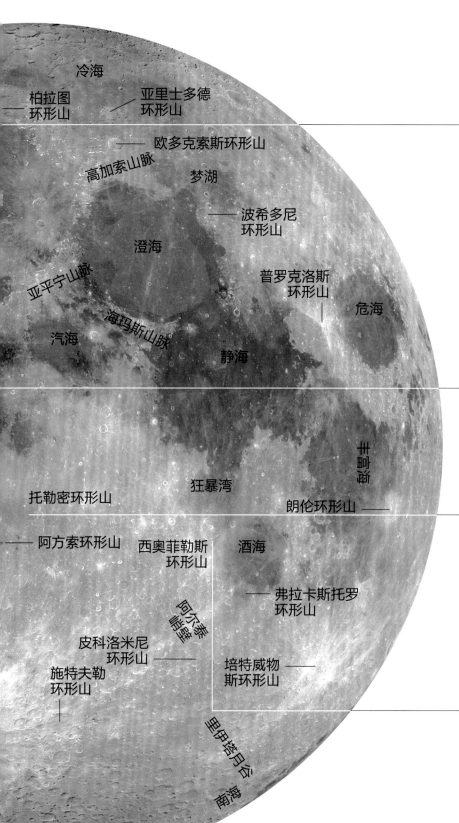

冷海

柏拉图
环形山

亚里士多德
环形山

欧多克索斯环形山

高加索山脉　梦湖

波希多尼
环形山

澄海

亚平宁山脉

普罗克洛斯
环形山

危海

海玛斯山脉

汽海

静海

丰富海

狂暴湾

托勒密环形山

朗伦环形山

阿方索环形山　西奥菲勒斯
环形山　酒海

弗拉卡斯托罗
环形山

阿尔泰峭壁

皮科洛米尼
环形山

施特夫勒
环形山

培特威物
斯环形山

里伊塔月谷

南海

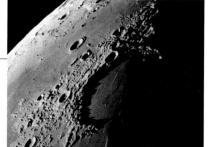

◀◀ 侏罗山脉

侏罗山脉（Monte Jura）是月球近地面西北部的一座山脉，同样也是辽阔平原"雨海"（Mare Imbrium）的北部边界的一部分。此外，该山脉环绕雨海西北边缘的"虹湾"（Sinus Iridum），构成了图中呈现的一个悦目的半圆。

◀◀ 哥白尼环形山

哥白尼环形山（Copernicus）是一个直径96千米的巨大撞击坑，是非常突出的几座月球环形山之一。它周围环绕着巨大明亮的射纹系统（从撞击坑边缘垂直延伸出的辐射状物质）。"月球轨道器2号"于1966年拍摄了这张斜视图。

◀◀ 托勒密环形山

托勒密环形山（Ptolemaeus）的直径达到了154千米，并且能借助双筒望远镜观测到。这张借助天文望远镜拍摄的图像展现了环形山内部的熔岩覆盖层以及一些新诞生的小型撞击坑。

◀◀ 西奥菲勒斯环形山

西奥菲勒斯环形山（Theophilus，图中右上角）周围有一圈非常高的内壁，而坑内坐落着一座壮观的中央山脉。这是由于撞击后地下物质的反弹造成的。

▶▶ 月球远地面

由于潮汐锁定，月球的这面永远背对着我们，只有少数的宇航员能够直接看到月球远地面的结构。唯一能够看到远地面的方法是通过航天器拍摄的照片。第一张月球远地面的全景照片是苏联的"月球3号"于1959年10月7日拍摄的，可以看到月球远地面完全都是密密麻麻的撞击坑，并且没有大型的月海。

⬆ 月球近地面

月球朝向地球的正面相对于反面有着更薄的地壳和更低的地势。早期的火山岩浆能够更方便地覆盖这侧的月球表面，并导致月球正面有更多的暗色平原以及更少的撞击坑。

哈德利月溪

在1971年的阿波罗15号任务中，宇航员大卫·斯科特（David Scott）和詹姆斯·艾尔文（James Irwin）驾驶了历史上第一辆电动月球车前往月球的一个山谷——哈德利月溪（Hadley Rille）的边缘去采集月球的岩石样本。这张照片展示了部分处于阴影中的月溪，以及正在月球车旁边工作的斯科特。

火星

呈铁锈红色的火星是太阳的第四个行星，这个干燥、寒冷星球的直径大约为地球的一半。巨大的火山、深而大的断层、遍布岩石的平原以及干涸的河床标志着火星的地貌特征。和地球一样，火星也有极地冰冠和季节的变化。

火星地貌

火星地表呈现出独特的红色，是由于岩石和土壤中含有大量的氧化铁（铁锈）导致的。美国"勇气号"（Spirit）火星探测器于2004年在古谢夫环形山（Gusev Crater）附近拍摄了这张外露岩石的照片

火星的构造和大气层

这个由铁和其他金属构成的星球是太阳系最外面的岩质行星。当早期火星仍处于熔融态的时候，不同物质由于密度差异，形成了火星的核心以及其他层状结构；密度较高的铁元素沉积到火星中心，而密度较小的硅酸盐岩石形成了包裹着金属核心的地幔，密度最小的物质形成了火星的地壳。随后，火星开始冷却并且从外向内逐渐固化。由于火星相对较小的尺寸以及与太阳之间更远的距离，火星的核心相比地球冷却得更快，所以如今可能已经是固态了。

火星的公转周期接近2个地球年，其自转周期与地球很接近，也是大约24小时。此外，火星的自转轴也和地球类似，转轴倾角（行星的轨道平面和垂直于自转轴的平面所夹的角度）为25.2°（地球为23.5°），所以火星上也有季节的存在。火星公转轨道的偏心率要比地球大不少，它的远日点和近日点之间的距离差达到了4200万千米。所以位于近日点的火星接收到的太阳辐射要比位于远日点时多45%，这导致了位于近日点时火星更高的地表温度。

内部结构

一层非常厚的固态硅酸盐岩石地幔包裹着火星的金属核心，核心可能是由铁和镍组成的。在过去，地幔是火星表面火山运动的能量来源。在地幔上方是一层只有几十千米厚的岩质地壳。

可能由铁镍组成的核心

岩质地壳

硅酸盐岩石地幔

高层大气

二氧化碳

氩气
氮气

氧气、一氧化碳以及痕量气体

大气成分

一层稀薄的富含二氧化碳的大气包裹着这颗行星。氧化铁的尘埃颗粒悬浮在大气层中，使大气层呈淡粉色。凝结的二氧化碳和水冰混合物形成了天空中的薄云。

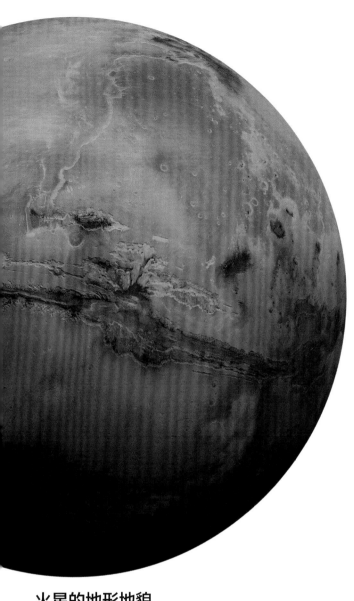

« **红色星球**

水手号峡谷仿佛是遗留在火星表面的一道巨大的"刀疤"。而峡谷左边3个较暗的圆形区域则是位于塔尔西斯隆起的3座巨型盾状火山。

» **火星参数**

直径	6792千米
距日平均距离	2.279亿千米
公转周期	687个地球日
自转周期	24.62小时
表面温度	−125℃至25℃
卫星数量	2

尺寸比较

地球　　　　火星

火星的地形地貌

　　火星北半球大部分地区是相对年轻的、低洼的火山平原；而火星南半球地形则是古老、布满陨石撞击坑的高地。火星主要的地貌特点集中在一块位于赤道附近，经度跨度达60°左右的区域。其中最引人注目的特征是水手号峡谷（Valles Marineris），一个超过4000千米长的、复杂的峡谷群。这些峡谷形成于大约35亿年前，当时火星内部产生的力"撕开"了火星的地表。在那之后，经过长时间的风吹雨淋以及岩石的坍塌，这些峡谷不断变宽、变深。火星内部的作用力同样形成了一些凸起的区域，如塔尔西斯隆起（Tharsis Bulge）；而诸如奥林帕斯山脉（Olympus Mons）这样的盾状火山是这些隆起区域的主要特征。这些盾状火山是由连续不断的熔岩流累积而成的。

» **奥林帕斯山**

这座巨型的盾状火山是太阳系最大、最高的火山，高于基准面21000多米。奥林帕斯山顶的破火山口周围有明显的熔岩流痕迹。

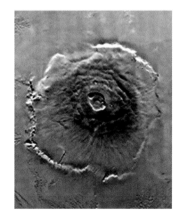

☑ **薇拉·鲁宾山脊**

这张火星地景是70张照片组合而成的，这些照片是由"好奇号"（Curiosity）火星探测器于2017年8月13日拍摄的。从中可以看到薇拉·鲁宾山脊的沉积岩中有明显的、独特的分层结构。

》》地外生命

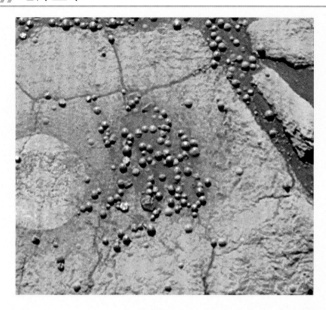

长期以来，火星都被认为是一个可能存在生命的世界。对于火星生命的探索和研究开始于1976年中期，"海盗1号"和"海盗2号"登陆了火星地表并尝试从火星土壤中寻找生命的迹象。在21世纪的前10年，"勇气号"和"机遇号"火星探测器在火星地表上找到了液态水曾经存在的痕迹，液态水则被认为是生命存在的必要元素之一。到了2012年，"好奇号"火星探测器探索了盖尔撞击坑（Gale Crater），这里在30多亿年前曾经是一个湖泊。虽然这个湖泊被发现含有形成微生物的必要成分，但是没有证据表明这里曾经或者现在有生命存在的痕迹。

《 "奇异"卵石

"机遇号"在火星地表发现了这些富含赤铁矿的卵石。赤铁矿是一种富含铁的矿物，在地球上，赤铁矿通常是在有液态水的环境下形成的。

"福波斯"和"得摩斯"

火卫一"福波斯"

火卫二"得摩斯"

有2颗非常小的卫星环绕着火星：较大的火卫一"福波斯"（Phobos），直径为26千米，它环绕火星的轨道距火星中心9380千米；火卫二"得摩斯"（Deimos）直径只有16千米，距离火星中心的距离是火卫一的2.5倍。这2颗暗色的岩质天体被认为是在早期火星的引力作用下俘获的。

》 火星卫星的轨道

这2颗卫星都沿着火星赤道面附近的近圆轨道，围绕着火星公转。火卫一，这颗内侧的卫星，由于距离火星非常近，导致它的公转速度非常快，每一个火星日可以看到它升起、降落3次。

当火卫一环绕火星1圈时，火卫二只绕了1/4圈

火星自转周期是24小时37分钟

火卫一公转周期是7小时39分钟

火卫二公转周期是30小时18分钟

火星上的水

今天的火星是一颗冰冷的星球。水只能以冰或者蒸汽的形式存在，形成了霜和薄雾；液态水如今并不存在于火星地表，即使干涸的河谷以及古老的冲积平原也都证明了过去液态水曾流动于这颗星球之上。在30至40亿年前，火星是一颗更加温暖的星球，液态水遍布表面；而如今，这些液态水的一部分成为极地冰冠。

》 极地冰

在2005年，"火星快车"（Mar Express）探测卫星拍摄了这块位于一个无名的撞击坑底部的冰层。这个撞击坑距离火星的北极冰冠不远，这块冰层的直径达到了12千米。

观测火星

火星的平均视星等是-2.0等，因此它能够通过肉眼很轻松地看到。火星能在一年中的很多时间段在夜空中被观测到，不过火星最佳的观测时间是在"火星冲日"（Mars at opposition）的时候。此时地球位于太阳与火星之间，火星距离地球最近且被太阳照亮的一面完全朝向地球，所以这时的火星是最大，也是最明亮的。火星冲日的频率大约是2年零2个月。火星的公转轨道是一个偏心率较大的椭圆，当火星冲日发生时，如果火星位于近日点，那么它与地球的距离将更近。这种特殊的冲日称为"火星大冲"，发生的频率大约是每隔15年或17年1次。

《 肉眼观测

通过肉眼观测，火星看上去像一个明亮的、淡红色的点在夜空中慢慢划过。但是肉眼无法看到火星地表特征以及特殊地貌，如表面暗色的印痕、白色的极地冰冠、火星沙尘暴、奥林帕斯山。这些都需要借助天文望远镜才能观测。

⌃ 双筒望远镜观测

通过双筒望远镜，火星的盘状结构（区别于恒星）已经能够比较清楚地被看见，但是火星地貌仍然不能看清。

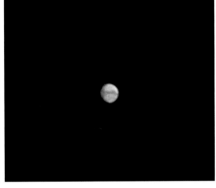

⌃ 小型天文望远镜观测

通过小型天文望远镜，我们能够分辨出火星表面橙红相间的颜色以及一些地貌结构，如已经显露出来的极地冰冠。

⌃ 大型天文望远镜观测

在大型天文望远镜的视野里，可以清楚看到火星南北半球地表颜色的明显差异。此外，通过极地冰冠的位置，可以明显看出火星自转轴相对轨道平面有一个倾斜的角度。

火星探测任务

在20世纪60年代，火星迎来了第一批太空探测器的造访。如今，已经有超过30个太空探测器成功地完成了各自的火星探测任务：它们有的飞越火星，有的环绕火星，有的着陆火星，有的甚至在火星上行走。最早的一批探测器拍摄了火星的"特写镜头"，让我们了解了火星的细节，随后的探测器则在火星各个位置开展更加详细的研究工作。曾经只有苏联、美国有能力将探测器送至火星。如今，已经有6个国家的探测器造访了火星。

整个火星的地表结构已经被多个轨道飞行器勘察过了，其中最著名的是欧洲空间局于2003年发射的"火星快车"以及NASA于2005年发射的"火星勘测轨道飞行器"（Mars Reconnaissance Orbiter，MRO）。"勇气号""机遇号"和"好奇号"是最近几辆发射至火星的漫游车，它们穿行在火星地表上，进行实地勘测。

《 勘探地表

这张"自拍照"是"好奇号"火星探测器在2018年1月拍摄的。此时，这辆火星漫游车正在勘探薇拉·鲁宾山脊的地形结构。

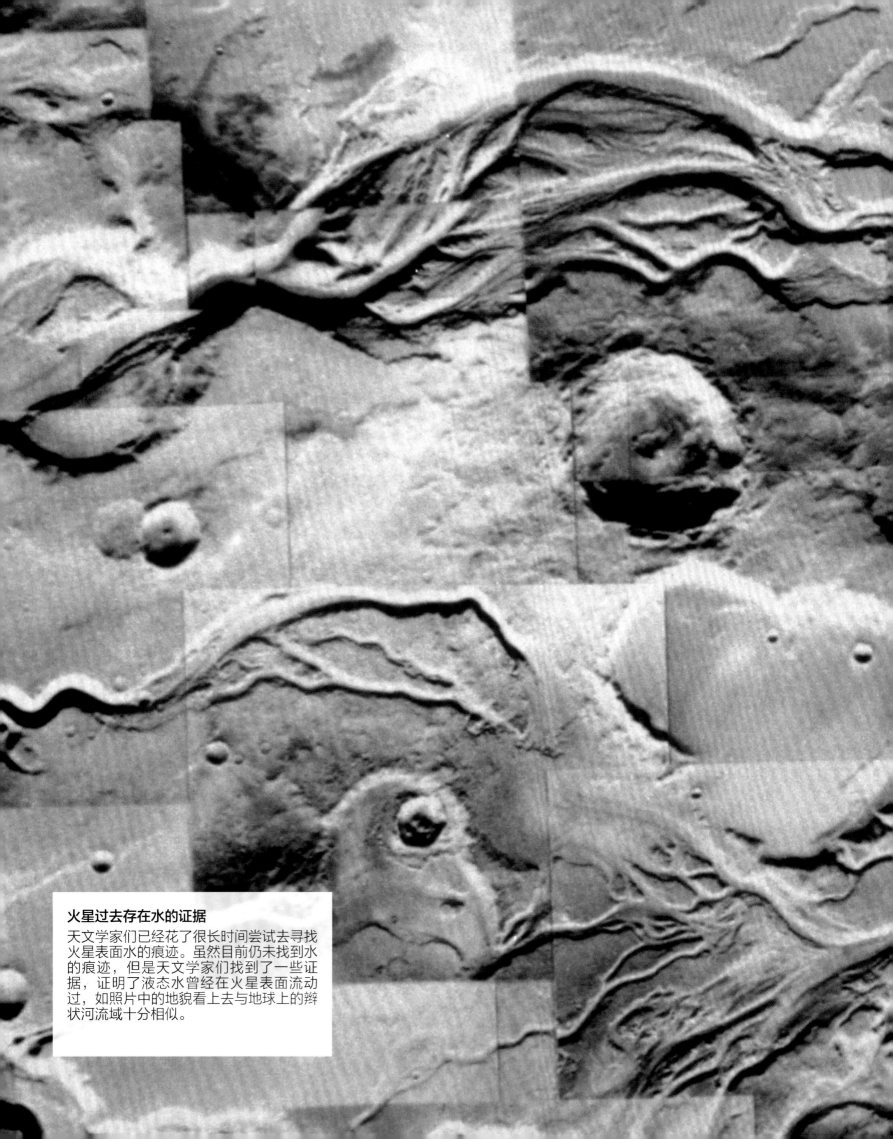

火星过去存在水的证据

天文学家们已经花了很长时间尝试去寻找火星表面水的痕迹。虽然目前仍未找到水的痕迹，但是天文学家们找到了一些证据，证明了液态水曾经在火星表面流动过，如照片中的地貌看上去与地球上的辫状河流域十分相似。

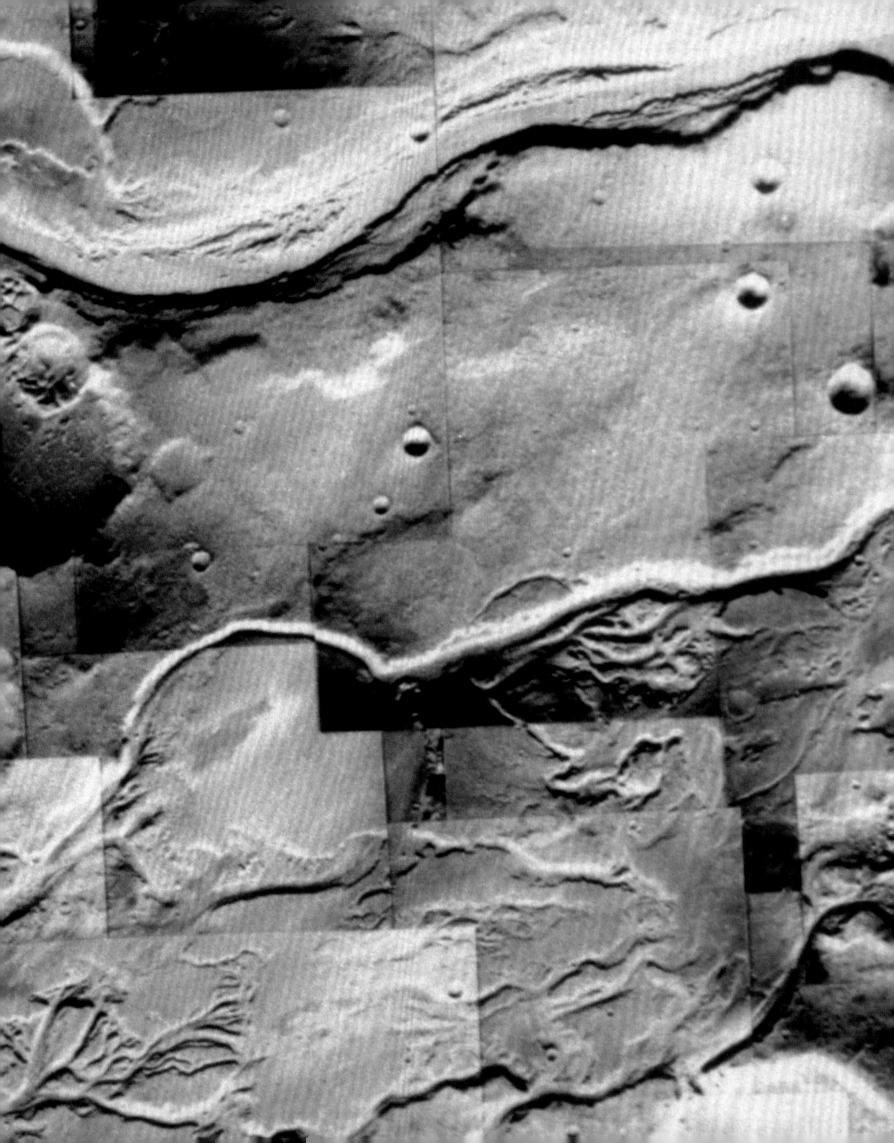

木星

木星是极其庞大的——质量是其他7颗行星质量总和的2.5倍。木星没有固体表面，并且我们所看到的木星只是浓厚大气的顶层结构。它拥有一个稀薄的、暗淡的行星环，是拥有最多卫星的行星。

木星的构造

木星的主要化学元素是氢，以及少量的氦。木星丰富的氢含量意味着它的组成是太阳系八大行星中最像太阳的。如果木星的氢含量能达到现在的50倍以上，那么它就会变成一颗恒星。氢在木星的外层结构——大气层中是气态的，不过随着深度增加，行星内部的密度、压强、温度也随之上升，氢的状态会发生变化，成为液态金属氢。位于木星中心的固态核心的质量大约是地球质量的10倍。

⬆ 气态巨行星

木星的可见表面实际上是木星大气层的顶部，大气层中丰富多彩的色带、浓厚的云层以及剧烈的风暴构成了木星的表面特征。木星的外层是极其寒冷的，不过它的核心温度能达到30000℃。

》 木星参数

直径	142984千米
距日平均距离	7.784亿千米
公转周期	11.86个地球年
自转周期	9.93小时
云顶（表面）温度	−110℃
卫星数量	69

尺寸比较

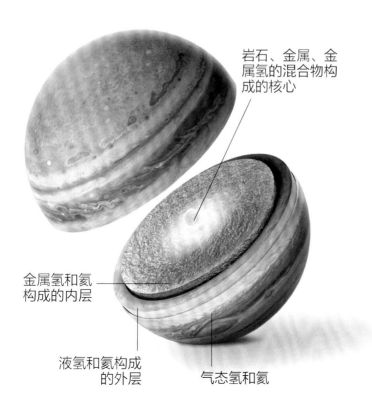

岩石、金属、金属氢的混合物构成的核心

金属氢和氦构成的内层

液氢和氦构成的外层

气态氢和氦

地球　　　　木星

《 内部结构

木星也是有分层结构的，不过层与层之间没有严格的边界。木星的最外层是厚达1000千米的富氢大气层，在大气层下方氢逐渐转为了液态。随着深度继续增加，氢被继续压缩，形成了类似于熔融态金属的结构——金属氢。

木星的公转和自转

木星距离太阳的平均距离大约为7.78亿千米，它的自转轴几乎垂直于公转轨道平面，转轴倾角只有3.1°。

木星的自转速度是八大行星中最快的，高速自转产生的强大离心作用，造成了木星赤道隆起的现象，使其外观呈现扁球体。

⬇ 木星轨道

木星的公转轨道是椭圆的，远日点和近日点之间的距离差为7610万千米

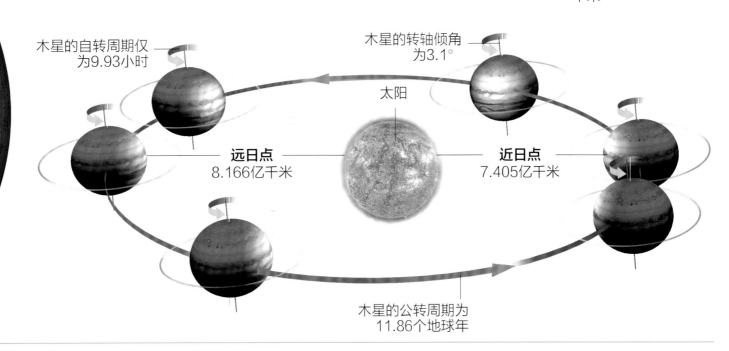

木星的自转周期仅为9.93小时

木星的转轴倾角为3.1°

太阳

远日点
8.166亿千米

近日点
7.405亿千米

木星的公转周期为11.86个地球年

木星的大气层和气候

木星快速的自旋和从行星内部不断上升的热量对木星大气层造成了强烈的扰动，产生了猛烈的飓风和风暴，这些极端气候每次可以持续好几年。位于木星赤道地区的风速可以达到每小时400千米。在木星高层大气的不同高度，氢化合物的冷凝形成了不同颜色的云层，同高度的云层相互连接，形成了围绕木星的带状结构，最终产生了木星的条纹状外表。其中，白色的、较亮的云带是较热的上升气体凝结而成的，而红棕色的云带是较冷下降气体凝结而成的。

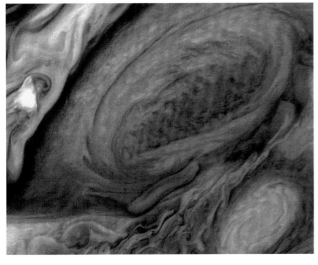

⬆ 大红斑

木星表面最大、最明显的特征就是"大红斑"（Great Red Spot）了，这个巨大的风暴已经被天文学家们观测超过了150年。"大红斑"持续不断地变化着它的尺寸、形状和颜色。大红斑的面积要比一个地球（截面积）还要大。在它最大的时候，宽度能达到地球直径的3倍。

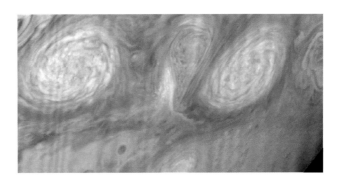

⬅ 白色的鹅蛋形风暴

两个白色的风暴在木星的一块大气湍流区域内形成。这样的风暴在纬度上变化不大（固定于某一条云带中），但是在经度上会不断变化，自东向西围绕着木星运动。

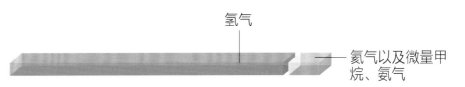

氢气

氦气以及微量甲烷、氨气

⬆ 大气成分

木星的大气层主要是由氢气组成的，还包含多种微量化合物，如甲烷、氨气、水，以及一些更复杂的结构，如乙烷、乙炔。

》》伽利略卫星

木星有超过60颗卫星。这些卫星中的大多数都是很小的，形状不规则的，轨道距离木星很远的天体——它们可能是一颗小行星的碎片。有8颗卫星距离木星较近，其中4颗尺寸较大，呈近圆形，并且是和木星在同一时期形成的。这4颗卫星也被称为"伽利略卫星"——是意大利天文学家伽利略在1610年发现的。

☑ "盖尼米德"

木卫三，又称"盖尼米德"（Ganymede），是木星也是太阳系中最大的卫星，并且比水星和冥王星还要大。这颗直径达到5262千米的卫星，拥有岩质的内部结构和一层由冰构成的上地幔。它的冰质地壳拥有对照明显的两类地形：一种称为"明区"，一种称为"暗区"。

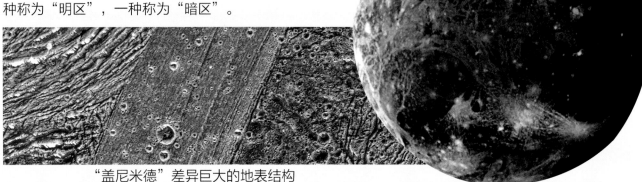

"盖尼米德"差异巨大的地表结构

☑ "艾奥"

木卫一，又称"艾奥"（IO），它环绕木星的周期大约为42.5小时。木卫一也是4颗伽利略卫星中最靠近木星的一颗，并且和另外3颗拥有完全不同的地貌特征。另外3颗伽利略卫星是由岩石和冰组成的世界，然而"艾奥"是太阳系中火山活动最活跃的天体。从这颗卫星的几百个火山口中喷发出来的熔融物质不断地改变着这颗卫星的地表，并且造成各种不同颜色的"彩绘"。

"艾奥"表面色彩丰富的熔岩流

》》"欧罗巴"

木卫二，又称"欧罗巴"（Europa），是4颗伽利略卫星中最小的一颗，也比月球稍微小一点。在木卫二很薄的一层水-冰地壳下方可能存在一片液态水海洋。木卫二覆盖着光滑的冰，并且可能是太阳系中表面最光滑的天体。木卫二表面明亮的区域是极地平原，而其他区域"张牙舞爪"地遍布着暗色条纹。这些条纹形态很可能是地壳开裂造成的。

☑ "卡里斯托"

木卫四，又称"卡里斯托"（Callisto），是木星第二大卫星，仅次于木卫三，同样也是4颗伽利略卫星中距离木星最远的，在所有卫星中距离木星第八近。木卫四由岩石和冰所构成，拥有一个相对光滑的地表——没有大型的山脉、火山，但遍布着撞击坑。沉积在撞击坑底部和边缘的冰使得这些区域相对于其他地区显得更加明亮，产生了卫星表面的斑点状构造。

"卡里斯托"表面较暗的区域没有被冰覆盖

"卡里斯托"布满凹痕的地表

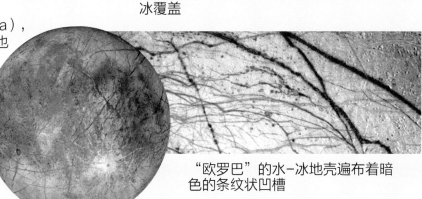

"欧罗巴"的水-冰地壳遍布着暗色的条纹状凹槽

木星的磁场

木星内层金属氢中的电流生成了木星的磁场，这个磁场的强度大约是地球磁场的2万倍，并且比其他太阳系行星都要强。它就像一根嵌入在木星内部的巨型条形磁铁，与木星的自转轴的夹角为11°。强大的磁场在木星周围产生辐射带，俘获来自太阳风的高能粒子，并使这些粒子沿着磁力线聚集到木星磁极附近的高层大气。这些粒子与气体相互作用，产生了明亮的极光。

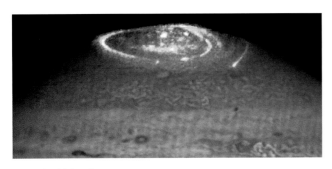

⏶ 闪耀的极光

这张图像是由可见光和紫外线两个波段的照片（NASA拍摄）组合而成的，展现了环绕着木星北极的壮丽极光。木星的极光区域可以达到数千千米宽。

》》木星探测任务

木星是航天器造访的第一个外行星。"先驱者10号"率先于1973年飞越木星。一年之后，"先驱者11号"也同样飞越了木星。随后在1979年，"旅行者1号"和"旅行者2号"相继飞越木星。"伽利略号"木星探测器于1995年进入环木星轨道，它是首个围绕木星公转的航天器。在之后的8年里，"伽利略号"详细研究了木星，对木星大气进行探测，并依次飞过伽利略卫星。新一代木星探测器"朱诺号"于2016年7月进入了木星的绕极轨道，它借助科学仪器去探索木星云层下方的结构，并寻找这颗行星是如何形成的线索。

核动力发电机为探测器提供电能

⏶ "伽利略号"

"伽利略号"木星探测器完成了迄今为止最长时间、最深入的木星研究任务。此外，它还揭示了木星几个主要卫星的表面细节，如木卫三。当到达木星的时候，"伽利略号"还释放了一个称为"伽利略探针"的小型探测仪器，这个探测仪器直接飞进了木星的大气层。

观测木星和它的卫星

木星的大气层能够反射太阳光，即使木星距离地球有几亿千米远，木星也能很轻松地在夜空中找到。在木星冲日的时期，木星将达到最亮（视星等为−2.9等），木星冲日的周期为13个月。由于木星冲日时木星位于和太阳完全相反的方位上，所以木星整夜都会在夜空中出现——在太阳落山的时候升起，在半夜位于天顶，在太阳升起之时落下。一年之中，木星有10个月能被观测到。此外，木星每12个月向东移动大约30°，即一个黄道星座的角度。

⏶ 肉眼观测

通过肉眼观看夜空，木星看上去就像一颗明亮的、米白色的恒星。在大多数时期，它是夜空中仅次于金星的第二亮的行星。

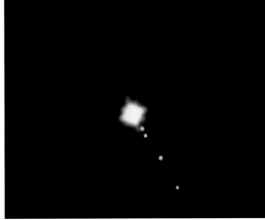

⏶ 双筒望远镜观测

借助双筒望远镜，能看到木星的4颗伽利略卫星，它们沿着从木星赤道两侧延伸出来的虚线排列。它们在天空中的位置会随着公转而改变。

⏶ 大型天文望远镜观测

木星在大型天文望远镜中被进一步放大，此时能看清木星的条纹状外观。我们所观测到的木星外观会随着它的自转而不断改变，并且像大红斑这样显著的表面特征能被看到。

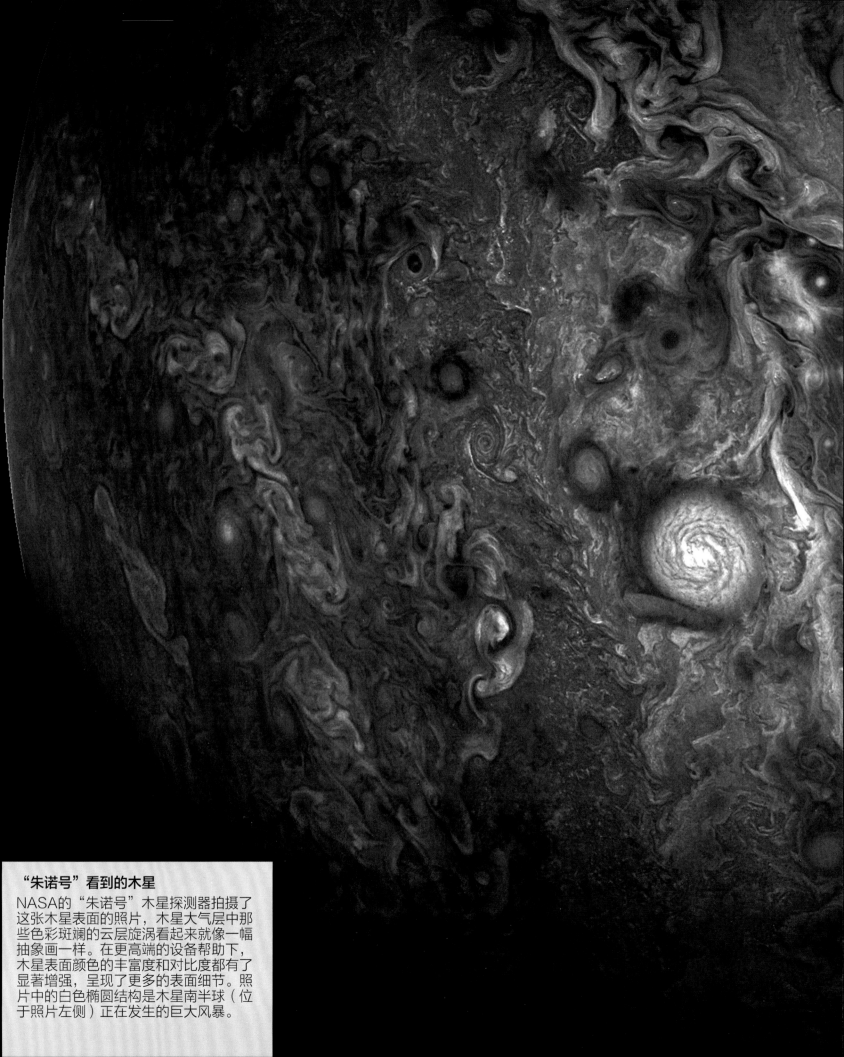

"朱诺号"看到的木星

NASA的"朱诺号"木星探测器拍摄了这张木星表面的照片,木星大气层中那些色彩斑斓的云层旋涡看起来就像一幅抽象画一样。在更高端的设备帮助下,木星表面颜色的丰富度和对比度都有了显著增强,呈现了更多的表面细节。照片中的白色椭圆结构是木星南半球(位于照片左侧)正在发生的巨大风暴。

土星

土星是太阳的第六颗行星，它与地球的距离是木星与地球的两倍。土星最引人注目的特征就是围绕着土星的环状系统（行星环）。土星的表面（高层大气）也有着一些条纹，但条纹相比于木星显得比较暗淡。此外，土星也同样拥有大量的卫星。

土星的构造

土星是八大行星中第二大行星，也是密度最小的行星。土星的质量是地球的95倍，却拥有能装下764个地球的体积，这样一算，土星的密度甚至比液态水的密度还低。土星是由氢和氦构成的，在行星的最外层，这些元素是气态的。然而在行星内部，随着深度增加，温度和压强也同样变高，氢和氦开始像流体一样运动，在更深的区域液态金属氢产生了。土星中间的核心是由岩石和冰构成的，核心部分的质量大约是地球质量的10倍至20倍。

》》 土星参数

直径	120536千米
距日平均距离	14.3亿千米
公转周期	29.46个地球年
自转周期	10.67小时
云顶（表面）温度	−180℃
卫星数量	62

尺寸比较

地球　　　　　　　　　　土星

岩石和冰构成的核心

液态金属氢和氦构成的内层

大气层

液氢和氦构成的外层

‹‹ 内部结构

土星是由氢和氦构成的具有层状结构的行星。它的分层是由氢、氦的状态决定的，而层与层之间的变化是平缓的，没有严格的边界。此外，由于土星的高速自转，物质在离心作用下有向外抛出的趋势，使得土星的外形呈现为一个赤道突出的椭球体。它的赤道直径比两极直径长大约10%。

☑ "自带光环"的星球

土星环中有2个主要的亮环（A环、B环），借助天文望远镜能够轻而易举地看到，不过这2个亮环只是广阔的环状系统中的一部分。在亮环和土星之间，还有一些相对暗淡的环。而在亮环外侧，更多的暗环结构能够散布到土星直径4倍左右的范围。

土星的公转和自转

土星要花费近29.5年才能环绕太阳一圈，自转轴的转轴倾角为26.7°。因此在一个公转周期内，土星的北极和南极在不同时间里都会朝向太阳（类似于地球的极昼极夜）。这个结果会使得我们在地球上能看到的土星环不断变化：当土星的北极朝向太阳，土星环是从上向下看的；当土星的南极朝向太阳，则反之；而在其余时间，我们看到的都是土星环的侧面。

☑ 土星轨道

土星位于近日点的时候，南极正好朝向太阳；而位于远日点的时候，北极朝向太阳。此外，在朝向太阳那侧的极地区域会产生季节性的浓雾。

北半球春分点

太阳

北半球夏至点

远日点 15.1亿千米

近日点 13.5亿千米

北半球冬至点

北半球秋分点

土星的公转周期为29.46个地球年

土星的大气层和气候

我们所看到的土星浅黄色的表面实际上是它浓厚大气的顶层，此外，土星外表还被一层朦胧的云雾所笼罩。在土星内部深处，液态氦的液滴如雨滴般穿过较轻的氢，在此过程中不断地通过摩擦而产生热。这些热量被传输到了底层大气，再加上土星的高速自转，产生了猛烈的风。在靠近赤道的区域，风速可以达到每小时1800千米。巨大的风暴则是土星高层大气的一大特征。

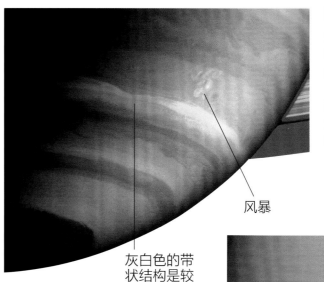

灰白色的带状结构是较高层的云

风暴

🐉 龙形风暴

土星表面这个浅粉色的特征实际上是一个巨型风暴，称为"龙形风暴"（Dragon Storm）。土星南半球的这块区域被大量的风暴活动支配着，因此得名"风暴巷"（storm alley）。

氢气

氦气以及痕量气体

⬆ 大气成分

土星的大气主要是由氢气构成的，以及一些痕量气体，如甲烷、氨气、乙烷，也存在其中。土星高层大气的云雾是由氨的冰晶组成，较低层的云则由硫化氢铵组成。

▶▶ 南极极光

这幅椭圆形极光的照片是"卡西尼号"探测器在2005年6月拍摄的。不过人眼是看不到这次极光的，这是由于太阳风带来的高能粒子与氢作用，产生了紫外线波段的极光。

土星环和土星的卫星

土星有超过60颗卫星，其中的大多数是在近25年发现的，并且未来可能找到更多的卫星。"泰坦"（Titan，土卫六）是土星最大的卫星，此外还有一些大型的球状卫星，如"狄俄涅"（Dione，土卫四）。大多数土星卫星都是很小的、形状不规则的天体，其中一些如"菲比"（Phoebe，土卫九），在轨道上逆向环绕土星运行。这些卫星基本都是由岩石和水冰组成，不过组成比例会有变化。大约1/3的土星卫星以及超过150个"小卫星"（moonlet）位于土星环内。

土星环

土星环能够延伸到距离土星几十万千米的范围，然而它只有几千米厚。这个巨型的、但非常薄的环状系统主要是由环绕着土星的大量水冰颗粒构成。这些颗粒，小至不足1厘米尘埃状，大至几米长的冰砾状，能够很好地反射太阳光，使得土星环能够比较容易被看见。土星环是由许多小环聚集而成的，在环的中间有一些缝隙，其中最明显的缝隙是"卡西尼缝"（Cassini Division）。

"泰坦"

土卫六，又称"泰坦"，体积比水星略微大一些；它是太阳系第二大的卫星，也是太阳系唯一拥有浓厚大气层的卫星。不透明的霾层（主要由氮气组成）笼罩着"泰坦"，使其表面特征难以呈现，不过"卡西尼一惠更斯号"任务成功获取了直接观测"泰坦"表面的影像。

"菲比"

土卫九，又称"菲比"，是距离土星较远的卫星之一，公转轨道的半径为1295万千米。它有着不规则的形状，像是一个歪斜着的马铃薯，此外表面还布满了大大小小的撞击坑。

欧斐摩斯撞击坑

贾森撞击坑

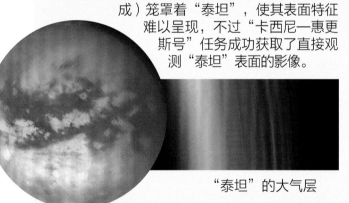

"泰坦"的大气层

"达佛涅斯"

土卫三十五，又称"达佛涅斯"（Daphnis），它是土星卫星中少数几个能够对土星环产生重力扰动的卫星之一。从照片中可以看到它的引力作用使得环缝产生了褶皱扰动，因此科学家们给它取了一个昵称——"造波器卫星"（wavemaker moon）。

"狄俄涅"

土卫四，又称"狄俄涅"，是土星第四大卫星，公转周期2.74天，表面有多种地形，包括冰悬崖和撞击坑。在土卫四的公转轨道上，还有两颗小型的不规则形状卫星（共用轨道卫星）：一颗称为"海伦"（Helene，土卫十二），在土卫四前方；另一颗称为"波吕丢刻斯"（Polydeuces，土卫三十四），在土卫四后方。

土星探测任务

至今为止，有4个航天器造访过土星。前3个航天器——"先驱者11号"（1979年）、"旅行者1号"（1980年）、"旅行者2号"（1981年）都曾飞越土星。第4个航天器"卡西尼—惠更斯号"土星探测器则进入了环土星轨道，对土星、土星环和环绕土星的几颗卫星进行了深入的科学研究。"卡西尼—惠更斯号"是美国和欧洲共同研发的探测器，它分为两个结构，一个是作为主探测器的"卡西尼号"，另一个是依附于其上的"惠更斯号"。在经过了7年漫长的旅行之后，这个联合探测器于2004年中期到达土星。数月之后，"惠更斯号"与"卡西尼号"分离，又经过了21天的旅程之后，"惠更斯号"降落在土星卫星"泰坦"的表面。"卡西尼号"则继续研究土星系统。本来"卡西尼号"设计的工作寿命是4年，但后来两度延长探索计划，最后竟然研究了土星系统长达12年。总计，它环绕了土星294圈，162次飞越土星的卫星，最后于2017年9月潜入土星大气层中，在高压和高温下蒸发殆尽，结束了"伟大的一生"。

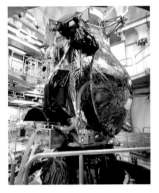

《 "卡西尼—惠更斯号"

"卡西尼—惠更斯号"土星探测器在卡纳维拉尔角发射升空之前已经组装完毕；"卡西尼号"是主体，"惠更斯号"安装在它的右侧。

》克里斯蒂安·惠更斯

"惠更斯号"探测器是以著名的荷兰科学家克里斯蒂安·惠更斯（Christiaan Huygens, 1629—1695）命名的。惠更斯是一个全能的科学家，他发明了钟摆，创立了光的波动说，还磨制了自己的望远镜。在1655年，惠更斯不仅首次发现了土星的卫星"泰坦"，更提出"土星环"理论。他认为土星被一个宽而薄的行星环围绕着，因此从地球上看到的土星外貌会随着土星与地球相对位置的变化而变化。

《 "卡西尼号"拍摄的"弥玛斯"

土卫一，又称"弥玛斯"，是一颗位于土星环外侧的卫星，公转轨道的半径为18.552万千米。照片中的线是土星环的影子。

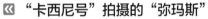

观测土星

土星在1年内有10个月可以被肉眼看见，它看上去就像一颗明亮的浅黄色恒星。土星最亮的时候，视星等能达到-0.3等；这时土星环面向我们反射了更多的光，因此土星显得更亮。如果想要看清土星表面的细节以及土星环，则需要借助天文望远镜。土星的最佳观测时间是土星冲日的时候，这种天文现象每隔1年又2周左右发生1次。此外，在土星公转的过程中，土星每2.5年向东移动约1个黄道星座的宽度。

⌃ 双筒望远镜观测

借助双筒望远镜，可以将土星与恒星区分开来，土星不再是一个光点，而是一个很小的圆盘。如果双筒望远镜性能比较好，并且土星环面向地球，那么就可以模糊地看到土星环结构——在行星的两端有轻微突出。

⌃ 小型天文望远镜观测

借助天文望远镜就能清晰地看到土星环。照片中，土星环斜对着我们，看上去就像土星的2只"耳朵"，或者是土星旁边的两个"把手"。

⌃ 大型天文望远镜观测

在更高的放大倍率之下，我们能够轻松分辨出土星环中主要的2个环（A环、B环）和它们中间的卡西尼缝。此外，照片中的光点是土星中一些比较大的卫星。

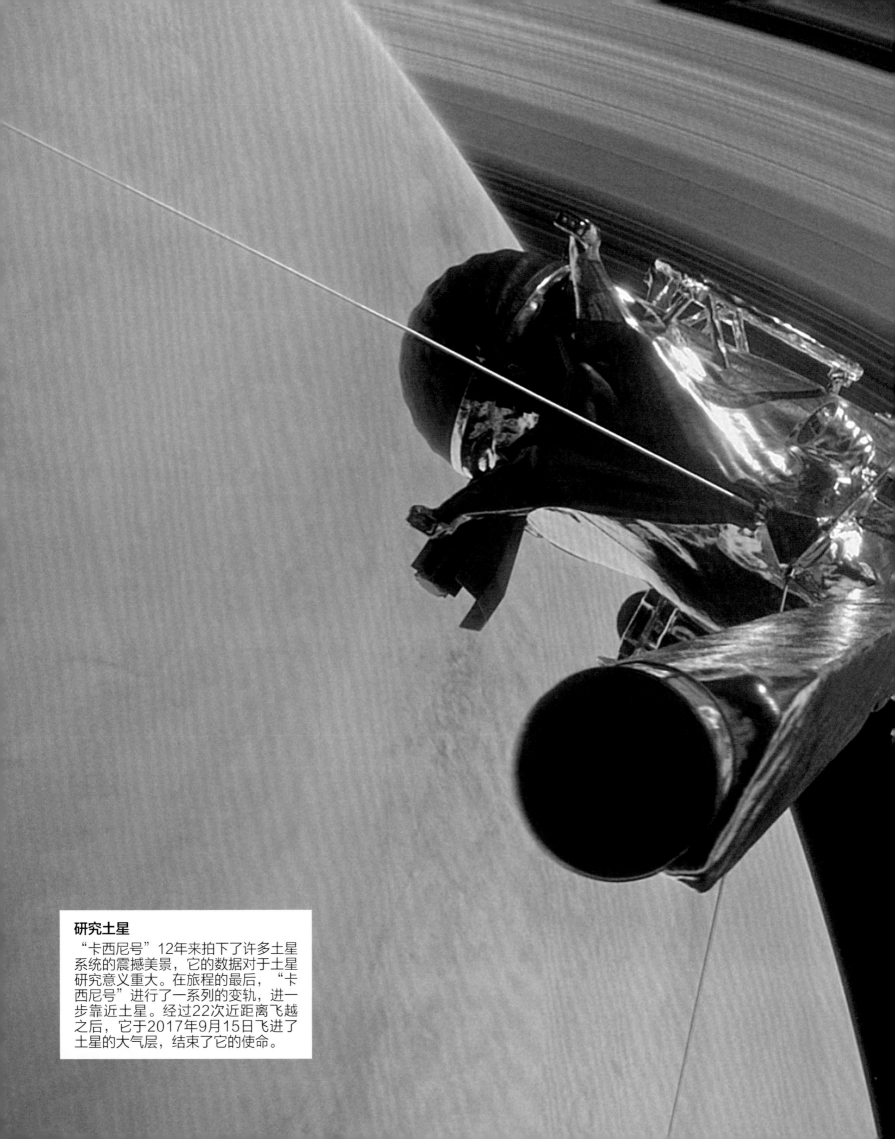

研究土星

"卡西尼号"12年来拍下了许多土星系统的震撼美景，它的数据对于土星研究意义重大。在旅程的最后，"卡西尼号"进行了一系列的变轨，进一步靠近土星。经过22次近距离飞越之后，它于2017年9月15日飞进了土星的大气层，结束了它的使命。

天王星

　　淡蓝色的天王星是距离太阳第二远的行星。关于天王星的大部分信息来自唯一经过它的人造探测器——"旅行者2号"。由于转轴倾角非常大，天王星可以说是平躺在轨道平面上的，因此从地球看过去，天王星的行星环和卫星就像是环绕着标靶的圆环。

天王星的构造

　　天王星是八大行星中第三大的行星。它的直径约为地球的4倍，体积约为地球的63倍，然而天王星的质量只有地球的14.5倍，所以天王星的密度要比地球小很多。在天王星的大气层下方，是一层很厚的由水、甲烷和氨构成的稠密流体。普遍认为这些流体有高导电性，其中的电流产生了天王星的磁场。层与层之间没有严格的边界，而是有相互融合的区域。

▶ "平平无奇"的星球

这张天王星近照是"旅行者2号"在1986年经过时拍摄的。拍摄的部分是天王星被太阳照射的南半球，可以看到它的浅蓝色表面毫无特征。

▶ 内部结构

天王星与木星、土星、海王星一样，也是一个气态巨行星。我们所看到的天王星表面是其富氢大气的顶层。在大气层下方是一层像冰一样的稠密流体，而在流体下方是它的核心。

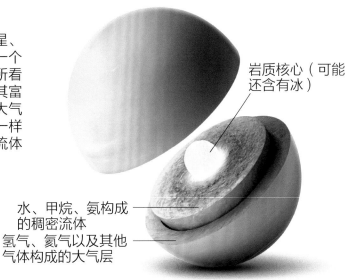

岩质核心（可能还含有冰）

水、甲烷、氨构成的稠密流体

氢气、氦气以及其他气体构成的大气层

▶▶ 天王星参数

直径	51118千米
距日平均距离	28.7亿千米
公转周期	84个地球年
自转周期	17.24小时
云顶（表面）温度	−214℃
卫星数量	27

尺寸比较

地球　　天王星

天王星的大气层和气候

　　天王星表面看上去平平无奇，实际上这是一个假象，产生这个现象的一部分原因是高层大气中的烟雾遮挡了我们的视线。烟雾是由于大气中的甲烷与太阳光中的紫外线辐射相互作用产生的。天王星没有复杂的天气系统，但是由水、氨组成的云层在大风和行星自转的影响下环绕着行星。天王星的云顶温度大约为−214℃。

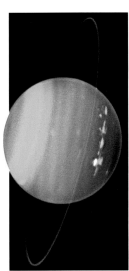

◀ 天王星的云层

这幅红外线波段的图像揭示了天王星的云层结构。最上层的云呈现为白色；中层的云呈现为亮蓝色；而最下层的云呈现为深蓝色。在图像处理的过程中，天王星的行星环呈现为特殊的红色。

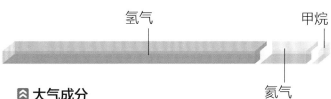

氢气　　　　　　　　　　甲烷

氦气

▲ 大气成分

氢气是天王星大气中的主要成分。大气中的甲烷使得天王星呈淡蓝色，这是因为它吸收了大部分的红色光谱，反射蓝色光谱所导致。

天王星的公转和自转

天王星的转轴倾角非常大，达到了98°，这使得天王星的自转轴几乎与它的公转轨道平面平行。这意味着在天王星84年的公转周期里，每一个极点都会有被太阳持续的照射42年的极昼，而在另外42年则处于极夜。而赤道附近的区域，在至点附近时，太阳升起很低；在分点附近时，日夜交替平分，但太阳是从北边升起的。通常认为在太阳系形成的时候，一颗地球大小的原行星撞击到天王星，造成了天王星异常的转轴倾斜。

⏷ 天王星轨道

天王星就像皮球一样在公转轨道上倾倒滚动。它的长周期轨道和极大的转轴倾角，意味着每个半球都要面向太阳长达42年。

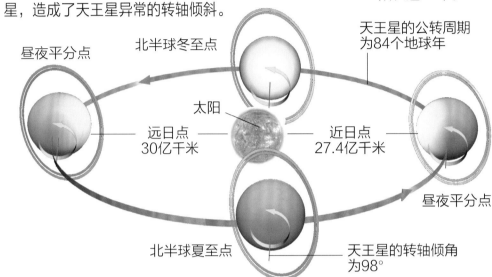

北半球冬至点

昼夜平分点

天王星的公转周期为84个地球年

太阳

远日点 30亿千米

近日点 27.4亿千米

昼夜平分点

北半球夏至点

天王星的转轴倾角为98°

天王星的行星环和卫星

天王星环一共由13个清晰的环组成，每个环之间都有比较宽的环缝。这些环大多是由暗色的富含碳的物质组成的，这些物质小至尘埃颗粒，大至数米宽的石块。目前已知有27颗卫星环绕着天王星，当然可能存在着更多。其中5颗是大型卫星，它们都是暗色的岩质天体，并且有冰质地壳。剩下的那些卫星相比之下要小很多，大多只有数十千米长。

» 假彩色合成的行星环

这张以假彩色合成的天王星内环中，右侧那条明亮、白色的环是天王星最突出的 ε 环。在 ε 环的左侧（内侧），还有5个蓝绿色的环和3个灰白色的环。

» "艾瑞尔"的表面

天卫一，又称"艾瑞尔"（Ariel）。它的直径为月球的1/3，公转周期为2.5天。它虽然是在地球上被发现的，但是要观察它的表面细节就只能借助"旅行者2号"拍摄的照片了。又长又宽的断层、峡谷网络遍布在天卫一的冰质地壳上。

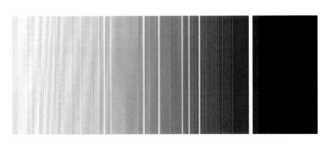

观测天王星

天王星与太阳的距离是土星与太阳距离的两倍，这个距离使得天王星难以观测。它的视星等是5.5等，接近肉眼观测的极限。当我们用肉眼或者双筒望远镜观测，天王星和其他恒星没有什么区别；而若是借助更强大的仪器，如天文望远镜，天王星就会放大成一个盘状结构。如果长时间观测天王星，就可以发现它相对于背景恒星会有缓慢的移动，这也证明了它的行星身份。

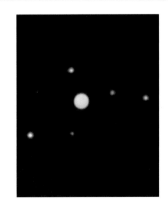

« 夜空中的天王星

借助地基望远镜，可以清晰地看到浅蓝色的天王星以及它的5颗主要卫星——"艾瑞尔"："乌姆柏里厄尔"（天卫二，Umbriel）、"泰坦妮亚"（天卫三，Titania）、"奥伯龙"（天卫四，Oberon）、"米兰达"（天卫五，Miranda）。

海王星

遥远的海王星直到1846年才被发现，并且1989年"旅行者2号"探测器飞越海王星之前，人类对它几乎一无所知。探测器揭示了这是一个寒冷的、蓝色的星球，被行星环和卫星环绕着，并且拥有非常活跃的大气层。

≫ 内部结构

海王星没有固态的表面，我们所看到的表面是海王星大气层的顶部。在行星内部，海王星呈现层状结构，但是层与层之间没有严格的边界。

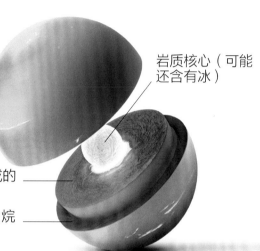

岩质核心（可能还含有冰）

水、甲烷、氨构成的稠密流体

氢气、氦气以及甲烷构成的大气层

海王星的构造

海王星是太阳系4个气态巨行星中距离太阳最远的，也是体积最小的。它的直径接近地球的4倍，比天王星稍小，但是质量却比天王星大。它的构造和天王星十分相似：最外层是主要由氢气构成的大气层，大气层下方是水、氨等物质构成的稠密流体，中心是一个可能含有冰的岩质核心。由于行星的高速自转，物质在离心作用下，使得海王星变成了一个赤道突出的椭球体。

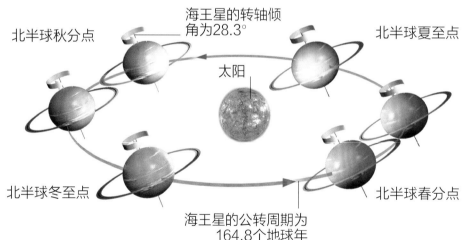

北半球秋分点

海王星的转轴倾角为28.3°

北半球夏至点

太阳

北半球冬至点

北半球春分点

海王星的公转周期为164.8个地球年

≪ 海王星轨道

海王星的公转轨道是除了金星以外的八大行星中偏心率最小的，这意味着海王星在近日点和远日点的时候没有很大的区别。海王星的自转轴并不是与轨道平面垂直的，它的转轴倾角为28.3°。

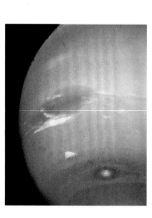

⚠ 大黑斑

在1989年，"旅行者2号"在海王星的大气层中发现了这个巨大的、黑色的风暴状云层，称之为"大黑斑"（Great Dark Spot）。大黑斑的尺寸与地球（截面积）近似，在它周围围绕着由甲烷冰晶构成的明亮卷云。当1994年哈勃空间望远镜再度拍摄海王星的斑点时，大黑斑已经完全消失不见了，不过一个新的黑斑在2016年的时候被观测到。

海王星的大气层和气候

海王星和太阳的距离是日地距离的30倍，但仍然受到太阳光和热的影响。在海王星公转的时候，它的南北极和地球一样依次朝向太阳，产生了季节的变化。海王星的每个季节持续大约40年。然而，仅靠太阳的热量不足以产生海王星表面深色的风暴状结构以及猛烈的赤道风，可能还需要借助行星内部的热量才能产生这种现象。

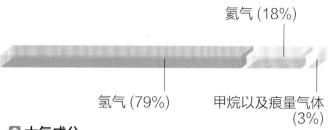

氦气（18%）

氢气（79%）

甲烷以及痕量气体（3%）

⚠ 大气成分

海王星的大气主要由氢气构成。然而，海王星独特的蓝色外观是由上层大气中含量相对较少的甲烷造成的。甲烷吸收了大部分的红色光谱，反射蓝色光谱。

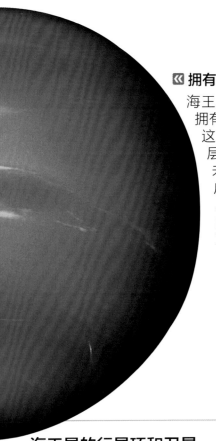

《 拥有独特蓝色的星球

海王星这颗气态巨行星拥有活泼的蓝色外表，这个颜色是由于大气层中的甲烷以及一些未知的大气成分造成的（区别于天王星）。而行星表面的白色条纹是甲烷冰晶构成的云层。

》 海王星参数

直径	49528千米
距日平均距离	45亿千米
公转周期	164.8个地球年
自转周期	16.11小时
云顶（表面）温度	−200℃
卫星数量	14

尺寸比较

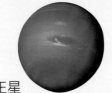

地球　　海王星

海王星的行星环和卫星

目前已知有14颗卫星环绕着海王星，可能还有其他的小型卫星存在。其中最大的、也是唯一拥有足够质量成为球体的是"特里顿"（Triton，海卫一），而最靠近海王星的4个卫星轨道都在海王星的行星环之内。海王星环总共包含5个主要环，最外侧的"亚当斯环"（Adams）上有3处很亮的区域，称为"环弧"，这些区域里面的物质相对密集。此外海王星环还有第6个环，但是这个环是残缺的。海王星环中的物质整体比较稀疏，由许多未知成分的微小颗粒构成。在"旅行者2号"首次揭露海王星环之前，早期的地面观测就已经预言了它的存在。

《 海王星环

在这张"旅行者2号"拍摄的照片中，可以看到4个环。"拉塞尔环"（Lassell）是海王星最宽广、最稀疏的环，它位于两个亮环"亚当斯环"（Adams）和"勒威耶环"（Le Verrier）之间。最靠近海王星的环是"伽勒环"（Galle）。

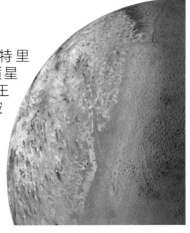

》 "特里顿"

海卫一，又称"特里顿"，是一个冰质星球，尺寸要大于冥王星。它在海王星被发现后的17天就被找到。海卫一表面的黑色斑点有可能是间歇泉喷发的地方。

观测海王星

由于距离太过遥远，海王星无法用肉眼直接观测。海王星最亮的时候，视星等为7.8等，可以借助双筒望远镜和小型天文望远镜观测到，即使如此，海王星在视场中仍然和别的恒星看上去没有太大区别。只有借助口径大于150毫米的天文望远镜才能将海王星放大成盘状结构。若想要看清海王星表面的细节，如亮度的不均匀，则需要借助当今最好的天文设备。

《 天文望远镜观测

在这张合成照片中，可以看到两组海王星和海卫一的图像。两组图像分别在晚上的不同时间拍摄的，借此可以看到海王星相对天空背景的位移。

冥王星

　　冥王星是一个由岩石和冰组成的黑暗、荒凉的世界。在地球上，很难观测冥王星，所以直到2015年"新地平线号"探测器飞越冥王星，我们才进一步了解这颗表面颜色变化非常明显的天体。冥王星是太阳系中最大的矮行星。矮行星是指具有行星级质量，但未能清除邻近轨道上的其他小天体和物质的天体。

冥王星的构造和大气层

　　冥王星大约60%的质量由其内部的巨型岩质核心占据，核心周围是一圈相对较薄的冰质地幔，而"新地平线号"的最新发现揭示了地幔中存在着一片广阔的水冰海洋。地幔之上是一层由固态氮、微量甲烷、微量一氧化碳组成的冰质地壳。冥王星大气层的主要成分是氮，而且异常稀薄，只有地球大气压力的十万分之一。从远处看冥王星，仿佛它被一层蓝色的薄雾所笼罩，这层薄雾被认为是太阳光与甲烷及其他化学物质发生反应产生的。

⊡ 大气成分

冥王星的大气层几乎全部由氮气组成，不过还含有微量的甲烷和一氧化碳。

痕量气体　　　　　　　　　　　　　氮气

》 冥王星探测任务

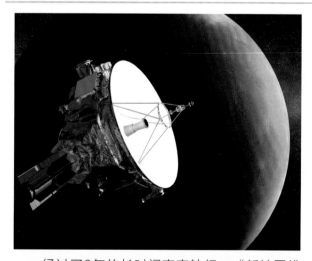

　　经过了9年的长时间宇宙航行，"新地平线号"探测器于2015年飞越了冥王星。它装备的仪器拍摄了冥王星和"卡戎"（冥卫一）的图像，并检测了冥王星的大气。之后，这架探测器飞向柯伊伯带小天体2014 MU69，于2019年早期到达。这个小天体将会是所有航天器造访的最遥远的天体。

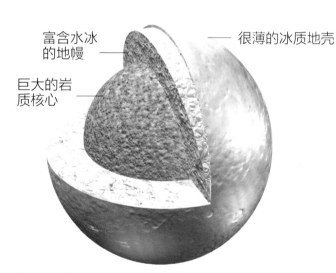

富含水冰的地幔　　　　　　　　很薄的冰质地壳

巨大的岩质核心

⊠ 内部结构

冥王星主要由岩石和冰组成，其中总质量的70%左右是岩石，剩下30%是冰。岩石沉积，形成核心。包裹着核心的是冰质地幔，最表层的是冰质地壳。

冥王星的地质地貌

"新地平线号"拍摄的图像揭示出冥王星表面上包含了冰冻平原、撞击坑、崎岖且冰雪覆盖的山脉（与地球上的山脉高度相近）等地貌。同时，探测器还发现冥王星的地表年龄是非常年轻的，只有大约18万年，并且地表被连续的冰川作用不断地"翻新"着。冥王星表面有一块巨大的、雪白的心形区域，那是一块巨型冰冻高原——太阳系中最大的冰原，称为"史波尼克高原"（Sputnik Planitia）。来源于地下的新物质不停地补充着这块1000千米宽，由固态氮组成的冰原。

卡戎，冥王星最大的卫星

冥王星共有5颗卫星，其中"卡戎"是迄今最大的一颗，它的直径大约为冥王星的一半。与冥王星相似，这是一颗岩-冰星球，表面有山脉和平原。"卡戎"最有特色的地表特征是一个红色的极地冰冠以及一个巨大的峡谷。峡谷在某些地方的深度达到9千米，5倍于地球上的科罗拉多大峡谷（Grand Canyon）的深度。天文学家们推测冥王星和"卡戎"是同源的，在太阳系形成初期，这个天体在某些因素下分成了冥王星和"卡戎"两部分。"卡戎"在围绕冥王星公转的过程中处于潮汐锁定的状态，因此从冥王星观测"卡戎"，永远只能看到相同的表面。

⬆ 彩色星球

冥王星长期以来一直被描述为一颗色彩单调的星球，直到NASA的"新地平线号"在2015年拍下了它真实的色调——深红色、乳白色、淡蓝色交织而成。

» 冥王星参数

直径	2376千米
距日平均距离	59亿千米
公转周期	247.9个地球年
自转周期	6.39个地球日
云顶（表面）温度	−230℃
卫星数量	5

尺寸比较

冥王星　　　地球

———— 红色极冠

« 小一截的卫星

2015年，"新地平线号"同样拍摄了"卡戎"最新图像。令人惊讶的是，新图像发现"卡戎"有一个红色的北极冰冠。

柯伊伯带和奥尔特云

在海王星轨道之外，有一块扁平的环状区域，它的内外径的距离达到了30亿千米，并且充斥着大量的岩-冰天体，这块区域称为"柯伊伯带"。据估计里面有数十万个天体：其中大多数被列为柯伊伯带天体，还有一些彗核，剩下一些最大的天体是诸如冥王星和"厄里斯"之类的小行星。柯伊伯带的最外侧与一块巨型球状区域——奥尔特云相交融。奥尔特云是太阳系众多彗核的"家园"，里面有超过一万亿颗彗星。奥尔特云可以延伸至1.6光年之外，这个范围约为太阳与比邻星距离的一半。

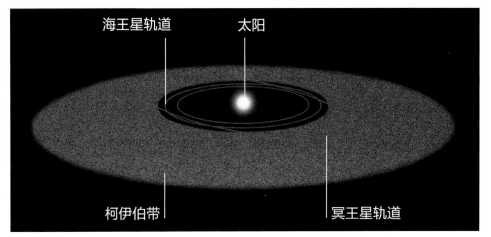

⬆ 柯伊伯带

柯伊伯带包围着太阳系行星所处的区域，其中大多数柯伊伯带天体围绕太阳的公转周期都超过了250年。柯伊伯带也是短周期彗星的主要来源地。虽然柯伊伯带中的小天体难以被观测到，但是迄今为止，天文学家们也已经发现了其中900多个天体。

彗星和流星

彗星是大部分起源于奥尔特云的"脏雪球"。彗星最值得关注的特征是它们由46亿年前太阳系诞生时原始物质组成的。彗星在绕日过程中会留下一些尘埃，当地球经过这些尘埃就会产生夜空中美丽的流星雨。

彗星的变化

彗星本体是一个固体的、形状不规则的天体。它的2/3质量是由冰和雪组成，剩余1/3则是岩质尘埃，也因此有了昵称——"脏雪球"，这个"雪球"也称为彗核。当彗核进入火星轨道范围之内，它就会受到太阳热量的影响。一部分冰升华为气体，伴随着部分尘埃的释放，形成了彗发——环绕在彗核周围的云状物，彗发的范围通常能达到地球直径的数倍大。接着，彗发中的气体和小颗粒尘埃会被来自太阳的光压推离，成为拖曳在后的彗尾。彗尾分为尘埃尾和离子尾（气体构成），并且通常长度达到1亿千米。

▶ 彗星轨道

彗星只有在靠近太阳的时候才会形成彗发和彗尾。有超过500颗彗星的回归周期小于20年，这些彗星被划为短周期彗星，而长周期彗星的回归周期通常要达到数十万年。

⌃ 包瑞利彗星

包瑞利彗星（Comet Borrelly）有一个8千米长的、酷似保龄球瓶的彗核，气体和尘埃喷流正在从它的表面释放。包瑞利彗星是一颗短周期彗星，它的回归周期是6.86年。

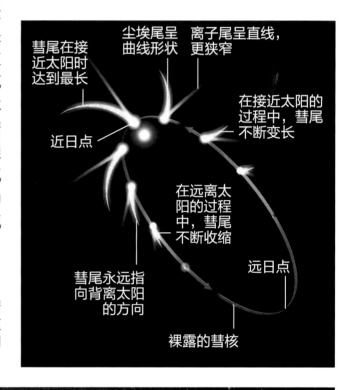

彗尾在接近太阳时达到最长

尘埃尾呈曲线形状

离子尾呈直线，更狭窄

近日点

在接近太阳的过程中，彗尾不断变长

在远离太阳的过程中，彗尾不断收缩

远日点

彗尾永远指向背离太阳的方向

裸露的彗核

海尔-波普彗星

海尔-波普彗星（Comet Hale-Bopp）拥有一个巨大的彗发和彗尾，并且亮度足以在地球上观测。1997年，海尔-波普彗星经过近日点。这颗彗星的离子尾呈蓝色，而尘埃尾呈白色，回归周期为2400年。

>> 彗星探测任务

最初5个彗星探测任务的目标都是哈雷彗星，其中"乔托号"（Giotto）探测器是最为成功的。1986年3月，"乔托号"拍摄了第一张彗核的照片。20年之后，"星尘号"（Stardust）探测器采集了维尔特二号彗星（Comet Wild-2）。迄今为止最宏大的彗星探测任务是由"罗塞塔号"（Rosetta）探测器完成的，它于2014年抵达了丘留莫夫－格拉西缅科彗星（Comet Churyumov-Gerasimenko）附近。"罗塞塔号"进入环彗星轨道，检测彗发和彗尾的演化过程，并释放了"菲莱"（Philae）登陆器，完成了第一次彗核着陆任务。

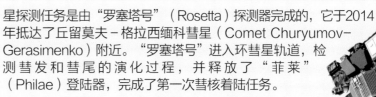

《 67P彗星

丘留莫夫－格拉西缅科彗星的官方简称是67P彗星。当"罗塞塔号"经过这颗彗星时，拍摄了这张从彗核表面放射出羽毛状尘埃的照片。至今，导致这些尘埃喷发的原因仍未找到。

》 "罗塞塔号"探测器

"罗塞塔号"上2块太阳能电池板的"翼展"达到了32米。在漫长的宇宙航行中，它们持续地为"罗塞塔号"提供能源。

从彗星到流星

从彗星上脱落的尘埃颗粒称为"流星体"（meteoroid）。如果一块流星体进入地球的大气层，它会被迅速加热燃烧并产生很短时间的光的轨迹——流星，而其中特别明亮（视星等达到一定程度）的流星称为"火流星"。当地球在公转轨道上经过一连串彗星脱落的尘埃颗粒时，就会产生壮观的流星雨。

一颗明亮的流星快速划过猎户座

观测彗星和流星

目前已经有超过3500颗彗星被探测到，其中大多是由"太阳和太阳圈探测器"（SOHO）找到的。若想要从地球上观测彗星，由于它们大多比较暗，所以只能借助天文望远镜观测。不过，每年有几颗彗星借助双筒望远镜就能观测到，并且每10年至20年，就会有能用肉眼看到的彗星经过。通过天文望远镜观测，彗星看上去就像一个个模糊的光斑，并且可能是细长的。

流星能够通过肉眼被看到，它们通常只会在夜空中划过不到一秒的时间就消失了。流星在每个夜晚都会出现，不过最佳的流星观测时间是在每年出现20次左右的流星雨期间。

狮子座流星雨

地球通常在每年的11月会冲入坦普尔·塔特尔彗星（Comet Tempel-Tuttle）残留下来的尘埃流中。尘埃流中的尘埃颗粒急速进入地球大气层，燃烧殆尽并产生流星。

>> 每年主要的流星雨

名称	活跃期	辐射点星座
象限仪座流星雨	1月1日 — 1月6日	牧夫座
天琴座流星雨	4月19日—4月24日	天琴座
宝瓶座 η 流星雨	5月1日 — 5月8日	宝瓶座
宝瓶座 δ 流星雨	7月15日 — 8月15日	宝瓶座
英仙座流星雨	7月25日 — 8月18日	英仙座
猎户座流星雨	10月16日 — 10月27日	猎户座
金牛座流星雨	10月20日 — 11月30日	金牛座
狮子座流星雨	11月15日 — 11月20日	狮子座
双子座流星雨	12月7日 — 12月15日	双子座

登陆彗星

欧洲空间局的"菲莱"登陆器于2014年11月登陆了丘留莫夫－格拉西缅科彗星的彗核表面。在这张效果模拟图中展现了"菲莱"登陆时的情景。"菲莱"本来的设想是固定于彗核表面的平坦空间，但实际上在着陆的过程中发生了两次弹射，致使卡在了一条黑暗裂缝中。"菲莱"在运行了两天之后，便失去了联系。

小行星和陨石

　　小行星是环绕太阳公转、体积和质量非常小的天体，是由岩石、金属或者两者的混合物构成的浅灰色块状物体。如果小行星的轨迹交叉了，它们之间就会发生碰撞，然后碎裂，其中一部分就可能朝向地球飞去。这些碎片进入大气层后，如果没有被燃烧殆尽，落到地球上，那么便成为陨石。

小行星简介

　　太阳系中有超过10亿颗小行星，而目前有超过75万颗已经被发现，这仅是所有小行星中的一小部分。小行星是在46亿年前太阳系行星诞生过程中没有形成行星的残留物质。小行星大多形状不规则，小至卵石、岩砾，大至数百千米；所有小行星中大约有100颗直径超过了200千米。

　　超过90%的小行星都位于小行星带（简称主带，Main Belt）中。小行星带中最大的天体是谷神星（Ceres），它在2006年被重新定义为矮行星。虽然小行星带中有10亿多颗尺寸大于2千米的小行星，但这个区域相对来说并不拥挤——每个小行星之间的距离都有数千千米。特洛伊群小行星（Trojans）是与木星共用轨道，并共同绕着太阳公转的小行星，它们分为两群，分别位于木星轨道前方和后方的位置上。此外，还有一些近地小行星，它们的轨道非常椭圆，穿越了小行星带和地球轨道。

》小行星轨道

示意图中展现了小行星带、特洛伊群和一些单独小行星的轨道。可以看到，几乎所有的小行星轨道都位于土星轨道之内，并且和行星的公转方向相同。位于小行星带中的小行星的公转周期为3～6年，同时它们的自转周期约为数小时。

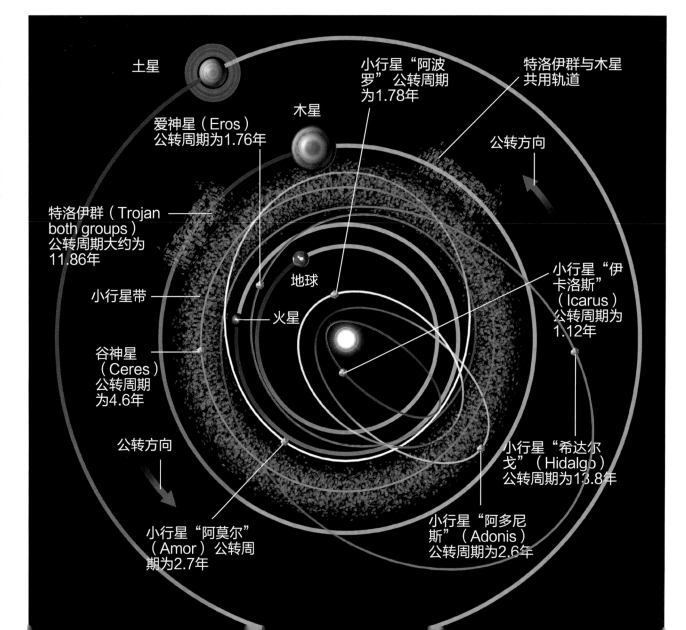

土星

小行星"阿波罗"公转周期为1.78年

特洛伊群与木星共用轨道

爱神星（Eros）公转周期为1.76年

木星

公转方向

特洛伊群（Trojan both groups）公转周期大约为11.86年

地球

小行星"伊卡洛斯"（Icarus）公转周期为1.12年

小行星带

火星

谷神星（Ceres）公转周期为4.6年

小行星"希达尔戈"（Hidalgo）公转周期为13.8年

公转方向

小行星"阿多尼斯"（Adonis）公转周期为2.6年

小行星"阿莫尔"（Amor）公转周期为2.7年

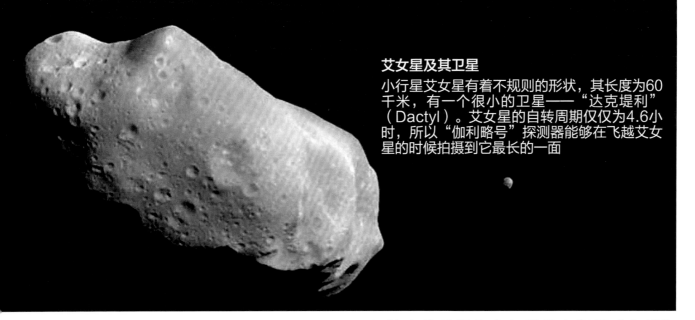

艾女星及其卫星

小行星艾女星有着不规则的形状，其长度为60千米，有一个很小的卫星——"达克堤利"（Dactyl）。艾女星的自转周期仅仅为4.6小时，所以"伽利略号"探测器能够在飞越艾女星的时候拍摄到它最长的一面

⏶ 破裂的表面

"黎明号"探测器拍摄到了谷神星地表上如同静脉一般的断裂层。目前，这种地貌的产生原因仍然不明，天文学家推测：这是由一种迄今仍未知的物质从谷神星的岩质地壳下方上涌造成的。

小行星探测任务

1991年，"伽利略号"探测器在前往木星的过程中拍摄了第一张小行星的特写。第一架对小行星进行详细研究的探测器是"会合一舒梅克号"（英文缩写NEAR），它于2001年抵达爱神星，进入环绕轨道，并成为第一艘登陆小行星的探测器。第一颗被人类采样的小行星是小行星"糸川"（Itokawa），日本的"隼鸟号"（Hayabusa）探测器采集了这颗小行星上的物质，并于2010年返回地球。此外，"黎明号"（Dawn）探测器环绕并研究了小行星带最大的两个天体：灶神星（2011—2012年）、谷神星（自2015年至今）。

陨石冲击

在地球公转的过程中，不少外太空的小行星碎片会误入地球的大气层。其中比较大的碎块如果无法被地球的大气层燃尽，着陆在地表上就成为陨石。每年，有超过3000颗这样的陨石落到地表，每颗质量都超过了1千克。其中大多数陨石都落在了海洋中，剩下的落到了地面。目前地球上存在着大约190个陨石撞击坑，小的撞击坑大约为数米，大的直径能够达到140千米左右。地表上的大部分陨石撞击坑形成于1亿年前。

⏷ 巴林杰陨石坑

巴林杰陨石坑（Barringer crater）位于美国亚利桑那州，直径达到1.2千米。这个撞击坑是在约50000年前一颗直径30米左右的铁质陨石撞击地表所致。

》陨石成分

陨石主要是根据它们的组成成分而进行分类的。最常见的陨石是石陨石，接着是由铁镍合金构成的铁陨石，最罕见的是混杂着岩石和金属的石铁陨石。石铁陨石的构造与最初岩质行星形成时的成分比较相似。而另外两种陨石中，石陨石来自于小行星的岩质外壳，而多数铁陨石被认为来自小行星的金属核心。

这颗陨石长度为6厘米，发现于南极洲

铁陨石

石铁陨石

石陨石

美丽的夜空

基特峰上空的星轨
这张照片拍摄于美国亚利桑那州的基特峰（Kitt Peak）。在长时间曝光下，恒星围绕着北极星（左上角的白色亮点）旋转；与此同时，照片右下方基特峰天文台的一台专业天文望远镜正在进行观测活动。

天文观测

　　天文学是一门特殊的科学，业余天文爱好者也能通过不懈的天文观测做出有价值的贡献。通过肉眼或者双筒望远镜观测，天文爱好者们就能估测出变星亮度的变化程度，观测到每年多场流星雨中流星的数量和极光这种特殊的大气现象。借助普通的天文望远镜，天文爱好者还能绘制出太阳黑子数量的涨落图，监测行星地表的变化。最资深的天文爱好者们就如同夜空的"巡逻队"，通过目视或摄影，来寻找彗星、小行星、新星和超新星。

　　天文观测的第一步就是要熟悉夜空。想要完成这个任务，你仅需要一个双筒望远镜和一本类似于本书的观测指南。最开始，你需要借助下一章"每月天文观测指南"，来辨识出夜空中最亮的几颗恒星和最主要的几个星座。由于地球始终绕着太阳公转，夜空中的恒星和它们组成的星座的位置在一年四季的每个晚上（相同时间点）都不一样，所以我们每个月看到的夜空都是不尽相同的。另外在地球自转的影响下，整个夜晚我们所看到的夜空也时时刻刻在变化着，当一个星座从西边落下，另一个星座就会从东边升起。当你能够辨识出每个月的主要星座，就能够通过这些星座导航找到其他比较暗的星座，并借此提高对星空的熟悉度。

移动的天空

　　年复一年，我们虽然在相同的月份所看到的恒星都是相同的，但是月球和行星的位置却是不停变化着的。它们的运行轨迹和那些恒星完全不同，因此在最后一章的"天文年历"中，详细地列出新月满月、行星冲日、日食月食等的时间点。需要注意的是，当月球高于地平线时，即满月这段时间附近，月球反射的光芒会照亮天空，并掩盖掉很多较暗的天体。此时，包括星云、星系这类深空天体，在这段时间内是很难被观测到的。因此，要尽量将深空天体观测时段安排在新月这段时间附近，那时的夜空将会处于最暗的状态。

选择设备

　　本章关于天体观测的内容也会涉及如何选择最合适自己的天文观测设备。在初学者阶段，双筒望远镜由于它的便捷性、操作简易性将会是最好的选择。而对于已经跨过入门阶段的爱好者们，一台天文望远镜是非常有必要的。幸运的是，如今天文望远镜的价格已经比过去实惠了很多，还有越来越多、不同种类的天文望远镜可供选择。

　　如今，业余天文观测也已经进入了数字化时代。许多天文望远镜在计算机的控制下操作变得更加简单。除此之外，电子感光器件的诞生使得天文摄影不再需要胶片。要知道在几十年之前，即使是专业天文台也不得不借助胶片来拍摄星空。毫不夸张的说，当今是业余天文学研究的黄金时代。

　　虽然业余天文观测有了高新技术的支持，热爱天文的你们也并不需要去想着完成科学新发现。世界上大多数的天文爱好者们进行天文观测，仅仅是为了欣赏那一片美丽的夜空，感受宇宙的宏大。

❯❯ 业余天文望远镜

如今类似于图片中的由计算机控制的业余天文望远镜越来越普及。天文爱好者借助计算机程序能够比过去更方便地找到想要观测的目标。

我们看到的天空

很久以前，人们就已经知道"天"实际上并不存在，存在的只是广阔无垠的宇宙。但天文学上仍然保留一个假想的圆球——"天球"，作为描述天文观测活动的辅助工具。再遥远的天体都始终固定在这个天球的球面上。而地球位于天球的中心，它始终自西向东进行着自转。因此，在地球上的观测者看来，这些天体将会自东向西慢慢划过夜空。

观测者在地球上的位置

你所能看到的天球范围取决于你在地球上所处的纬度，或者说你所在的地区距离赤道有多远。如果你站在地球的北极点，此时天球的北天极就位于你头顶上方，你所能观测到的范围只有天球的北半球，简称"北天"，但北天的所有天体永远都不会低于地平线。如果你站在地球的赤道上（天球的天赤道位于头顶），整个天球（从天赤道到南北天极）就能一览无余，而南北天极分别位于南北方向的地平线上，随着地球自转，天球上的天体会东升西落，而你在一年的时间里能够在晚上看到所有的这些天体。

当然，大多数人类居住在中纬度地区，所以人们看到的天空景象介于上面两种极端情况之间。他们能够看到北天或者南天之一的所有天体，以及另外一半的部分天体。越靠近赤道，所能看到的天球范围越广。

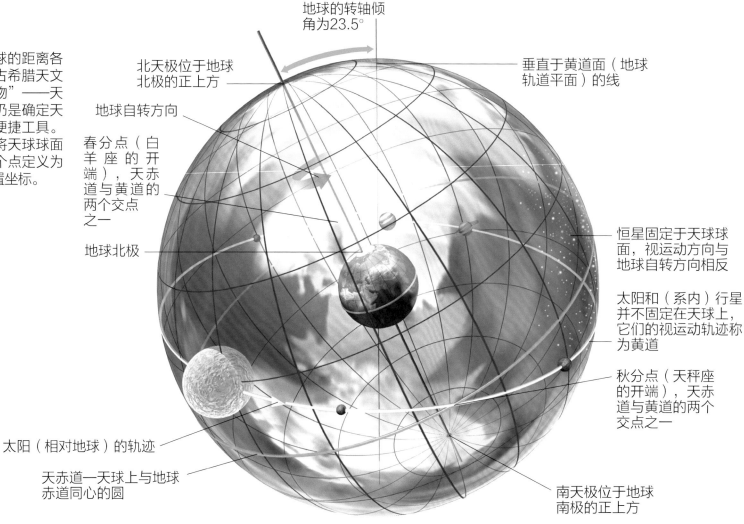

» **天球**

恒星与地球的距离各不相同，古希腊天文学的"遗物"——天球，至今仍是确定天体位置的便捷工具。天文学家将天球球面上的一个个点定义为恒星的位置坐标。

地球的转轴倾角为23.5°

北天极位于地球北极的正上方

地球自转方向

垂直于黄道面（地球轨道平面）的线

春分点（白羊座的开端），天赤道与黄道的两个交点之一

地球北极

恒星固定于天球球面，视运动方向与地球自转方向相反

太阳和（系内）行星并不固定在天球上，它们的视运动轨迹称为黄道

秋分点（天秤座的开端），天赤道与黄道的两个交点之一

太阳（相对地球）的轨迹

天赤道—天球上与地球赤道同心的圆

南天极位于地球南极的正上方

地球的运动——"旋转木马"

地球本身的运行规律促成了如今计时系统的两个部分：年和日。地球自转一周的时间为一个地球日，而绕太阳公转一圈的时间为一个地球年。两个运动合并起来，与游乐场中的旋转木马十分相似。在地球公转的过程中（从地球观测者角度），太阳相对于遥远的恒星背景会产生移动。因此，一年中每个晚上我们所看到的恒星会不断地渐变，几个月之后，许多截然不同的恒星将会进入视野，原来的一些恒星则会消失。简单地举个例子：金牛座和双子座的最佳观测时间是1月和2月；而在6个月后（从地球观测者角度），它们将位于太阳后方，被"淹没"在太阳光中，然后又过了6个月，地球会回到原点，这两个星座再次闪烁在天空之中。

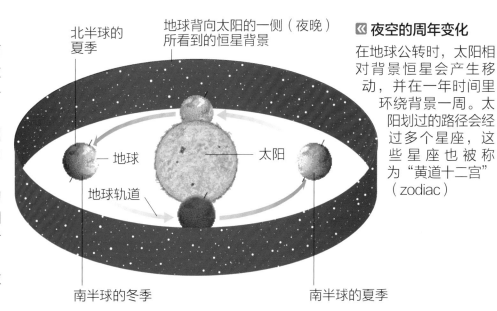

北半球的夏季 / 地球背向太阳的一侧（夜晚）所看到的恒星背景 / 地球 / 太阳 / 地球轨道 / 南半球的冬季 / 南半球的夏季

夜空的周年变化

在地球公转时，太阳相对背景恒星会产生移动，并在一年时间里环绕背景一周。太阳划过的路径会经过多个星座，这些星座也被称为"黄道十二宫"（zodiac）

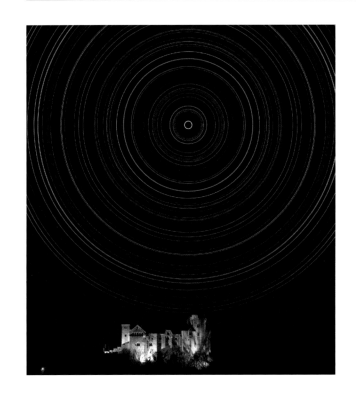

环绕天极

除非你位于很接近赤道的地区，不然，在地球自转的过程中，有一部分位于（南北）天极附近的星空将永远位于地平线之上。在这块区域里的恒星不会落下地平线，并且始终绕着天极旋转，它们被称为"拱极星"（circumpolar）。距离赤道越远（纬度越高），天空中拱极星的数量就越多。例如：在纬度为30°的地区观测，距离天极30°范围（赤纬大于60°）的恒星都是拱极星，而若在纬度为50°的地区，则距离天极50°范围（赤纬大于40°）的恒星都是拱极星。

维也纳夜空的环形轨迹

长时间曝光的照片能够揭示出夜空中恒星的运动轨迹。这幅在奥地利首都维也纳拍摄的夜景，则是通过一些相对较短时间曝光的照片合成的，拍摄的效果和长时间曝光的照片差不多。合成后的照片清晰地展示出拱极星绕着北天极环绕一圈的轨迹，其中最中间的、比较亮的那个小环是北极星（Polaris）的轨迹（北极星并不是恰好位于北天极）。

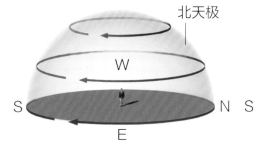

北极地区的恒星视运动

所有天体看上去几乎都在环绕北天极运动，并且没有恒星东升西落的现象。在北极地区，恒星环绕方向是顺时针的（观测者角度）；在南极地区，恒星环绕方向是逆时针的。

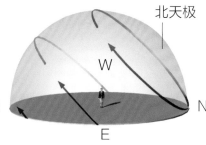

中纬度地区的恒星视运动

大多数天体会有东升西落的现象，倾斜地划过夜空，而其他的天体基本都是拱极星，环绕着天极运动。

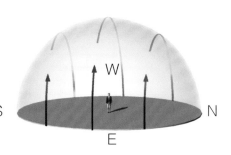

赤道地区的恒星视运动

几乎所有的天体都垂直地从东方升起，在观测者头顶的夜空中划过，并垂直地在西方落下。

赤道坐标系

为了准确地指出天体在天球上的位置，天文学家建立了一个新的、类似于地球经纬度的坐标系统——赤道坐标系（属于天球坐标系的一种）。在目前的天文观测中使用最多的便是赤道坐标系。赤道坐标系有两个参量：赤经（right ascension，RA）、赤纬（declination，DEC）。赤纬能够比较容易理解，它与地理纬度类似。在天赤道上，赤纬为0°，从天赤道算起，向北天极从0°到90°，向南天极从0°到-90°。赤经从春分点算起，按逆时针方向（由西向东）度量，由0°到360°，或者由0h到24h。这个划分的依据是因为天球相对地球24小时旋转一圈。

▶▶ **恒星位置记录**

示意图中恒星（黄点）的赤纬是45°，赤经为15°（1小时）。赤经的算法是指通过春分点的赤经圈与通过天体的赤经圈在天赤道上交点所构成的圆弧的角度。

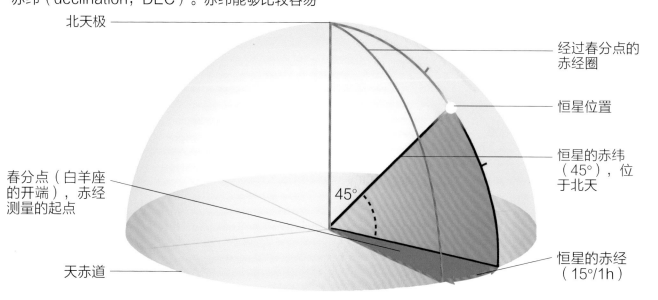

北天极

经过春分点的赤经圈

恒星位置

恒星的赤纬（45°），位于北天

45°

春分点（白羊座的开端），赤经测量的起点

天赤道

恒星的赤经（15°/1h）

天空"轨迹"

在地球每年公转的过程，太阳在天球上的视运动轨迹（相对背景恒星的移动）称为黄道。如果地球的自转轴垂直于轨道平面（转轴倾角为0°），那么黄道将会与天赤道重合。而实际上，地球的转轴倾角为23.5°，因此天赤道所在的面与黄道面的夹角也为23.5°。黄道与天赤道有两个交点，称为"昼夜平分点"，也就是通常说的"春分""秋分"。当太阳位于这两个点时（3月末和9月末），那两天地球上所有地方的昼夜长度都将会一致。赤经零点位于经过春分点的子午线，正如地球经度的零点位于本初子午线（也称"格林威治子午线"）。

所有行星的在天球上的轨迹也是很靠近黄道的。黄道穿过的一系列星座被称为"黄道十二宫"。

▶▶ **季节变化与轨迹变化**

地球自转轴的倾斜导致了一个地区在一年中接收到的太阳光辐射不同，继而产生了四季的变化。而太阳光辐射的不同直接体现在太阳在空中轨迹的变化上。图中展现的是北半球中纬度地区在夏至点、冬至点和春分、秋分点看到的太阳的轨迹。

≫ 行星的轨迹

月球和其他7颗行星的运动轨迹和天球球面上的那些恒星是不同的。对于地球内侧的行星，金星、水星，它们距离太阳很近，所以轨迹比较靠近太阳。其中，水星由于靠近地平线，经常"淹没"在晨辉、暮光中，难以观测。金星则是天空中最亮的星，成为人们口口相传的"晨星"或者"昏星"（取决于它在太阳的哪一侧）。对于地球外侧肉眼可见的行星——火星、木星、土星，它们能在黄道附近的任意天区被发现。若通过肉眼观测，它们看上去就像那些最明亮的恒星，不过它们也会相对背景恒星移动。

≫ 昏星

当太阳落山以后，明亮的金星也被称为"昏星"。在这张照片中，金星位于月球的右上方。

≫ 恒星的坐标

岁差导致了北天极的变化，进而改变了恒星的坐标位置。因此这些恒星坐标都有一个作为参考的时刻点，称为"历元"（Epoch）。现在使用的标准历元是J2000.0，即地球时间2000年1月1日12:00。

"颤抖"的地球

实际上，地球由于日月和行星的引力共同作用，在空间中会有缓慢的颤动，导致地球的自转轴方向也会产生变化，最终自转轴在天球上的投影会形成一个圆形轨迹。这个现象称为"岁差"（precession），也称"自转轴进动"。一次颤动周期，即自转轴在天球上划过一圈的时间为25800年。在岁差的影响下，两个天极的位置会缓慢地变化。因此，在2000年，北极星（勾陈一）与北天极的角度差为3/4°（月球视角的1.5倍），到2100年，角度差将缩小至大约1/2°，北极星到达离北天极最近的位置。人眼对于岁差产生的轻微影响是基本感觉不到的。

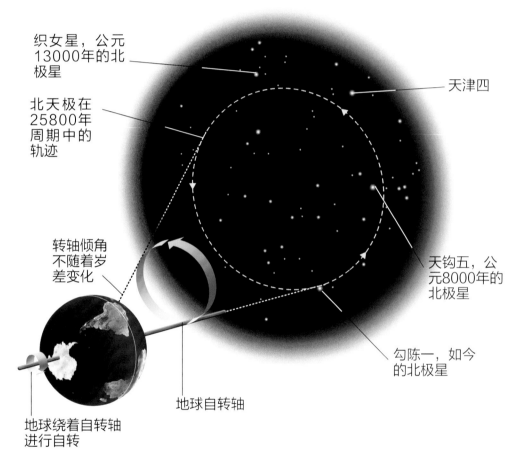

简单的观测技巧

在陆地上和海洋中旅行的人们，一直用北天极附近的恒星作为参照物，判断前行的方向。在你逐步了解天空的过程中，有一些简便技巧能够帮助你更好地寻找恒星，估测恒星之间的夹角和视距离，而且这些技巧不需要仪器的帮助。

寻找北极星

寻找勾陈一（北极星）的关键前提是要找到夜空中特别明显的一个恒星组成结构——由大熊座（Ursa Major）的七颗明亮的恒星组成的"北斗七星"（the Plough或Big Dipper）。北斗七星在地球北纬40°以北的地区，全年可见。北斗七星勺口前端的天枢（大熊座α）与天璇（大熊座β）的连线指向了北天极方向，所以这两颗星也被称为"指极星"（Pointers）。

1.首次定位 找到大熊座的北斗七星，定位右勺口两颗指极星——天枢与天璇。设想两颗恒星之间有一条直线连接。

2.心算估测 估算天枢与天璇之间的视距离，在延长线方向大约延伸5倍多距离，就可见到一颗和北斗七星差不多亮的恒星，即勾陈一（北极星）。勾陈一是一颗2等星，也是小熊座（Ursa Minor）最亮的恒星。它是一颗造父变星，不过它的视亮度变化肉眼无法感知。

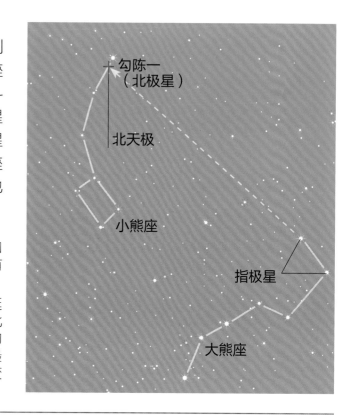

寻找南极星

在天球的南天，南十字座是寻找南天极的指针。由于南天极附近缺乏显而易见的亮星，所以把南十字座的长轴的距离延伸大约5倍就是南天极的位置。若想要进一步确认南天极的位置，则需要找到南天两颗特别亮的恒星——老人星（船底座α）、水委一（波江座α）。假想南天极存在一个点，这个点与这两颗亮星可以构成一个近似的正三角形。

1.首次定位 首先要找到南十字座（在4月和5月的夜晚它位于最高点）。南十字座虽然是星座天空88星座里面最小的一个，但也是最有特色的星座之一。然后去寻找半人马座最亮的两颗星——南门二（半人马座α）、马腹一（半人马座β），这两颗星也被称为"南天指极星"。

2.构想虚线 连接南十字座顶端和底端（长轴），将这条线延长5倍。接着连接两颗南天指极星，想象它们之间有一条垂直平分线。南天极就位于延长线和垂直平分线的交点处。

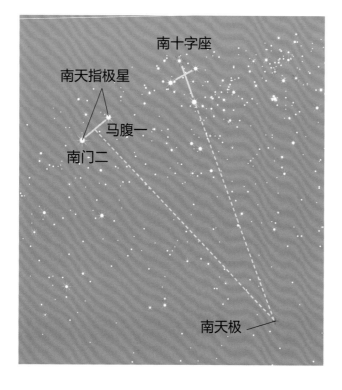

天空中的角度

在另外一种天球坐标系——地平坐标系中，天体在天空的坐标位置是由地平纬度与地平经度表示的。地平纬度，又称高度角，表示天体与地平线的角距离，地平线的地平纬度为0°，向上增加到天顶处为90°。地平经度，又称方位角，表示子午圈（过正北方向的地平经圈）所在平面与过天体地平经圈所在平面间的两面角。正北方向的地平经度为0°，正东方向为90°，正南方向为180°。在地球自转的过程中，天体的地平纬度和地平经度会变化。计算机上的天象模拟软件可以给出任意地点、任意时间某个天体的地平纬度和地平经度。

地平线

测量地平纬度

你可以用自己的手臂来估测地平线以上天体的地平纬度。图中所示天体的地平纬度是45°，即地平线到天顶（头顶正上方）的中间。

测量地平经度

地平经度从正北方向开始沿顺时针方向增加，同样也可以用手臂来估测。图中天体如果位于东北方向，那么它的地平经度为45°；如果位于西北方向，地平经度为315°。

》

恒星视亮度

观测者用肉眼所看到的恒星亮度称为"视星等"。在星图中，恒星标注的点的大小取决于它的视星等。视星等越小（恒星越亮），标注的点就越大。如今，星等的测量已经是非常精准了，在早期，天文学家们根据恒星视亮度的不同将恒星分为6个等级，1等星最亮，6等星最暗。

视星等分级

恒星的视星等每级之间亮度相差约2.5倍，所以一颗视星等为1.0等的恒星要比一颗视星等为6.0等的恒星亮100倍。对于那些比1等星更亮的恒星，它们的视星等可以达到0甚至负数。例如夜空中最亮的恒星，天狼星，它的视星等为 - 1.46等。一颗恒星的视亮度（观测者看到的亮度）取决于它本身光的辐射量以及它和观测者之间的距离。

其他天体的视星等

视星等同样适用于其他的天体。例如夜空中最亮的行星——金星，它的视星等最低能达到-4.7等，而满月的视星等可以达到 -12.7等。

月球和金星

天体度量

在天球上的天体大小和它们之间的距离是根据角度单位（角、分、秒）来度量的。在实际观测中，即使不借助仪器，我们也能够通过自己的手来粗略地度量天体。把胳膊伸直朝向天空，手指顶端的宽度差不多正好是1°，这个大小足以遮住太阳或者月球（它们的宽度约为0.5°），手掌的宽度大约是10°，而手掌张开的宽度大约是16°。每个人的手都是不同的，因此这种测量方式是因人而异的。想要更好地测量明亮恒星之间的距离和各种星座的大小，还是需要足够的经验积累。

手指宽度

月球和太阳在天空中的尺寸大约为0.5°。伸长手臂，你可以用食指轻易地遮盖住它们。

手掌宽度

伸长手臂，五指并拢，朝向天空，此时你的手掌宽度大约为10°。这个尺寸大约是北斗七星勺子的宽度（天枢和天权的间距）。

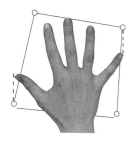

手掌张开的宽度

在五指张开的状态下，手掌宽度大约是16°。这个尺寸与飞马座（Pegasus）四边形的宽度相似。

出发观测

在出发观测夜空之前，首先你需要知道的是，在今天晚上的夜空中你能看到哪些天体。为了了解这些，你可以借助一个非常实用、便捷的观星工具——"活动星图"（planisphere）。此外，本书的"每月天文观测指南"也可以帮助你了解当天夜里能看到的天体。

观测准备

在出门观星之前，确保你的衣装足够保暖，即使是夏季的夜晚，入夜后不久你也会感觉到寒冷潮湿。若空间有余，可以携带一个躺椅，这样欣赏夜空时会比较舒适。除此之外，在夜晚，你的视觉光敏度会逐渐增强，这个过程称为"暗适应"（dark adaptation），完全的暗适应过程需经历的时间较长。因此，当你从一个灯光明亮的房间走出来之后，你需要让你的眼睛适应黑暗10分钟以上，才能够进行天文观测。

☑ 使用红光手电筒

绿光、蓝光会迅速且严重地影响暗适应过程，红光却不会造成太大影响。因此，当天文观测者在观星的时候需要阅读一些参考读物、记录一些数据的时候，一般会用到红光手电筒或者红色滤光片。

活动星图

活动星图是一个简易、便携的，用来辨识恒星和星座的观星工具。它由两个有着共同轴心、可调整的盘面组成，底下的圆盘是一个可以旋转的，包含特定（地球）纬度地区能看到的恒星、星座的星图（因此不同地理纬度的观测者使用的旋转星图不同）。上方是一个部分"镂空"的覆

》》活动星图使用方法

在活动星图覆盖物的外缘标示了完整24小时的时间，圆盘的外缘则标示了完整的12个月的日历。在使用的过程中，第一步是将时间和日期对准。位于地平线上恒星将处于"小窗口"之中，使用旋转圆盘，可以了解到恒星在夜晚升起和降落的时间。"北""南""东""西"等方位标注在覆盖物的内缘，类似于一个罗盘，这些方位对应着你面朝的地平线的方位。

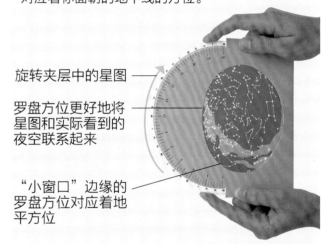

旋转夹层中的星图 ——

罗盘方位更好地将星图和实际看到的夜空联系起来

"小窗口"边缘的罗盘方位对应着地平方位

›› 移动的行星

行星在夜空中会有独特的运行轨迹，并且相比其他恒星更容易被观测。轨道位于地球内侧的水星、金星，它们与太阳的视距离是相对较小的。视距离最大（又称"大距"）的时候，它们位于太阳的东侧（黄昏时分）或者西侧（黎明时分）；"大距"也是这两颗行星的最佳观测时间。水星、金星在上合（superior conjunction）和下合（inferior conjunction）的时候在天空中是看不见的（"合"是指观察到的二个天体在天空中的位置非常靠近）。不过，这2颗行星在下合的时候，有很低概率会从太阳前面穿过（观测者角度），产生"凌日"（transit）现象。地球外侧的行星会处在黄道附近的任何区域，它们的最佳观测时间是在冲日时期。在这段时间里，行星与太阳分别位于地球两侧，所以行星升起降落的时间与太阳相反，整晚都能观测到。在冲日的时候，外侧行星距离地球最近，因此视亮度最大；相反的是，在合日的时候，它们位于太阳后方，无法被观测。

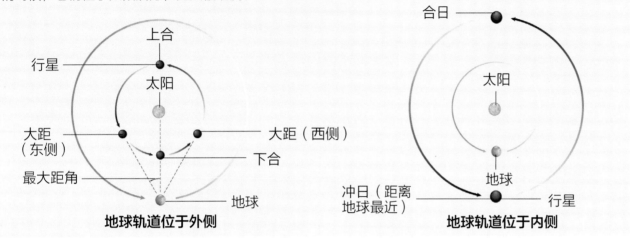

地球轨道位于外侧 **地球轨道位于内侧**

盖物，在圆盘上留出一个"小窗口"。如今的活动星图通常将圆盘放在一个夹层中，防止圆盘损坏。在覆盖物的内侧边缘（"小窗口"的边缘）标示着地平线的方位（一般会标注东、南、西、北等方位）。在使用的过程中，如果你面向南方，那么就拿着活动星图，将小窗口上标示着"南"的这一端朝下。

活动星图价格低廉、使用简单、携带便捷，并且永远不会过时，但是它也有一些缺陷。它无法展示出相对天空背影移动的天体，如月球、行星，它只能在特定的纬度适用，它仅仅描绘了天空中最亮的那些天体。一般来说，活动星图可以在设计纬度（会标示在星图上）上下5°范围的地区内使用，超

过这个范围的话，星图和实际天空的不符合之处就会比较明显。

数字化天空

在当今的信息化时代，诞生了几款内容丰富的天象模拟软件，这些软件能在不同的计算机操作系统和平板电脑上运行。通过天象模拟软件，你能够知道在地球的任何地方、任何时间所看到的夜空星象。你还能穿越到过去、未来，甚至去了解你出生那天的夜空是怎么样的。

天象模拟软件还能跟踪太阳、月球和行星的运行轨迹，放大指定区域的星空，模拟日食、月食的过程。此外，你还能将新发现的彗星轨道信息输入软件的数据库，接着会自动计算彗星在天空中的运动轨迹。总而言之，这些软件能帮助你更好地熟悉夜空。

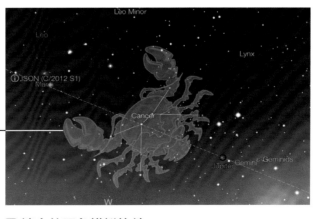

◁ 详细的恒星数据
"星空漫步"（Star Walk）是一款非常好用的app软件。它能够展示一些星系的轮廓，如图示中的巨蟹座的螃蟹轮廓，这能帮助你更方便地寻找到目标星系。

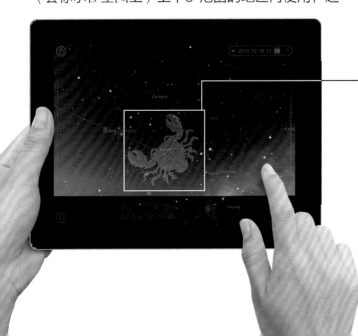

◁ 精良的天象模拟软件
你可以在你的手机或电脑上下载一些app软件，如"星空漫步"（Star Walk）。这些软件是你触手可及的虚拟"天文馆"，帮助你熟悉天空的每一个角落。

双筒望远镜

双筒望远镜是天文爱好者在初学阶段最理想的观测仪器。它的价格相对低廉，易于携带，容易使用。在你转用天文望远镜之前，它们是你熟悉星空的"好帮手"。

通光孔径和放大倍率

双筒望远镜可以看作是2个小型望远镜固定在一起的结构，在双筒望远镜内部，2块棱镜将光汇聚起来。相比于单筒望远镜，双筒望远镜能提供更高的深度和距离感。每一台双筒望远镜都会标有2个参数：如7×40，10×50。第一个参数表示的是放大倍率，即望远镜中的物体相对于肉眼看到物体放大的倍数；第二个参数表示的是通光孔径，也称（主镜）口径，它的单位是毫米。通光孔径越大，能通过的光越多，就能看见更暗的天体。然而，大口径双筒望远镜不可避免地会增加很多重量，而且更加昂贵。此外，还有一种变倍双筒望远镜，它的放大倍率在一定范围内可连续变化，但是这种望远镜的成像质量不如固定倍率的双筒望远镜。

视场

双筒望远镜的视场通常在3°~5°的范围内，差不多是6个到10个月球的直径。这个视场范围比大多数天文望远镜的视场都要大得多，观测者也能在同时间看到更大范围的星空。有一些天体或天文现象非常适合用双筒望远镜观测，如拥有很长彗尾的彗星、零散的多个星团以及银河系中的繁星。

⬆ 保持望远镜稳定

当使用双筒望远镜观测时，为了保持视场的稳定，最好将你的肘部支撑在一些固体物上，如椅子的握把。或者，你可以坐下观测，并将你的手肘放在膝盖上。

》双筒望远镜对焦

为了最理想的观测结果（成像最清晰），双筒望远镜必须调整到最适合的状态。首先，绕中心杆转动两个镜筒，直到两个目镜之间的距离和眼睛间距一致。双筒望远镜有两种不同的方法来调整焦点："独立调焦"（IF）和"中央调焦"（CF）。大多数双筒望远镜都是中央调焦的，这类望远镜通常在中心杆上有一个对焦旋钮，之后可以进一步对两个目镜中的一个进行调整，以校正两眼之间的差异。而独立调焦望远镜的两个目镜都需要单独地进行调整。

左侧的像对焦

右侧的像对焦

可调整目镜

对焦旋钮

1.闭上可调整目镜那侧的眼睛，转动中心杆上的对焦旋钮，使另外一只眼睛看到的像对焦。

2.现在闭上另一只眼，调节可调整目镜，对准焦点，使得成像清晰。

3.之后，你只需要转动中心杆上的对焦旋钮，来使两只眼睛同时对焦。

双筒望远镜的旋转

在购买双筒望远镜的时候，需要考虑到望远镜的使用者。假如是一个孩子使用的话，就需要更小更轻的望远镜。不要轻易相信有的商家所推销的、具有高放大倍率和小口径的双筒望远镜，因为这类双筒望远镜的成像会很暗、很不清晰。理论上来说，那些用于天文观测的双筒望远镜的口径值（毫米为单位），应该至少要达到放大倍率值的5倍以上。达不到这个要求的望远镜更适合在白天使用，在夜晚它们的成像会很暗。

紧凑型双筒望远镜

这类望远镜使用的棱镜称为"屋脊棱镜"（Roof prism），这种棱镜体积较小而且可以使物镜和目镜位于一条直线上，因此这类望远镜的两个镜筒是直筒状的，整个双筒望远镜可以设计得非常紧凑。然而，这类望远镜的口径也因此相对比较小，所以并不是天文观测的最佳选择。

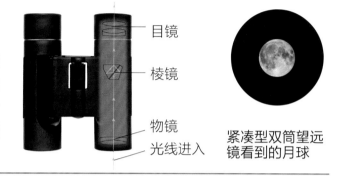

目镜／棱镜／物镜／光线进入

紧凑型双筒望远镜看到的月球

如果你戴着眼镜观测，目镜上的橡皮罩也可以卷起来

目镜／棱镜／物镜／光线进入

标准双筒望远镜看到的月球

标准双筒望远镜

标准双筒望远镜光束（黄线）从进入物镜到离开目镜的过程中，经过了两块棱镜。这种棱镜称为"普罗棱镜"（Porro prism）。有一些双筒望远镜在目镜上有一圈橡皮罩，其目的是避免杂散光的进入，戴眼镜的观测者也可以卷起橡皮罩，使眼睛更接近目镜。

大型双筒望远镜看到的月球

大型双筒望远镜

由于观测者手会轻微颤动，所以双筒望远镜的放大倍率越高，目镜所看到的像抖动得就越厉害。解决这一问题的方法就是将双筒望远镜架在一个相机的三脚架上，更好的选择是使用专用双筒望远镜支架，不过这套设备更加昂贵，并且只能从天文望远镜厂商那里购买。

最近有一种新出厂的稳像望远镜。这种双筒望远镜通过传感器，探测抖动，并将信号传送到一个微处理器，处理后控制左右两只可变角度棱镜，中和抖动对成像的影响，达到稳像目的。稳像望远镜虽然携带更加便捷，但是还是要比标准双筒望远镜更重、更昂贵。

❯❯ 双筒望远镜支架

当使用那些放大倍率超过10倍的大型双筒望远镜时，最好在其下方架设一个三脚架支撑，减少成像抖动。照片中三脚架上方是一台25×100的大型双筒望远镜，用于深空天体观测。

天文望远镜

为了能观测到那些双筒望远镜看不到的星空美景，你需要一台天文望远镜的帮助。业余天文望远镜有几种不同的设计结构，需要安装在多种不同的支撑结构上。

望远镜的聚光能力

你能看到的天体的极限星等（最暗的天体）取决于天文望远镜物镜的有效口径。物镜口径越大，聚光本领越强，因此能在视场中看到更暗的天体和更微小的细节。然而，大型的透镜（使用于折射式望远镜）造价昂贵、质量较大、需要更长的镜筒。因此，若想购买口径大于100毫米的天文望远镜，天文爱好者们会倾向于反射式望远镜和折反射式望远镜。如今所有专业的科研用大型天文望远镜都是反射式的。

现代业余天文望远镜

如今，由计算机控制的天文望远镜非常受欢迎。照片中是一台200毫米口径的施密特-卡塞格林式望远镜（折反射式中的一类），并安装在具有GOTO功能（计算机导星系统）的赤道仪架台上。GOTO功能可以接受指令，自动指向使用者所选择的天体，并持续追踪。

口径为76毫米的天文望远镜观测到的土星

口径为304毫米的天文望远镜观测到的土星

目镜和放大倍率

业余天文望远镜的目镜是可以替换的，并且望远镜的放大倍率有一部分是目镜的焦距决定的。目镜的焦距越短，放大倍率越高。每一个目镜都会标注它的焦距（单位：毫米），将望远镜的物镜焦距（取决于望远镜的性能）除以目镜焦距，就能得到望远镜最终的放大倍率。例如，一台物镜焦距为1200毫米的天文望远镜配上一个焦距为25毫米的目镜，它成像的放大倍率就是48倍；如果将这个目镜换成另一个焦距为10毫米的目镜，那么放大倍率就会变成120倍。在实际应用中，一台天文望远镜最大有效放大倍率一般不大于物镜口径毫米数的2倍，超过最大有效放大倍率后，成像会较暗、不清晰。

目视位置

中焦目镜视场

目镜-望远镜接口

中焦目镜

广角目镜视场

广角目镜

目镜的种类

中焦（中等焦距）目镜最适合行星和月球的观测。短焦目镜一般用来观测双星系统（分为联星和光学双星）和行星的表面细节；而长焦目镜适合用来观测星团、星云和星系之类的天体，这些天体视场范围较大。

天文望远镜分类

目前业余天文望远镜有3种主要的设计结构。折射式望远镜利用透镜屈光成像，反射式望远镜利用凹面镜汇聚光束，折反射式望远镜利用透镜和凹面镜的组合。

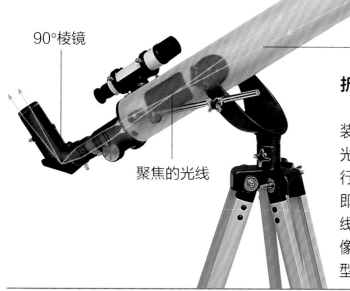

90°棱镜

目镜

折射光线

聚焦的光线

折射式望远镜

折射式望远镜的长镜筒前端安装着主镜，也被称为物镜。物镜将光线折射并汇聚到镜子的后端，平行于主光轴的光线（远处的光源，即天体）将汇聚在焦点上，然后光线会再向望远镜目镜射去，产生影像重生。在实际应用上，所有的小型天文望远镜都是折射式的。

》》天文望远镜的"像"

常用的天文望远镜成的都是倒像，即上下颠倒、左右相反，这是几何光学定律的自然结果。在日常的非天文观测过程中，人们会借助双筒望远镜或者观鸟镜，此时在目镜前方会增加一块额外的透镜（称为正像镜），使得成像再次变为正像。然而，正像镜不仅会增加不必要的花费，还会吸收一部分的光，使得成像变暗。因此在天文观测中，一般不会添加正像镜，这也是许多天文图像的上缘标注着"南"的原因。

反射式望远镜

反射式望远镜安置了一块凹面反射镜来收集并汇聚光束，这块凹面主镜（物镜）与折射式望远镜中的物镜的最终目的是相同的。凹面主镜通常安装在镜筒的末端底部。光线落到主镜上，被反射并汇聚到一块位于镜筒前端的小型平面镜上，这块平面镜也称为副镜，副镜再将光线导向到位于镜筒边缘的目镜中。这种望远镜也称为"牛顿式望远镜"（Newtonian），是艾萨克·牛顿首先设计的，也是目前应用最广泛的天文望远镜。

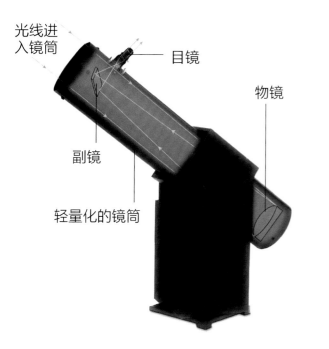

光线进入镜筒

目镜

物镜

副镜

轻量化的镜筒

折反射式望远镜

折反射式望远镜的主体结构与反射式望远镜很相似，只是在镜筒的前端安置了一块薄透镜，称为"修正板"（corrector plate）。修正板可以矫正光路并增加一定的视场。光线通过修正板后会落在镜筒后端一块中心镂空的主镜上，并反射到一块通常安装在修正板背面的凸面镜（副镜）上。副镜再次将光线反射到安装在主镜中央的目镜中。折反射式望远镜比同口径的反射式望远镜价格要更昂贵，但是紧凑的光路设计使它更加容易携带，在天文爱好者中更受青睐。

修正板

光线进入镜筒

凸面副镜

凹面主镜

目镜

天文望远镜装置

　　天文望远镜装置是支撑望远镜的机械结构。它主要分为两大类，并且可以用于支撑任何类型的天文望远镜。其中结构较为简单的装置是高度-方位架台，也称"经纬仪"（altazimuth mount）。经纬仪是一种简单的可以支撑和旋转的双轴架台，其中一根轴是垂直轴（高度轴），另一根是水平轴（方位轴）。经纬仪对于反射式望远镜而言十分便捷，由于反射式望远镜的目镜位于镜筒上端，所以只需将望远镜安装在经纬仪上就可以进行观测。然而折射式望远镜，它的目镜位于镜筒底端，所以必须在经纬仪下面额外增加三脚架来提升高度。

　　另一种较为复杂的装置称为"赤道仪"（equatorial mount），赤道仪还有多种小分类。不过，所有的赤道仪都有一个共同特征——方位轴不位于水平面，而是指向了南北天极之一，因此方位轴也被称为"极轴"或"赤经轴"。望远镜的镜筒则是连接在另一根轴的一端，称为"赤纬轴"。赤道仪通常是由电动机驱动的，在观测的时候双手不需要操作。不过为了驱动电动机，需要携带蓄电池或移动电源。

⬆ 道布森式架台

道布森式架台是一种便宜的、非常受欢迎的经纬仪。望远镜（通常为反射式望远镜）镜筒的后端位于盒状或叉状支架中；而望远镜镜筒本身经过了特殊处理，以便更好地安装在架台中。通常，架台和望远镜是组合购买的，统称"道布森式望远镜"。

⏩ 经纬仪

经纬仪可以使望远镜在方位轴上自由旋转，在高度轴上以任意角度倾斜。它的构造相对简单，而且并不需要特别的安装或者调整。经纬仪通常用于小型的折射式或反射式望远镜。

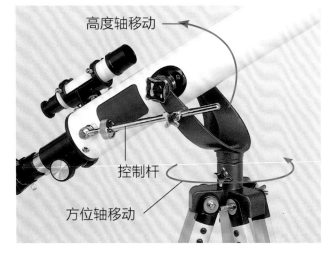
高度轴移动
控制杆
方位轴移动

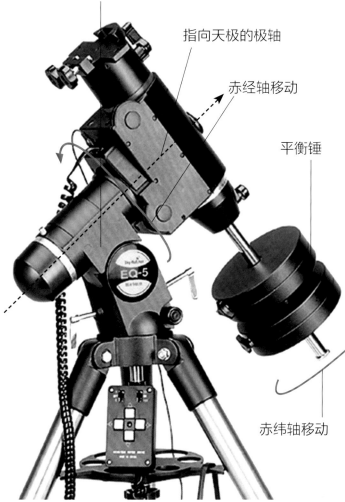
赤道仪通常是电动模式，不需要观测者手动操作
指向天极的极轴
赤经轴移动
平衡锤
赤纬轴移动

⬆ 赤道仪

在使用赤道仪的时候，必须先对极轴进行校准，使其指向天极。当校准完毕以后，不需要调整赤纬轴，只需要缓慢转动极轴（经纬仪需要调整两根轴），就可以让望远镜追踪目标天体。目前业余天文设备中最常见的赤道仪类型是德国式赤道仪，配以折射式望远镜居多。此外，在赤纬轴的另一端可以安装重锤来保持整个台架的平衡。

⏩ 极轴对准

　　为了使赤道仪能够成功地运行，尽量减少甚至不需要调整赤纬轴，极轴必须正确地对准天极。以对准北天极为例：第一步是转动赤道仪使极轴指向北方；第二步是粗调，上下扳动极轴，使赤纬刻度盘上的指针大致对准观测地点的地理纬度；第三步就是借助极轴镜，完成微调。如果是正常的天文观测，那么极轴调整只需大致完成即可；如果是需要精确追踪天体的天文摄影，那么极轴对准就必须非常精确。对于具有GOTO功能的赤道仪，内置程序可以提供特别的校准方法，帮助极轴更好地对准。

极轴
赤纬刻度盘

叉式装置

许多折反射式望远镜并不使用经纬仪或者赤道仪，而是使用叉式装置来支撑望远镜。对于一些小型天文望远镜，叉式装置顶端可能只有一个固定点，如照片中所示。叉式装置和经纬仪的唯一区别就是它的底座是倾斜的，与水平面形成了一个与观测地点地理纬度相同的角度，因此方位轴就成为了极轴。

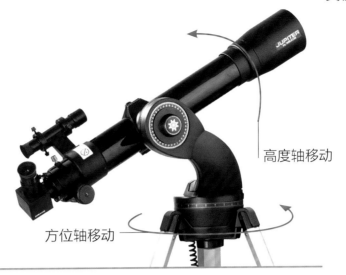

高度轴移动

方位轴移动

》 计算机控制的望远镜

计算机改变了我们生活中的方方面面，包括天文学。近些年来，由计算机控制的、能够自动寻找并追踪天体的天文望远镜，变得越来越受欢迎，价格也越来越便宜。这些望远镜被称为GOTO望远镜（实际上计算机控制的只是望远镜装置）。GOTO望远镜一般由一个类似于遥控器的装置控制，你可以输入目标天体的名字或天球坐标，或者从内置的星表中选择天体。除了遥控器装置之外，大多数

GOTO望远镜也能通过电脑端特定的软件程序进行远程操控，而且电脑端可以导入更加丰富的天体数据库。如果是为了目视观测，那么带有GOTO功能的经纬仪的精度就已经足够了；如果追求平稳、精准的追踪，特别是长曝光的天文摄影，那么望远镜最好配备一个带有GOTO功能的赤道仪。下面的几步指令阐述了如何正确使用GOTO望远镜。

1. 开启遥控器后，你需要做一些简单的设定步骤，输入日期、时间、地点等信息。最高级的望远镜装置具有一个全球定位系统（GPS）接收器，能够通过人造卫星自动获取最高精度的信息。

2. 然后你需要调整望远镜，使它轮流对准相距较远的2颗或更多颗恒星。这些恒星可以自行选取，也可以从一些组合中选取。之后，望远镜会自动地转动到一颗明亮的恒星，此时你必须进行微调，把这颗恒星放到视场中心。完成了这些校准步骤之后，计算机就能准确地定位其他天体。这个就是GOTO功能自带的特殊校准方法。

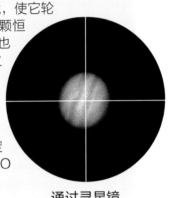

通过寻星镜观测

小型、小光力的寻星镜

使用遥控器进行微调

3. 再次使用遥控器，输入你想观测的目标天体的信息。如必要的话，可以用遥控器进行微调，将目标天体移至视场中心。

天文摄影

天文摄影相对目视观测有两大主要优势。其一，它可以永久性地记录星空的美景；其二，长时间的曝光可以拍摄到许多肉眼完全无法感知的天体。因此，许多天文爱好者都非常热衷于天文摄影。

目镜安装、拆卸

目镜安装时，将其推入适当位置，并用镜筒上的小螺丝固定住。目镜拆卸时，松开螺丝，将其轻轻拉出。

图像获取

如今，无论是普通摄影还是天文摄影，数码成像都已经完全地替代了过去使用的胶卷。数码相机中含有一块感光的硅芯片，称为"电荷耦合器件"（简称CCD）。CCD相比胶片有诸多的优势，比如强大的光敏性能。夜空中大多数天体都是非常暗的，只能通过长时间曝光才能看见它们。CCD在几秒钟内获取的图像，可能需要胶片曝光许多分钟才能得到。当曝光结束以后，图像能够很快地从芯片传输至电脑。这些优势都是胶片完全做不到的。

CCD相机通常安装在原本目镜所处的位置。如果是短时间的曝光，可以使用数码相机机身（镜头可拆卸）进行天文摄影；如果是长时间的曝光，就需要专业的天文CCD相机。这些相机具有制冷功能，可以减少CCD上的噪点。多张同一天体的CCD底片可以通过特殊的叠加方式，来呈现出更暗的特征。

彩色照片是分别通过红色滤镜、绿色滤镜、蓝色滤镜的3次曝光，得到图像后再在计算机上合成得到的。之后通过调整色彩的平衡、亮度、对比度、图像锐化等过程可以获取效果最佳的天体图像。实际上，天文摄影师并不需要站在天文望远镜附近来进行摄影，他们可以舒服地坐在室内，通过计算机远程操纵望远镜和CCD相机。此外，改进过的摄影机也可以接在望远镜上，拍摄

使用滤光片提升图像质量

在天文观测中，可以使用一些特殊的滤镜来减少光污染的影响。这些滤镜称为光害滤镜，也可以称为星云滤镜。使用了光害滤镜之后，天空背景将变得更暗，散发着微弱光亮的星云、星系将更加突出。光害滤镜分为两种：一种是宽带滤镜，如UHC（Ultra High Contrast）滤镜，它能有选择地阻挡某些人造光波长光和自然天空中的辉光，而让星云发出的光高效透过，光通量较大。另一种是窄带滤镜，这类滤镜只允许很少一段波长范围（特定种类星云发射的波长）的光线通过。典型的窄带滤镜有OIII滤镜，它只允许5000埃左右的双重电离氧发出的光通过，对观测行星状星云和超新星遗迹具有很好的效果。所有的这些滤镜一般都旋紧在目镜镜筒的前方。

行星滤镜

资深的天文爱好者在观测行星的时候，会使用行星滤镜以便看到更多的行星表面的细节。这些滤镜都是特定波长的单色滤镜。在观测火星的时候，使用黄色滤镜和橙色滤镜能够更明显地看出火星表面的暗色斑纹；在观测木星、土星的时候，使用浅绿色滤镜和蓝色滤镜能够看清这两颗行星大气层的一些细节特征。

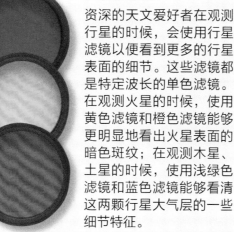

太阳滤镜

使用太阳滤镜观测太阳

太阳滤镜是由一层塑料或玻璃薄膜和薄膜两面的金属镀层构成的。它只允许极少量的太阳光通过，使透过的光和热达到安全水平。这类滤镜的尺寸需要与折射式望远镜或反射式望远镜镜筒的尺寸一致。通过太阳滤镜，你可以直接观测太阳，并且有机会看到太阳黑子等一些表面特征。需要特别注意的是，太阳滤镜必须装在物镜前方，千万不能将其放在目镜的前方或者后方，因为经过物镜汇聚的太阳光会使滤镜迅速地损坏，对观测者的眼睛造成巨大的损害。

星空的录像。

一些显著的星空美景，如月牙、亮星，可以用普通的照相机甚至手机进行拍摄，只需曝光十多秒钟，这些美景就可以永远地储存。而在黎明、黄昏时分拍摄的照片能够记录下地景的细节，增添视觉趣味。如果相机的快门能够持续打开很长时间，那么就可以记录下恒星在夜空中划过的轨迹（简称星轨），甚至运气好的话，还能拍到明亮的流星。

高质量的业余天文摄影照片

现代的业余天文望远镜，配上CCD相机和计算机处理，大大提高了照片的质量。如今，部分资深天文爱好者拍摄的照片已经赶得上专业天文望远镜的照片了，如这张位于猎户座的跑步者星云（NGC 1977）的照片。

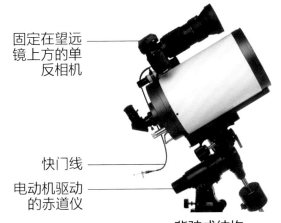

固定在望远镜上方的单反相机

快门线

电动机驱动的赤道仪

背驮式结构

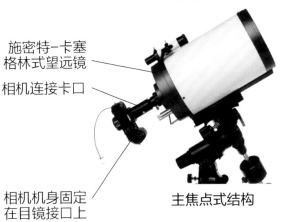

施密特-卡塞格林式望远镜

相机连接卡口

相机机身固定在目镜接口上

主焦点式结构

相机安装结构

如果希望相机能够追踪目标天体，并曝光几十秒以上，可以在一台装有自动跟踪赤道仪的望远镜上方再固定一台相机，形成背驮式结构。而若想要拍摄望远镜中的视场，那就需要拆卸原本的相机镜头和望远镜目镜，将相机机身放在原本目镜的位置。

用于粗瞄的红点寻星镜

标准的折射式寻星镜

CCD相机代替了目镜

CCD相机通过USB数据线连接至计算机

CCD相机安装

在照片中，一台CCD相机固定在原本的目镜位置，前方是一台能自动追踪的施密特-卡塞格林式望远镜。一根数据线连接在CCD相机与计算机之间，每次曝光完成以后，图像就能立即传输到计算机。CCD元件（芯片结构）的尺寸与一枚邮票差不多，但是它包含了几百万个像素点。

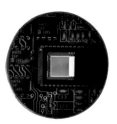

CCD的内部细节

图像后期处理

为了产生一幅彩色的图像，需要对同一个天体通过三色（红、绿、蓝）滤镜曝光3次后，在计算机上进行合成得到。在合成过程中，可以借助图像处理软件，对合成图像进行一些调整，使目标天体的一些特定细节更加明显。

通过不同滤镜拍摄的3幅单独的图像

日食全景

这张日全食照片拍摄于2015年3月20日，地点是挪威的斯瓦尔巴群岛。照片是由多次曝光的图像（单次曝光时间为3分钟）合成的。从中可以看到日全食从初亏开始至复圆结束的连续过程，在正中间（食甚阶段）可以看到闪耀的日冕。这次日全食的食甚阶段持续了2分半的时间。

星座——恒星的独特排列

这张星空照片拍摄于纳米比亚（Namibia）的哈科斯（Hakos），其中包含了至少8个星座。古代人民将这些恒星独特的排列结构称为星座，并将星座与神话人物联系起来。许多星座以神话人物的名字命名，并且沿用至今。

星座

　　星座原本是指天空中一群恒星的组合。古代人民把三五成群的恒星与神话中的英雄、神灵、野兽联系起来，称之为"星座"。而不同的文明对于星座的划分和命名都不尽相同。近现代天文学家们为了统一繁杂的星座划分，便用精确的边界把整个天球划分为多个部分，每个部分代表着一个星座。因此，星座也不再单纯地指代某些恒星的组合，而代表着天空的某一块区域。古代某些星座的命名，如珀尔修斯（英仙座）、安德洛墨达（仙女座）、俄里翁（猎户座），则留存了下来。

　　公元150年前后，古希腊著名的天文学家、地理学家托勒密在著名的《天文学大成》中建立了一个星表，将其中的恒星分到了48个星座之中，即托勒密48星座，这也是现代星座系统的基础。16世纪末期，荷兰天文学家、制图员彼得勒斯·普朗修斯（Petrus Plancius）和另外两位荷兰航海家皮特·凯泽（Pieter Dirkszoon Keyser）、豪特曼（Frederick de Houtman）在48星座的基础上增加了一些新的星座，其中就包括12个古希腊地区看不见的南天星座。17世纪末期，波兰天文学家约翰·赫维留斯（Johannes Hevelius）再次发现了几个新的星座，填补了过往星座之间的空隙。

权威星图

　　在18世纪50年代，法国天文学家尼可拉·路易·拉卡伊（Nicolas-Louis de Lacaille）前往位于南非好望角的天文台进行观测，测定了一万多颗南天恒星的位置，并创立了14个新星座。至此，全天球的所有区域都有了对应的星座。经过不断地整合，最终在1928年，国际天文学联合会（International Astronomical Union）正式公布了国际通用的88个星座和它们的名字，星座之间都有明确的边界，并将整个天球填满。在划分之后，天空中的每一颗恒星都将属于某一特定星座，即使它在星座的交界处。每个星座的名字通常还有3个字母的缩写，例如：仙后座（Cassiopeia）的缩写是Cas，大犬座（Canis Major）的缩写是CMa。

恒星的命名

　　在天文学发展过程中，天空中的恒星有多种命名方式，导致不少恒星都或多或少有一些别称。1603年，德国天文学家约翰·拜耳（Johann Bayer）开创了一种新的恒星命名系统，称为"拜耳命名法"。拜耳使用小写的希腊字母，像是 α、β、γ 等为前导，分配给星座中的每一颗亮星，再与恒星所在星座的名字结合，组成恒星的名字，如半人马座 α 星（α Centauri）。对于没有拜耳名称的恒星，则会使用弗兰斯蒂德命名法，用数字（弗氏编号）取代了希腊字母，命名规则与拜耳命名法相同，如天鹅座61（61 Cygni）。此外，部分亮星的传统命名也保持了下来，如天狼星（Sirius）。

　　对于一些深空天体，比如星团、星云、星系有一套不同的命名系统。第一份深空天体列表是由法国天文学家查尔斯·梅西耶编纂的，其中的天体以"M"或者"梅西耶"开头，后面加上数字。最终的梅西耶天体表于1781年修订完成，里面有超过100个深空天体，并沿用至今。但是随着望远镜的逐步发展，大量深空天体被发现，它们的数量迅速增长。1888年，星云和星团新总表——简称NGC天体表（New Gerneral Catalogue）汇编完成，里面收录了7840个深空天体。在几年之后，两份扩编的NGC索引星表（简称IC天体表）出版了，又增加了超过5000个深空天体。

◄ 口袋中的天空

这是一个18世纪出现的口袋地球仪。上半部分是一个半球壳，里面描绘了天球和其中的一些星座；下半部分是一个球体，描绘了地球上的大陆。

天空中的星座

全天的88个星座都会在之后的章节中一一介绍。每一个星座都会有对应的星座地图和简要描述，同时列举出星座中主要的天体。着重介绍那些业余天文设备可以观测到的恒星或深空天体。

北天星座

天球的北极星勾陈一，位于右侧插图的中心位置，它与北天极只有不到1°的距离。对于北半球的观测者，位于北天极附近的恒星永远不会落下，它们被称为"拱极星"。观测者越往北方移动，更多的恒星将变成拱极星。右侧插图囊括了所有的北天星座以及部分南天星座（北半球也能观测到的），范围从赤纬90°到赤纬-30°。需要注意的是，位于插图边缘的星座是失真变形的。

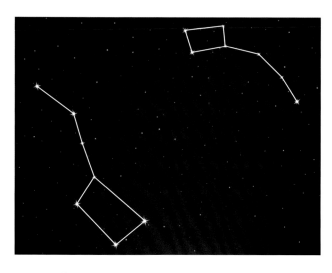

⏫ 星空中的"两只熊"

这幅图像中展示的是北天2个星座"小熊座"（右上方）和"大熊座"（左下方）的一部分。大熊座的7颗亮星组成了著名的"北斗七星"，小熊座相应也有一个类似的结构，称为"小北斗"。

22h

宝瓶座

摩羯座

飞马座

小马座

海豚座

仙女座

天鹰座

蝎虎座

20h

天箭座

人马座

狐狸座

天鹅座

盾牌座

仙王座

天琴座 天龙座

18h

巨蛇座（蛇尾）

小熊座

武仙座

蛇夫座

北冕座

天蝎座

猎犬座

巨蛇座（蛇头）

牧夫座

天秤座

后发座

16h

室女座

乌鸦座

北天球

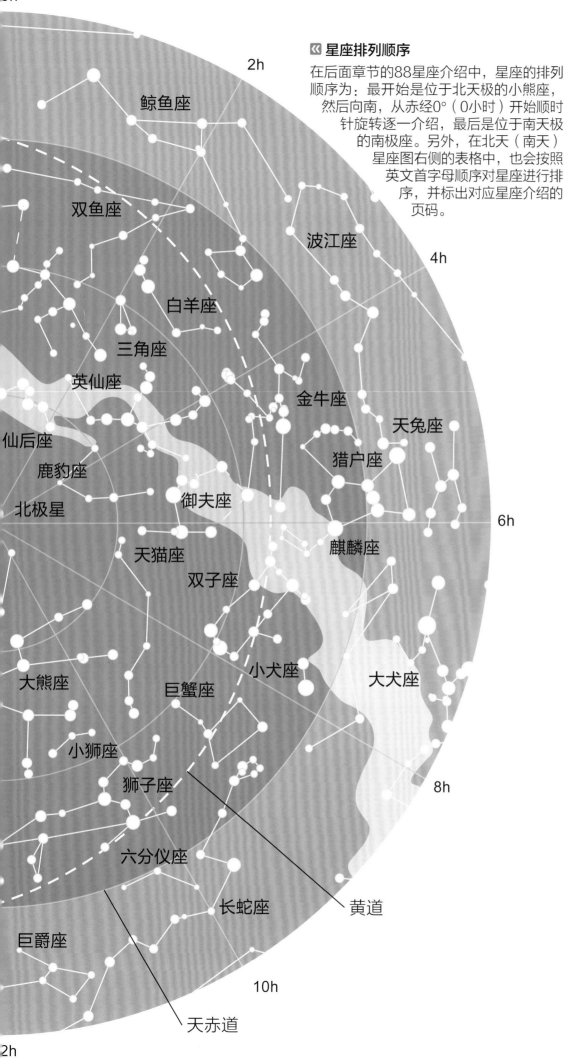

0h

2h

鲸鱼座

双鱼座

波江座

白羊座

三角座

英仙座

金牛座

天兔座

仙后座

猎户座

鹿豹座

御夫座

北极星

天猫座

麒麟座

双子座

大熊座

小犬座

大犬座

巨蟹座

小狮座

狮子座

六分仪座

长蛇座

黄道

巨爵座

天赤道

4h

6h

8h

10h

2h

星座排列顺序

在后面章节的88星座介绍中，星座的排列顺序为：最开始是位于北天极的小熊座，然后向南，从赤经0°（0小时）开始顺时针旋转逐一介绍，最后是位于南天极的南极座。另外，在北天（南天）星座图右侧的表格中，也会按照英文首字母顺序对星座进行排序，并标出对应星座介绍的页码。

北天星座列表

按英文字母顺序排列北天星座，右侧标注对应星座介绍的页码。

南天星座

不同于北天极附近的北极星，在南天极附近并没有相对明亮的恒星。右侧插图囊括了所有的南天星座和部分北天星座，范围从赤纬-90°到赤纬30°。

⌃ "迷你"星座

在南天星空中，有2个"十字架"结构（4颗星构成）：其中一个是前文提到过的南十字座（Crux，图左侧）；另一个称为南天伪十字（False Cross，图右侧）。南天伪十字位于船底座（Carina）与船帆座（Vela）的交界处，是由船底座与船帆座各自的2颗星组成。南十字座则是88个星座中最小的。由于它们两者形状的相似性，天文观测者很容易将它们混淆。

⌃ 夜空中的星系

阿塔卡马大型毫米波阵列（ALMA）位于智利北部的阿塔卡马沙漠。那里是世界最佳的天文观测地点之一。若天气晴朗，可以看到由无数繁星构成的绚丽星空。照片中较亮的2个天体并不是星团，而是位于15万光年之外的2个星系——大麦哲伦云、小麦哲伦云。

南天球

飞马座

22h

小马座

宝瓶座

海豚座

20h

南鱼座

摩羯座

天鹤座　显微镜座

天箭座

杜鹃座

印第安座

天鹰座

孔雀座

南冕座　人马座

南极座

望远镜座

盾牌座

天燕座

天坛座

巨蛇座（蛇尾）

18h

三角座

天蝎座

苍蝇座

矩尺座

蛇夫座

圆规座

南十字座

豺狼座

巨蛇座（蛇头）

半人马座

天秤座

16h

乌鸦座

牧夫座

室女座

天赤道

星座介绍内容简述

在书中后一节，88星座将按照从北到南的顺序逐一介绍。为了准确反映星座的大小范围，星座地图以相同的比例尺展示。此外，星座介绍中出现的多种符号标识都在本节中详细介绍。

⌃ **星座定位图**

位于左上角或右上角的星座定位图展示了对应星座（深蓝色部分）在北天或南天的位置。有些跨越天赤道的星座，如图示中的猎户座，将会从定位图的边缘延伸出来。

理解星座地图

本书的星座地图详细展示了星座的形状：通过连接亮星，展现每个星座独特的图案。国际天文学联合会划定的星座边界，在星座地图中将会以橙红色的线进行标注。每个星座中所有视星等小于5.0等的恒星都会在星座地图中用字母或数字标示，视星等大于5.0等、小于6.5等的恒星虽然没有标示，但仍会在星座地图中展示。深空天体，比如星系、星云等，都会有相应的特殊标识符。

恒星和深空天体

星座地图展示了每个星座中主要的恒星和深空天体。其中恒星用圆点表示，圆点的大小与恒星的视星等有关（见本页左下方的比例尺）。

深空天体

深空天体包括星团、星云、星系，这些遥远的天体大多是肉眼看不见的。在星座地图中，用不同的标识符表示（见右侧），并且在标识符旁边还标注它们的梅西耶编号或NGC/IC编号。

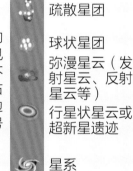

	疏散星团
	球状星团
	弥漫星云（发射星云、反射星云等）
	行星状星云或超新星遗迹
	星系
	黑洞

恒星名称

每个星座中最亮的一些恒星将标有希腊字母（拜耳命名法，希腊字母表在下方标出）。在大多数情况下，拜耳分配希腊字母给恒星时，是按照它们在星座内从亮到暗的顺序排列的，由于当时观测设备精度的缺陷，亮度排序有一定的偏差。此外，一部分双星或多星系统中的恒星拥有同样的希腊字母；这些恒星在它们的希腊字母后面加了上标进行区分。例如：在猎户座中，有6颗恒星共享了同一个希腊字母Pi（π），它们用不同的上标进行区分——Pi^1（π^1）、Pi^2（π^2），以此类推。其他相对较暗的恒星则标有数字编号（弗兰斯蒂德命名法），如猎户座15。在每一个星座中，数字编号起初是随着赤经的增加（星座地图从右向左）而增加，因为岁差影响，现在有些地方已经不再符合了。这些数字编号也称为弗氏编号，是由英国首任皇家天文学家约翰·弗兰斯蒂德（John Flamsteed, 1649—1719）建立的。

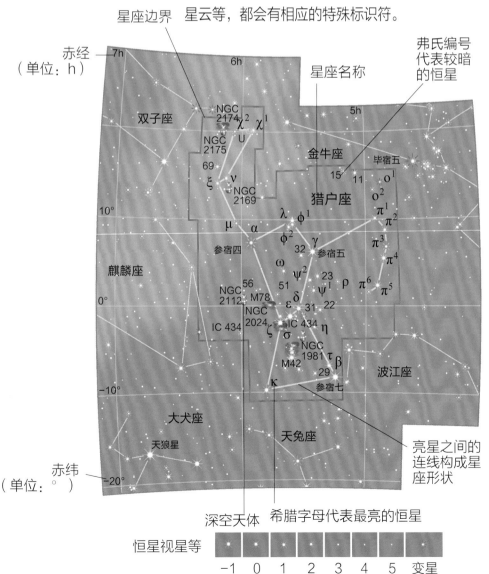

星座边界

赤经（单位：h）

弗氏编号代表较暗的恒星

星座名称

双子座 / 金牛座 / 毕宿五 / 猎户座 / 参宿四 / 参宿五 / 麒麟座 / 参宿四 / M78 / NGC / 波江座 / 大犬座 / 天狼星 / 天兔座 / 参宿七

赤纬（单位：°）

深空天体　希腊字母代表最亮的恒星

亮星之间的连线构成星座形状

恒星视星等

-1　0　1　2　3　4　5　变星

α Alpha	ι Iota	ρ Rho
β Beta	κ Kappa	σ Sigma
γ Gamma	λ Lambda	τ Tau
δ Delta	μ Mu	υ Upsilon
ε Epsilon	ν Nu	φ Phi
ς Zeta	ξ Xi	χ Chi
η Eta	o Omicron	ψ Psi
θ Theta	π Pi	ω Omega

星座观测地点

你能看到哪些星座取决于你在地球上的纬度。南天极附近的星座是无法在北半球高纬度地区观测到的，因为这些星座永远无法升上地平线。在星座介绍的最上方将会指出对应星座完全可见的纬度范围。即使如此，当星座位于地平线附近时，它们受到大气消光等因素的影响较严重，观测难度较大。只有当星座位于天顶（观测者头顶正上方）附近时，观测效果才会最好。

部分可见（只能看到星座的一部分）　完全可见

80°N 60°N 40°N 20°N 0° 20°S 40°S 60°S

⌃ 猎户座的可见区域

如上图所示，猎户座完全可见的纬度范围是从北纬79°到南纬67°。因此，几乎全部的人类居住区都能看见整个猎户座。

》星座尺寸

在星座介绍的最上方将用手形符号表示出对应星座在天球上的赤经宽度和赤纬宽度。一个五指张开的手掌代表16°左右；而一个五指并拢的手掌代表10°左右。通过这些手形符号的组合，能够大致了解星座赤纬和赤经的宽度。

天球上的16°　　天球上的10°　　天球上的42°

⌃ 星座象征物

在每张星座地图的旁边都会附有一张小插图。插图连接了星座中的亮星，并勾勒出星座象征物的轮廓，这个轮廓与星座命名的来源息息相关。以上图中的猎户座为例，右上角的插图勾勒出古希腊神话中的猎人——俄里翁（Orion，也是猎户座的拉丁名）的形象。

》深空天体的可视性

下方的标识符表示在观测星座中某个恒星或深空天体时，建议使用的天文设备（或者直接肉眼）观测。

可视性标识符

👁 肉眼　　　　　🖳 CCD相机

🔭 双筒望远镜　　🏛 专业天文台

🔭 业余天文望远镜

⌃ 天文摄影照片

借助单反相机或CCD相机，能够拍摄到许多目视观测无法看到的深空天体结构。

88星座介绍

小熊座 *Ursa Minor* Ursae Minoris (UMi)

赤经宽度 ✋　赤纬宽度 ✋✋　面积排名 第56位　完全可见区域 90°N — 0°

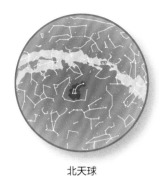

北天球

小熊座在古希腊时期就已经存在。它的7颗亮星构成了"小北斗"（Little Dipper）。小北斗的形状与位于大熊座的大北斗（北斗七星）十分相似，不过大北斗更大更明亮，它们形状的区别在于两者的勺柄是朝着相反方向弯曲的。小熊座的星座区域包含了北天极，小熊座最亮的恒星勾陈一（小熊座 α）与北天极相距不到1°。在很早的时期，这颗星就被用于航海导航，指示正北方向。小熊座另外两颗亮星北极二（小熊座 β）、北极一（小熊座 γ）则被称为"北极星的守护星"。

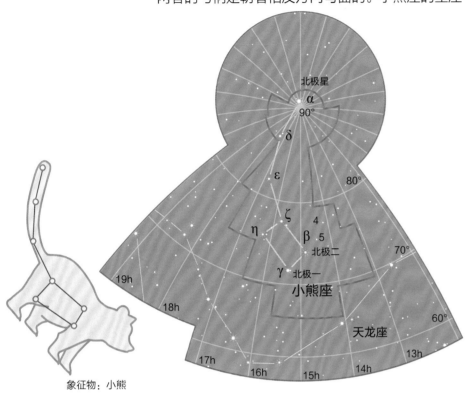

象征物：小熊

》》重点天体

小熊座 α（勾陈一）👁 ⚹　小熊座 α A是一颗视星等为2.0等的黄超巨星，距离地球大约430光年。其实它是一颗造父变星，视亮度的变化非常小，肉眼无法感知。勾陈一其实是一个多星系统，若使用小型望远镜观测，可以看到一颗8等星伴星——小熊座 α B。

小熊座 γ（北极一）👁 🔭　小熊座 γ 是一个光学双星系统（用望远镜观测，彼此很靠近的两颗星，实际上在视线方向相距很远，并无力学关系，即彼此不互相绕转）。主星为一个视星等为3.0等的蓝白巨星，伴星是一个5等的橘黄色巨星。借助双筒望远镜能够看到这个双星系统。

小熊座 η（勾陈增九）🔭　小熊座 η 位于小北斗的勺底。它也是一个光学双星系统：主星的视星等为5.0等，伴星视星等为5.5等，两者在视线方向相距很远。这两颗恒星也能通过双筒望远镜观测到。

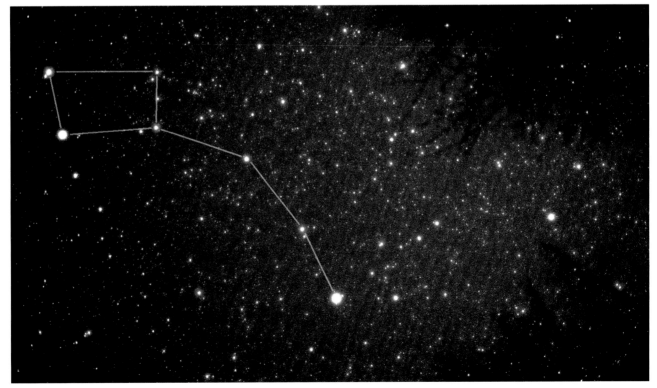

》 夜空中的小熊座

小熊座7颗主要的恒星构成了小北斗。其中最亮的恒星勾陈一（北极星）位于勺柄的顶端。在照片中位于正下方。

天龙座 *Draco* Draconis (Dra)

赤经宽度 ✋✋✋🖐🖐 　赤纬宽度 ✋🖐🖐 　面积排名 第8位 　完全可见区域 90°N — 4°S

　　天龙座是一个巨大的星座，它像一条蛟龙弯弯曲曲地盘旋在北天极附近，所跨越的星空范围很广。虽然天龙座的面积很大，但是除了由4颗亮星组成的四边形"龙头"部分，其他部位很难辨识。龙头部分包含了天龙座最亮的恒星——天棓四（天龙座 γ），它是颗视星等为2.2等的橙色巨星。在古希腊神话中，天龙座代表着看守金苹果的巨龙，赫拉克勒斯（Hercules）在他的12项任务中杀死了它，拿走了金苹果。赫拉克勒斯的星座——武仙座，就在天龙座旁边。

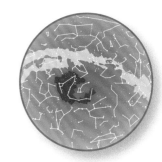

北天球

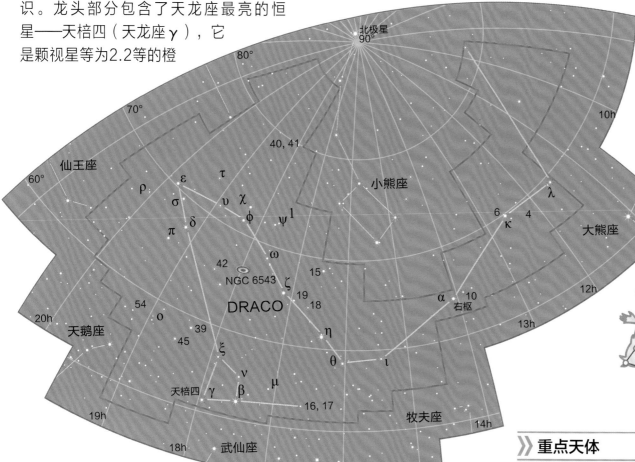

象征物：龙

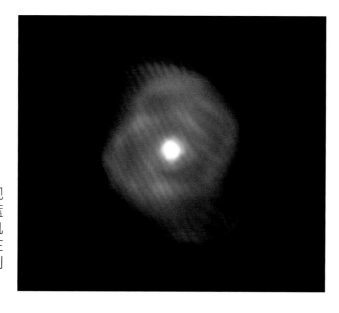

▶ 猫眼星云

借助小型天文望远镜观测，这个星云呈现出蓝绿色。若借助CCD相机拍摄（如图），可以在星云的外侧区域观察到红色的痕迹。

▶▶ 重点天体

　　天龙座 ν（天棓二） 🔭　天龙座 ν 是龙头4颗星中最暗的。它是一个光学双星系统，由2颗几乎完全一样（包括）的白色5等星构成，使用双筒望远镜就可以分辨出来。这2颗恒星是天空中最对称的双星之一。

　　天龙座 ψ（女史增一） 🔭　天龙座 ψ 是一个相距很近的光学双星系统，它由一颗5等星和一颗6等星构成。由于两者在天球上的位置接近，需要借助小型望远镜才能分辨出它们。

　　天龙座16（七公增二）、天龙座17（七公增一） 🔭🔭　这两颗星是一对相距较远的恒星，通过双筒望远镜就可以轻松分辨它们。然而其中较亮的那颗星——天龙座17，是一个联星系统（两颗星之间有力学关系的双星系统），需要借助高倍率的天文望远镜才能进一步区分。

　　天龙座39（扶筐三） 🔭　天龙座39是一个三星系统，低倍率的天文望远镜可以区分出其中两颗星。主星是视星等为5.0等的蓝色恒星，另一颗星是视星等为7.4等的黄色恒星。然而借助更高倍率的设备可以发现，较亮的那颗星附近还有一颗更密近的8等星。

　　NGC 6543（猫眼星云，Cat's Eye Nebula） 🔭　天龙座有一个著名的行星状星云——猫眼星云。它由哈勃空间望远镜拍得的图像而出名。

北天球

仙王座 *Cepheus* Cephei (Cep)

赤经宽度 🖐🖐 赤纬宽度 🖐🖐🖐 面积排名 第27位 完全可见区域 90°N — 1°S

仙王座是北天的拱极星座（处于天球非常靠北的位置），位于仙后座和天龙座之间，但是并不是特别突出。它的主要恒星形成一个细长而歪斜的五边形，看上去像一个尖顶塔。在古希腊神话中，仙王座代表着埃塞俄比亚国王克甫斯（Cepheus），他的妻子是卡西奥佩娅（Cassiopeia，仙后座），女儿是安德洛墨达（Andromeda，仙女座）。

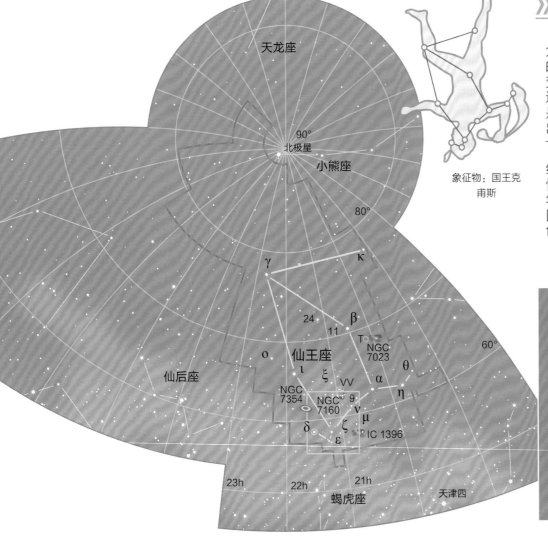

象征物：国王克甫斯

重点天体

仙王座δ（造父一）👁🔭 ☄ 仙王座δ是造父变星的原型。它是一颗距离地球大约865光年的黄超巨星；它的光变周期是5天9小时，视星等变化于3.5等到4.4等之间。视亮度的变化可以通过肉眼感知。仙王座δ也是一个联星系统，伴星是一颗蓝白色6等星。借助小型望远镜可以分辨出来。

仙王座μ（造父四）👁🔭 仙王座μ是一颗红超巨星，也是银河系中已知最巨大与最明亮的恒星之一。它也是一颗半规则变星，光变周期为2年左右，视星等在3.4等至5.1等之间变化，但没有固定的模式。仙王座μ的颜色呈现石榴石般的红色，因此也被称为"石榴星"（Garnet Star）。

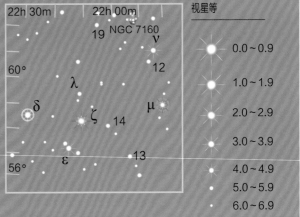

造父一、造父四的光度变化

为了估测造父一、造父四在不同时间段的视星等，可以将它们与附近比较亮的非变星进行比较。其中比较好的参考恒星有造父二（仙王座ζ，视星等3.4等）、螣蛇九（仙王座ε，视星等4.2等）和造父三（仙王座λ，视星等5.1等）。

造父四与IC 1396

在这张CCD图像中，"石榴星"造父四位于发射星云IC 1396的上方。星云物质主要由位于中间的亮星Struve 2816所激发，这是一个视星等为6.0等的多星系统。

仙后座 *Cassiopeia* Cassiopeiae (Cas)

赤经宽度 〰️〰️〰️   赤纬宽度 〰️〰️〰️   面积排名 第25位   完全可见区域 90°N — 12°S

仙后座是北天非常有特色的一个星座。它位于英仙座和仙王座之间，并且沉浸在银河的光辉中。仙后座的5颗亮星构成一个明显的英文字母"W"的形状，开口朝向北极星。仙后座源于古希腊神话，是埃塞俄比亚的王后卡西奥佩娅的化身，王后因为她的自负激怒了海神波塞冬，受到了惩罚。她的丈夫克甫斯，女儿安德洛墨达分别化身为仙王座、仙女座；在天球上相毗连。

北天球

象征物：王后卡西奥佩娅

》 重点天体

仙后座 γ（策）👁　仙后座 γ 位于仙后座"W"结构的中间。它是一颗炽热的、高速旋转的恒星，也是爆发型变星（eruptive variable star）中壳层星的原型。它由于自身的快速自转，不时会将气体从赤道附近抛出，造成亮度的变化。现在，它的视星等为2.2等，但在过去，其视星等不规则地变化于1.6等到3.0等之间。

仙后座 η（王良三）🔭　仙后座 η 是一个引人注目的联星系统，分别为一颗视星等为3.5等的黄色恒星及一颗视星等为7.5等的红色恒星，借助小型天文望远镜可以分辨出来。两颗恒星之间有引力的联系，较暗的伴星以480年的周期环绕着主星。

仙后座 ρ（螣蛇十二）👁🔭　仙后座 ρ 是一颗黄特超巨星，绝对星等为-7.5等，是已知最明亮的恒星之一。它的光变周期为27个月左右，会从一颗4等星变暗为6等星。

M52 🔭🔭　M52是一个疏散星团，在地球使用双筒望远镜就能看见这个星团。M52所在区域的直径大约为满月视直径的1/3。

M103 🔭🔭　M103是一个由数千颗恒星组成的疏散星团。虽然能够用双筒望远镜观测，但是借助天文望远镜的观测效果会更好。

▷ "链状"星团

M103疏散星团最突出的特征是3颗亮星组成的链状结构，看上去就像一个缩小版的猎户座腰带。

鹿豹座 *Camelopardalis* Camelopardalis (Cam)

赤经宽度 🖐🖐 赤纬宽度 🖐🖐 面积排名 第18位 完全可见区域 90°N — 3°S

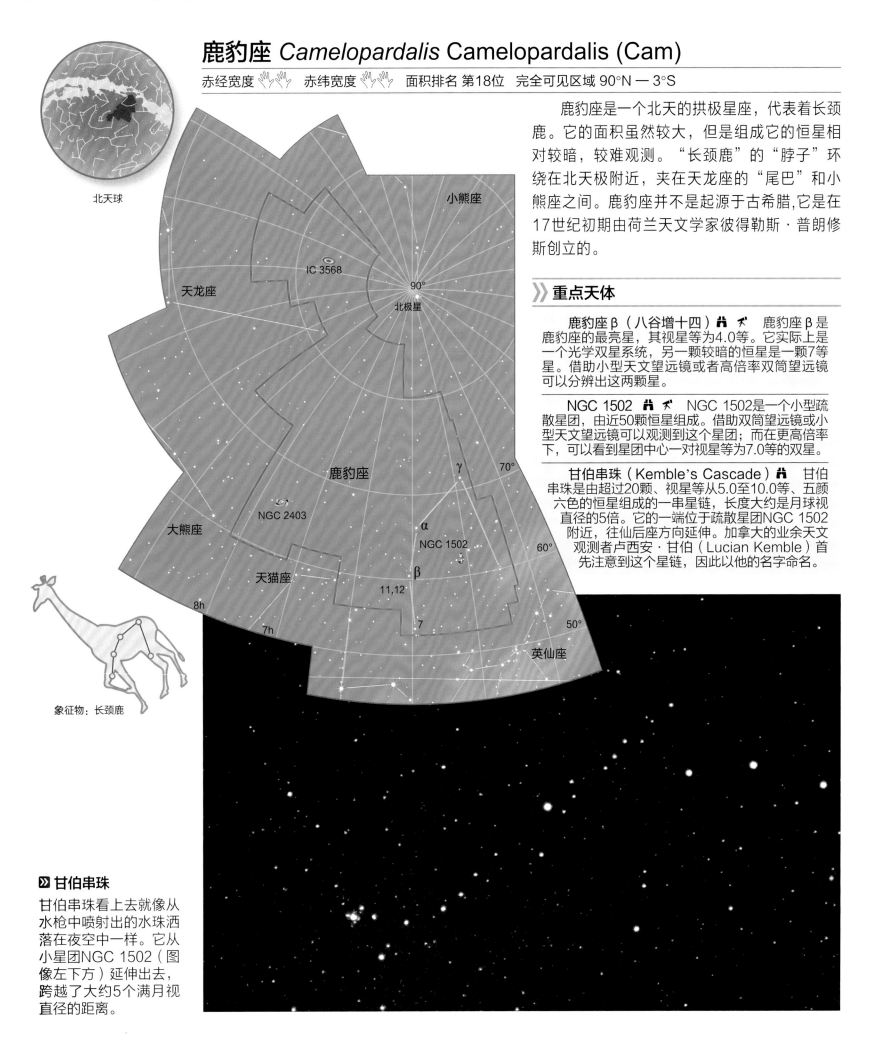

北天球

象征物：长颈鹿

鹿豹座是一个北天的拱极星座，代表着长颈鹿。它的面积虽然较大，但是组成它的恒星相对较暗，较难观测。"长颈鹿"的"脖子"环绕在北天极附近，夹在天龙座的"尾巴"和小熊座之间。鹿豹座并不是起源于古希腊，它是在17世纪初期由荷兰天文学家彼得勒斯·普朗修斯创立的。

》重点天体

鹿豹座β（八谷增十四）🔭 ⚺ 鹿豹座β是鹿豹座的最亮星，其视星等为4.0等。它实际上是一个光学双星系统，另一颗较暗的恒星是一颗7等星。借助小型天文望远镜或者高倍率双筒望远镜可以分辨出这两颗星。

NGC 1502 🔭 ⚺ NGC 1502是一个小型疏散星团，由近50颗恒星组成。借助双筒望远镜或小型天文望远镜可以观测到这个星团；而在更高倍率下，可以看到星团中心一对视星等为7.0等的双星。

甘伯串珠（Kemble's Cascade）🔭 甘伯串珠是由超过20颗、视星等从5.0至10.0等、五颜六色的恒星组成的一串星链，长度大约是月球视直径的5倍。它的一端位于疏散星团NGC 1502附近，往仙后座方向延伸。加拿大的业余天文观测者卢西安·甘伯（Lucian Kemble）首先注意到这个星链，因此以他的名字命名。

》甘伯串珠

甘伯串珠看上去就像从水枪中喷射出的水珠洒落在夜空中一样。它从小星团NGC 1502（图像左下方）延伸出去，跨越了大约5个满月视直径的距离。

天猫座 *Lynx* Lyncis (Lyn)

赤经宽度 🖖🖖🖖　赤纬宽度 🖖🖖🖖　面积排名 第28位　完全可见区域 90°N — 28°S

　　17世纪末，波兰天文学家约翰·赫维留斯为了填补北天的大熊座与御夫座之间的空隙而划出了天猫座这个星座。由于星座中大都是暗星，赫维留斯认为只有目力如同山猫一样敏锐的人，才能看到这个星座，所以取名为"天猫座"。

》重点天体

　　天猫座12 ✶　天猫座12是一个三星系统。借助小型天文望远镜观测，可以看到一个光学双星系统，分为一颗5等星和一颗7等星。若在更高倍率下（75毫米口径以上的望远镜），可以发现较亮的那颗星也是一个密近联星系统，两颗星的视星等分别为5.4等、6.0等，它们绕着两者的引力中心旋转，轨道周期大约为900年。

　　天猫座19（内阶增一） ✶　天猫座19也是一个三星系统。一颗6等星和一颗7等星靠得较近，在较远处还有一颗8等星。这3颗星借助小型天文望远镜能够分辨出来。

　　天猫座38（轩辕三） ✶　轩辕三是一个光学双星系统，分为一颗4等星和一颗6等星。这2颗恒星的视距离较近，需要借助75毫米口径以上的天文望远镜才能分辨出它们。

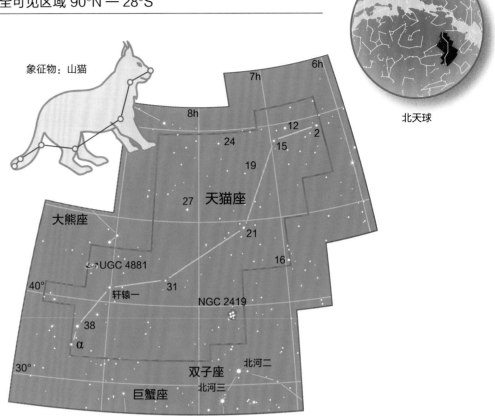

象征物：山猫

北天球

御夫座 *Auriga* Aurigae (Aur)

赤经宽度 🖖🖖🖖　赤纬宽度 🖖🖖🖖　面积排名 第21位　完全可见区域 90°N — 34°S

　　御夫座是北天的主要星座之一。它最亮的恒星是五车二（御夫座 α），也是最接近北天极的1等星。它位于双子座和英仙座之间、猎户座北面，有一半面积沉浸在银河之中。御夫意为驾驭战车之人，通常是指古希腊神话中的雅典之皇埃里克托尼奥斯（Erichthonius）。

》重点天体

　　御夫座 ε（柱一） 👁 🔭　御夫座 ε 是一个不寻常的食变星系统，系统包含一颗明亮的超巨星和一颗神秘的、黑暗的伴星。这颗伴星每27年环绕主星一次，是目前所有食变星光变周期中最长的。当伴星经过主星前方，柱一的视星等就会从2.9等降至3.8等，这种变暗的时间会持续一年多。

　　御夫座 ζ（柱二） 👁 🔭　御夫座 ζ 也是一个食变星系统。主星是一颗橙巨星，它的伴星是一颗较小的蓝色恒星。柱二的光变周期为2.7年，视星等将从3.7等降低至4.0等，变暗时间将持续6周左右。

　　M36、M37、M38 🔭 ✶　这3个深空天体是位于御夫座南部的三个明亮的疏散星团，亮度接近。它们都处在天空中的银河之中，并位于反银心的方向上。如果借助广角双筒望远镜观测，这3个星团能同时在视场中看见。

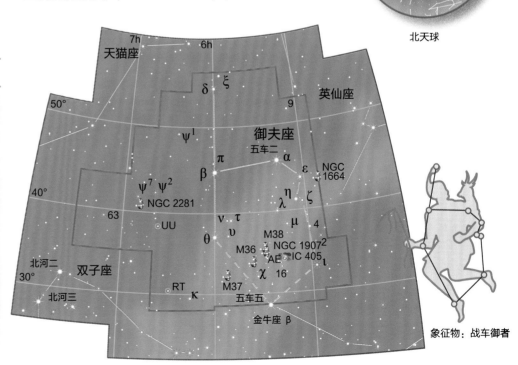

北天球

象征物：战车御者

北天球

大熊座 Ursa Major Ursae Majoris (UMa)

赤经宽度 🖐🖐🖐🖐 　赤纬宽度 🖐🖐🖐🖐　面积排名 第3位　完全可见区域 90°N—16°S

　　大熊座是北天最主要的大型星座之一。这个星座拥有全天最显著的星象之一——北斗七星，不过北斗七星只占据了整个星座的一部分。北斗七星勺口前端的两颗星天枢（大熊座 α）、天璇（大熊座 β）指向了北天极。在古希腊神话中，大熊座与两个不同的角色有关联。第一位是卡利斯托（Callisto），她是众神之王宙斯（Zeus）的情人，宙斯的正妻赫拉（Hera）由于嫉妒，把她变成了一只熊；另外一位相关人物是阿德刺斯忒亚（Adrasteia），她与一位仙女伊达（Ida）共同哺育了婴儿时期的宙斯，并将宙斯藏匿起来，不让他残暴的父亲克洛诺斯（Cronus）杀死他。仙女伊达则化身为小熊座。

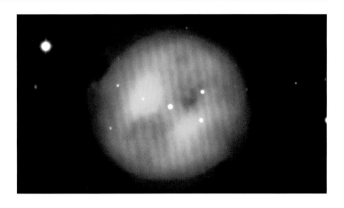

⊘ 猫头鹰星云（M97）

这个暗淡的行星状星云位于北斗七星勺底下方。它的名字来自于星云结构上的两个暗区，仿佛像猫头鹰的眼睛。然而，这两块区域只能借助大型天文望远镜或者CCD相机拍摄的图像（如图）才能看到。

象征物：大熊

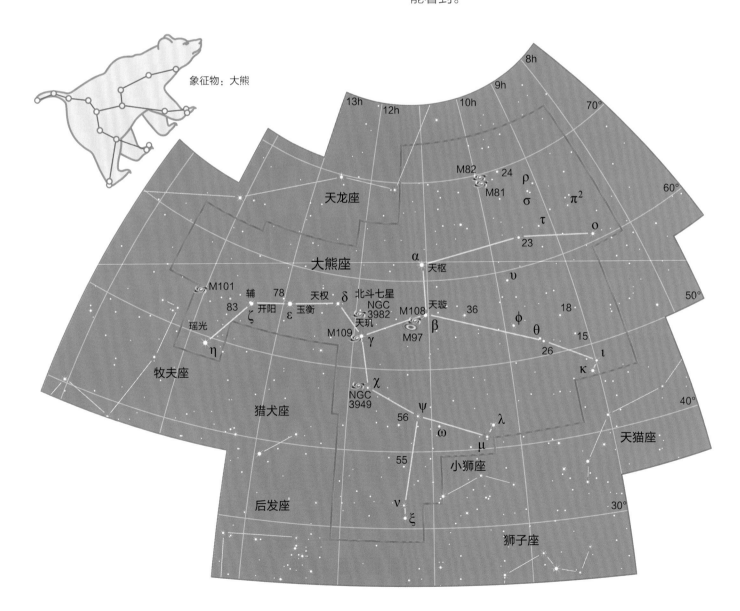

⊗ **夜空中的大熊座**

北斗七星的形状在夜空中十分容易辨认，不过它只是组成了大熊座的尾巴和背部。北斗七星中的开阳不需要借助任何天文仪器，仅凭肉眼就能观测位于它旁边的伴星"辅"。

》 重点天体

北斗七星 ◉　北斗七星是全天最显著的星象之一。它是由大熊座7颗明亮的恒星组成，分别是天枢（大熊座 α）、天璇（大熊座 β）、天玑（大熊座 γ）、天权（大熊座 δ）、玉衡（大熊座 ε）、开阳（大熊座 ζ）、瑶光（大熊座 η）。除了天枢和瑶光，其他5颗恒星与地球的距离都相差无几（约80光年），并且它们的自行速度和方向都很接近。因此这种类型的恒星群称为"移动星团"（moving cluster）。

大熊座 ζ（开阳） ◉ 🔭　开阳是北斗七星勺柄尾端的第二颗星。视力较好的人可以在开阳附近看见一颗名为"辅"（大熊座80）的伴星。若借助双筒望远镜，则能更清晰地看到辅。使用天文望远镜观测开阳，能够发现更多的伴星。开阳本身是一个密近联星系统，伴星的视星等为4.0等，两者以长达数千年的周期相互绕行。

大熊座 ξ（下台二） 🔭　下台二位于大熊座的南部。借助小口径望远镜就能分辨出它是一个联星系统，分别为一颗4等星和一颗5等星。这两颗星之间有引力作用，它们相互环绕运行的轨道周期是60年，这个周期在目前已知的联星周期中是很短的。

M81（波德星系，Bode's Galaxy） 🔭 🔭　M81位于大熊座北部。它是一个典型的旋涡星系，斜对着地球，也是地球天空中最明亮的星系之一。

M82（雪茄星系，Cigar Galaxy） 🔭 🖥　M82是一个侧对着地球的旋涡星系。从地球观测，它呈长条状，因此得名。天文学家通过观测发现，雪茄星系有一些星暴区域，恒星正在爆发式地诞生，这可能是由于3亿年前，它与M81的一次近距离接触导致的。

M97（猫头鹰星云，Owl Nebula） 🔭　猫头鹰星云是一个行星状星云，位于北斗七星下方。在梅西耶天体表中，它是最暗的天体之一。

M101（风车星系，Pinwheel Galaxy） 🔭 🔭　M101是位于大熊座西北部边界的瑶光附近。它是一个典型的旋涡星系，正对着地球，涵盖的区域约有一个满月大小。

⊗ **M81与M82**

这两个差异明显的星系都位于大熊座北部，彼此挨得很近。两者中比较大的M81可以在光污染足够小的环境下被目视观测到。在夜空中，看上去它就像一个椭圆的光斑。在M81北方一个满月视直径的地方，便是M82的所在地。相比之下，M82更小更暗，需要借助天文望远镜才能观测到。

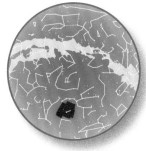

北天球

猎犬座 *Canes Venatici* Canum Venaticorum (CVn)

赤经宽度 🖐🖐　赤纬宽度 🖐🖐　面积排名 第38位　完全可见区域 90°N — 37°S

猎犬座是北天的一个小星座，位于大熊座和牧夫座之间、北斗七星勺柄的南方。猎犬座代表牧夫座（代表着牧民）牵着的两条猎犬。17世纪末期，波兰天文学家约翰·赫维留斯（Johannes Hevelius）创立这个星座，猎犬座原先是大熊座的一部分。

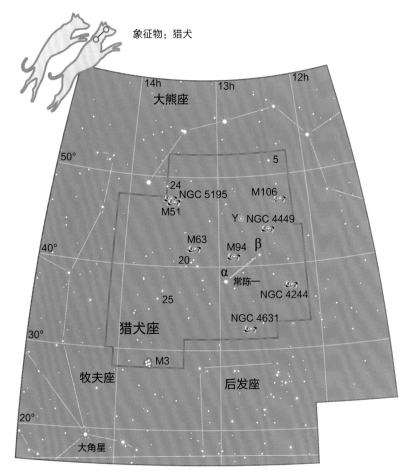

象征物：猎犬

⊡ 涡状星系

涡状星系M51是第一个观测到旋臂结构的星系。罗斯伯爵三世在1845年借助他建造的1.8米反射式望远镜看到了这些旋臂。在其中一条旋臂的末端有M51的伴星系NGC 5195。

⊡ 球状星团M3

图中壮观的球状星团借助双筒望远镜就能够轻松观测。但如果要分辨出星团中单独的一颗颗恒星，那么就需要借助口径大于100毫米的天文望远镜。

≫ 重点天体

猎犬座α（常陈一）🏹　猎犬座α是猎犬座最明亮的恒星，也是一个光学双星系统。两颗恒星的视星等分别为2.9等和5.6等，借助小型望远镜能够轻松分辨出来。在西方，直到17世纪才将这颗恒星命名为Cor Caroli，意思是查理的心脏，意在纪念结束第二次英国内战的查理一世。

猎犬座Y 🔭　猎犬座Y是一颗红超巨星，因外表极为偏红而闻名。它的视星等在5.0等到6.5等之间变化，光变周期为270天左右。

M3 🔭🏹　M3是一个视星等为6.2的球状星团。借助双筒望远镜可以比较容易地在猎犬座α和牧夫座的大角星中间找到这个星团。

M51（涡状星系，Whirlpool Galaxy）🔭 🏹　M51是梅西耶天体表中一个著名的旋涡星系。在双筒望远镜的视场中，它呈一个圆形光斑。若借助中型的天文望远镜，则可以分辨出它的旋臂结构。

M63（向日葵星系，Sunflower Galaxy）🏹　M63是一个较暗的旋涡星系，借助小型望远镜能够看到一个椭圆的光斑。

牧夫座 *Boötes* Boötis (Boo)

赤经宽度 🖐🖐　赤纬宽度 🖐🖐🖐　面积排名 第13位　完全可见区域 90°N — 35°S

　　牧夫座是北天主要的大型星座之一。它的北缘位于天龙座和北斗七星勺柄末端的交界处，向南延伸至室女座。牧夫座包含了北天最明亮的恒星——大角星（牧夫座α，Arcturus），亮度排名全天第4。牧夫座代表着一个正在放牧熊（大熊座）的牧民，在希腊语中，"Arcturus"的意思是"熊的看守者"。与牧夫座毗连的猎犬座代表着牧民的2条猎犬。在过去，牧夫座北部一些比较暗的恒星属于象限仪座（Quadrans Muralis），之后2个星座合并。不过，每年一月初的大流星雨仍取名为"象限仪座流星雨"。

🔼 **梗河一**

这是由一颗明亮的橙黄色巨星和一颗稍小的蓝色主序星组成的联星系统。在望远镜里，这对恒星色彩对比强烈，非常美丽。如果要看到最好的效果，需要有高倍率的望远镜以及稳定的大气条件。

北天球

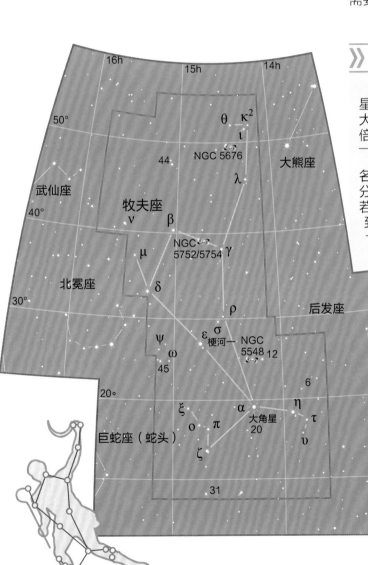

象征物：牧民

》 重点天体

　　牧夫座α（大角星）👁 大角星是一颗红巨星，视星等为-0.1等，是全天第4亮的恒星。而大角星的亮度（绝对星等）至少是太阳的100倍。通过肉眼观测，它在夜空中呈温暖的橙色。

　　牧夫座ε（梗河一）🔭 牧夫座ε是一个著名的联星系统，由于两颗恒星距离接近，难以区分。肉眼观测只能看到一颗视星等为2.4的主星。若借助口径大于75毫米的高倍率望远镜，则能看到橙色主星旁边一颗5等的蓝色伴星。

　　牧夫座κ（天枪一）🔭 牧夫座κ是一个光学双星系统，分为一颗5等星和一颗7等星，两颗星没有关联。借助小型望远镜可以区分它们。

　　牧夫座μ（七公六）🔭 牧夫座μ是一个联星系统，分为一颗4等星和一颗6等星。借助双筒望远镜可以分辨出来。这两颗恒星环绕着它们的引力中心，周期为260年左右。

　　牧夫座ξ（左摄提增一）🔭 牧夫座ξ是牧夫座中又一个联星系统，分为一颗5等星和一颗7等星。借助小型望远镜能够区分。两颗恒星呈现出橙黄色的色调，它们相互环绕，周期为150年。

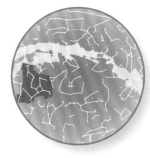

北天球

武仙座 *Hercules* Herculis (Her)

| 赤经宽度 🖐️🖐️🖐️ | 赤纬宽度 🖐️🖐️🖐️ | 面积排名 第5位 | 完全可见区域 90°N — 38°S |

武仙座是一个面积很大又不怎么显眼的北天星座。武仙座代表了古希腊神话中最伟大的半神英雄赫拉克勒斯（Hercules），他完成了12次试炼，包括剥下涅墨亚狮子的兽皮、杀死九头蛇许德拉（Hydra）。而在摘取金苹果的任务中，他杀死了一条巨龙（天龙座），因此在星空中，武仙座的右膝着地，左脚就踩在天龙座的头上。

》 重点天体

基石星群 👁️ 基石星群是由武仙座的4颗亮星组成的独特的四边形结构，代表着赫拉克勒斯的身体。

武仙座 α（帝座） 👁️ 🔭 🔭 武仙座 α 星是一颗红巨星，并且在不规律地膨胀、收缩着，这导致它在3等星和4等星之间来回变化。借助望远镜观测武仙座 α 时，可以看到一颗5等的蓝色伴星。

武仙座 ρ（女床三） 🔭 武仙座 ρ 是一个双星系统，由一颗5等星和一颗6等星组成。借助高倍率的天文望远镜能够分辨出它们。

M13 👁️ 🔭 M13是一个壮观的球状星团，拥有数十万颗的恒星。它是北天最明亮的球状星团之一。

M92 🔭 M92是一个视星等为7.0等的球状星团，相比于M13要小一些、暗一些。如果借助双筒望远镜观测，有可能会将它和普通的恒星混淆。不过在更高倍率的天文望远镜的视场中，它的结构就展现了出来。

象征物：赫拉克勒斯

》 球状星团M13

在天气非常晴朗的夜晚，这个壮观的星团可以用肉眼直接观测到。在双筒望远镜的视场中，它就像一块模糊的光斑，宽度大约为半个满月视直径。M13位于基石星群的一条边上，大约位于武仙座 η 到武仙座 ζ 的1/3位置。M13与地球的距离约为25000光年。

天琴座 *Lyra* Lyrae (Lyr)

赤经宽度 ✋ 赤纬宽度 ✋ 面积排名 第52位   完全可见区域 90°N — 42°S

　　天琴座虽然面积较小，却是北天银河中最灿烂的星座之一。它的主星织女星（天琴座α，Vega）的亮度在全天恒星中排名第5。散发着蓝白色光辉的织女星也是北半球夏季著名"夏季大三角"（Summer Triangle）的顶点之一（另外两个顶点是天鹰座的牛郎星及天鹅座的天津四）。天琴座代表着由俄耳甫斯（Orpheus）弹奏的古希腊竖琴。天琴座位于银河的边缘，毗邻天鹅座。天琴座流星雨的辐射点位于天琴座附近，最大流量在每年的4月21—22日。

象征物：竖琴

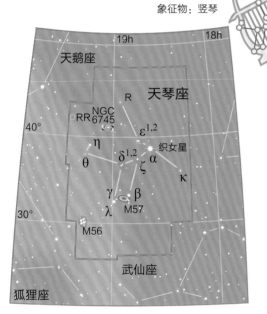

北天球

》》重点天体

　　天琴座 β（渐台二） ✈　天琴座 β 是一个密近联星系统。借助天文望远镜能分解为一颗白色主星和一颗蓝色伴星。两者相互环绕，由于轨道处于视线方向，形成了一对食变星。食变星的视星等在3.3等到4.4等之间变化，光变周期为12.9天。由于这两颗恒星之间非常接近，因而相互间的万有引力使物质从较重的恒星流向较轻的恒星，因此恒星已经变形成为椭圆球的形状。

　　天琴座 δ 👁 🔭　天琴座 δ 是一个光学双星系统。借助肉眼或借助双筒望远镜就能分辨出双星的结构。这对双星之间没有关联，分为一颗4等红巨星和一颗6等蓝白色恒星。

　　天琴座 ε（织女二） 🔭 ✈　天琴座 ε 是夜空中最明显的四合星（聚星）系统。该恒星系统中距离最远的两颗成员星可以借助双筒望远镜轻易分辨，均是白色的5等星。借助口径为60毫米至75毫米的高倍率天文望远镜观测，每一颗成员星能够进一步分解成双星系统，也就是说该恒星系统包含相互绕行的两个双星系统。这4颗星由于引力作用联系在了一起，并长期相互环绕。

　　天琴座 ζ（织女三） 🔭 ✈　天琴座 ζ 是由一对光学双星所组成的：其中一颗为4等星，另一颗为6等星。借助双筒望远镜或小型望远镜能够区分它们。

　　M57（环状星云，Ring Nebula） ✈ 💻　M57是一个行星状星云，看上去很像吸烟者吐出的烟圈。哈勃空间望远镜拍摄的照片，揭示了这团环形云气是由星云中心一颗垂死的恒星所抛出来的物质。

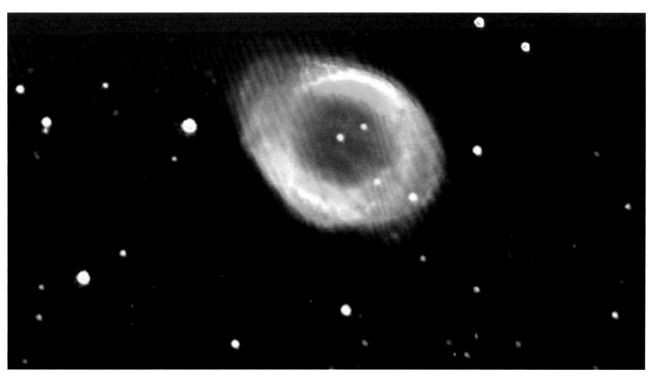

《 环状星云

借助小型望远镜观测，只能看到环状星云M57的椭圆结构，看上去就像一颗比木星稍大、暗淡无光的行星。借助大口径望远镜就能解析出星云内部的孔洞。目视观测无法看到这个星云的颜色，只有通过CCD相机拍摄照片（如图）才能显示出M57丰富多彩的颜色。

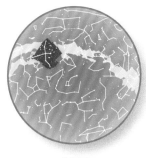

北天球

天鹅座 Cygnus Cygni (Cyg)

赤经宽度 🖐🖐 　赤纬宽度 🖐🖐　面积排名 第16位　完全可见区域 90°N — 28°S

　　天鹅座是一个重要的北天星座。它完全沉浸在白茫茫的银河之中，包含了许多亮星和著名的深空天体。在古希腊神话中，众神之王宙斯曾经化身为一只天鹅，下凡引诱一位女子。之后宙斯就把化身留在了天上，成为天鹅座。天鹅座最亮的几颗星排列成一个巨大的十字架结构，所以也称"北十字"，可以把这个十字架想象为一只天鹅的形状。天津四是天鹅座最亮的恒星，它正好位于天鹅的尾巴上。当天鹅座位于西北方时，将变成头朝下、尾朝上的样子没入地平线。天津四也是夏季大三角的一个顶点，另外两个顶点是织女星、牛郎星。

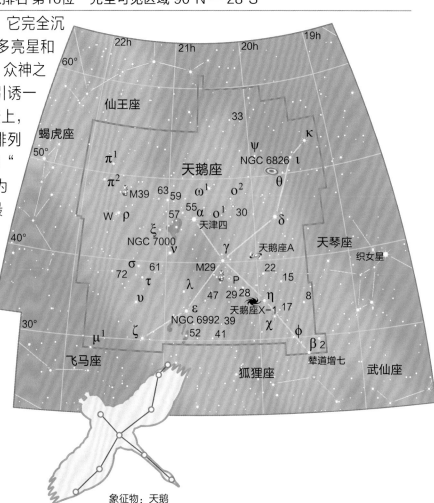

象征物：天鹅

⬆ 夜空中的天鹅座

天鹅座主要的5颗恒星在天空中构成了一个醒目的十字架结构，与南天的南十字座遥遥相对，所以称为"北十字"（Northern Cross）。

⬆ 北美洲星云

NGC 7000由于形似北美洲大陆的形状，被称为北美洲星云。它独特的形状和红色（来自氢的Hα辐射）只能在长曝光的图像中呈现。

≫ 重点天体

天鹅座 α（天津四） 👁 天鹅座 α 是一颗蓝白色的超巨星，也是已知最明亮（绝对星等）的恒星之一。它的视星等为 1.3 等，距离地球大约 1400 光年，是目前已知距离地球最远的 1 等星。

天鹅座 β（辇道增七） ✄ 天鹅座 β 位于天鹅的头部，因此也称为"鸟嘴星"。它是一个双星系统，但不确定这对恒星是否互相环绕。较亮的一颗星呈橘黄色，视星等为 3.1 等；另一颗呈蓝绿色，视星等为 5.1 等。由于它们在颜色上是互补的，因而成为天空中颜色对比最鲜明的一对恒星。借助双筒望远镜能勉强分辨出它们，若借助天文望远镜则能呈现更好的效果。

天鹅座 o¹ 👓 ✄ 天鹅座 o¹ 是一对互相环绕的食变星，视星等变化很小，而且光变周期长达 10 年左右。它的主星是一颗橙色的 4 等星，伴星是一颗浅蓝色的 5 等星。

天鹅座 χ 👁 👓 ✄ 天鹅座 χ 是一颗红巨星，属于脉动变星分类中的米拉变星，这类变星的特点是光度变化非常巨大。天鹅座 χ 的光变周期约为 13 个月；在最亮的时候，它是一颗 3 等星，通过肉眼就能轻松地找到；而在最暗的时候，它是一颗 14 等星，需要借助口径在 300 毫米以上的天文望远镜才能看到。

天鹅座 61（天津增廿九） ✄ 天鹅座 61 是一个联星系统，由一对橙矮星所组成（分别为 5 等和 6 等），彼此相互以 680 年的周期运转。借助天文望远镜才能观测到这对年龄较大的恒星。

M39 👓 ✄ M39 是位于天鹅座北部一个较大的疏散星团。它所涵盖的区域约有一个满月大小，借助双筒望远镜能够找到这个星团。M39 呈一个三角形的形状，在三角形中心则有一对双星存在。

NGC 6826（眨眼星云，Blinking Planetary） ✄ NGC 6826 是一个行星状星云。它拥有一团蓝绿色的云气，在视场中的尺寸和木星差不多。当使用小型望远镜直接观测时，受到环绕的星云遮蔽，中央恒星的亮度会被抵消掉。但是利用侧视法，会使观测者感觉看到它一亮一暗"闪烁"的景象，因此被称为"眨眼星云"。

NGC 6992 ✄ ⊟ NGC 6992 是一团由高温与电离气体和尘埃组成的云带结构，是面纱星云的东侧部分，也是最亮的区域。这是一个巨大但相对暗淡的超新星遗迹，其来源的超新星爆炸大约发生在几千年前。

NGC 7000（北美洲星云，North America Nebula） 👓 ✄ ⊟ NGC 7000 是靠近天津四的一个非常巨大的发射星云，在天空中涵盖面积超过 10 个满月。但是它的表面亮度非常低，只有在非常黑暗的夜空下，借助双筒望远镜才能看出雾状的光斑。

天鹅座大裂缝（Cygnus Rift） 👁 👓 天鹅座大裂缝，又称"北煤炭袋"（Northern coalsack），是一系列重叠的非发光体、分子尘埃云。这些不发光的物质像是纵向切割银河明亮带状的暗带，占据宽度的三分之一，在它的两侧是无数明亮的恒星。

天鹅座 A 与天鹅座 X-1 ♎ 这两个天体无法借助业余的天文设备观测，在天体物理学的研究中，它们有着重要意义。天鹅座 A 是一个非常强大的射电源，它源于数十亿光年外的一次剧烈的星系碰撞。天鹅座 X-1 是天鹅座 η 附近的一个著名的 X 射线源，它是一个联星系统，一颗 9 等的蓝超巨星和一个黑洞相互围绕公转，距离地球大约 6000 光年。

⚌ 面纱星云

面纱星云位于天鹅座的右翼。它是一个巨大的超新星遗迹，直径大约 3°（6 个满月视直径）。可见光波段的星云构成了断断续续的纤细环形结构。由于这个结构是如此巨大，以至于有多个不同的 NGC 编号分别标示着这个星云不同的部分。通常而言，面纱星云只能通过天文摄影的图像才能展现出来。若在理想的天气条件下，借助双筒望远镜或小型望远镜能看到面纱星云最亮的部分——NGC6992（插图右下方）

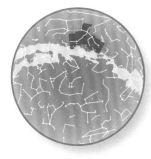

北天球

仙女座 *Andromeda* Andromedae (And)

赤经宽度 🖐🖐🖐 　赤纬宽度 🖐🖐 　面积排名 第19位 　完全可见区域 90°N — 37°S

仙女座是一个北天星座，与飞马座相邻。它的名字起源于古希腊神话，代表着埃塞俄比亚王后卡西奥佩娅之女安德洛墨达。代表着卡西奥佩娅的仙后座位于仙女座的北方。仙女座中的最亮恒星（仙女的头部）为壁宿二，同时也是飞马座大四边形其中一个顶点。因此，在很久以前，这颗星同时归属于仙女座和飞马座。

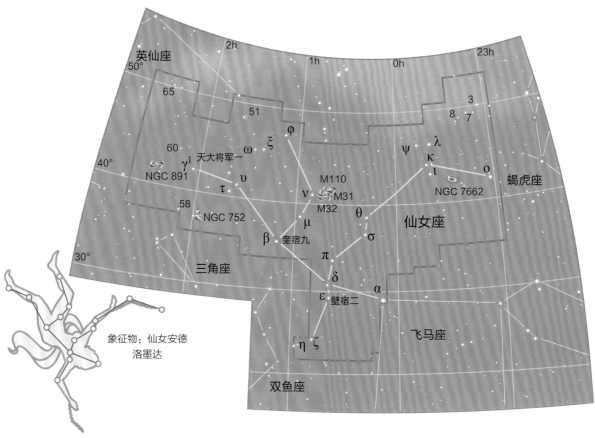

仙女座星系

仙女座星系是目前肉眼可见的最遥远的天体，看上去是一个暗淡光斑。由于它斜对着地球，因此光斑呈纺锤状的椭圆形。借助双筒望远镜能够呈现出更多的细节，若借助天文望远镜，则可以观测到仙女座星系旋臂的一些痕迹。

象征物：仙女安德洛墨达

》重点天体

仙女座 γ（天大将军一） ✦ 仙女座 γ 是一个光学双星系统。它由一颗视星等为2.2等的橙巨星和一颗视星等为4.8等的蓝色伴星组成。由于有着鲜明的对比色，因此是一对非常美丽的双星。通过小型望远镜能够区分它们。

M31（仙女座星系，Andromeda Galaxy） 👁📷✦ M31是一个巨大的旋涡星系，距离地球大约250万光年，又称仙女座星系。仙女座星系的性质、结构与我们所处的银河系比较接近。这个星系完整的角直径有满月的7倍大。

NGC 752 📷✦ NGC 752是一个明亮的疏散星团，它所覆盖的范围大于一个满月。借助双筒望远镜能够对它进行观测。在倍率比较高的天文望远镜下可以观测到单独的恒星，这些恒星的视星等基本都大于9.0等。

NGC 7662（蓝雪球星云，Blue Snowball） ✦ NGC 7662是一个行星状星云。它很受业余天文观测者的喜爱。借助小型望远镜就可以解析出恒星和轻微的云气；借助更大倍率望远镜观测，可以看见蓝色的盘状结构。

蝎虎座 *Lacerta* Lacertae (Lac)

赤经宽度 🤚 赤纬宽度 🤚 面积排名 第68位 完全可见区域 90°N — 33°S

蝎虎座是北天一个不起眼的小星座，其中的恒星排列成锯齿状结构。它夹在仙女座和天鹅座之间，仿佛是挤在两块巨石缝隙之间的一条蜥蜴。腾蛇一（蝎虎座α）是蝎虎座的最亮星，视星等为3.8等。蝎虎座是波兰天文学家约翰·赫维留斯在17世纪末创立的一批星座之一。它包含了一个值得关注的特殊天体，并以蝎虎座的名字来命名——蝎虎座BL型天体，是一类全新的特殊星系。蝎虎座中没有值得业余天文爱好者观测的天体。

北天球

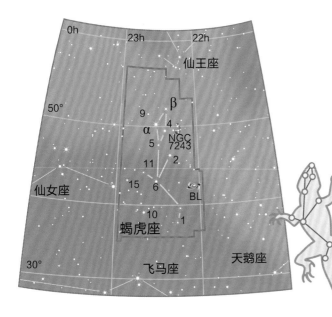

》》**重点天体**

蝎虎座BL 🌐 蝎虎座BL是蝎虎座BL型天体的原型。这类特殊星系具有一个明亮、活跃的星系核，与类星体有关。星系中心的黑洞不断吞噬着恒星和星际物质，并向两个方向发出剧烈的喷流。原先，它被认为是一颗光变不规则的特殊变星（视星等14.0等），因此命名为蝎虎座BL。

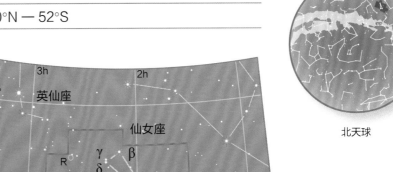
象征物：蜥蜴

三角座 *Triangulum* Trianguli (Tri)

赤经宽度 🤚 赤纬宽度 🤚 面积排名 第78位 完全可见区域 90°N — 52°S

三角座是位于仙女座和白羊座之间的一个北天小星座。三角座最亮的三颗恒星组成了几乎等腰的瘦长三角形，因此得名。三角座起源于古希腊时期，它在古希腊语中意为河的三角洲，代表尼罗河三角洲，它也代表意大利南部的西西里岛（Sicily）。

北天球

》》**重点天体**

M33（三角座星系，Triangulum Galaxy）
🔭 ✈ 🖥 M33又称三角座星系，是本星系群中第三大星系，距离地球大约270万光年。三角座星系、仙女座星系和银河系组成本星系群中的大三角。它的直径大约为仙女座星系的1/3。在晴朗的夜晚，借助双筒望远镜观测，M33呈现为一个满月大小的暗淡光斑。借助高倍率的天文望远镜，可以分辨出M33的旋臂结构。在CCD相机拍摄的长曝光的图像中，还能看到旋臂中一块块淡粉色的气体云。

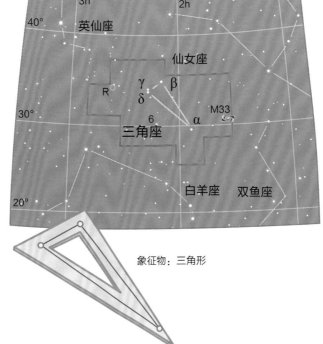
象征物：三角形

明亮的"邻居"

仙女座星系的视星等达到4.3等，在适度黑暗的天空环境下很容易用肉眼看见，因此它的观测历史可以追溯到公元10世纪。在那之后，仙女座星系的研究持续进行。20世纪，埃德温·哈勃利用造父变星得以确认仙女座星系的距离，意识到这是一个河外星系。这个发现让科学家意识到宇宙的尺度要比原来想象的大得多。

北天球

英仙座 *Perseus* Persei (Per)

赤经宽度 🖐🖐 　赤纬宽度 🖐🖐　面积排名 第24位　完全可见区域 90°N — 31°S

英仙座是著名的北天星座之一，位于仙后座和御夫座之间的银河区域。英仙座象征着古希腊神话中的英雄珀尔修斯（Perseus），他杀死了蛇发女妖美杜莎（Medusa）。在天空中，珀尔修斯被描绘成手持美杜莎头颅的姿势，著名的变星大陵五（英仙座 β）正位于头颅位置。每年八月，北半球三大流星雨中的英仙座流星雨就会如期而至，流星雨的辐射点在天船二（英仙座 γ）附近。

象征物：珀尔修斯

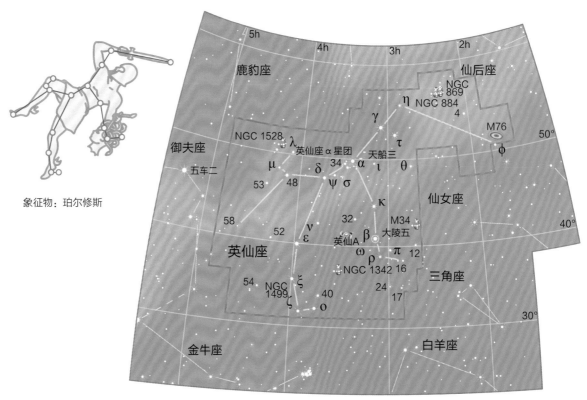

》》重点天体

英仙座 α（天船三）👁 🔭 英仙座 α 是英仙座的最亮星，视星等为1.8等。它是一颗黄白超巨星，距地球590光年，位于英仙座 α 星团（疏散星团）的中心。

英仙座 β（大陵五）👁 🔭 英仙座 β 是最著名的食变星系统。它不仅是被发现的第一对食变星，更是第一颗被发现的非超新星变星。在伴星遮掩的时候，它的亮度将会大约下降至1/3，使得视星等从2.1等降低至3.4等；它的光变周期为69个小时，伴星的掩食过程持续大约10小时。由于古代科学不发达，人们对这样奇特的现象无法解释，因此称大陵五为"魔星"。

英仙座 ρ（大陵六）👁 🔭 英仙座 ρ 是一颗红巨星，同时也是一颗半规则变星。在不断膨胀和收缩的过程中，它的亮度能够下降至50%，使得视星等从3.3等降低至4.0等。它的光变周期大约为7周。

M34 🔭 📷 M34是一个恒星分布相对比较分散的疏散星团，包含大约50颗星。它属于英仙座，位于英仙座和仙女座边界的附近。

NGC 869与NGC 884（双星团）👁 🔭 📷 双星团是在英仙座内靠得很近，以肉眼就能看见的疏散星团NGC 884和NGC 869的通俗名称。这两个星团位于英仙座与仙后座边界附近的银河中。它们都是年轻的星团，NGC 869的年龄大约是560万年，NGC 884的年龄大约是320万年。借助双筒望远镜和天文望远镜能够比较清晰地分辨出星图的内部结构。

⏫ 双星团

NGC 884和NGC 869这两个星团各自包含几百颗视星等大于7.0等的恒星，所涵盖的区域各自都有一个满月大小。它们距离地球7000光年左右，位于银河系的英仙臂之中。

白羊座 *Aries* Arietis (Ari)

赤经宽度 🤚 赤纬宽度 🤚 面积排名 第39位 完全可见区域 90°N — 58°S

白羊座是黄道十二星座之一，位于双鱼座和金牛座之间。它最显著的特征是3颗主要恒星娄宿三（白羊座α）、娄宿一（白羊座β）、娄宿二（白羊座γ）构成的折线。白羊座虽然在夜空中不引人注目，但在古希腊很著名。白羊座代表着一只金羊，羊毛悬挂在黑海东岸的科尔基斯（Colchis）的一颗橡树上，古希腊英雄伊阿宋（Jason）乘坐阿尔戈号历经艰险取得了金羊毛。

北天球

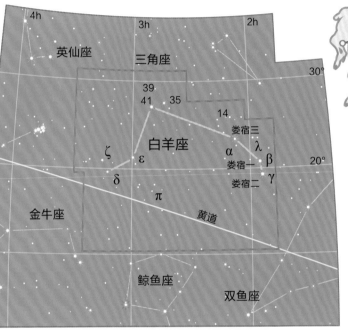

象征物：牧羊

🔽 白羊座折线

图中折线由白羊座最亮的3颗星——白羊座α、β、γ组成的。在这张照片中，还能看到2颗行星：金星位于折线下方，靠近地平线的位置；火星位于折线的左侧。

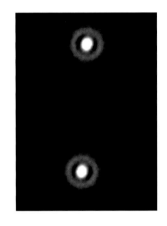

🔼 白羊座 γ

肉眼观测白羊座γ，看上去是一颗视星等为3.9等的恒星。借助天文望远镜，可以清晰地分辨出这是一个显著的双星系统。这张CCD图像展现出这对恒星非常相似，它们拥有几乎相同的光谱型和视亮度。

》》重点天体

白羊座γ（娄宿二）♐ 白羊座γ是一个联星系统，包含一对视星等分别为4.6等和4.7等的光谱型几乎完全相同的白色恒星。这对联星相互环绕的轨道周期超过5000年。借助小型天文望远镜能够分辨出这两颗星。

白羊座λ（娄宿增五）👀♐ 白羊座λ也是一个联星系统；主星是一颗5等星、伴星是一颗7等星。通过双筒望远镜或小型望远镜就能够分辨出来。

◀◀ 春分点

在古希腊时代，春分点（天赤道与黄道的交点）位于白羊座与双鱼座边界的附近。现在由于岁差的关系，春分点已经移到了双鱼座，并逐渐向宝瓶座靠拢。不过我们仍称春分点为白羊座的开端。这张图表呈现了从公元1500年至公元3000年春分点的移动轨迹。

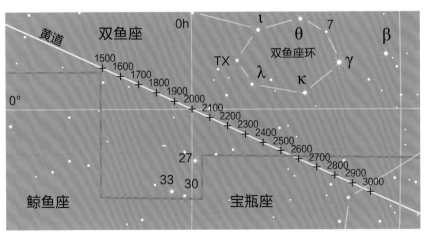

公元1500年至3000年，春分点的位置

北天球

金牛座 *Taurus* Tauri (Tau)

赤经宽度 🤚🤚🤚　赤纬宽度 🤚🤚　面积排名 第17位　完全可见区域 88°N — 58°S

　　金牛座是黄道十二星座之一，位于白羊座和双子座之间。金牛座是一个非常醒目的星座，里面有许多适合观测的天体，其中最著名的是昴宿星团、毕宿星团（Hyades）和蟹状星云。金牛座的象征物是一头公牛，毕宿星团构成了公牛头部的轮廓，金牛座中最亮的恒星，毕宿五（金牛座α，Aldebaran）则代表公牛的眼睛。金牛座流星雨在每年11月初到来，辐射点位于金牛座南部。在古希腊神话中，金牛座是众神之王宙斯的化身。传说中，宙斯爱慕美丽的腓尼基公主欧罗巴（Europa），化身为一头特别的公牛来吸引欧罗巴的注意，并载着她渡过地中海来到克里特岛；因此星图只显示了公牛的上半身，下半身在水中，并不可见。

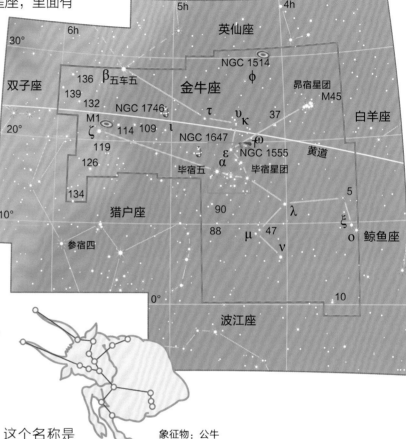

象征物：公牛

▽ 蟹状星云

蟹状星云是一个美丽的超新星遗迹。这个名称是由罗斯伯爵三世于1884年命名的，他认为星云中的长丝状气体与螃蟹蟹脚非常相像。

⏫ 毕宿星团

毕宿星团是一个疏散星团。星团中明亮的恒星与红巨星毕宿五共同构成一个"V"字形，组成了金牛座公牛的头部。星团中最亮的几颗恒星都能通过肉眼看见。虽然从地球上看起来毕宿五似乎是毕宿星团的成员，但实际上它并不是。相对于毕宿星团，毕宿五距离地球更近。

》》重点天体

金牛座α（毕宿五）👁 ♒ 金牛座α是金牛座最亮的恒星，视星等为0.9等。由于其内部的氢已经耗尽，金牛座α由主序星演变为红巨星。在地球上可以很明显地看到它散发出的橙色光芒。虽然金牛座α看起来似乎是毕宿星团的成员，实际上它距离地球只有67光年，这个距离不到毕宿星团与地球距离的一半。

金牛座κ（天街增二）♒ 金牛座κ是一个光学双星系统，分为一颗4等星和一颗5等星。它位于毕宿星团的边缘区域。

金牛座λ（毕宿八）👁 ♒ 金牛座λ是一个食变星系统。两颗星在旋转时互相遮掩，出现大陵五型变星的光变特征，视星等在3.4等至3.9等之间变化，光变周期接近4天。

金牛座σ ♒ 金牛座σ是位于毕宿星团的一对光学双星，借助双筒望远镜可以分辨出来。这两颗恒星都是5等星。

M1（蟹状星云，Crab Nebula）🏹 🍳 M1又称蟹状星云，是位于金牛座公牛右角附近的一个超新星遗迹。这次超新星爆发的最早记录是在公元1054年，出自中国的天文学家。借助小口径望远镜观测，M1看上去是一个几倍于木星大小的暗淡的椭圆形红色光斑。若想要分辨出星云的细

节，则需要借助大口径天文望远镜观测。爱尔兰天文学家罗斯伯爵三世于1844年首先看清了M1的内部结构，并给它取了蟹状星云这个名字。

M45（昴宿星团，Pieiades）👁 ♒ 昴宿星团M45是天空中最著名的疏散星团，由于其结构，又常被称为七姐妹星团。昴宿星团中最亮的恒星是靠近中心的昴宿六（金牛座η），其视星等为2.9等。肉眼通常可以见到六七颗亮星，这也是七姐妹星团的名字来源。目前证实昴宿星团的恒星已经超过了1000颗，因此借助双筒望远镜可以看到光彩夺目的景象和视场中遍布着恒星。在单反相机照片或CCD图像中，显现几颗亮星周围遍布着蓝色的薄雾状气体尘埃云。整个昴宿星团跨越了大约3个满月视直径的距离，非常庞大。昴宿星团距离地球大约440光年。

毕宿星团 👁 ♒ 毕宿星团是一个疏散星团，它与红巨星毕宿五共同构成一个超过满月视直径10倍的"V"字形结构。毕宿星团的恒星数在300个以上，肉眼可以观测其中的10多颗，借助双筒望远镜能看到50多颗。毕宿星团距离地球大约150光年，是离地球最近的星团。"V"字形结构的南臂有一对明亮的光学双星金牛座θ，其中金牛座$θ^2$（毕宿增十三）是毕宿星团中最亮的恒星，它的视星等为3.4等。

⌃ 昴宿星团"七姐妹"

天文摄影的照片显示，昴宿星团沉浸在一片蓝色的薄雾中。这是由于环绕在恒星周围的尘埃反射了来自几颗最亮恒星的可见光辐射导致的。

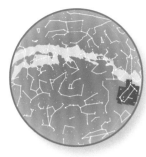

北天球

双子座 *Gemini* Geminorum (Gem)

赤经宽度 ✋✋ 赤纬宽度 ✋✋ 面积排名 第30位 完全可见区域 90°N — 55°S

　　双子座是黄道带上非常明显的一个星座，位于金牛座和巨蟹座之间。可以通过它最亮的两颗星北河二（双子座 α，Castor）和北河三（双子座β，Pollux）来辨认出这个星座。北河二和北河三代表着古希腊神话中宙斯的一对双胞胎孪生子卡斯托耳（Castor）和波鲁克斯（Pollux）。虽然北河二、北河三标志着这对双胞胎的头部，但这两颗恒星的特点却完全不同。北河三是双胞胎中更亮的那颗，它的视星等是1.1等，是一颗距离地

球34光年的橙巨星；北河二是蓝白色的（实际为六合星），视星等1.6等，距离地球52光年。每年12月中旬，北半球三大流星雨中的双子座流星雨就会从北河二附近的一个辐射点发射出来，十分壮观。

▶ 重点天体

双子座 α（北河二） 🏹 ♋　双子座 α 是一个著名的多星系统。通过肉眼观测，它看上去是一个视星等为1.6等的单一的恒星。借助天文望远镜观测，可以发现它实际上是由一颗2等星及一颗3等星组成的一对蓝白色恒星，这个双星系统的环绕周期为460年。此外它们还有一个视星等为9.0等的红矮星作为伴星。这3颗恒星本身都是分光双星（spectroscopic binaries），因此组成了一个总共由6颗恒星组成的六合星系统。

双子座 ζ（井宿七） 👁 🔭　双子座 ζ 是一颗造父变星，视星等最亮时为3.6等，最暗时为4.2等，光变周期为10.2天。

双子座 η（钺） 👁 🔭　双子座 η 是一颗红巨星，并且是一颗脉动变星，视星等最亮时为3.1等，最暗时为3.9等。

M35 🔭 🏹　M35是位于双子座双胞胎脚部位置的一个疏散星团，可以借助双筒望远镜轻松地找到。

NGC 2392（爱斯基摩星云，Eskimo Nebula） 🏹 🖥　NGC 2392是一个行星状星云。借助小型望远镜，我们可以看到一个土星大小的浅蓝色的圆盘。若借助更大口径的望远镜和CCD相机拍摄的图像，我们可以看到边缘的气体，它们的形状像爱斯基摩大衣外面的毛皮，因此被称为"爱斯基摩星云"。

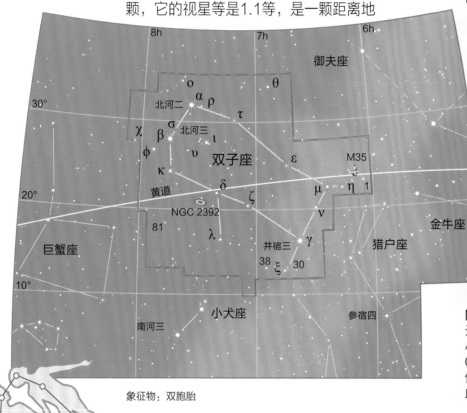

象征物：双胞胎

▶ 疏散星团M35

在晴朗的天空下，M35星团可以被肉眼看见。借助双筒望远镜观测，它像一块拉长的布满星光的光斑，所涵盖的范围与满月相近。如果借助小型望远镜观看，可以看到星团中这些单独的恒星形成了一条星链。

巨蟹座 *Cancer* Cancri (Cnc)

赤经宽度 🖐🖐 赤纬宽度 🖐🖐 面积排名 第31位 完全可见区域 90°N — 57°S

巨蟹座是黄道十二星座中最暗淡的一个，位于双子座和狮子座之间。它还包含了一个著名的星团——鬼宿星团，也称为蜂巢星团。鬼宿星团南北两侧有两颗亮星鬼宿三（北）、鬼宿四（南），它们的拉丁名分别意为"北方的小驴"和"南方的小驴"。古代希腊人与罗马人将鬼宿星团视为两只驴子的食槽，称之为马槽星团。在古希腊神话中，赫拉克勒斯受命除掉伤害人畜的九头蛇许德拉。在激烈的战斗中，有一只巨蟹为许德拉助战，被赫拉克勒斯用大棒将蟹壳击碎而亡。后来天后赫拉将这只巨蟹放在天上成为星座。

北天球

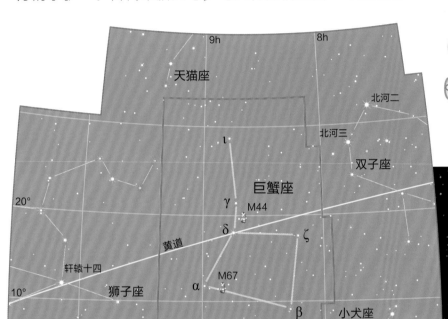

象征物：蟹

☑ 鬼宿星团

鬼宿星团（M44）是一个古希腊时期就有记载的天体，在当时黑暗的夜空下，肉眼看见的鬼宿星团像是一个模糊的斑块。目前在光污染日益严重的环境下，至少需要借助双筒望远镜才能观测到这个星团。因其形象似蜂窝，所以西方称之为"蜂巢星团"。

≫ 重点天体

巨蟹座 ζ（水位四）🗡 巨蟹座 ζ 是一个用小型望远镜才能观测到的联星系统，由一颗5等星和一颗6等组成。它们相互环绕的周期超过了1000年。

巨蟹座 ι（轩辕增廿二）🔭🗡 巨蟹座是一个双星系统。两颗恒星颜色对比明显，一颗为4等的黄巨星，另一颗为7等的蓝白色主序星，它们之间是否有力学关系尚不清楚。借助10×50的双筒望远镜能勉强分辨出这两颗星，在天文望远镜的视场中，这两颗星很容易区分。

M44（鬼宿星团，Praesepe）🔭🗡 M44是一个大型的疏散星团，位于巨蟹座的心脏位置。它是最靠近太阳系的疏散星团之一，距离地球大约580光年。

M67 🔭🗡 M67是位于巨蟹座南部的一个疏散星团，所涵盖的范围比M44小，但是更加密集。它是银河系中最年老的疏散星团之一，年龄估计有40亿岁（多数的疏散星团年龄都低于10亿岁）。

北天球

小狮座 *Leo Minor* Leonis Minoris (LMi)

赤经宽度 🖐 赤纬宽度 🖐 面积排名 第64位 完全可见区域 90°N — 48°S

小狮座是一个暗淡、不起眼的星座。小狮座内的恒星无法勾勒出具体的形状，由于它位于狮子座的北方，所以代表着狮子的幼崽。小狮座是波兰天文学家约翰·赫维留斯在17世纪末创立的一批星座之一。小狮座内没有值得业余天文爱好者观测的天体。

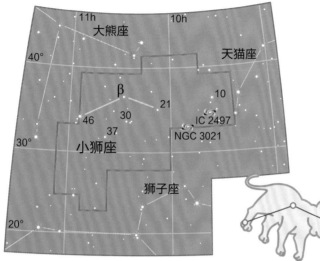

象征物：小狮子

》 重点天体

小狮座虽然没有值得天文业余爱好者观测的天体，却有一个不寻常的特点。这个星座没有对应的 α 星，星座中的小狮座 β 虽然不是最亮的星（第二亮），却有拜耳恒星命名。而理应被设为 α 星的小狮座46（视星等为3.8等）是88星座中唯一一个最亮星而没有拜耳命名的。产生这一情况的原因是：19世纪英国的天文学家弗朗西斯·贝利（Francis Baily）在将希腊字母分配给小狮座里恒星的时候，忽略了小狮座46这颗星。

》 遥远的旋涡星系

NCG 3021是一个位于小狮座的小型旋涡星系，距离地球大约1亿光年。这张由哈勃空间望远镜拍摄的照片展现了这个星系的详细结构。但是这个星系距离地球太过遥远，非常暗，即使借助业余天文设备也无法看到它。

后发座 *Coma Berenices* Comae Berenices (Com)

赤经宽度 👐 赤纬宽度 👐 面积排名 第42位 完全可见区域 90°N — 56°S

后发座是一个暗淡的，却很有趣的北天星座，位于狮子座和牧夫座之间。它代表着埃及女王贝勒尼基二世（Berenice）的飘逸长发。为了祈祷出征的丈夫能够平安归来，她将长发剪下作为贡品奉献在神庙中。后发座在16世纪中期被德国制图师卡斯帕·沃佩尔（Caspar Vopel）划分为一个单独的星座，在那之前，后发座的恒星群被视为狮子座的尾巴。在后发座南部，有大量的星系存在，其中绝大部分属于室女座星系团，如M85、M88、M99和M100等。

北天球

》重点天体

后发星团 👁 🔭 后发星团是位于后发座γ（郎位一）南方的一个疏散星团。后发星团原本是代表着狮子座的狮子尾巴。借助双筒望远镜能看到这个星团最好的景象。

M64（黑眼星系，Black Eye Galaxy） 🔭 M64是一个特殊的旋涡星系，它经历过星系互撞，留下了一个内部运动复杂的星系系统，是因有一条壮观的黑暗尘埃带横亘在明亮的星系核心之前而得名。在小型望远镜的视场中，它呈一个椭圆的光斑，如果想要看到更多的细节，则需要借助口径大于150毫米的天文望远镜。

NGC 4565 🔭 🖥 NGC 4565是后发座另一个旋涡星系。它侧对地球，因此呈现出非常细长的结构。NGC 4565利用100毫米口径的天文望远镜就能看清。

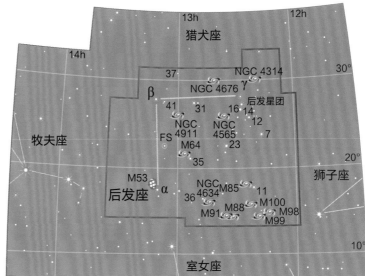

象征物：贝勒尼基二世的头发

后发星团

后发星团在梅洛特深空天体表（Melotte catalog）中的编号为梅洛特111（Melotte 111）。在优质双筒望远镜的视场中，这个星团的恒星都可以同时被看见，集团中最亮的那些恒星组成了鲜明的"V"字形结构。

北天球

狮子座 *Leo* Leonis (Leo)

赤经宽度 🖐🖐🖐　赤纬宽度 🖐🖐　面积排名 第12位　完全可见区域 82°N — 57°S

狮子座是黄道十二星座中较大的一个，位于巨蟹座与室女座之间。它属于黄道星座中最容易辨认的星座之一，因为内部明亮的恒星构成的轮廓与狮子的形状非常相似。其中有6颗亮星由南向北组成了一个"反问号"形状，它们代表了狮子的头、颈及胸；这6颗星为轩辕九至轩辕十四，这个星群也被称为"镰刀"（Sickle）。在古希腊神话中，狮子座代表着涅墨亚狮子，赫拉克勒斯经历的12个试炼中的第一个试炼就是杀死涅墨亚狮子。狮子座流星雨在每年的11月中旬达到最高峰，它的辐射点位于狮子座狮子的头部。

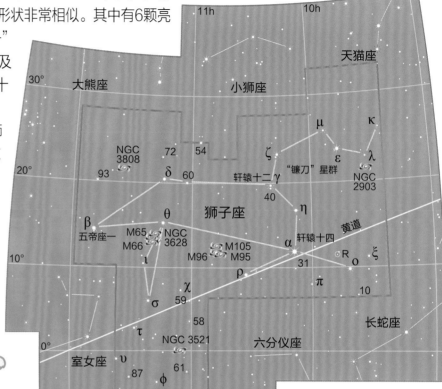

☑ 狮子座"镰刀"

狮子座的6颗亮星——轩辕九（狮子座 ε）、轩辕十（狮子座 μ）、轩辕十一（狮子座 ς）、轩辕十二（狮子座 γ）、轩辕十三（狮子座 η）、轩辕十四（狮子座 α），组成了一个镰刀的形状，也因此被称为"镰刀"星群。在这张狮子座全景照片中，"镰刀"位于右侧，其中最亮的星轩辕十四，标志着镰刀把手的末端。

象征物：狮子

》重点天体

狮子座 α（轩辕十四）👁 🔭 ✦ 狮子座 α 是狮子座最明亮的恒星，它的视星等为1.4等。狮子座 α 也是一个联星系统，借助双筒望远镜或小型望远镜就可以观察到一颗8等伴星。

狮子座 γ（轩辕十二）✦ 狮子座 γ 是在狮子座的一对金黄色的联星，代表的是狮子的鬃毛，视星等分别为2.4等和3.6等。两颗恒星都是橙色巨星，相互环绕的轨道周期大约为550年。借助高倍率的天文望远镜可以分辨出它们。

狮子座 ς（轩辕十一）🔭 狮子座 ς 是狮子座"镰刀"的一个三星系统。最亮的是一颗3等星，在它的南北面各有一颗6等星，这3颗星之间没有联系。借助双筒望远镜就可以看到它们。

M65与M66 ✦ 这是位于狮子座狮子臀部（狮子座 θ）下方的一个旋涡星系，借助小型天文望远镜能够观测。这两个星系以一个非常大的角度斜对着地球，因此看上去呈细长的形状。

M95与M96 ✦ 这是一对相对比较暗的旋涡星系，只能借助中等口径以上的天文望远镜才能看清。

室女座 *Virgo* Virginis (Vir)

赤经宽度 〜〜〜〜　赤纬宽度 〜〜〜　面积排名 第2位　完全可见区域 67°N — 75°S

室女座是最大的黄道带星座，在全天88个星座中面积排行第二位。这个结构有点复杂的大星座可以简化为一个倾斜的"Y"字形，室女座最亮的恒星——角宿一（室女座α，Spica）位于"Y"的最下端。在室女座的北侧边界附近有着距离银河系最近的星系团——室女座星系团（Virgo Cluster），距离地球大约5000万光年。此外，天赤道与黄道的另一个交点秋分点，位于室女座的东侧边界附近。在古希腊神话中，室女座代表的是正义女神阿斯特莉亚（Astraea）。

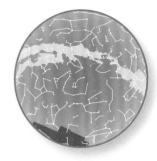

北天球

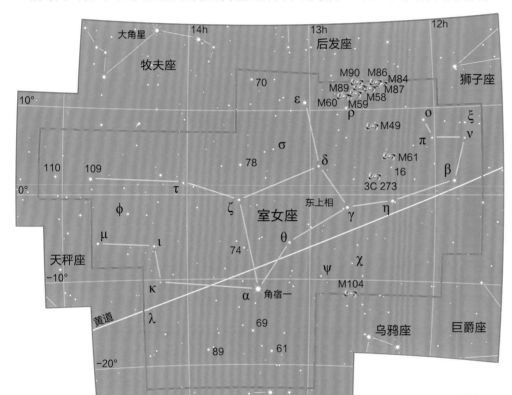

象征物：正义女神
阿斯特莉亚

◀◀ 椭圆星系M87

M87是位于室女座星系团中心位置的一个巨型椭圆星系，也是银河系附近质量最大的星系之一。M87有一个高度活跃的星系核，在那里发出了一道高能等离子喷流（图中两点钟方向）。M87也是天空中最明亮的射电源之一。

☑ 草帽星系

室女座最著名的星系并不在室女座星系团，而是位于室女座南部的草帽星系（M104）。它与地球的距离大约是室女座星系团与地球距离的2/3。它具有一个明亮且巨大的超大质量黑洞星系核，而在星系旋臂中有着由星际尘埃所形成的暗带，形态十分美丽。

》》重点天体

室女座α（角宿一） ◉　室女座α是室女座最亮的恒星，视星等达到了1.0等。它是一颗距离地球260光年的蓝白色恒星，属于仙王座β型变星（变光快速但幅度很小的一类变星）。

室女座γ（东上相） ↗　室女座γ是一个视星等为2.7等的联星系统，包含两颗视星等相近（3.5等左右）的恒星，它们互相环绕的轨道周期约为169光年。

室女座星系团 ↗　在室女座"Y"字形结构的分叉上方，遍布着大量室女座星系团的星系。其中最亮的星系都是巨型椭圆星系，尤其是M49、M60、M84、M86和M87。

M104（草帽星系，Sombrero Galaxy） ↗　M104是一个壮观的椭圆星系，视星等为8.7等，几乎侧对着地球。由于其星系核十分巨大，所以并不呈细长状。

» NGC 5793

NGC 5793是天秤座的一个旋涡星系，距离地球超过1.5亿光年。这张哈勃空间望远镜拍摄的照片展现了该星系的两大特征：一是横亘在星系核之前壮观的黑暗尘埃带；二是异常明亮的星系中心。NGC 5793属于赛弗特星系，这是一类星系核特别明亮的活动星系——其核心有一个超大质量的巨型黑洞，产生的吸积盘发出强光。

南天球

天秤座 *Libra* Librae (Lib)

赤经宽度 🖐🖐 赤纬宽度 🖐🖐 面积排名 第29位 完全可见区域 60°N — 90°S

　　天秤座是黄道十二星座之一，位于室女座和天蝎座之间。天秤座象征着正义女神阿斯特莉亚在为人类所做善恶裁判时所用的天平。但托勒密并没有将其作为独立的星座，在托勒密星座中，天秤座的亮星代表着天蝎座的蝎爪。氐宿一（天秤座α）是天蝎座南方的爪"南螯"（Southern Claw），氐宿四（天秤座β）是天蝎座北方的爪"北螯"（Northern Claw）。

» 重点天体

　　天秤座α（氐宿一） 👁 🔭　天秤座α是一个光学双星系统，由一颗3等星和一颗5等星组成。视力较好的观测者肉眼就可以区分这对双星，借助双筒望远镜可以清晰地分辨出来。

　　天秤座β（氐宿四） 🔭 ⚟　天秤座β是天秤座的最亮星。它是天空中为数不多的看上去是绿色的恒星，目前也没有能被广泛接受的合理解释。借助双筒望远镜和天文望远镜可以清楚地看到这颗恒星。

　　天秤座ι（氐宿二） 🔭 ⚟　在双筒望远镜的视场中，天秤座是一个光学双星系统，分为一颗5等星和一颗6等星。在天文望远镜的视场中，较亮的那颗星附近还有一颗9等伴星。

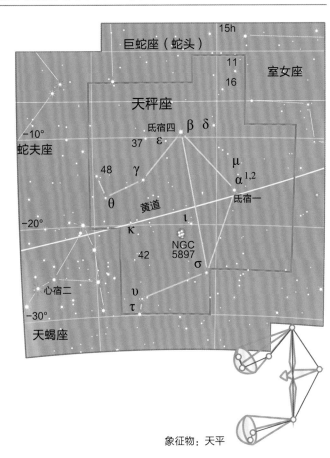

象征物：天平

北冕座 *Corona Borealis* Coronae Borealis (CrB)

赤经宽度 ✋　赤纬宽度 🖐　面积排名 第73位　完全可见区域 90°N — 50°S

北冕座是一个很小又很有特色的北天星座，位于牧夫座和武仙座之间。它的7颗亮星构成了一个非常鲜明的马蹄形形状。古代人民很早就熟悉这个星座内的显著恒星。在古希腊神话中，它代表了一顶由7颗晶莹的宝石结成的灿烂皇冠，这顶皇冠是阿里阿德涅（Ariadne）与酒神狄俄尼索斯（Dionysus）结婚时佩戴的。

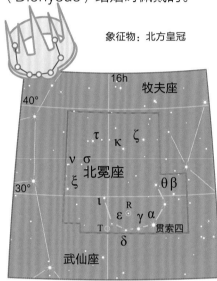

象征物：北方皇冠

北天球

》》重点天体

北冕座 ζ 🔭　北冕座 ζ 是一对光学双星，包含了一颗5等星和一颗6等星，两颗恒星都是蓝白色的。在天文望远镜的视场中，这两颗恒星组成的双星系统非常漂亮。

北冕座 ν 🔭　北冕座 ζ 也是一个光学双星系统，由两颗5等红巨星组成。借助双筒望远镜就能够区分它们。

北冕座R 🔭🔭　北冕座R 是一颗特殊的低质量黄超巨星，它是北冕座R型变星的原型。北冕座R的视星等通常在6.0等左右，但是有时会突然变暗好几个星等。光变周期是不规则的，可以长达几年到几十年，变暗的时间则会持续数月；光度也没有固定的极小值，可以从可见的6等降到昏暗的15等。天文学家认为：这是由于碳在恒星的周围凝结成烟尘而导致的光度变化。

☑ 闪耀的皇冠

北冕座有7颗主要的恒星，在牧夫座和武仙座之间组成了一个形似皇冠的弧形结构。根据古希腊神话的描述，狄俄尼索斯在阿里阿德涅去世后，将这顶镶嵌着7颗宝石的皇冠送入天空，成为这7颗星。位于这张照片底部的那颗亮星，是与北冕座毗邻的牧夫座大角星。

北天球

巨蛇座 *Serpens* Serpentis (Ser)

赤经宽度 🖐🖐🖐 赤纬宽度 🖐🖐🖐 面积排名 第23位 完全可见区域 74°N — 64°S

　　巨蛇座是全天88星座中唯一被分成两个部分的星座。"蛇头"（Serpens Caput）紧挨着牧夫座和北冕座，而"蛇尾"（Serpens Cauda）沿着银河指向牛郎星，两部分都可以当作一个单独的星座。巨蛇中间的部分，则被蛇夫座（Ophiuchus）所掩盖，捕蛇人左手抓住这条巨蛇的身体，右手抓住巨蛇的尾部。巨蛇座属于托勒密48星座之一，在古希腊神话中巨蛇座为蛇夫座所控之蛇，而那位勇敢的蛇夫则是为民治病、解除民间疾苦的医神阿斯克勒庇俄斯（Asclepius）。在古希腊人眼中，蛇是"重生"的象征，他们把蛇蜕皮看作是恢复青春。

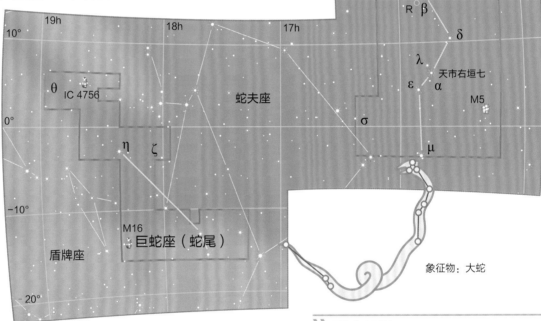

象征物：大蛇

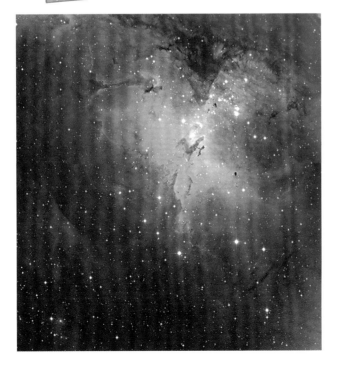

》疏散星团M16及鹰状星云

壮观的鹰状星云形状如一只展翅的老鹰，环绕着疏散星团M16。鹰状星云只能借助大口径天文望远镜或者长曝光的CCD图像才能观测。

》重点天体

　　巨蛇座 θ（天市左垣七）🔭 巨蛇座 θ 是由两颗5等的白色恒星构成的一个光学双星系统。借助小型望远镜就能轻松地分辨出它们。

　　M5 🔭🔭 M5是北天观测效果最好的球状星团之一，也被认为是最古老的球状星团之一。利用双筒望远镜可以看出它不是一颗恒星，而是一个大约为满月视直径一半的模糊光斑。借助口径为100毫米左右的天文望远镜，可以分辨出球状星团边缘单独恒星构成的环形星链。

　　M16 🔭🔭🔭🔭 疏散星团M16借助双筒望远镜或小型望远镜就能够观测。在视场中，它呈现为一块满月大小的朦胧光斑。星团周围有大量的星云存在，称为"鹰状星云"（Eagle Nebula）。鹰状星云包含数个活跃的恒星形成区、气体和尘埃区，包括由哈勃空间望远镜拍摄的著名"创生之柱"（圆柱形状的黑暗尘埃，与周围的高能气体产生鲜明对比）。

　　IC 4756 🔭 IC 4756是位于巨蛇座蛇尾尾尖附近的一个疏散星团，距离地球大约1300光年。它所涵盖的范围大约是疏散星团M16的2倍，所以比较适合用双筒望远镜观测。

蛇夫座 *Ophiuchus* Ophiuchi (Oph)

赤经宽度 🖐🖐🖐 赤纬宽度 🖐🖐🖐🖐 面积排名 第11位 完全可见区域 59°N — 75°S

蛇夫座是赤道带星座之一，也是唯一一个同时横跨天赤道、银道和黄道的星座。蛇夫座与巨蛇座交接在一起，仿佛是一个抓着蛇的男人：头部（蛇夫座北侧）与武仙座相接，脚（蛇夫座南侧）则与天蝎座相接。黄道的一部分在蛇夫座中，导致太阳在天球上的投影会在12月上旬经过蛇夫座。尽管如此，蛇夫座并不属于黄道十二星座。在古希腊神话中，蛇夫座象征着医神阿斯克勒庇俄斯，有着使人起死回生的能力。冥王哈迪斯（Hades）十分畏惧这个能力，认为他违背天条，所以要求宙斯用雷电劈死了阿斯克勒庇俄斯。阿斯克勒庇俄斯手中拥有一根蛇杖，以其蜕皮重生象征医学的治疗概念。阿斯克勒庇俄斯死后，宙斯将其灵魂升上天空变为蛇夫座，灵蛇则变成了巨蛇座。

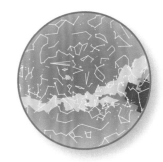

南天球

》重点天体

蛇夫座 ρ（心宿增四）🔭 🗡 蛇夫座 ρ 是一个有特色的多星系统。通过双筒望远镜可以看到一颗5等星（主星）和一颗7等星（伴星）。而在高倍率的天文望远镜视场中，还能分辨出另一颗更靠近主星的6等伴星。

蛇夫座36（天江二）🗡 蛇夫座36是一对相距很近的橙矮星，视星等均为5.0等左右，借助小型望远镜能够区分它们。

蛇夫座70（宗人四）🗡 蛇夫座70是一个美丽的联星系统。它由一颗4等的黄矮星和一颗5等的橙矮星组成，互相环绕的轨道周期约为83年。借助小型望远镜就能轻松观测到。

M10与M12 🔭 🗡 这两个球状星团相距3.4°，接近蛇夫座中心，结构都比较松散，如果在没有光污染的情况下，使用双筒望远镜即可看见它们。它们是梅西耶天体表中最适合观测的七大球状星团中的两个成员。

NGC 6633 🔭 NGC 6633是一个满月大小的疏散星团，借助双筒望远镜就能够看清。

IC 4665 🔭 IC 4665是一个大而松散的疏散星团，借助双筒望远镜可以看见其中的亮星。

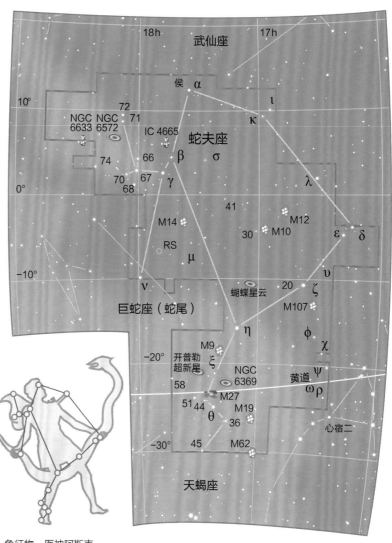

象征物：医神阿斯克勒庇俄斯

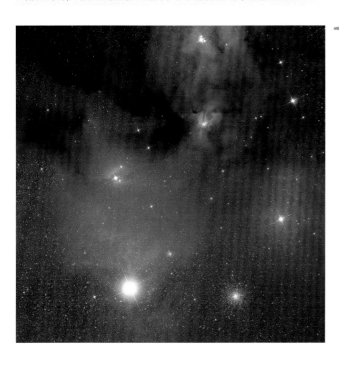

《 蛇夫座 ρ 星云

这张CCD图像展现了蛇夫座 ρ 附近复杂的星云结构（上方）。该星云包含两个主要的浓密气体与尘埃聚集区，星云向南延伸到天蝎座的心宿二（左下方的亮星）。

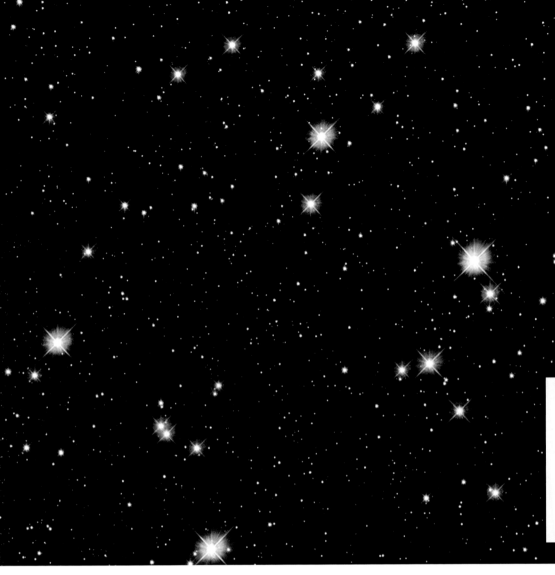

飞翔的野鸭

位于盾牌座的疏散星团M11包含了数百颗恒星。当借助业余天文望远镜观测时，星团中最明亮的恒星排列成了扇形，犹如在飞翔中的野鸭。因此，M11也被称为野鸭星团。M11中恒星的年龄估计为2亿年左右。

盾牌座 *Scutum* Scuti (Sct)

赤经宽度 ✋ 赤纬宽度 ✋ 面积排名 第84位 完全可见区域 74°N — 90°S

南天球

盾牌座是一个南天小星座，很靠近天赤道。整个星座都沉浸于银河之中，北接天鹰座、南接人马座。盾牌座是波兰天文学家约翰·赫维留斯所创的，名字来自于"苏比斯基之盾"（Scutum Sobiescianum），是为了纪念维也纳保卫战中带领基督教军队的波兰国王约翰三世·苏比斯基（Jan Sobieski）。位于盾牌座北方的盾牌座恒星云，是银河恒星最密集的区域之一。

象征物：盾牌

》》重点天体

盾牌座 δ（天弁二） 👁 🔭 ♎ 盾牌座 δ 是一颗黄白色的巨星，也是一颗脉动变星。它是盾牌座 δ 型变星的原型，这类变星的光度变化很小（盾牌座 δ 的视星等在4.6等至4.8等之间变化），光变周期为数小时。

盾牌座R 🔭 🚀 盾牌座R是一颗橙色的超巨星，也是一颗变星。它的视星等在4.2等至8.6等之间变化，光变周期为20周。

M11（野鸭星团，Wild Duck Cluster） 🔭 🚀 M11是一个美丽的疏散星团。在双筒望远镜的视场中，它呈现为一个模糊的光斑，光斑直径大约为满月视直径的一半。借助天文望远镜观测，星团中的恒星构成了一个扇形结构，像一只飞翔的野鸭，因此取名"野鸭星团"。

M26 🚀 M26是盾牌座中另一个疏散星团。它比M11要暗一些，需要借助天文望远镜观测。

天箭座 *Sagitta* Sagittae (Sge)

赤经宽度 🖐🖐　赤纬宽度 🖐　面积排名 第86位　完全可见区域 90°N — 69°S

天箭座是一个暗淡的并且很容易被忽略的星座（它是全天第三小的星座），位于狐狸座以南、天鹰座以北的银河系之中。天箭座是托勒密48星座之一，与多个神话故事有关联，均代表着一支被射出的箭，根据不同故事射箭人是阿波罗（Apollo）、赫拉克勒斯或厄洛斯（Eros）之一。天箭座4颗主要的亮星组成一个细长的"Y"字形结构，像一支飞行

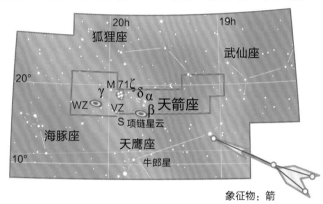

象征物：箭

的箭。天箭座的最亮星为左旗五（天箭座γ），它的视星等为3.5等，标志着箭的尖端。左旗一（天箭座α）的视星等只有4.4等，与左旗三（天箭座δ）的视亮度接近。

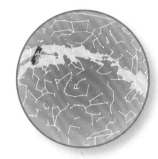

北天球

》》重点天体

天箭座ζ（左旗四）🏹　天箭座ζ是一个双星系统，分为一颗5等星和一颗9等星。借助小型望远镜可以分辨出来。

天箭座S 🔭 🏹　天箭座S是一颗造父变星。在它的光变过程中，亮度会下降一半，使得视星等从5.2等降至6.0等，它的光变周期为8.4天。

M71 🔭 🏹　M71是一个中等尺寸的球状星团，可以借用双筒望远镜观测，不过借助天文望远镜能够看到更多的细节。M71的核心部分不像一般的球状星团那么密集，看上去更像一个拥挤的疏散星团。

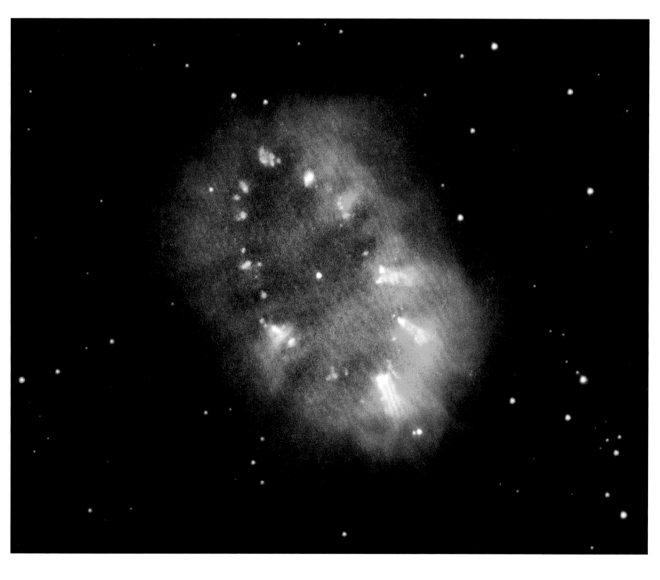

◀◀ 气体构成的"项链"

项链星云（Necklace Nebula）位于天箭座，是距离地球大约15,000光年的一个行星状星云。项链星云包含着一个明亮的环状结构，上面布满了像钻石一样密集、明亮的气体结。这一圈环形气体的直径大约有2光年，是一对相互紧密高速绕转的恒星抛出的，这对恒星呈现为星云中心最明亮的那个斑点。这个星云非常暗，只能借助专业天文望远镜观测。这幅图像是用哈勃空间望远镜拍摄的。

北天球

天鹰座 *Aquila* Aquilae (Aql)

赤经宽度	赤纬宽度	面积排名 第22位	完全可见区域 78°N — 71°S

天鹰座赤道带星座之一，横跨在天赤道的两边，沉浸在银河之中。它位于天鹅座的南边，在盾牌座、人马座的北边。天鹰座象征着一只飞翔的鹰，它的最亮星牛郎星（河鼓二，天鹰座α）位于鹰的颈部。牛郎星的视星等为0.8，并且与天鹅座的天津四以及天琴座的织女星共同构成了北半球夏季著名的"夏季大三角"。牛郎星两侧有两颗亮星河鼓一（天鹰座β，视星等为3.9等）和河鼓三（天鹰座γ，视星等为2.7等）。这3颗亮星构成了一条直线，指向银河另一端的织女星。中国古代把β、γ星看作是牛郎用扁担挑着的2个孩子，隔着天河眺望着织女。在古希腊神话中，天鹰为宙斯的宠物，是替宙斯携带雷电的使者。传说中，特洛伊王子伽倪墨得斯（Ganymede）

在牧羊的时候，宙斯恰好经过天空时对他十分青睐。于是宙斯派遣天鹰将伽倪墨得斯带到了奥林匹斯山。毗邻天鹰座的宝瓶座所代表的就是伽倪墨得斯。

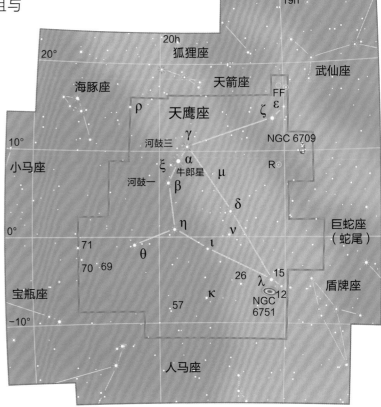

象征物：鹰

▶ 天鹰座 α、β、γ

牛郎星（天鹰座α）是天鹰座的最亮星；在它的北边是河鼓三（天鹰座γ），南边是河鼓一（天鹰座β）。河鼓三视星等为2.7等，是一颗橙巨星，在天空中散发着醒目的橙色光芒。

▶▶ 重点天体

天鹰座 η（天桴四） 👁 🔭 天鹰座η是天空中最亮的造父变星之一。它的视星等在3.5等至4.3等之间变化，光变周期为7.2天。它与地球的距离大约为1400光年，是一颗黄白色的超巨星。

天鹰座15与天鹰座57 🔭 天鹰座15与天鹰座57都是光学双星系统，借助小型望远镜就能很容易地辨别出来。天鹰座15包含了一颗5等星和一颗7等星，天鹰座58包含了2颗6等星。

天鹰座FF 👁 🔭 天鹰座FF是一颗造父变星。它的视星等在5.2等至5.5等之间变化，光变周期为4.5天。借助双筒望远镜能够进行观测。

天鹰座R 🔭 ✦ 天鹰座R是一颗红巨星，属于脉动变星分类中的米拉变星。它的光变周期为9个月左右，在光度最亮的时候能够被双筒望远镜观测到。

NGC 6709 🔭 ✦ NGC 6709是一个中等大小的疏散星团，整体形状不规则。其中的恒星普遍的视星等为9.0等及以上。

狐狸座 *Vulpecula* Vulpeculae (Vul)

赤经宽度 🖐🖐🖐　赤纬宽度 🖐　面积排名 第55位　完全可见区域 90°N — 61°S

　　狐狸座是位于北天银河的一个小型、暗淡的星座，位于天鹅座的南方。狐狸座是波兰天文学家约翰·赫维留斯在17世纪末创立的一批星座之一，起初它的名字为"狐狸与鹅"（Vulpecula cum Anser），后来简化为狐狸座。狐狸座看起来很不显眼，借助双筒望远镜或小型望远镜可以发现这是一个有趣的天区。里面包含了两个不可错过的、具有独特形状的深空天体：哑铃星云（Dumbbell Nebula，M27）、布洛契星团（Brocchi's Cluster，又称衣架星团，the Coathanger）。

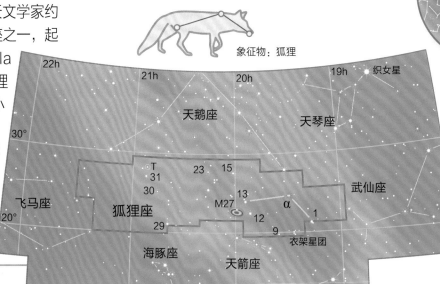
象征物：狐狸

北天球

》重点天体

　　狐狸座 α（齐增五） 🔭　狐狸座 α 是狐狸座的最亮星，它是一颗视星等4.0等的红巨星。借助双筒望远镜，可以看到附近一颗视星等6.0等的橙色恒星。不过，这两颗恒星是一对光学双星，彼此相距很远，没有力的相互作用。

　　M27（哑铃星云，Dumbbell Nebula） 🔭 ☄ 🖥　M27普遍被认为是天空中最容易观测的行星状星云，也是最早被人类发现的行星状星云。对于使用小型望远镜或双筒望远镜的观测者，M27看上去是一个圆形的光斑，直径大约为1/3个满月视直径。当借助大型的天文设备以及长时间摄影曝光，则可以看到一对叶片状的云气，因此得名。

　　布洛契星团（衣架星团） 🔭　在黑暗的夜空中，能用肉眼直接看见布洛契星团像是一个不能分解的镶嵌物；借助双筒望远镜或低倍率的天文望远镜，能够很轻易地看出组成"衣架"形状的一群恒星。这个星群有10颗视星等在5.0等至7.0等的恒星，其中6颗排列成一直线，另4颗在南侧形成钩子，像是"挂钩"。实际上，这些恒星彼此之间并没有联系，因此不能定义为一个真正的星团，它们只是非常巧合地对准在一条线上。

◙ 哑铃星云

在双筒望远镜的视场中，哑铃星云看上去仅仅是一块模糊的光斑。若想要看到有色彩的云气结构（类似于这张照片），则需要借助单反相机或者CCD相机长时间的曝光。

◖ 布洛契星团

布洛契星团位于狐狸座的南部。可以看到，位于照片中央的10颗恒星构成了一个非常独特的上下颠倒的衣架形状。因此，布洛契星团也拥有"衣架星团"这样一个别称。

北天球

海豚座 *Delphinus* Delphini (Del)

赤经宽度 🖐 赤纬宽度 🖐🖐 面积排名 第69位 完全可见区域 90°N — 69°S

海豚座是一个比较小，但形状独特的北天星座。它夹在天鹰座与飞马座之间，位置很靠近天赤道，其中5颗比较亮的恒星组成了一个旗帜的形状。海豚座是在古希腊时期创立的，象征着一只从海浪中飞跃而出的海豚。与海豚座相关的古希腊神话有两则：一侧是关于著名古希腊诗人和音乐家阿里翁（Arion）的，阿里翁曾被所乘船上的水手抢劫，被迫跳海。一只海豚被他的歌声打动，因而把他救上岸。另一则故事与海神波塞冬（Poseidon）有关，波塞冬欲娶海仙女安菲特里忒（Amphitrite）为妻，便派出一只海豚寻找她的下落，海豚偶然发现安菲特里忒，并打动她接受波塞冬的求婚。为答谢海豚的功劳，海豚就成了天上的海豚座。海豚座4颗主要的恒星排列成一个菱形结构，代表着海豚的头部。在过去，这4颗星也被称为"约伯的棺材"（Job's Coffin）。

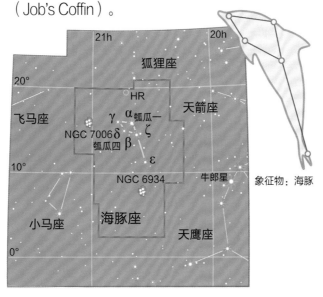

象征物：海豚

》 重点天体

海豚座 γ（瓠瓜二）✧ 海豚座 γ 是一个联星系统，分为一颗视星等4.0等橙色的恒星和一颗视星等5.0等黄色的恒星。它们与地球的距离大约为125光年。借助小型望远镜就能够区分这两颗恒星。在相同的望远镜视场中，还能看到另一对更暗、相距更近的双星——Struve 2725，它由两颗视星等8.0等的星星组成。

》 NGC 6934

NGC 6934是海豚座的一个球状星团。在业余天文设备的视场中，它呈现为一个模糊的光斑。这张用哈勃空间望远镜拍摄的照片将这块光斑分解为一团闪闪发光的恒星。这个球状星团位于银河系外侧，与地球的距离大约是50000光年。

小马座 *Equuleus* Equulei (Equ)

赤经宽度 ✋ 赤纬宽度 ✋ 面积排名 第87位 完全可见区域 90°N — 77°S

小马座是全天第二小的星座。它象征着一只仅仅露出头部的小马驹，紧靠着另一只更大的马——飞马座。小马座虽然并没有与其相关的古希腊神话，但是它却是托勒密48星座之一。公元2世纪，托勒密的《天文学大成》这本天文学纲要里面，记载了自古希腊时期创立的48个星座。

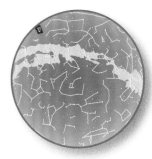

北天球

》》**重点天体**

小马座 γ（司非一） 🔭 小马座 γ 是一个光学双星系统，分为一颗5等星和一颗6等星，两颗恒星之间没有联系。借助双筒望远镜能够区分它们。

小马座1（虚宿增四） 🏹 小马座1也可以称为小马座 ε 。它是由一颗5等主星和一颗7等伴星构成的双星系统。借助小型望远镜能够分辨出来。此外，较亮的主星本身也是一对联星，它有一颗很暗的伴星，两者相互环绕的周期为100年左右。这两颗恒星彼此靠得很近，小口径望远镜的分辨率难以区分它们。

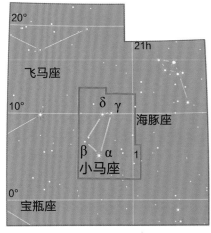

象征物：马驹

☑ **小马驹的头部**

小马座是全天最小、最暗的星座之一，很容易被忽略。小马座4颗主要的恒星构成了一个四边形，位于飞马座的头部附近。这张照片的左侧代表着北方，用线条勾勒出的四边形就是小马座。

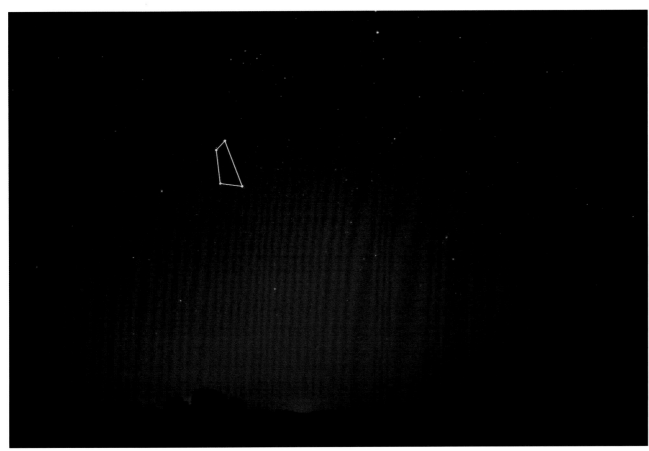

北天球

飞马座 *Pegasus* Pegasi (Peg)

赤经宽度 ✋✋✋ 赤纬宽度 ✋✋ 面积排名 第7位 完全可见区域 90°N — 53°S

飞马座是北天主要星座之一，毗邻仙女座，并且位于黄道星座宝瓶座和双鱼座的北方。飞马座的大四边形（Great Square）是北天秋季星空中最耀眼的星象，不过其中一颗星属于仙女座。飞马座虽然只露出了马的前部，但它仍是天空中第7大的星座。飞马座属于托勒密48星座之一。在古希腊神话中，当珀尔修斯杀死蛇发女妖美杜莎之后，从美杜莎颈部窜出了一匹飞马，随后它成为古希腊英雄柏勒洛丰的坐骑。不过有时候，人们会将飞马座误认为珀尔修斯的坐骑。

✦ 球状星团M15

M15的视星等为6.2等，在良好天空环境下接近肉眼可见的极限。借助双筒望远镜或小型望远镜观测，可以看见像是一颗模糊的恒星；借助大口径望远镜则可以解析出一些单独的恒星。M15距离地球大约30000光年。

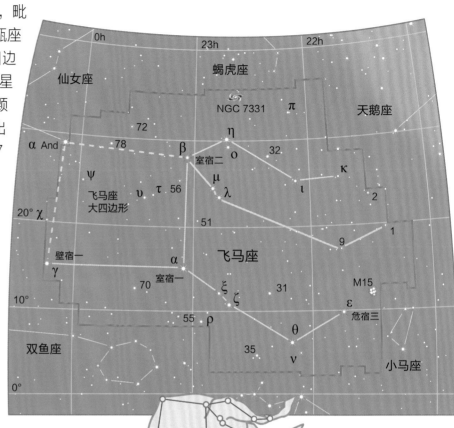

象征物：神马

≫ 重点天体

飞马座大四边形 👁 🔭 由飞马座α（室宿一）、飞马座β（室宿二）、飞马座γ（壁宿一）、仙女座α（壁宿二）构成的飞马座大四边形，在星空中非常著名。在这个四边形内部，基本没有亮星，其中最亮的是飞马座υ（离宫六），视星等为4.4等。

飞马座β（室宿二）👁 🔭 飞马座β是一颗红巨星。它也是一颗不规则变星，视星等在2.3等至2.7等之间变动。

飞马座ε（危宿三）🔭 飞马座ε是飞马座最亮的恒星，视星等为2.4等。这颗黄色恒星附近还有一颗8等的恒星构成了光学双星系统。

飞马座51（室宿增一）👁 🔭 飞马座51是一颗视星等为5.5等的类太阳恒星，位于飞马座大四边形的外缘。1995年，天文学家发现有行星围绕该恒星公转，是继太阳外首个被证实有行星的恒星。这颗行星的质量大约为木星质量的一半。

M15 🔭 🔭 M15是北半球可见最亮的球状星团之一，借助双筒望远镜能够很轻松地找到它。

宝瓶座 *Aquarius* Aquarii (Aqr)

赤经宽度 🖐🖐🖐　赤纬宽度 🖐🖐　面积排名 第10位　完全可见区域 65°N — 86°S

宝瓶座是一个较大的黄道星座，位于摩羯座和双鱼座之间。它象征着一位正在将水从玉瓶中倒出的少年，其中宝瓶座γ、宝瓶座ς、宝瓶座η、宝瓶座π组成了玉瓶。水（由许多颗恒星排列组成）从玉瓶中流出，朝南流向南鱼座。在古希腊神话中，宝瓶座代表着美丽的特洛伊王子伽倪墨得斯。在伽倪墨得斯替父亲牧羊时，宙斯派

遣一只老鹰捉走了他（另一说法是宙斯变身成一只老鹰掳走伽倪墨得斯），把他带到奥林匹斯山。此鹰就是毗邻宝瓶座的天鹰座，从此伽倪墨得斯做了宙斯身旁的倒酒童，成为宝瓶座。在每年的5月初，可以看到宝瓶座η流星雨，辐射点位于宝瓶座的玉瓶位置。

南天球

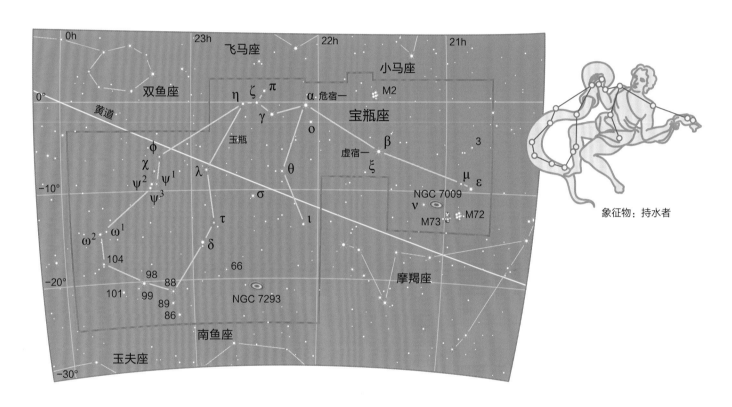

❯❯ 重点天体

宝瓶座ς（坟墓一）♐　宝瓶座ς是位于玉瓶中心的一个联星系统，主星和伴星均为4等星，两颗星互相环绕的周期为850年左右。通过口径大于60毫米的天文望远镜能够分辨出这2颗星。

M2 🔭♐　M2是宝瓶座的一个球状星团。在双筒望远镜和小型望远镜的视场中，这个星团看上去就像一颗模糊的恒星。

NGC 7009（土星星云，Saaturn Nebula）
🔭♐🖥　NGC 7009是宝瓶座的一个行星状星云。在小口径望远镜的视场中，它的大小与土星相近，借助大口径望远镜可以看到星云两端暗淡的突出物，类似于土星与它的环带，所以被称为土星星云。

NGC 7293（螺旋星云，Helix Nebula）
🔭♐🖥　NGC 7293是一个位于宝瓶座的行星状星云。它距地球约700光年，是最接近地球的行星状星云之一。

❮❮ 螺旋星云

NGC 7293，也称螺旋星云，它的视直径接近满月的一半，是目前观测到的视直径最大的行星状星云之一。从地球的位置观看，被抛射出去的气体在这个星云的外围仿佛穿透过一个螺旋结构。只有在良好的天空环境下，才能观测到这个星云。目视观测无法看到星云的颜色，只有通过相机拍摄的照片（如图）才能显示出它的颜色。

北天球

双鱼座 *Pisces* Piscium (Psc)

赤经宽度 🖐🖐🖐🖐 赤纬宽度 🖐🖐🖐🖐 面积排名 第14位 完全可见区域 83°N — 56°S

　　双鱼座是黄道十二星座之一，位于宝瓶座和白羊座之间。每年，太阳跨越天赤道进入北天球的点，即黄道与天赤道的两个交点之一，位于双鱼座内。这个点也被称为春分点，在赤道坐标系上表示为：赤经0h、赤纬0°。由于地球自转轴运动，也称为"岁差"，春分点将缓慢地沿着天赤道移动，并将于公元2600年进入邻近的宝瓶座。在古希腊神话中，双鱼座代表的是阿佛洛狄忒（Aphrodite）和她的儿子厄洛斯（Eros）在水中的化身，阿佛洛狄忒为了逃避怪兽提丰（Typhon）的攻击而变成鱼躲在幼发拉底河（Euphrates）之中。

》重点天体

　　双鱼座环 👁 🔭 双鱼座环是由7颗较亮的恒星构成的环状结构，象征着其中一条鱼的身体。

　　双鱼座α（外屏七） ✒ 双鱼座α是一个联星系统，主星为一颗4等星，伴星为一颗5等星。两者在天球上相距仅1.8"，需要借助100毫米口径以上的天文望远镜才能区分它们。它们相互环绕的周期超过了3000年。

　　双鱼座ζ（外屏三） ✒ 双鱼座ζ是一个光学双星系统，分为一颗5等星和一颗6等星，借助小型望远镜就能够分辨出它们。

　　双鱼座ψ¹（奎宿十六） ✒ 双鱼座ψ¹是一个由5等星和6等星构成的光学双星系统，需要借助小型望远镜进行区分。

　　M74 ✒ 🔭 M74位于双鱼座内，是一个正面朝向地球的旋涡星系。由于这个星系的低表面亮度，使它成为业余天文爱好者最难观测的梅西耶天体之一。借助小口径天文望远镜能够看到较亮的核心；而想要看到旋臂，则需要大口径天文望远镜和相机的帮助。

象征物：两条鱼

⌄ 双鱼座环

双鱼座环中的7颗亮星均为4等星或5等星。其中双鱼座TX（也称双鱼座19）是一颗红巨星，它的视星等在4.8等到5.2等之间，光变周期不规则。在这幅图像中，双鱼座TX位于环的最左端。

鲸鱼座 *Cetus* Ceti (Cet)

赤经宽度 🤚🤚🤚🤚 赤纬宽度 🤚🤚🤚 面积排名 第4位 完全可见区域 65°N — 79°S

鲸鱼座是一个很大，但并不显著的赤道带星座，横跨天赤道南北，位于黄道星座白羊座和双鱼座的南边。鲸鱼座包含了著名的变星——米拉（Mira）和一个奇特的星系M77。鲸鱼座属于托勒密48星座之一。在古希腊神话中，鲸鱼座象征着海神波塞冬派遣的一只巨大的鲸鱼怪。海怪破坏了古国埃塞俄比亚，在将要吞食安德洛墨达（仙女座）之际，被珀尔修斯（英仙座）杀死。

南天球

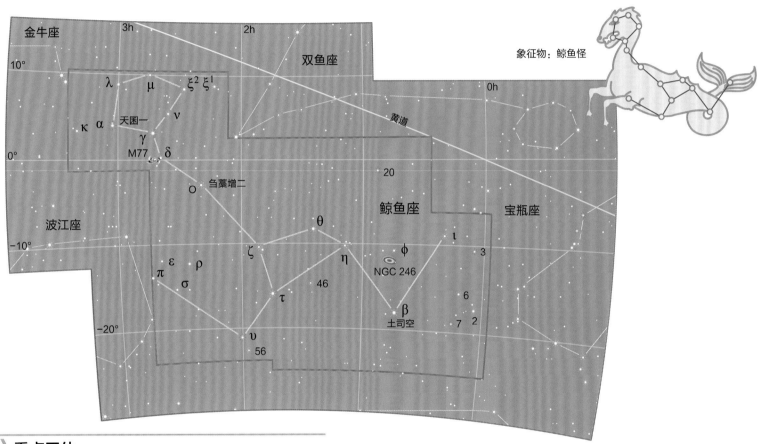

象征物：鲸鱼怪

≫ 重点天体

鲸鱼座 α（天囷一）🔭 鲸鱼座 α 是一颗视星等为2.5等的红巨星。在双筒望远镜的视场中，还能在它附近看到一颗6等星，两者并没有联系。

鲸鱼座 γ（天囷八）🔭 鲸鱼座 γ 是一个比较难观测的双星系统。口径大于60毫米的天文望远镜能够分辨出一颗4等星和一颗6等星。

鲸鱼座 ο（刍藁增二）👁🔭🔭 鲸鱼座 ο，英文名米拉（Mira），是著名的一类脉动变星——米拉变星的原型。这类变星经历着非常大的胀缩变化（光度变化也很大），光变周期大约为几个月或几年。鲸鱼座 ο 的光变周期为11个月，当光度最亮时可以达到2.0等，最暗时则会降至10等左右。

鲸鱼座 τ（天仓五）🔭 鲸鱼座 τ 的视星等为3.5等，距离地球仅11.9光年。它是一颗在质量和恒星分类上都和太阳非常相似的恒星。

M77 🔭🔭🔭 M77是一个位于鲸鱼座的赛弗特星系，并且正朝向地球。它与地球的距离不到5000万光年。

⌂ M77星系

M77是目前所观测到的最亮的赛弗特星系。赛弗特星系的特点为拥有极亮的星系核，与类星体有一定联系。在小型望远镜的视场中，只能看到M77星系的核心区域，看上去M77像一颗模糊的恒星。

北天球

猎户座 *Orion* Orionis (Ori)

赤经宽度 🖐🖐 赤纬宽度 🖐🖐 面积排名 第26位 完全可见区域 79°N — 67°S

猎户座是全天88星座中最为瞩目的星座之一。其最显著的特征就是猎户腰带，它由3颗亮星（参宿一、参宿二、参宿三，它们均为很明亮的2等星）排列成一直线。猎户座象征着巨人猎手俄里翁，他身后跟随着两条猎犬（大犬座、小

犬座）。在古希腊神话中，俄里翁被一只蝎子刺死，宙斯对此感到可惜，就把这名猎人放到天上，那只蝎子也成为天蝎座。有趣的是，当这两个其中一个从地平线升起的时候，另一个就已经落下，所以这对"仇人"就永远不会再见。在每年10月下旬，猎户座流星雨将如期而至，它的辐射点就位于猎户座与双子座的边界附近。

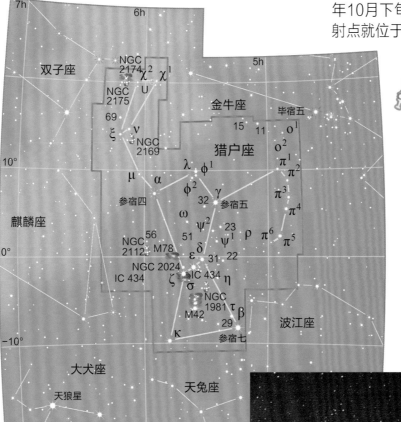

象征物：猎人俄里翁

☑ "全副武装"的猎人

猎户座中最有趣、最值得观测的天体，主要集中在猎人悬挂在腰带上的佩剑附近（下方的多边形之中）。

▶▶ 猎户座大星云

猎户座大星云（M42）是最著名的深空天体之一。在单反相机或CCD相机拍摄的照片中，猎户座大星云呈现出多种颜色，若通过目视观测，它则呈灰绿色。在晴朗的夜空下，猎户座大星云可以通过肉眼观测到，看上去就像一个模糊的光斑。

》》重点天体

猎户座 α（参宿四）👁 　猎户座 α 是一颗直径达到太阳数百倍的红超巨星。它也是一颗半规则变星，视星等在0.0等至1.3等之间变化，是变光幅度最大的1等星，平均视星等大约为0.5等。参宿四距离地球大约500光年，是猎户座几颗亮星中距离地球最近的一颗。

猎户座 β（参宿七）👁 🔭 　猎户座 β 是一颗非常明亮的蓝超巨星，视星等达到了0.1等，在绝大多数时候比 α 星参宿四还要亮，因此普遍被视为猎户座的最亮星。借助小型望远镜还能在猎户座 β 周围明亮的眩光之中发现一颗6等星。

猎户座 δ（参宿三）🔭 🔭 　猎户座 δ 是猎户腰带最北端的那颗星。在主星附近还有一颗7等伴星，使用天文望远镜或双筒望远镜就能区分它们。

猎户座 ζ（参宿一）🔭 　猎户座 ζ 是猎户腰带最南端的那颗星。它是一个联星系统，需要口径大于75毫米的天文望远镜才能看到很接近的一颗4等伴星。

猎户座 θ¹（猎户座四边形星团）🔭 　猎户座 θ¹ 是位于猎户座大星云核心区域的一个致密的疏散星团，在其中有成千上万颗恒星已经形成或正在形成。通过天文望远镜，可以分辨出4颗视星等为5.0等至8.0等恒星组成的一个四边形结构。而在猎户座大星云核心区域外侧可以看到猎户座 θ²，这是一个双星系统，分为一颗5等星和一颗6等星。

猎户座 ι（伐三）🔭 　猎户座 ι 位于猎户座大星云南部，同时代表着猎户所携带佩剑的剑锋。它是一个双星系统，分为一颗3等星和一颗7等星。而在猎户座 ι 附近，还有另一个较暗的双星系统——Struve 747；它由一颗5等星和一颗6等星构成。

猎户座 σ（参宿增一）🔭 　猎户座 σ 是一个引人注目的多星系统。这个系统最亮的恒星为一颗4等星，在它的一侧有两颗7等星，而在另一侧更近的区域有一颗9等星。这几颗星借助小型望远镜就能够区分。在相同的望远镜视场中，还能观测到一个更暗的三星系统——Struve 761。

M42（猎户座大星云）👁 🔭 🔭 🖥 　M42是猎户座乃至全天最著名的星云之一，距地球大约1500光年，也是最接近我们的一个恒星形成区。它的亮度相当高，范围相当广，占据了超过2个满月直径的范围。M42向北延伸则可以观测到另一个星云M43，这两个星云虽然有不同的梅西耶编号，但却属于同一片气体尘埃云。

NGC 1977 🔭 　NGC 1977是猎户座的一个星云，也称跑步者星云，因其阴暗部分形状像一名跑步者而得名。它是一个反射星云，是被邻近恒星（猎户座42和猎户座45）所照亮的星际尘埃。

NGC 1981 🔭 　NGC 1981是猎户座的一个疏散星团，位于猎户腰带的南边。其中最亮的恒星为6等星。

马头星云 🖥 🖥 　马头星云也称为巴纳德33，是全天最著名的暗星云。它位于猎户座 ζ 南方的发射星云IC 434之内。在明亮的发射星云云气结构中，有一块由黑暗的尘埃和旋转的气体构成的结构尤为突出，它的形状犹如马头，也因此得名。

⌂ 马头星云

在IC 434明亮的星云背景下，马头星云（暗星云）勾勒出的轮廓就像国际象棋中的马。天文摄影能够很清晰地呈现出它的结构。然而若想要目视观测马头星云，则需要一个大口径望远镜和良好的天气环境。

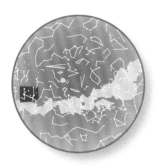

南天球

大犬座 *Canis Major* Canis Majoris (CMa)

赤经宽度 🤚　赤纬宽度 🤚　面积排名 第43位　完全可见区域 56°N — 90°S

　　大犬座是一个突出的南天星座，其中包含了全天最亮的恒星——天狼星（大犬座 α，Sirius）。由大犬座的天狼星、小犬座的南河三和猎户座的参宿四组成了北半球著名的冬季大三角。在古希腊神话中，大犬座代表着猎人俄里翁两只心爱的猎犬之一，终日伴随猎人左右。

》重点天体

　　大犬座 α（天狼星） 👁 ⚖　大犬座 α 又称天狼星，是全天最亮的恒星，视星等达到了 – 1.5等。天狼星是距离地球最近的恒星之一，与我们仅相距8.6光年。我们肉眼以为是一颗恒星的天狼星，实际上是一个联星系统，它有一颗较暗的白矮星伴星——天狼星B以50年的公转周期环绕着主星，只能通过大型天文望远镜才能观测到这颗伴星。

　　M41 👁 🔭 ⚡　M41是位于大犬座一个较大的疏散星团。在良好的天气条件下，能够通过肉眼观测到（看上去像一个模糊的光斑），借助双筒望远镜，可以估测出这个疏散星团范围达到满月的大小。而在天文望远镜的视场中，就能够看清从星团中心向外辐射的星链状结构。

　　NGC 2362 ⚡　NGC 2362是一个较为紧凑的疏散星团。星团中最亮的恒星是大犬座 τ，为一颗4等星，剩余的核心散布在大犬座 τ 周围。借助天文望远镜能够达到最佳的观测效果。

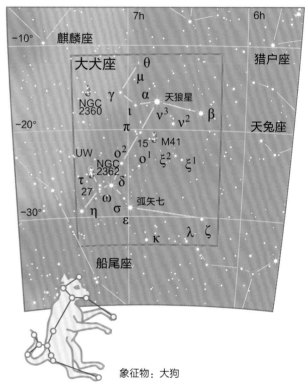

象征物：大狗

北天球

小犬座 *Canis Minor* Canis Minoris (CMi)

赤经宽度 🤚　赤纬宽度 🤚　面积排名 第71位　完全可见区域 89°N — 77°S

　　小犬座虽然是一个很小的星座，但是通过它的最亮星南河三（小犬座 α，Procyon），可以较为容易地找到这个星座。南河三（位于小犬座）和天狼星（位于大犬座）、参宿四（位于猎户座）共同组成了北半球冬季大三角。在古希腊神话中，小犬座代表着猎人俄里翁两只心爱的猎犬之中较小的一只。此外，南河三的英文名Procyon在古希腊语中意为"犬之前"（before the dog），因为在北半球它总是先于另一条猎犬大犬座从地平线升起。

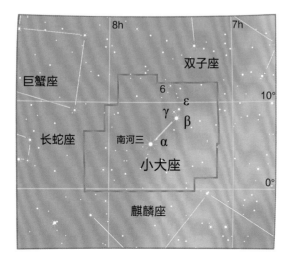

》重点天体

　　小犬座 α（南河三） 👁 ⚖　小犬座 α 是位于小犬座的一颗1等星，也是全天第八亮星，它的视星等达到了0.4等。小犬座 α 距离地球大约11.5光年，比天狼星与地球的距离稍远一些。与天狼星类似，借助现代观测手段，发现南河三实际为两颗恒星组成的联星系统：其主星为南河三A，是一颗白色主序星；伴星为南河三B，是一颗白矮星。由于两者距离非常接近，且南河三B十分暗淡，只能借助专业天文望远镜才能区分出它们。

象征物：小狗

麒麟座 *Monoceros* Monocerotis (Mon)

赤经宽度 〰〰〰　赤纬宽度 〰〰　面积排名 第35位　完全可见区域 78°N — 78°S

　　麒麟座是在天球赤道带上的一个暗淡星座。由于毗邻的双子座、猎户座、大犬座都是比较显眼的星座，麒麟座很容易被忽略。其实，麒麟座在天球上的位置很容易确定，它位于北半球冬季大三角（由参宿四、南河三、天狼星组成）中间。麒麟座没有包含亮星（最亮的也只有几颗4等星），但银河横跨了麒麟座，因此包含了不少有趣的深空天体。麒麟座是17世纪的荷兰天文学家、制图员彼得勒斯·普朗修斯所创建的星座，英文名字在古希腊语中的意思是独角兽。

象征物：独角兽

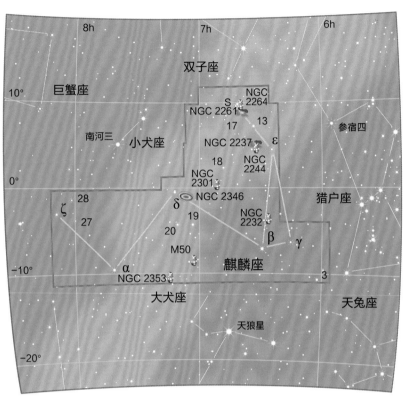

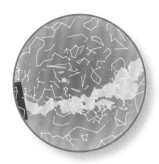

南天球

⬇ 玫瑰星云

》重点天体

　　麒麟座β（参宿增二十六） ⚹　麒麟座β是一个非常著名的三星系统。在天文望远镜的视场中，可以看到三颗浅蓝色的恒星（均为5等）排列成弧线。

　　麒麟座8（四渎四） ⚹　麒麟座8在一些星表上也被标注为麒麟座ε。它是一个双星系统，由一颗4等星和一颗7等星组成。

　　M50 🔭 ⚹　M50是麒麟座的一个疏散星团，它的视直径大约为满月的一半。借助双筒望远镜能够看到这个星团，但若想要分辨出其中单独的恒星，则需要借助天文望远镜。

　　NGC 2244 🔭 ⚹ 🖥　NGC 2244是麒麟座著名的玫瑰星云中的一个疏散星团。它位于巨大的玫瑰星云的中心，呈长条状，使用双筒望远镜能够观测到它。

　　NGC 2264 🔭 ⚹ 🖥　NGC 2264是多个星团和星云的共同享有的星表数字编号，包括锥状星云、圣诞树星团等。其中最明显的锥状星云是由低温的氢原子和尘埃组成的暗星云，在CCD相机拍摄的照片中呈现为一个暗色的楔形结构。

　　在麒麟座的疏散星团NGC 2244附近环绕着一块巨大的、结构非常复杂的气体云，它的外观形似一朵盛开的玫瑰花，因此得名。NGC 2244内部的恒星是由玫瑰星云的物质构成的，因来自年轻恒星的辐射激发了星云中的原子，使得这个发射星云呈现为我们所看见的颜色。不过玫瑰星云非常暗淡，只能通过CCD相机拍摄的图像才能清晰地了解它的结构。

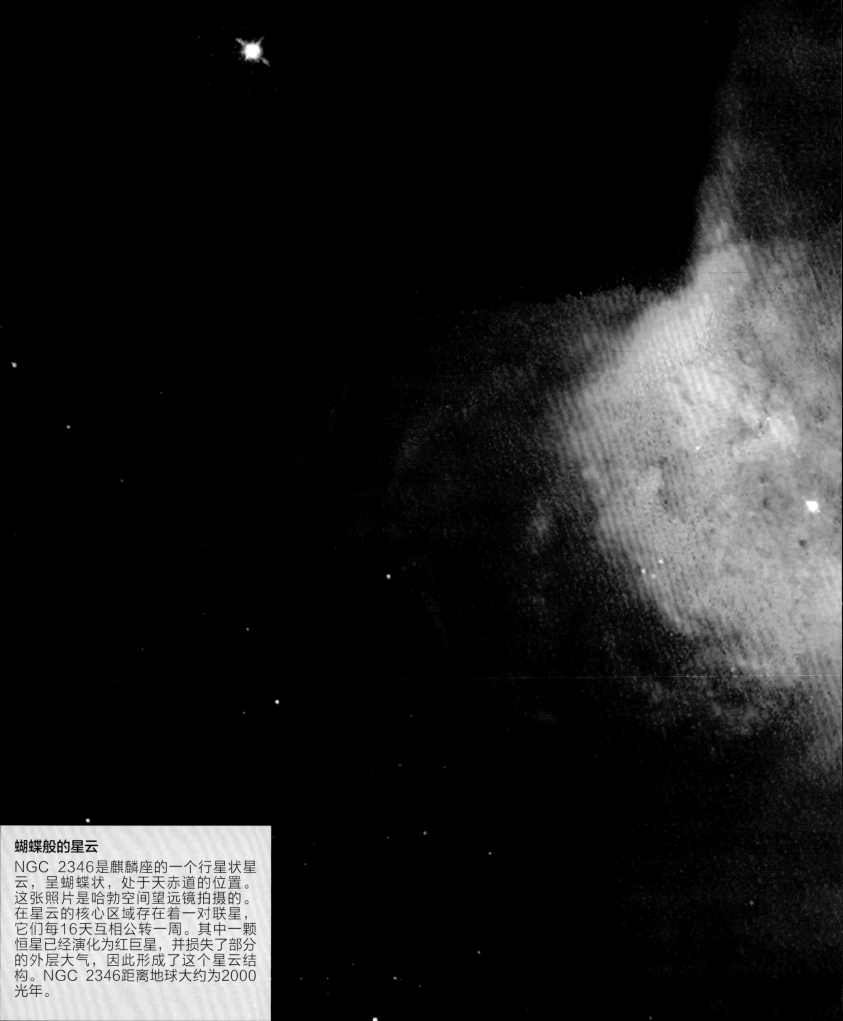

蝴蝶般的星云

NGC 2346是麒麟座的一个行星状星云，呈蝴蝶状，处于天赤道的位置。这张照片是哈勃空间望远镜拍摄的。在星云的核心区域存在着一对联星，它们每16天互相公转一周。其中一颗恒星已经演化为红巨星，并损失了部分的外层大气，因此形成了这个星云结构。NGC 2346距离地球大约为2000光年。

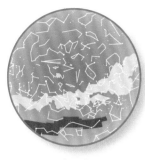

南天球

长蛇座 *Hydra* Hydrae (Hya)

赤经宽度 🖐🖐🖐🖐🖐 赤纬宽度 🖐🖐🖐🖐 面积排名 第1位 完全可见区域 54°N — 83°S

长蛇座是全天88星座中长度最长、面积最大的星座。从位于巨蟹座南部的长蛇座头部算起，至位于天秤座和半人马座之间的长蛇座尾尖为止，它横跨了超过1/4个天际。长蛇座虽然面积很大，但却不太引人注目，除了组成长蛇座头部的6颗相对比较明亮的恒星以外，其余部分都不被瞩目。长蛇座最亮的恒星为星宿一（长蛇座α，Alphard），视星等为2.0等，也是长蛇座唯一亮于3等的星，它的英文名源于阿拉伯语，意思是孤单，因为其附近没有别的亮星存在。在古希腊神话中，长蛇座代表着九头蛇许德拉（虽然在天空中，它被描绘为一条单首水蛇）。在著名英雄赫拉克勒斯（武仙座）经历的十二试炼第二项中，赫拉克勒斯与许德拉进行了战斗，最终杀死了这条九头蛇。

象征物：水蛇

🔻 长蛇座头部

长蛇座最容易辨认的区域就是它的头部。长蛇座头部由6颗恒星构成，其中最明亮的是长蛇座ε和长蛇座ζ，它们均为3等星。

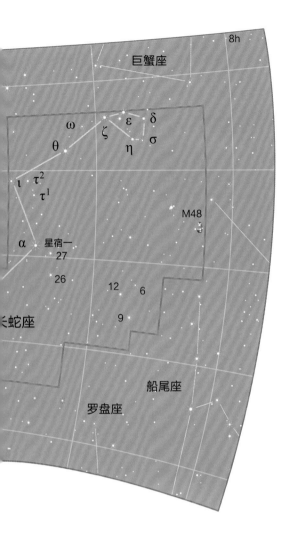

重点天体

长蛇座α（星宿一）👁 长蛇座α是长蛇座的最亮星。它是一颗橙色巨星，距离地球约175光年。

长蛇座ε（柳宿五）🔭 长蛇座ε是一个联星系统。两颗恒星颜色对比明显，分为一颗3等黄色恒星和一颗7等蓝色恒星，它们相互环绕的周期约为600年。想要分辨这两颗恒星，需要借助口径大于75毫米的高倍率天文望远镜。

长蛇座R 👁🔭🔭 长蛇座R是一颗红巨星，同时也是一颗米拉变星。它的光度变化非常大，最亮时是一颗4等星（可以用肉眼看见），而最暗时是一颗10等星。光变周期大约为13个月。

M48 🔭🔭 M48是一个位于长蛇座的疏散星团。它在天球上散布的范围比一个满月还要大，恒星数量至少为80颗。即使是双筒望远镜或小型望远镜，也可以揭示出一大群恒星。

M83 🔭🖥 M83也称为南风车星系，是一个距离地球大约1500万光年，并且正面朝向地球的旋涡星系（在更细的分类下属于棒旋星系）。通过小型望远镜观测，M83看上去是一个椭圆形的光斑，若是借助大口径望远镜，就能够看到旋臂结构和星系核区域非常醒目的中心棒结构。M83的中心棒与我们所处的银河系（银河系也是一个棒旋星系）的中心棒形状相似。

NGC 3242（木魂星云，Ghost of Jupiter）🔭🖥 NGC 3242是位于长蛇座的一个较为突出的行星状星云。在小型望远镜的视场中，它呈现为一个圆盘状结构，并且与木星的视直径相近。因此人们通常称它为木魂星云。

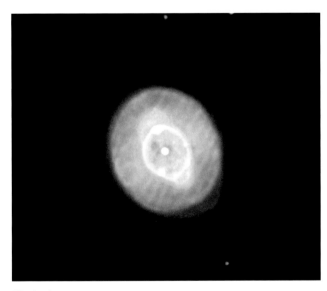

🔼 木魂星云

NGC 3242也被称为木魂星云，实际上它比木星要暗淡得多，可以轻松地通过业余天文望远镜看见。在大多数情况下，观测者看见的是一个蓝绿色圆盘，只有借助大口径望远镜才可以很明确地区分出外面的晕、内部的环和位于星云中心的白矮星。

◀ 旋涡星系M83

M83位于长蛇座和半人马座的边界附近，借助小型望远镜就能观测到。这幅图像是由业余天文爱好者拍摄的CCD照片，可以看到M83旋臂上点缀着许许多多粉色的气体云，而恒星正在这些气体云中诞生。

旋涡星系NGC 2997

这个旋涡星系的星系盘与我们视线方向之间的夹角大约为45°。这张CCD照片揭示了NGC 2997的旋臂上散布着的浅粉色的电离氢气体云，其中恒星正在不断地诞生。

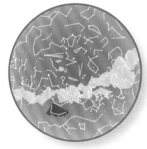

南天球

唧筒座 *Antlia* Antliae (Ant)

赤经宽度 🖐️🖐️　赤纬宽度 🖐️　面积排名 第62位　完全可见区域 49°N — 90°S

　　唧筒座是一个暗淡的南天星座，夹在长蛇座和船帆座之间，只包含了一小撮恒星。18世纪中叶，唧筒座是法国天文学家尼可拉·路易·拉卡伊创立的，这个名字是为了纪念法国物理学家丹尼斯·帕潘（Denis Papin）所发明的气泵。

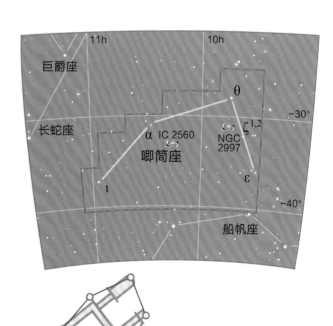

象征物：气泵

》**重点天体**

　　唧筒座 ζ 🔭 ⚹　唧筒座 ζ 是一个多星系统。在双筒望远镜的视场中，可以看到一组远距光学双星，均为6等星。其中较亮的唧筒座 ζ 1 则是一个联星系统，由两颗白色主序星（均为7等星）所组成，它们相互环绕。

　　NGC 2997 ⚹ 🖥️　NGC 2997是一个十分漂亮的旋涡星系。由于它的视亮度非常低，所以无法通过小口径望远镜目视观测它。不过在天文摄影的CCD照片中，NGC 2997呈现出了美丽的内部结构。

六分仪座 *Sextans* Sextantis (Sex)

赤经宽度 🖐 　赤纬宽度 🖐 　面积排名 第47位　完全可见区域 78°N — 83°S

　　六分仪座是狮子座南方的一个暗淡、不起眼的小星座，为赤道带星座之一。它是波兰天文学家约翰·赫维留斯在17世纪末创立的，这个名字是为了纪念他长期用于测量天体高度的"六分仪"（sextant）而设置的。

南天球

重点天体

　　六分仪座17与六分仪座18 🔭　这两颗恒星组成了一个光学双星系统，两者之间并没有力学关系。六分仪座17与六分仪座18均为6等星，在双筒望远镜的视场中，它们能被很清晰地区分出来。

　　NGC 3115（纺锤星系，Spindle Galaxy） 🔭 🔭　NGC 3115是位于六分仪座的一个透镜状星系。由于它侧对着地球，显得极为扁长，呈一个纺锤形，并因此得名。纺锤星系与地球的距离大约是3000万光年，需要借助中等口径以上的望远镜才能探测到它。

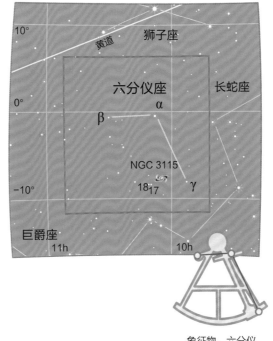

象征物：六分仪

◀ 宇宙中的"纺锤"

位于六分仪座的NGC 3115又称纺锤星系。在星系分类中，它属于透镜状星系，这类星系介于椭圆星系和旋涡星系之间，拥有明显的星系盘和星系核结构，却没有明显的旋臂特征。这张照片是由X射线（蓝色）和可见光（金黄色）波段组合而成的，X射线波段的图像揭示了大量炽热的气体正在流向星系中心的超大质量黑洞。NGC 3115与地球的距离大约是3000万光年。

南天球

巨爵座 *Crater* Crateris (Crt)

赤经宽度 〰 赤纬宽度 〰 面积排名 第53位 完全可见区域 65°N — 90°S

巨爵座是一个暗淡的南天星座，毗邻乌鸦座，位于长蛇座的背部。它是一个不起眼的星座，但在古希腊时期就被创立了，象征着一只高脚酒杯。在古希腊神话中，巨爵座与毗邻的乌鸦座同在一个神话故事中被提及。光明之神阿波罗命令一只乌鸦（乌鸦座）为他取水并装在一只高脚杯（巨爵座）中，乌鸦在取水的路途上懒惰拖延，并且偷吃果实，且在最终取得水后只带回一条水蛇（长蛇座）作为借口，指责这条蛇耽误了它取水的进程。这个骗局被阿波罗看穿，就生气地把乌鸦、水杯和蛇一起扔到了天上作为惩罚，这也是巨爵座、乌鸦座和长蛇座彼此相邻的原因。巨爵座比乌鸦座要大一些，但它没有适合业余天文爱好者们观测的深空天体。

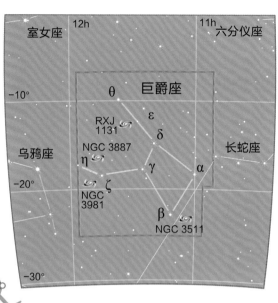

象征物：杯子

▶▶ 星系的引力透镜

引力透镜效应就是引力场源对位于其后的天体发出的电磁辐射所产生多重成像的效应。这幅图像由钱德拉X射线天文台和哈勃空间望远镜拍摄的照片组合而成的，其中可以看到类星体RX J1131的多重影像（粉色部分），包括了3个位于左侧的像和1个位于右侧的像。这是由于一个介于地球与类星体RX J1131之间的巨型椭圆星系（橙色部分）的引力透镜效应导致的。据估测，距离地球长达约60亿光年。

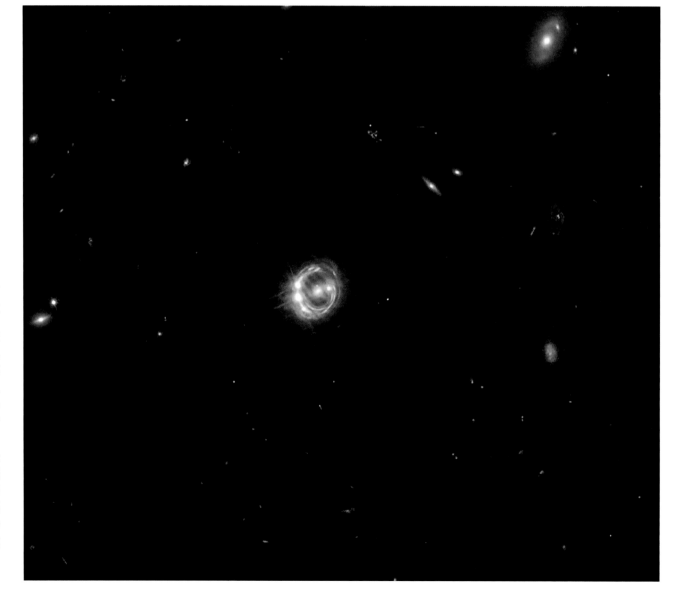

乌鸦座 *Corvus* Corvi (Crv)

赤经宽度 赤纬宽度 🖐 面积排名 第70位 完全可见区域 65°N — 90°S

乌鸦座是南天的一个小星座，位于室女座西南方向。乌鸦座4颗最亮的恒星——乌鸦座β、乌鸦座γ、乌鸦座δ、乌鸦座ε，组成了一个独特的近似于梯形的形状。奇怪的是，根据拜耳命名法被标为乌鸦座α的恒星却比这4颗恒星都要暗淡，乌鸦座α的视星等为4.0等。乌鸦座属于托勒密48星座之一，在古希腊神话中代表着阿波罗的圣鸟——乌鸦。它与毗邻的巨爵座在同一个神话故事中被提及。

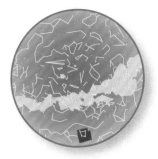

南天球

》重点天体

乌鸦座δ（轸宿三） 📡 乌鸦座δ是一个双星系统。两颗恒星视星等的差距非常大，一颗为3等星，另一颗为8等星，借助小型天文望远镜就能够区分它们。

NGC 4038与NGC 4039（触须星系，The Antennae） 📡 🔭 ⚖ NGC 4038/NGC 4039，也称为触须星系，是乌鸦座的一个非常引人注目的、正在进行交互作用的星系。这个星系距离地球大约6500万光年，也是目前天文学家观测到的最壮观的一场宇宙"交通事故"之一。触须星系非常暗淡，视星等为10.0等左右，因此无法用小型望远镜目视观测到。但是，CCD拍摄的照片则能够清晰地揭示出它真正的面貌。在剧烈的星系碰撞下，两个星系向星系际空间抛出了数百万颗恒星并喷射出大量的气体，形成了今天所看见的、被抛掷在原来星系之外的两条很长的弧形结构，形似昆虫的触须。

☑ 触须星系

大约12亿年前，触须星系仍是分离的2个星系。9亿年前，触须星系的2个成员开始接触。当NGC 4038掠过NGC 4039时，在引力作用下，大量的恒星和气体从2个星系中被抛出。抛出的气体和恒星形成了2条很长的、类似于昆虫触须的结构，因此天文学家将这个星系取名为触须星系。

象征物：乌鸦

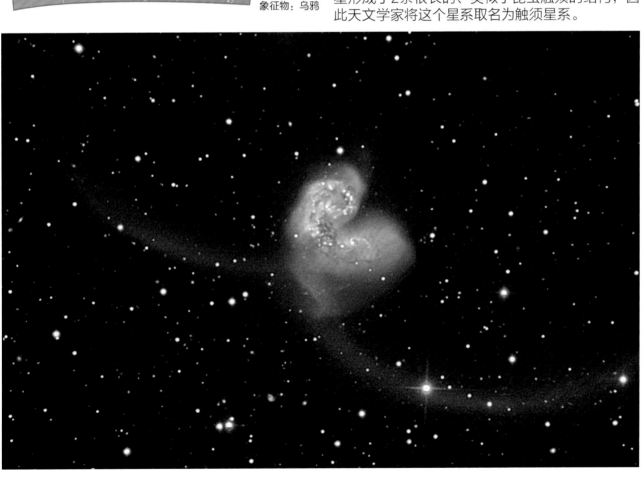

半人马座 *Centaurus* Centauri (Cen)

赤经宽度 🖐🖐🖐 　赤纬宽度 🖐🖐🖐 　面积排名 第9位 　完全可见区域 25°N — 90°S

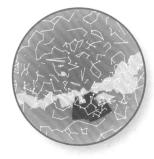

南天球

半人马座是一个巨大、明亮的南天星座。它包含了多个著名的深空天体，包括：距离太阳最近的恒星全天最明亮的球状星团，一个特殊星系。在古希腊神话中，半人马座象征着一种半人半马的怪物，他们的上半身是人的躯干，包括手和头；下半身则是马身，包括躯干和腿。半人马座最亮的两颗星为南门二（半人马座 α）、马腹一（半人马座 β），它们的连线指向了南十字座。

》重点天体

半人马座 α（南门二）👁 ⚹ 半人马座 α 是一个著名的三合星系统。通过肉眼观测，看上去像一颗单独的恒星，视星等达到−0.3等，是全天第三亮的恒星。在天文望远镜的视场中，它分离成了两颗黄色的恒星，并且围绕着它们的质量中心旋转，公转周期为80年。这两颗恒星都是主序星，由于它们距离地球非常近，只有4.3光年，所以在天空中显得非常明亮。在这个恒星系统中，还有一颗更暗更小的红矮星——比邻星（Proxima Centauri），它是距离太阳最近的恒星（4.22光年），视星等只有11.0等。

半人马座 ω（NGC 5139）👁 🔭 ⚹ 半人马座 ω 是迄今为止所观测到最大的球状星团，也是为数不多肉眼可见的球状星团。通过肉眼观测，它看上去是一颗大而模糊的恒星，也因此曾被误认为是一颗恒星。

NGC 3918（蓝色行星，Blue Planetary）⚹ NGC 3918是半人马座一个的行星状星云，也是南天球高纬度区域最亮的行星状星云。可借助小型望远镜观测。它美丽的蓝色外观与航海家2号于1989年拍摄的海王星影像十分相似，因此也被称为蓝色行星。

NGC 5128（半人马座A）🔭 ⚹ 🖥 ☌ 半人马座A也称为NGC 5128，是位于半人马座距离地球大约1400万光年的一个特殊星系。这个星系不仅外观奇特，还是最靠近地球的电波辐射源之一。人们普遍认为，半人马座A可能是两个正常星系（一个椭圆星系和一个旋涡星系）互撞的产物，并在碰撞的过程中造成了许多年轻恒星的诞生。

象征物：半人马

》半人马座 ω

半人马座 ω，星表编号NGC 5139，是一个曾被误认为恒星、实际上是一个环绕着银河系的球状星团。在双筒望远镜的视场中，这个球状星团的视直径超过了一个满月。若借助天文望远镜观测，就能够解析出其中最亮的一些恒星。半人马座 ω 距离地球大约17000光年。

豺狼座 *Lupus* Lupi (Lup)

赤经宽度 🖐🖐 赤纬宽度 🖐🖐🖐 面积排名 第46位 完全可见区域 34°N — 90°S

豺狼座是南天星座之一，位于两个著名星座半人马座与天蝎座之间的银河边缘区域。豺狼座虽然面积不大，却包含了许多值得一看的双星系统。豺狼座在古希腊时期就被创立了，属于托勒密48星座之一。在古希腊神话中，它象征着被毗邻的半人马座用矛刺杀的一只野兽。

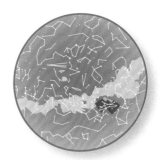

南天球

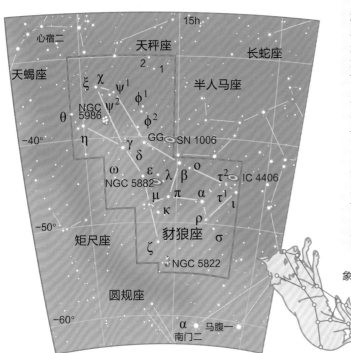

象征物：狼

》》重点天体

豺狼座 ε（骑官六）🏹 豺狼座 ε 是一个双星系统。两颗恒星亮度差距明显，为一颗3等星和一颗9等星。借助小型望远镜能够区分它们。

豺狼座 κ 🏹 豺狼座 κ 是一个双星系统，分为一颗4等星和一颗6等星。可以借助小型望远镜轻松地分辨出它们。

豺狼座 μ（骑官七）🏹 豺狼座 μ 是一个有趣的多星系统。借助小型望远镜能够看到一对相距较远的4等星和7等星。而较亮的4等星本身也是一个双星系统，需要借助口径大于100毫米的望远镜才能分辨出来。

豺狼座 ξ 🏹 豺狼座 ξ 是一个双星系统，分为一颗5等星和一颗6等星。借助小型望远镜能够区分它们。

豺狼座 π（骑官八）🏹 豺狼座 π 是一个联星系统。在口径大于75毫米的望远镜视场中，这对联星能够被解析出来。它们的颜色、亮度十分相似，均为5等星，呈蓝白色，相互环绕的周期约为500年。

NGC 5822 🔭🏹 NGC 5822是位于豺狼座南部边界附近的一个大型疏散星团。借助双筒望远镜或小型望远镜就能够找到这个星团。

⌃ 豺狼座 μ
在这张照片中，可以很清晰地看到豺狼座 μ 这个恒星系统中的两颗星，其中位于中心较亮恒星的视星等为4.3等。这颗亮星本身也是一个双星系统，不过拍摄这张照片的天文仪器的放大率不足以解析出这个双星结构。

◂◂ 疏散星团NGC 5822
NGC 5822是一个分布较为稀疏的疏散星团。它沉寂在南天银河之中，借助双筒望远镜就能找到它。不过，由于这个星团中最亮的恒星也只是9等星，所以它并不是特别突出。这幅图像是借助小型天文望远镜拍摄的。

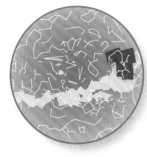

南天球

人马座 *Sagittarius* Sagittarii (Sgr)

赤经宽度 🖐🖐🖐 赤纬宽度 🖐🖐 面积排名 第15位 完全可见区域 44°N — 90°S

人马座是一个巨大且突出的南天黄道带星座，位于天蝎座和摩羯座之间。人马座最显著的特征是一个茶壶状结构（茶壶星群），由几颗主要的亮星构成。此外，组成茶壶壶柄的4颗星和壶身的2颗星排列成了一个斗（或勺）形，仿佛正在从银河中"舀水"。因为这个独特的形状，它们被称为"南斗六星"（西方称为Milk Dipper）。

银河系的中心方向位于人马座、天蝎座、蛇夫座三者的交界处附近，在那里有一个非常明亮及致密的无线电波源——人马座A*，它很有可能是离我们最近的超大质量黑洞（银心）的所在。在古希腊神话中，人马座代表着牧神潘恩（Pan）的儿子克洛托斯（Crotus），他发明了箭术并且时常骑在马背上狩猎。

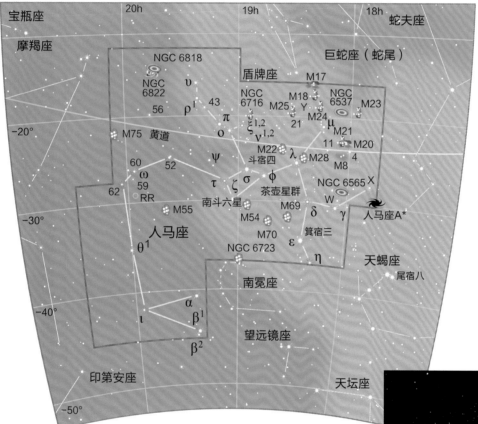

象征物：弓箭手

⯆ 茶壶星群

人马座主要恒星排列成了一个类似于茶壶的结构。由于茶壶星群沉浸于南天银河之中，因此看上去银河就像从壶嘴中冒出的缕缕蒸汽，十分美丽壮观。

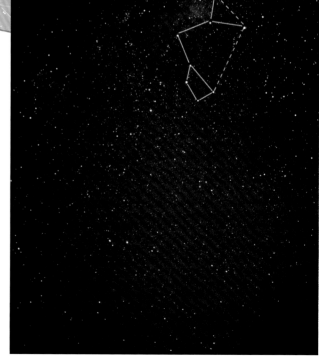

⯈⯈ 三叶星云

M20，也称三叶星云，是一个反射和发射混合型星云。这张CCD相机拍摄的照片展现了它非常美丽的结构，主要的粉色部分（发射星云）和北面的亮蓝色的部分（反射星云，位于照片的左边）形成了非常明显的对比色。

⌂ 礁湖星云

礁湖星云M8是全天最大的星云之一，是许多天文爱好者十分熟悉并且喜爱的天体之一，也是天文摄影的热门目标天体。礁湖星云充满了炽热的电离氢气体，是许多年轻恒星的家园，不过与大多数发射星云一样，这些气体只能呈现在照片之上，肉眼无法观测到这些气体。

》 重点天体

人马座β 👁 ⚲　通过肉眼观测，就能发现人马座β是由一对4等星组成的双星系统；若通过小型望远镜观测，就能够发现这对双星中靠北的一颗（同样也是较亮的一颗）旁边还有一颗7等伴星。这3颗恒星彼此都是不相关的，相互之间没有力学关系。

人马座W 👁 🔭　人马座W，又称人马座γ1，是一颗造父变星。其视星等会在4.3等至5.1等的区间之内变化，光变周期为7.6天。

人马座X 👁 🔭　人马座X同样也是一颗造父变星。其视星等会在4.2等至4.9等的区间之内变化，光变周期为7天。

M8（礁湖星云，Lagoon Nebula） 👁 🔭 ⚲ 🖥　M8又称礁湖星云，是位于人马座的一个壮丽的发射星云。它所涵盖的范围非常广，视直径达到了3个满月。礁湖星云即使不用双筒望远镜，朝人马座方向看去，肉眼就能捕获这个星云；若借助双筒望远镜或天文望远镜，观测效果会更加理想。礁湖星云的明亮气体云被一条尘埃物质形成的暗带切开，其中一半包含了一个稀疏的疏散星团NGC 6530，里面的恒星均为7等或更暗，另一半则包含了一颗6等的蓝超巨星人马座9。

M17（欧米伽星云，Omega Nebula） ⚲ 🖥　M17是人马座的一个电离氢区（发射星云）。由于它独特的云气结构，形似希腊字母ω，因此被称为欧米伽星云。它的云气结构还类似于一只天鹅，也被不少人称为天鹅星云。借助双筒望远镜就可以看到天鹅星云以及其中分布稀疏的恒星。

M20（三叶星云，Trifid Nebula） ⚲ 🖥　M20是一个壮观的反射和发射混合型星云。用小型望远镜观测，由尘埃物质形成的暗痕把这个星云分为3个区域，使整个星云的形状就好像是3片发亮的树叶紧密而和谐地凑在一起，所以被称为三叶星云。

M22 👁 🔭 ⚲　M22是人马座的一个椭圆形的球状星团，位于银心方向附近。它是天球上最亮的球状星团之一，只逊色于半人马座ω和杜鹃座47。M22在良好的天空环境下可以被肉眼看见，若借助双筒望远镜可以很轻松地找到它。在双筒望远镜的视场中，M22看上去像一个毛绒绒的球，视直径大约为满月的2/3。若通过口径大于75毫米的望远镜观测，则能解析出星团内部单独的恒星。

M23 🔭 ⚲　M23是一个较大的疏散星团，它位于人马座和蛇夫座边界的附近。借助双筒望远镜就能够看到它。但由于其中的恒星全部是9等或更暗的恒星，若想要观测到单独的恒星，则需要借助天文望远镜。

M24 👁 🔭　M24不是星团，而是人马座的一个恒星云。梅西耶刚发现这个天体时，将它描述为由许多不同星等的恒星组成的大块云雾状天体，视直径接近2°（4个满月视直径）。M24中的成员都位于银河系的人马座旋臂，非常适合用双筒望远镜观测。

望向银河中心

地球仅仅是银河系边缘一颗不起眼的星球，银河系中心距离我们大约30000光年。对于地球上的观测者而言，天球上银河最明亮的位置即为银心的方向，它位于人马座、天蝎座的交界处。这幅图片拍摄于美国的亚利桑那州，其中天蝎座位于照片的右边，人马座位于照片的左下方。

南天球

天蝎座 *Scorpius* Scorpii (Sco)

赤经宽度 🖐🖐　赤纬宽度 🖐🖐🖐　面积排名 第33位　完全可见区域 44°N — 90°S

天蝎座是一个壮丽、很容易辨识的南天黄道带星座，位于天秤座和人马座之间。在古希腊神话中，天蝎座象征的是天后赫拉派出去刺死猎人俄里翁（猎户座）的那一只毒蝎子。天蝎座最亮的恒星心宿二（天蝎座 α，Antares，一颗红超巨星），代表着蝎子的心脏。蝎子的尾巴则是由几颗排列成弧线的恒星构成，尾巴已经抬起，准备发动攻击。天蝎座的尾巴延伸至银河最密集的地区，即银心方向。

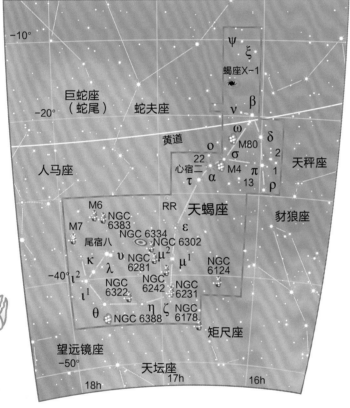

象征物：蝎子

》》**重点天体**

天蝎座 α（心宿二）👁 天蝎座 α 是天蝎座的最亮星，代表着"蝎子的心脏"。它是一颗直径达到太阳数百倍的红超巨星，还是一颗光变缓慢的半规则变星。视星等会在0.8等至1.2等之间变化，光变周期大约为6年。

天蝎座 δ（房宿三）👁 天蝎座 δ 属于爆发型变星中的壳层星（仙后座 γ 型变星）。它的视星等通常为2.3等。自2000年开始，天蝎座 δ 的视亮度持续地增加着，涨幅超过了50%。当天蝎座 δ 甩掉了外层气体之后，它再次变暗。

天蝎座 ξ（西咸一）🔭 天蝎座 ξ 是一个复杂的多星系统。通过小型望远镜观测，可以发现一颗4等的白色恒星和一颗7等的橙色恒星。此外在相同的视场中，还能找到另外一对更暗、视距离更远的恒星。所有的这4颗恒星相互之间都有引力联系，因此使得天蝎座 ξ 成为一个真正的四合星系统。

M4 🔭🔭 M4是位于天蝎座主星心宿二附近的一个结构松散的球状星团，距离地球大约7000光年，是最接近地球的球状星团之一。

M6（蝴蝶星团，Butterfly Cluster）🔭🔭 M6位于天蝎座尾尖，是非常靠近银心的一个疏散星团。它距离地球约2000光年，是附近另一个疏散星团M7与地球距离的两倍，因此M6看上去要比M7小一些。

M7 👁🔭🔭 M7是天蝎座另一个疏散星团。在良好的天空环境下，肉眼就能够看到这个星团，在银河背景下呈现为一个模糊的光斑。

⬇ **蝴蝶星团**

疏散星团M6位于天蝎座尾尖。在双筒望远镜或小型望远镜的视场中，M6恒星排列的外形很像一只蝴蝶，因此也被称为蝴蝶星团。在这个星团中，明亮的恒星大多是年龄在一亿年的蓝色恒星，最亮的成员是一颗橙色巨星，星表编号为天蝎座BM。

⬆ **疏散星团M7**

疏散星团M7是天蝎座尾尖附近3个疏散星团中最显著的一个。借助双筒望远镜，可以看到这个星团中数十颗相对银河背景较亮的恒星（均为6等星或更暗）。

摩羯座 *Capricornus* Capricorni (Cap)

赤经宽度 ✋ 赤纬宽度 ✋ 面积排名 第40位 完全可见区域 62°N — 90°S

摩羯座是黄道十二星座中最小的一个，而且并不显眼；它也是一个南天星座，位于人马座和宝瓶座之间。在古希腊神话中，摩羯座代表着牧神潘恩，它是掌管树林、田地和羊群的神，有着山羊角、羊蹄和山羊胡子。有一次，潘恩为了躲避怪兽提丰，想化身为鱼逃走，由于匆忙变身并不完全，结果泡在水中的下半身变成了鱼尾巴，而上半身仍维持原有的山羊模样。宙斯在天界看到潘恩这个模样觉得非常有趣，便将这半羊半鱼的样子化作天上的星座。

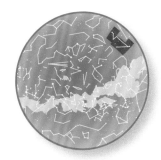

南天球

》》重点天体

摩羯座α 👁 🔭 摩羯座α是一个光学双星系统，由一对4等星组成，借助双筒望远镜，或者视力比较好的观测者肉眼就能分辨出它们。其中摩羯座α1（牛宿增六）是一颗距离地球约570光年的黄超巨星，摩羯座α2（牛宿二）则是一颗黄巨星，它与地球的距离仅为100多光年。

摩羯座β（牛宿一） 🔭 🔭 摩羯座β是一个联星系统，使用双筒望远镜或小型望远镜就可以分辨出这对联星。其中一颗为3等的黄巨星，另一颗为6等的蓝白色伴星。两颗星大约需要70万年才能相互环绕一周。

M30 🔭 M30是一个位于摩羯座的中等大小的球状星团。若用小型望远镜进行观测，它看上去仅仅是一个模糊的光斑；只有通过大口径望远镜才能看清从星团中心延伸出的星链结构。

象征物：带鱼尾的山羊

《 致密星系群

HCG 87属于希克斯致密星系群目录（Hickson Compact Group）中的一个成员。这个星系群位于摩羯座，距离地球大约4亿光年。这幅照片是由哈勃空间望远镜拍摄的。其中HCG 87最大的星系位于图像的正下方，它是一个侧对着地球的旋涡星系；在图像上部是另一个旋涡星系；图像右侧是一个椭圆星系。位于图像中间的一个小型旋涡星系有可能是这个星系群里的第四个成员，或有可能是一个距离更遥远的背景天体。

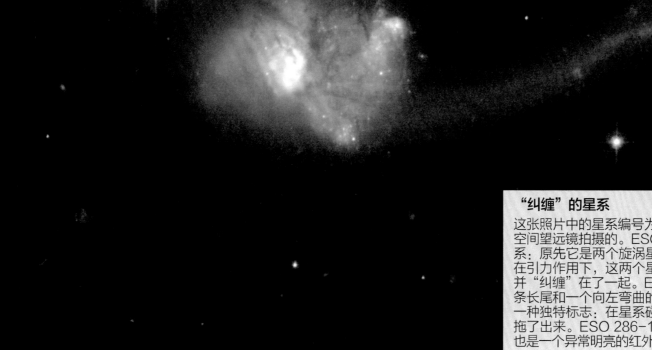

南天球

显微镜座 *Microscopium* Microscopii (Mic)

赤经宽度 ✋ 赤纬宽度 ✋ 面积排名 第66位 完全可见区域 45°N — 90°S

显微镜座是一个暗淡的南天小星座，位于人马座和南鱼座之间。18世纪中叶，显微镜座是由法国天文学家尼可拉·路易·拉卡伊创立的，是为了纪念复式显微镜的发明。显微镜座中最亮的恒星是璃瑜增一（显微镜座 γ）和璃瑜二（显微镜座 ε），它们的视星等均为4.7等。

》 重点天体

显微镜座 α（璃瑜一）✗ 显微镜座 α 是一个光学双星系统，由一颗5等星和一颗10等星组成，通过天文望远镜才能区分并看到它们。

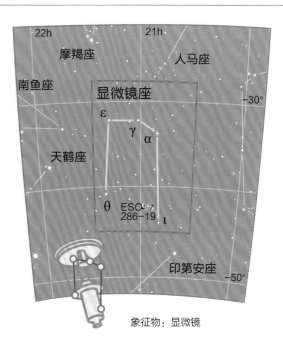

象征物：显微镜

南鱼座 *Piscis Austrinus* Piscis Austrini (PsA)

赤经宽度 🖑 赤纬宽度 🖑 面积排名 第60位 完全可见区域 53°N — 90°S

南鱼座是南天的一个小星座，位于宝瓶座的南方。南鱼座最显著的特征是其最亮的恒星——北落师门（南鱼座α，Fomalhaut），这是一颗视星等为1.2等的蓝白色巨星。除此之外，南鱼座就没有其他明显特征了。在古希腊神话中，南鱼座是美神阿佛洛狄忒的化身，同时阿佛洛狄忒也是黄道星座双鱼座两条鱼的母亲。在天球上，从宝瓶座宝瓶中流出的水流向了南鱼座，北落师门在阿拉伯语中的意思是"南方之鱼的嘴"。

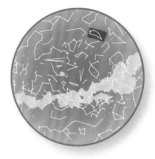

南天球

重点天体

南鱼座β ♐ 南鱼座β是一个联星系统，主星是一颗4等星，伴星是一颗7等星。需要借助小型望远镜才能区分它们。

南鱼座γ ♐ 南鱼座γ也是一个联星系统，并且比南鱼座β更加难以区分。主星是一颗5等的白色恒星，伴星是一颗8等的黄色恒星。

象征物：南方的鱼

星系间的"拔河比赛"

这张照片是由哈勃空间望远镜拍摄的，呈现的是归属于希克斯致密星系群目录中的位于南鱼座的HCG 90。在图像中，可以看到一段扭曲的尘埃带，这原本是一个旋涡星系，在两个椭圆星系（一个位于旋涡星系下方、一个位于旋涡星系左侧）强烈的引力作用下，这个旋涡星系逐渐被撕扯得四分五裂。而终有一日，这3个星系将会融合成一个比我们所处的银河系要大得多的超级星系。HCG 90距离地球大约1亿光年。

南天球

玉夫座 *Sculptor* Sculptoris (Scl)

赤经宽度 〰 　赤纬宽度 〰 　面积排名 第36位　完全可见区域 50°N — 90°S

　　玉夫座是一个暗淡的南天星座，毗邻南鱼座。它是由法国天文学家尼可拉·路易·拉卡伊在18世纪创立的。玉夫座原来的名字为"雕刻家的工作室"（sculptor's studio），在拉丁化时被缩减成了"sculptor"。玉夫座位于恒星密度较低的南银极，在南半球中纬度进行观测时，当玉夫座升到头顶上，银河正好与当地的地平线重合。正因为如此，观测玉夫座方向的星空，可以最大限度地避免银河系本身的天体阻碍，看到更遥远更暗淡的银河外天体。

》 重点天体

玉夫座 ε ✦ 　玉夫座 ε 是一个联星系统，借助小型望远镜能够分辨出系统中的两颗恒星。主星是一颗5等星、伴星是一颗9等星，两者互相环绕的轨道周期超过了1000年。

NGC 55 ✦ 　NGC 55是位于玉夫座一个侧对着地球的旋涡星系。它与玉夫座另一个旋涡星系NGC 253有着相似的大小和形状，不过NGC 55视亮度较低，较难被观测。

NGC 253（玉夫座星系）📷 ✦ 　NGC 253又称玉夫座星系，是一个几乎侧对着地球的旋涡星系，因此从地球看过去显得非常细长。作为天空中最明亮的星系之一，NGC 253可以使用双筒望远镜或小型望远镜来观赏。它是继仙女座星系M31之后，最容易被观测到的星系。在它附近还有一个很小、很暗的球状星团NGC 288。

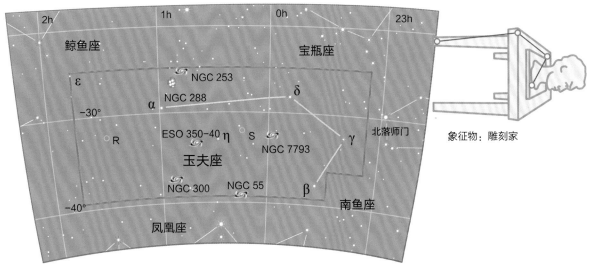

象征物：雕刻家

》 特别的旋涡星系

NGC 7793是位于玉夫座的一个旋涡星系，距离地球大约1300万光年。这张由哈勃空间望远镜拍摄的照片，清晰地展现了NGC 7793的中心结构。可以发现，与一般的旋涡星系（如银河系）不同，NGC 7793没有明显凸出的星系核和清晰的旋臂结构。

天炉座 *Fornax* Fornacis (For)

赤经宽度 🖐️🖐️ 赤纬宽度 🖐️ 面积排名 第41位 完全可见区域 50°N — 90°S

　　天炉座是一个没有明显特征的南天星座，位于波江座西岸的一个转弯处，鲸鱼座南方。它是由法国天文学家尼可拉·路易·拉卡伊在18世纪创立的，最初被称为"化学熔炉"（Fornax Chemica），这个设备当时是用来蒸馏物质的，后来星座名字被简化为"Fornax"。在天炉座南部有一个星系团，其中包含了一个强大的无线射电源天炉座A。

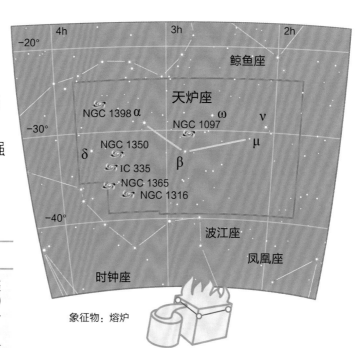

南天球

象征物：熔炉

》》重点天体

　　天炉座α（天苑增三） ♐ 天炉座α是天炉座最亮的恒星，只比4等星亮一点，视星等为3.9等。通过小型望远镜观测，还能在它附近找到一颗7.0星等的黄色恒星。

　　天炉座星系团 ♐ 🖵 🔭 天炉座星系团是距离地球大约6000万光年的一个小型星系团，位于天炉座南部。这个星系团中最明亮的成员是一个特殊的旋涡星系NGC 1316，同时也是一个强大的无线射电源，编号为天炉座A。另一个比较显著的星系成员是NGC 1365，这是一个壮丽的棒旋星系。

☑ 围绕星系核的恒星环

NGC 1097是位于天炉座的一个棒旋星系，距离地球大约5000万光年。NGC 1097的核心有个超大质量黑洞，环绕着中心黑洞的是一圈恒星形成的环状结构，气体和尘埃形成一个从环到黑洞的网络。这张壮观的照片是由哈勃空间望远镜拍摄的。

南天球

雕具座 *Caeli* Caeli (Cae)

赤经宽度 ✋ 赤纬宽度 ✋ 面积排名 第81位 完全可见区域 41°N — 90°S

雕具座是一个很小、很暗淡的南天星座，夹在波江座与天鸽座之间。它是由法国天文学家尼可拉·路易·拉卡伊在18世纪创立的。拉卡伊用法语的"Burin"一词（意为雕刻刀）来为这星座命名。而最初拉丁化的名称为"Caelum Scalptorium"（意为雕刻者的凿子），后来二字的拉丁名缩减为"Caelum"，因此也就象征着普通的凿子。雕具座最亮的恒星是雕具座α，视星等也仅仅只有4.4等。雕具座几乎没有适合业余天文爱好者观测的天体。

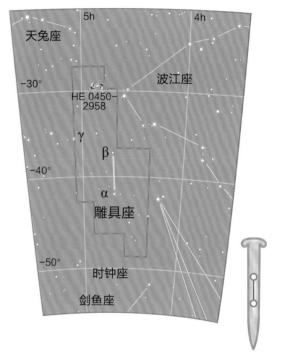

》 重点天体

雕具座γ ✴ 雕具座γ是一对双星，由一颗5等的橙色巨星和一颗8等伴星组成。由于这对双星相互之间距离较近，因此需要中等口径以上的天文望远镜才能分辨出它们。

象征物：凿子

》 "孤独"的类星体

HE 0450-2958是一个很不寻常的类星体，因为在它附近没有发现任何宿主星系（一般来说类星体都会在一个星系的中心，因此它可能是活动星系核），只有单独的一个类星体存在。这幅图像是由欧洲南方天文台和哈勃空间望远镜拍摄的照片合成的，位于右上角的是一颗前景恒星。

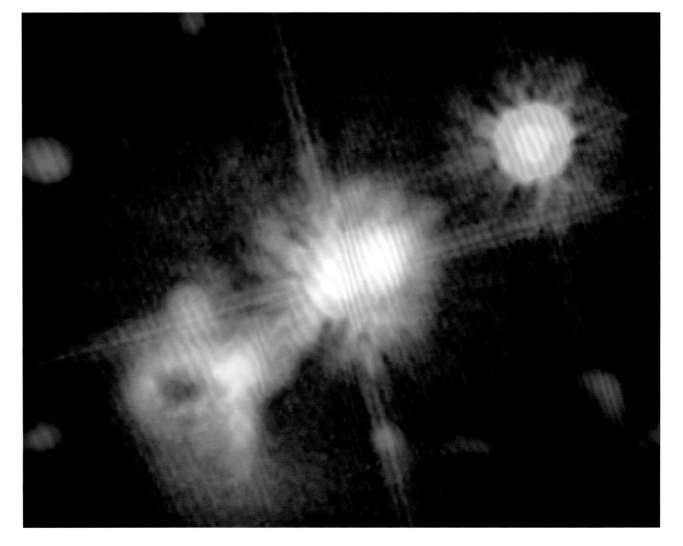

波江座 *Eridanus* Eridani (Eri)

赤经宽度 🖐🖐　赤纬宽度 🖐🖐🖐🖐🖐　面积排名 第6位　完全可见区域 32°N — 89°S

波江座是一个蜿蜒的、在南北方向延伸的大星座。它象征着一条河流，自北发源于金牛座的脚部，向南流至水蛇座，跨越的赤经范围达到了48°，是所有星座中最大的。波江座最明亮的恒星是水委一（波江座α，Achernar），位于波江座的最南端。波江座是托勒密48星座之一，在古希腊神话中，波江座象征着意大利的波河。传说中太阳神赫利俄斯（Helios）的儿子法厄同（Phaethon）驾驶着父亲的太阳车，却在路途中失去控制，像流星一般坠入波河而死。宙斯为了安慰赫利俄斯，便把波河移到天界，成为天上的波江座。

象征物：河流

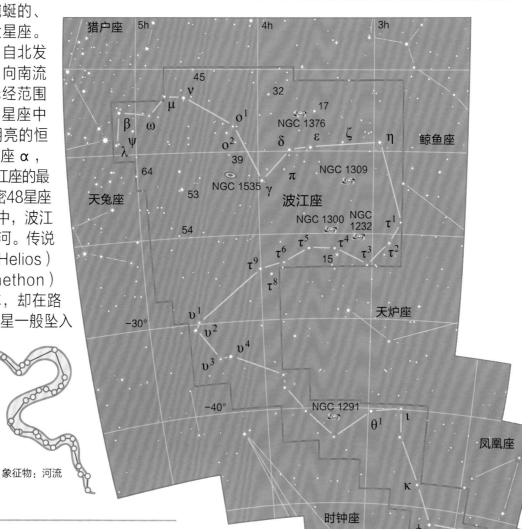

南天球

≫ 重点天体

波江座θ 🏹　波江座θ是由一对白色恒星组成的双星系统，分为一颗3等星和一颗4等星。

波江座o²（波江座40） 🏹　波江座o²，又称波江座40，是一个距离地球约16光年的三合星系统。主星波江座40A用肉眼就能轻易地看见，它是一颗4等星。若借助小型望远镜，就能找到一颗暗淡不起眼的伴星（两者是一对联星，有引力作用）波江座40B。它是一颗白矮星，且是第一颗被发现的白矮星。波江座40B与一颗更暗的红矮星组成了一个更紧密的联星系统。

波江座32 🏹　波江座32是由两颗颜色对比明显的恒星组成的双星系统，分为一颗5等的橙色恒星和一颗6等的蓝色恒星。借助小型望远镜能够区分它们。

NGC 1300 🏹 🖥　NGC 1300是位于波江座、距离地球大约7000万光年的一个棒旋星系。这是一个巨大的棒旋星系，其核心区域的棒状结构甚至比银河系的直径都要长。

≫ 旋涡星系NGC 1300

NGC 1300是一个经典的棒旋星系。由于它的视亮度很低，若想要通过小型天文望远镜观测是非常困难的。照片中，它展现了非常壮丽的景象。

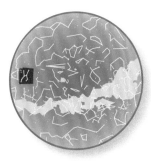

南天球

天兔座 *Lepus* Leporis (Lep)

赤经宽度 ✋ 赤纬宽度 ✋ 面积排名 第51位 完全可见区域 62°N — 90°S

　　天兔座是猎户座南边一个南天星座，属于托勒密48星座之一。它代表着猎人（猎户座）和他的猎犬（大犬座）正在追逐一只野兔。天兔座周围环绕着猎户座和大犬座的许多亮星，因此经常会被忽视，不过它容纳了不少值得一看的深空天体。天兔座的最亮星是厕一（天兔座 α，Arneb），它的英文名Arneb，源于阿拉伯语，意为"野兔"。在其他古希腊神话中说的是：希腊的一座岛屿莱罗斯岛，曾经经历过野兔泛滥成灾的情况，天兔座就象征着这群野兔。

》》重点天体

　　天兔座 γ（厕三）♐ 天兔座 γ 是一个双星系统，由一颗4等的黄色恒星和一颗6等橙色恒星组成。借助双筒望远镜能够勉强区分它们。

　　天兔座 κ ♐ 天兔座 κ 是一个联星系统，主星是一颗4等星，伴星是一颗7等星。由于两者相距很近，借助小口径天文望远镜很难区分它们。

　　天兔座R 🔭 ♐ 天兔座R也被称为欣德的红星（Hind's Crimson Star），是一颗米拉变星。它的光度变化很大，最亮时为一颗6等星，最暗时会降至12等星。它的光变周期大约为14个月。

　　M79 ♐ M79是位于天兔座的一个中等大小的球状星团，借助小型望远镜能够找到它。它距离地球超过40000光年，因此借助业余设备解析其中单独的恒星是比较困难的。在相同的天文望远镜视场中，还能找到一个三星系统Herschel 3752，它是由一颗5等星、一颗7等星和一颗9等星组成。

　　NGC 2017 ♐ NGC 2017是天兔座的一个星群。借助小型天文望远镜观测，可以看到一颗6等星和周围4颗8等至10等的恒星，若借助大口径望远镜，则还能看到另外3颗较暗的恒星。不过，这些恒星可能只是巧合排列在了一起，相互之间没有引力联系，因此NGC 2017并不是一个真正的星团。

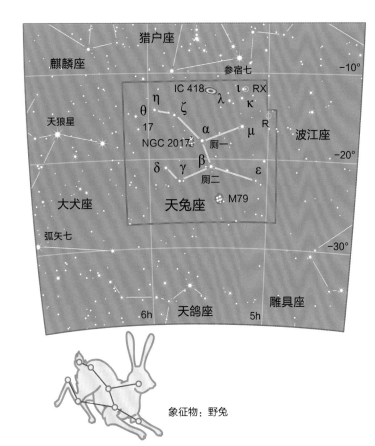

象征物：野兔

⬆ 球状星团M79

M79是一个略为稀疏的球状星团，总体视星等为8.5等，距离地球大约42000光年。M79从星团中心延伸出的星链相对较长，若通过天文望远镜观测，整个星团看上去就像一只海星。

🔽 NGC 2017

天兔座的这几颗恒星恰好排列在了一起，使得NGC 2017看上去像一个疏散星团。这张照片是由大型专业天文望远镜拍摄的。这类大型反射镜所拍摄的亮星周围，大多都有星芒和光晕，视觉效果非常壮观。

天鸽座 *Columba* Columbae (Col)

赤经宽度 🖐 　赤纬宽度 🖐 　面积排名 第54位　完全可见区域 46°N — 90°S

天鸽座是一个南天的小星座，位于天兔座南方、雕具座和船尾座之间。它是在17世纪初期，是荷兰天文学家、神学家彼得勒斯·普朗修斯创立的。天鸽座最初名叫"诺亚鸽座"。在《圣经》中，这只鸽子是诺亚从他建造的方舟上放出的，目的是寻找大陆。当鸽子返回的时候，它把一根橄榄枝衔在嘴中，来表明大洪水已开始退去。

》》重点天体

天鸽座 μ　🔭　天鸽座 μ 是一颗蓝色的5等星。它在银河系中以非常高的速度移动，属于速逃星（正在迅速离开恒星诞生区的年轻恒星）。原本它是猎户座大星云一个联星系统中的一员，在约250万年前与联星系统中的另一颗恒星碰撞而被抛出。根据天文学家观测，联星系统中的另一个成员是御夫座AE，它是一颗6等星，沿天鸽座 μ 相反方向，远离猎户座大星云。

NGC 1851　✈　NGC 1851是天鸽座一个中等大小的球状星团。在小型望远镜的视场中，它看上去是一个模糊的光斑。

南天球

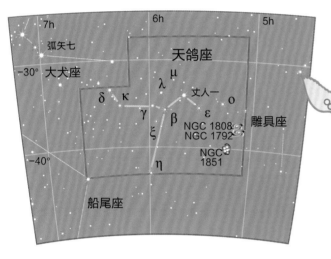

象征物：圣鸽

☑ 球状星团NGC 1851

这幅图像是NASA的星系演化探测器（Galaxy Evolution Explorer，缩写为GALEX）拍摄的，波段是紫外光。可以看到，这个球状星团拥有一个明显的、密集的核心结构。NGC 1851距离地球大约39000光年。

南天球

罗盘座 *Pyxis* Pyxidis (Pyx)

赤经宽度 🖐 赤纬宽度 🖐 面积排名 第65位 完全可见区域 52°N — 90°S

　　罗盘座是一个小且暗淡的南天星座，位于南天银河边缘，星座的一部分沉浸在银河之中，毗邻船尾座。罗盘座是法国天文学家尼可拉·路易·拉卡伊在18世纪创立的，最初它被称为船用罗盘（Pyxis Nautica），后来缩写称罗盘。罗盘座所涵盖的天区在古希腊时期属于古代最大的星座——南船座，象征着古希腊神话中的阿尔戈号（Argonauts）。南船座于18世纪被拆分为4个单独的星座，分别是船帆座、船底座、船尾座和罗盘座。罗盘座最亮的恒星是天狗五（罗盘座α），视星等为3.7等。

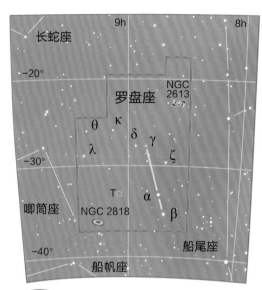

》重点天体

　　罗盘座T 🔭 ⚊　罗盘座T是一颗再发新星。再发新星是一类曾被人类观测到多次爆发的新星，属于激变变星。罗盘座T的视星等通常约为15.0等，但在爆发时视星等可达到6.0等至7.0等，爆发时间可能持续100天或更长。自1890年开始，它经历过6次爆发，最近一次爆发是在2011年。在未来的任何时候，罗盘座T都有可能再次爆发。到那时，借助双筒天文望远镜就能够找到它。

象征物：指南针盘

》NGC 2818

NGC 2818是罗盘座的一个行星状星云。这个壮观的星云是恒星在其生命的最后阶段，从它的外层抛出大量炽热的气体形成的，它的残余的核心将成为白矮星。NGC 2818曾经被认为是疏散星团NGC 2818A架构下的成员，然而行星状星云和疏散星团径向速度上的差异，判定它们只是凑巧对齐在相同的方向上。NGC 2818A与地球的距离比NGC 2818与地球的距离要大很多。这幅图像是由哈勃空间望远镜拍摄的，是一张假彩色合成照片。

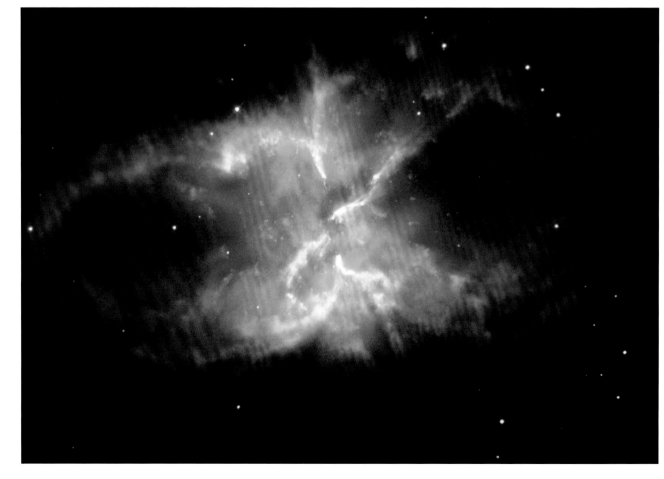

船尾座 *Puppis* Puppis (Pup)

赤经宽度 🖐️🖐️	赤纬宽度 🖐️🖐️🖐️	面积排名 第20位	完全可见区域 39°N — 90°S

　　船尾座是一个跨越银河的南天大星座，包含了不少著名的深空天体。它所涵盖的区域原属于古希腊星座——南船座（象征着伊阿宋搭乘的阿尔戈号）。18世纪，法国天文学家尼可拉·路易·拉卡伊将南船座拆分为4个星座，船尾座就是其中

最大的星座，象征着船尾甲板。在南船座被分割时，船帆座、船底座和船尾座共用一套拜耳名称，因此船帆座和船尾座中就没有α星和β星，船尾座的恒星是从Zeta（ς）开始标注的。

南天球

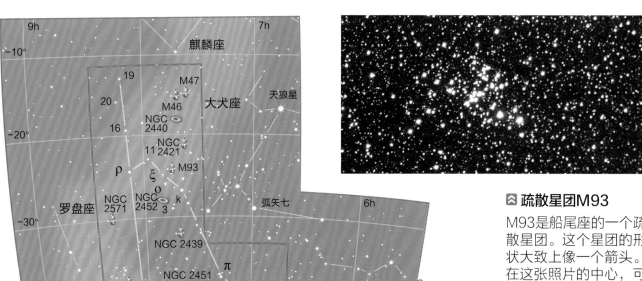

疏散星团M93

⏫ 疏散星团M93

M93是船尾座的一个疏散星团。这个星团的形状大致上像一个箭头。在这张照片的中心，可以很清楚地看到2颗橙色巨星，代表着箭头最顶端。

象征物：船尾甲板

》 重点天体

　　船尾座 ξ（弧矢增十七） 🔭 船尾座ξ是一个光学双星系统；分为一颗3等星和一颗5等星，两者并无关联。借助双筒望远镜就能够分辨出它们。

　　船尾座k 🔭 船尾座k是一个借助小型望远镜能够区分的光学双星系统。这2颗恒星虽然没有相互引力作用，但是视星等和颜色几乎一模一样，均为5等星的蓝白色恒星。

　　船尾座L 👁️ 🔭 船尾座L是一对内眼就可以辨识的双星，借助双筒望远镜可以很清晰地分辨出它们。这对双星中靠北的一颗船尾座L2，是一颗红巨星，也是一颗半规则变星；它的视星等在3.0等至8.0等之间变化，光变周期为5个月左右。

　　M46与M47 🔭 🔭 M46与M47是一对靠得很近的疏散星团。它们位于南天银河之中，共同构成了一个比银河背景还要亮的光斑。在天球上，它们

的尺寸都近似于一个满月。M46的恒星分布比M47更加紧密。此外，M47距离地球更近，大约只有1300光年，是M46与地球距离的1/4多一点。

　　M93 🔭 🔭 M93是船尾座一个非常引人注目的疏散星团，借助双筒望远镜或小型望远镜就能看到它。M93的恒星分布呈三角形或箭头状，并且有2颗橙色巨星位于顶端。M93距离地球大约3500光年。

　　NGC 2451 👁️ 🔭 NGC 2451是船尾座的一个疏散星团。这个星团恒星的分布比M93要松散。其中最亮的恒星是位于星团中心附近的船尾座c，这是一颗4等星的橙色巨星。

　　NGC 2477 🔭 🔭 NGC 2477是船尾座的一个疏散星团，距地球约4200光年。它所含的恒星非常多，估计有2000颗，是最密集的疏散星团之一。

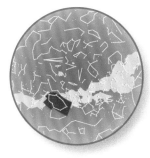

南天球

船帆座 *Vela* Velorum (Vel)

赤经宽度 🖐🖐 赤纬宽度 🖐 面积排名 第32位 完全可见区域 32°N — 90°S

　　船帆座是古希腊星座南船座（象征着古希腊英雄伊阿宋搭乘的阿尔戈号）于18世纪拆分成的四个星座之一。船帆座代表着阿尔戈号的帆。由于船帆座、船底座和船尾座共用一套拜耳名称，而 α 和 β 都位于船底座，所以船帆座恒星编号是从 γ 开始的。

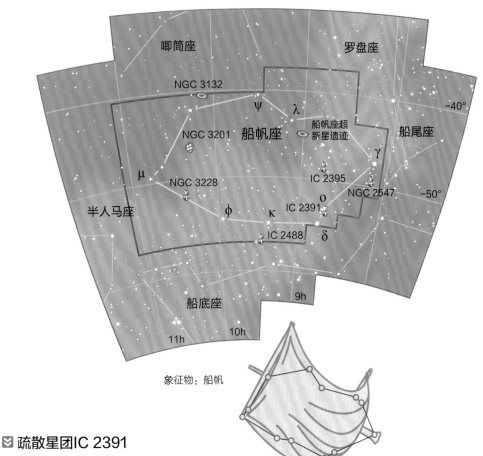

象征物：船帆

重点天体

　　南天伪十字　位于船帆座和船底座交界处的南天，南天伪十字经常会和南十字座混淆。伪十字是由船帆座 δ（天社三）、船帆座 κ（天社五）、船底座 ε（海石一）和船底座 ι（海石二）组成。

　　船帆座 γ（天社一） 👁 🔭 🚀 　船帆座 γ 是船帆座最明亮的一颗星，视星等为1.8等，也是夜空中最明亮的恒星之一。船帆座 γ 至少是由5颗恒星所组成的系统，其中一颗成员星是全天最亮的沃尔夫—拉叶星（Wolf-Rayet star）。沃尔夫—拉叶星是大质量恒星在氢燃烧阶段将其外壳释放后暴露出来的星核，具有很强很宽的发射线。此外，借助高性能双筒望远镜能够看到系统中的一颗4等星；借助天文望远镜则能发现更暗的一颗7等星和一颗9等星。

　　NGC 2547 🔭 🚀 　NGC 2547是船帆座的一个疏散星团，它的视直径大约为满月的一半。

　　NGC 3132（八裂星云，Eight-Brust Nebula） 🚀 📷 📷 　NGC 3132，又称八裂星云，是在船帆座内的一个明亮并且被广泛研究的行星状星云。星云中的气体构成复杂的环状结构交织在一起，并将整个星云分成8份，因此得名。

　　IC 2391 👁 🔭 　IC 2391是船帆座的一个疏散星团。它大约包含30多颗恒星，散布在50弧分（一个满月大小）的空间中。其中最亮的恒星是船帆座 o，是一颗4等星，因此IC 2391也称为船帆座 o 星团。在这个星团北边还有另一个疏散星团IC 2395。

　　船帆座超新星遗迹 📷 📷 　船帆座超新星遗迹来源于约11000年前爆炸的一颗超新星。它也是目前所知的最靠近地球的超新星遗迹之一。在天球上，它位于船帆座 γ 和船帆座 λ 之间。

八裂星云

NGC 3132（八裂星云）　复杂的气体环状结构只能展现在图像之上，如这张借助大型天文望远镜拍摄的照片。若借助小型天文望远镜观测这个星云，则只能看到一个木星大小的盘状结构和位于星云中心的一颗10等星。

疏散星团IC 2391

这个大型疏散星团距离地球大约500光年。它的总视星等为2.5等，因此肉眼就能够找到这个星团。若用双筒望远镜观测，则能看到非常壮观的景象。

船底座 *Carina* Carinae (Car)

赤经宽度 🖐🖐 赤纬宽度 🖐🖐 面积排名 第34位 完全可见区域 14°N — 90°S

船底座是一个著名的南天星座，位于飞鱼座与苍蝇座之间。它原本是古老的南船座的一部分，直到18世纪法国天文学家拉卡伊将南船座分为4个星座，船底座就是其中之一。在古希腊神话中，阿尔戈号是伊阿宋等希腊英雄在雅典娜的帮助下建成的。伊阿宋带着五十个希腊勇士搭乘阿尔戈号前往位于黑海的科尔基斯寻找金羊毛，阿尔戈号在旅途中遇上了重重困难，但伊阿宋完成了使命。阿尔戈号的故事是古希腊神话中浓墨重彩的一笔。船底座象征着船的龙骨，并且"继承"了原本南船座中最为著名的天体，包括全天中第二亮的恒星，老人星（船底座α，Canopus）。

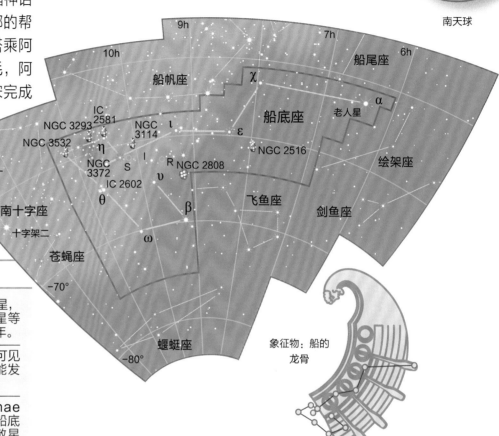

南天球

象征物：船的龙骨

》 重点天体

船底座α（老人星） 👁 船底座α，又称老人星，也有寿星的说法。它是一颗白色的超巨星，视星等为-0.7等，为全天第二亮。老人星距离地球310光年。

NGC 2516 👁 🔭 NGC 2516是一个肉眼可见的大型疏散星团。若使用双筒望远镜观测，则能发现星团的恒星分布呈十字形。

NGC 3372（船底座η星云，Eta Carinae Nebula） 👁 🔭 📷 💻 🔬 NGC 3372，又称船底座η星云，是一个非常巨大的、包围着数个疏散星团的发射星云。它比最著名的猎户座星云大4倍（宽度达到4个满月视直径）且更为明亮，因它位于南天球，所以没有猎户座大星云那么出名。船底座η星云最明亮的部分围绕着一颗特殊的变星，船底座η（海山二）。海山二是银河系中已知亮度（绝对星等）最高的天体。在19世纪中叶，海山二产生了天文史上著名的"假超新星事件"，它的视亮度激增，甚至比老人星还要明亮，但并没有真正爆炸。而如今，海山二是一颗5等的蓝色恒星。

NGC 3532 👁 🔭 NGC 3532是位于船底座的一个细长的疏散星团。这个星团虽然在黑暗的夜空中用肉眼就能看见，但是使用双筒望远镜的效果会更好。

IC 2602（南昴宿星团，Southern Pleiades） 👁 🔭 IC 2602是船底座的一个疏散星团。这个星团距离地球约480光年，肉眼可见其中的几颗亮星，与昴宿星团结构相似，因此也被称为南昴宿星团。不过IC 2602表面亮度比昴宿星团暗70%。星团中最明亮的是船底座θ（南船三），是一颗3等星。

》 船底座η星云

船底座η（海山二）是这幅图像中左下角最亮的恒星。在它的附近，有一块暗色的球状尘埃云，被称为"钥匙孔星云"（Keyhole）。钥匙孔星云实际上是一个非常小且暗的星云，由低温的分子与尘埃构成，它被更明亮的背景衬托出明显的轮廓。

上帝的手指

船底座 η 星云距离地球大约7500光年。在这幅图像中可以看到，在星云明亮的电离氢气体的背景之上，有着一个由浓密的气体和尘埃构成的柱状暗星云，它被称为"上帝的手指"，实际长度约为1光年。这张照片是由哈勃空间望远镜拍摄的，并经过电脑假彩色合成而呈现的。

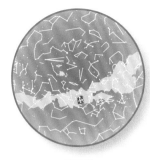

南天球

南十字座 *Crux* Crucis (Cru)

赤经宽度 ✋ 赤纬宽度 ✋ 面积排名 第88位 完全可见区域 25°N — 90°S

南十字座在全天88星座中是最小、最有特色的一个星座，位于半人马座和苍蝇座之间。在古希腊时期，南十字座归属于半人马座的一部分，它们在三个方向上被半人马座包围，夹在两对马脚之间。16世纪，欧洲航海家在探索新大陆的过程中，发现南十字座中较长的轴始终指向南天极能够很方便地判断航向。因此，航海家们将其从半人马座中分割出来，并命名为"南十字"（Southern Cross）。南十字座大部分面积位于南天银河之中，在"十"字形的左下方有一片黑暗的尘埃星云，衬托在明亮的银河背景上，称为"煤袋星云"（Coalsack Nebula）。

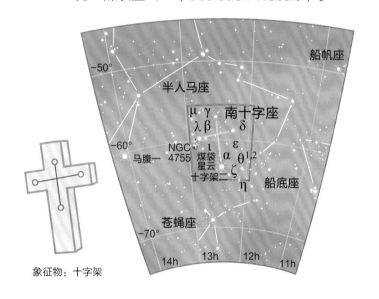

象征物：十字架

》重点天体

南十字座α（十字架二）👁 🔭 ⚹ 南十字座α是南十字座最亮的恒星，也是最靠近南天极的1等星。通过肉眼观测，它是一颗单独的恒星，视星等为0.8等；若借助小型望远镜，则能解析出2颗明亮的蓝白色恒星，视星等分别为1.3等和1.8等。

南十字座γ（十字架一）🔭 南十字座γ是一个光学双星系统。主星是一颗2等红巨星，距离地球88光年，是距离最近的红巨星；伴星距离地球约250光年，是一颗7等星。借助双筒望远镜能够区分它们。

南十字座μ🔭 ⚹ 南十字座μ是一对视距离相距较远的双星，分为一颗4等星和一颗5等星。借助小型望远镜或性能较好的双筒望远镜能够区分它们。

NGC 4755（珠宝盒星团，Jewel Box Cluster）👁 🔭 ⚹ NGC 4755又称珠宝盒星团，是位于南十字座的一个明亮疏散星团（视星等4.2等）。肉眼观看时，珠宝盒星团是一个比银河还要亮的光斑。借助双筒望远镜或小型望远镜，就能解析出其中的恒星，星团宽度大约为满月视直径的1/3。珠宝盒星团是目前已知最年轻的疏散星团之一，其中最著名的就是发出明亮橙色光的红超巨星南十字座κ，仿佛星团中的一颗红宝石，它和星团中大部分发出蓝色光的热恒星形成鲜明对比。由于组成星团的恒星颜色明显不同，就像是一串华丽的珠宝，所以被称为珠宝盒星团。

煤袋星云👁 🔭 煤袋星云是南十字座著名的暗星云，遮挡了其背后明亮的银河星光。煤袋星云通过肉眼或双筒望远镜能够很轻松地找到，它所占据的范围非常大，跨度达到了约12个满月视直径（约长7°、宽5°），并且涵盖至半人马座和苍蝇座。

》煤袋星云

煤袋星云是天空中非常著名的暗星云。在南半球的银河衬托下，很容易用肉眼在南十字座左下角找到一片深色斑块。在这张广角照片中看到，煤袋星云位于中间偏左，半人马座α和半人马座β是照片最左侧的2颗亮星，船底座η星云是中间偏右的那块浅粉色光斑。

苍蝇座 *Musca* Muscae (Mus)

赤经宽度 🖐 　赤纬宽度 🖐 　面积排名 第77位 　完全可见区域 14°N — 90°S

　　苍蝇座是一个南天高纬度星座，位于南十字座和半人马座南边。它是荷兰航海家、天文学家彼得·德克·凯泽（Pieter Dirkszoon Keyser）和弗雷德里克·德·豪特曼（Frederick de Houtman）在16世纪末创立的，象征着一只苍蝇，是南十字座向南延伸的煤袋星云中一小部分（南端），它位于苍蝇座。

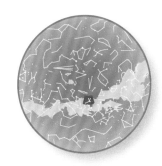

南天球

≫ 重点天体

　　苍蝇座 θ 🏹　苍蝇座 θ 是一个光学双星系统，借助小型望远镜能够区分出一颗6等星和一颗8等星。较亮的那颗恒星是一颗蓝超巨星；较暗的是一颗沃尔夫-拉叶星，是一类释放了外层大气的炽热恒星。

　　NGC 4833 🔭 🏹　NGC 4833是苍蝇座的一个球状星团，借助双筒望远镜或小型望远镜能够看到它。

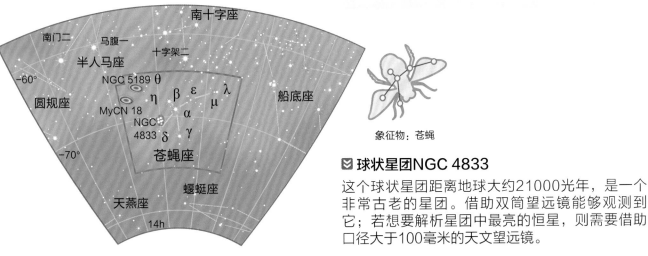

象征物：苍蝇

☑ 球状星团NGC 4833

这个球状星团距离地球大约21000光年，是一个非常古老的星团。借助双筒望远镜能够观测到它；若想要解析星团中最亮的恒星，则需要借助口径大于100毫米的天文望远镜。

南天球

圆规座 *Circinus* Circini (Cir)

赤经宽度 ✋   赤纬宽度 ✋   面积排名 第85位   完全可见区域 19°N — 90°S

圆规座是一个细小、暗淡的南天星座，夹在半人马座和南三角座之间。圆规座在天球上位置并不难找，因为它紧挨着南门二（半人马座α），全天第三亮的恒星。星座内部几乎没有值得业余天文爱好者观测的天体。圆规座的3颗亮星构成了一个非常细长的等腰三角形，形似绘图中用于画圆的圆规。它是法国天文学家尼可拉·路易·拉卡伊于18世纪根据科学仪器命名的星座之一。

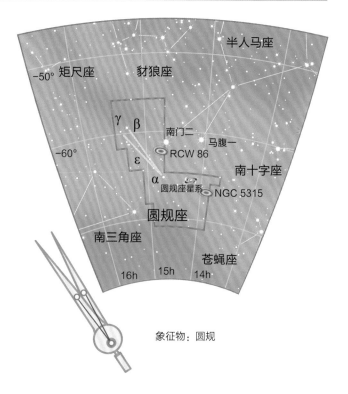

象征物：圆规

》 重点天体

圆规座α（南门增二）🔭 圆规座α是圆规座最亮的恒星，视星等为3.2等。借助小型望远镜可以发现圆规座α是一个明显的双星系统，分为一颗3等星和一颗9等星。

》 圆规座星系

圆规座星系是一个典型的赛弗特星系，距离地球大约1300万光年。这类星系拥有一个非常巨大且明亮的星系核（通常认为是一个超大质量黑洞）。通过这张由哈勃空间望远镜拍摄的照片可以看到，炽热的气体（紫红色）从这个星系的星系核中被抛射出来。

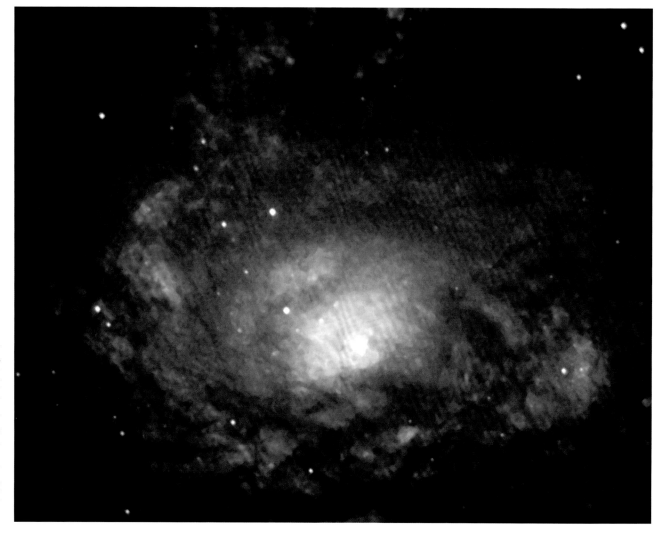

矩尺座 *Norma* Normae (Nor)

赤经宽度 ✋ 赤纬宽度 ✋ 面积排名 第74位 完全可见区域 29°N — 90°S

　　矩尺座是一个小而暗淡的南天星座，位于天蝎座与豺狼座之间，整个星座都沉浸在南天银河之中。矩尺座是法国天文学家尼可拉·路易·拉卡伊在18世纪中叶创立的，拉卡伊最初把这个星座称作"Norma et Regula"（即角尺与直尺），象征木工的用具。矩尺座天区范围经历多次变更后，原本拉卡伊所指名的矩尺座α与β被纳入天蝎座天区内，分别成为现在的天蝎座N、天蝎座H星，所以矩尺座的恒星的拜耳命名是从γ开始的。

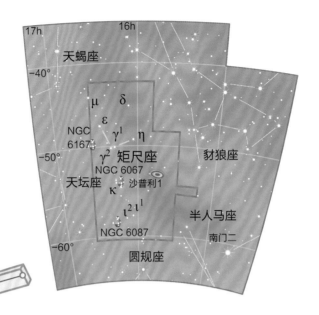

南天球

象征物：三角板

≫ 重点天体

　　矩尺座 γ² 👁 矩尺座γ²是矩尺座的最亮星，视星等为4.0等。它与矩尺座γ¹组成了一对光学双星，矩尺座γ¹的视星等为5.0等，这2颗恒星通过肉眼就能区分。这对双星在视线方向上相距很远，没有引力的相互作用。

　　矩尺座 ε 🔭 矩尺座ε是一个光学双星系统，分为一颗5等星和一颗6等星，借助小型望远镜能够区分它们。

　　矩尺座 ι¹ 🔭 矩尺座ι¹是一个光学双星系统，分为一颗5等星和一颗8等星，借助小型天文望远镜能够分辨出它们。此外，在天文望远镜的视场中，还能看到另一颗恒星矩尺座ι²。这3颗恒星之间彼此没有力学关系。

　　NGC 6087 🔭 NGC 6087是位于矩尺座的一个大型疏散星团，借助双筒望远镜能够找到它。这个星团是具有辐射状的星链。位于星团中心的是这个星团最亮的恒星矩尺座S，是一颗造父变星。视星等在6.1等至6.8等之间变化，光变周期为9.8天。

≫ 天空中的"烟圈"

沙普利1（Shapley 1）是一个位于矩尺座的行星状星云，距离地球大约2500光年。从这张由位于智利的欧洲南方天文台新技术望远镜（New Technology Telescope）拍摄的照片中可以看到，这个行星状星云呈现一个非常对称的环状结构，看上去像一个烟圈。它在星云中心是一对靠得很近的联星，也是星云物质的来源。

"音符"般的星系

这对星系的编号为ESO 69-6，位于南三角座，距离地球大约6.5亿光年。在遥远的过去这对星系曾经"擦肩而过"。星系外围区域的恒星和气体在强大引力的作用下被拉扯了出来，形成了两条非常长的潮汐尾，看上去就像天空中两个美丽的音符。

南三角座 *Triangulum Australe* Trianguli Australis (TrA)

赤经宽度 🖐 赤纬宽度 🖐 面积排名 第83位 完全可见区域 19°N — 90°S

南天球

南三角座是一个南天的小星座，它是荷兰航海家彼得·德克·凯泽和弗雷德里克·德·豪特曼在16世纪末创立的。整个星座沉浸在南天银河之中，在天球上距离南门二（半人马座 α）不远。虽然南三角座的面积比北天球三角座面积小，但是组成南三角座的3颗恒星比北天球三角座更明亮，因此南三角座更为突出。其中三角形三（南三角座 α）视星等为1.9等，三角形二（南三角座 β）视星等为2.8等，三角形一（南三角座 γ）视星等为2.9等。不过南三角座却没有很多能够通过小型天文望远镜观测的深空天体。

》 重点天体

NGC 6025 🔭 ☄ NGC 6025是位于南三角座北部边缘的一个疏散星团，借助双筒望远镜能够找到它。这个疏散星团呈现一个醒目的长条形，长度大约为满月视直径的1/3。

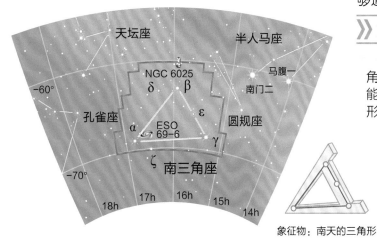

象征物：南天的三角形

天坛座 *Ara* Arae (Ara)

赤经宽度 〰 赤纬宽度 〰 面积排名 第63位 完全可见区域 22°N — 90°S

天坛座是一个处于南天银河的小星座，位于天蝎座的正南方。它是托勒密最早划分出的48个星座之一。在古希腊神话中，天坛座象征着一个祭坛，宙斯及奥林匹斯山众神在这个祭坛前立誓推翻克洛诺斯残暴的统治，经过长达10年的战争后，宙斯终于取得胜利，为纪念当初立誓之事，故在天上设天坛座。天坛座的底座朝北，顶部朝南，银河象征着从祭坛中冉冉升起的圣火。

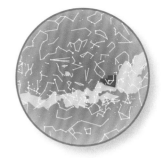

南天球

》 重点天体

NGC 6193 ♏ NGC 6193是位于天坛座一个引人注目的、肉眼可见的疏散星团，借助双筒望远镜就能很好地观测它。这个星团由大约30颗恒星组成，其中最明亮的星是6等星。这些恒星所散布的空间约为满月的面积的1/4。

NGC 6397 ♏ ✦ NGC 6397是最靠近地球的球状星团之一，距离地球大约7500光年，借助双筒望远镜或小型望远镜就能看到非常不错的效果。这个球状星团的目视直径超过了满月的一半，其中心拥有非常密集的恒星，但是外围区域的恒星分布相比其他球状星团要松散很多。

象征物：祭坛

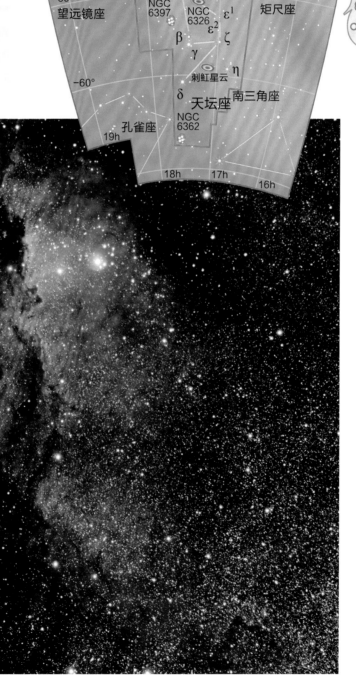

《 星团与星云

NGC 6188是天坛座的一个发射星云，在星云中心是明亮的、肉眼可见的疏散星团NGC 6193。这些恒星非常明亮，照亮着环绕在周围的星云，形成了恒星周围弥漫的蓝色辉光。此外，散发红光光芒的发射星云中，还弥漫着由冷气体和尘埃构成的暗星云结构，这些暗星云的实际长度可达几十光年。NGC 6188和NGC 6193距离地球大约4000光年。

南天球

南冕座 *Corona Australis* Coronae Australis (CrA)

赤经宽度 ✋ 赤纬宽度 ✋ 面积排名 第80位 完全可见区域 44°N — 90°S

南冕座是一个很小却很突出的南天星座。它位于银河的边缘，紧挨着人马座的脚部和天蝎座的尾部。南冕座最显著的特征是一串亮星排列成的弧形结构，象征着人马座头上掉落的一顶皇冠，这些恒星均为4等星或更暗。南冕座是托勒密在公元2世纪划分出的48个星座之一。

》重点天体

南冕座γ（鳖七） ✗ 南冕座γ是一个联星系统。想要分辨出系统中的2颗5等星是一件很有挑战性的事，需要借助口径大于100毫米的天文望远镜。这对恒星均呈黄白色，视亮度接近，每122年相互围绕轨道运行一周。从地球方向看去，这2颗恒星如今正在缓慢地互相远离，能够更加容易地被分辨。

南冕座κ ✗ 南冕座κ是一个光学双星系统，由两颗6等星组成，借助小型天文望远镜就能比较容易地区分它们。

NGC 6541 🔭 ✗ NGC 541是南冕座的一个中型球状星团。这个星团的视直径大约是满月的1/3，借助双筒望远镜或小型天文望远镜能够看到它。

象征物：南方皇冠

☑ 闪耀的星芒

这些闪耀的恒星属于南冕座R星团。这是一个距离地球大约500光年的小型疏散星团，也是一个恒星生成非常活跃的区域。这幅图像是由太空卫星在不可见的X射线和红外线波段拍摄的照片而合成的。在可见光波段，若想要看到星团中的恒星和周围的辉光，则需要借助大型天文望远镜。

◀◀ 富含尘埃的旋涡星系

NGC 6861是望远镜座的一个旋涡星系。它斜对着地球，视亮度很低。这张由哈勃空间望远镜拍摄的照片揭示了旋涡星系NGC 6861的重要细节：有大量的尘埃围绕着星系核旋转。这些尘埃带由大量的气体、尘埃组成，因遮蔽了背后无数群星的光而显形。NGC 6861是距离地球大约9000万光年的小型星系团（大约有10多个成员），其中NGC 6861的视亮度在此星系团中位列第二，仅次于NGC 6868。

望远镜座 *Telescopium* Telescopii (Tel)

赤经宽度 🖐️🖐️　赤纬宽度 🖐️　面积排名 第57位　完全可见区域 33°N — 90°S

　　望远镜座是一个不起眼的南天星座，位于人马座和南冕座的南方。它是法国天文学家尼可拉·路易·拉卡伊在18世纪创立的，代表着望远镜。望远镜座与显微镜座在天球上相距很近，拉卡伊将这两种光学仪器的名称放在一起，象征着放眼宏观世界，洞察微观世界。不过望远镜座中的恒星都比较暗淡，并且排列的形状很难让人联想成一台望远镜。

▶▶ 重点天体

　　望远镜座 δ 👁 🔭　望远镜座 δ 是一个由2颗5等星组成的光学双星系统，这对恒星之间没有力学联系。视力较好的观测者，甚至不需要借助双筒望远镜就能分辨出它们。

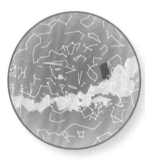

南天球

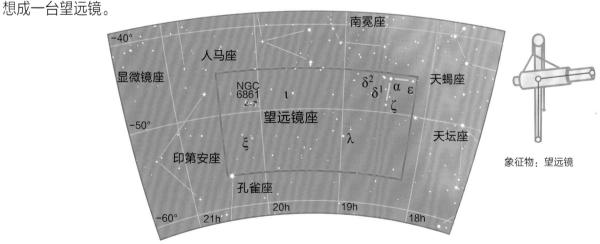

象征物：望远镜

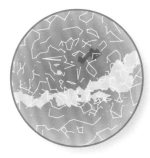

南天球

印第安座 *Indus* Indi (Ind)

赤经宽度 🖐 　赤纬宽度 🖐🖐 　面积排名 第49位 　完全可见区域 15°N - 90°S

印第安座是南天的一个星座，它是荷兰航海家、天文学家彼得·德克·凯泽和弗雷德里克·德·豪特曼在16世纪末创立的。印第安座象征着一个手持矛和箭的印第安人，不过这个印第安人指的是中世纪荷兰探险者们在东方发现的印度人还是美洲所有的原住民（两者的英文名是一样的，都为Indian），却不得而知。印第安座的恒星所排列成的形状，很难让人联想为一个人。

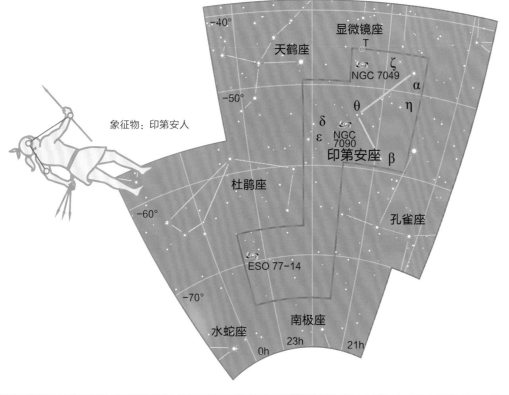

象征物：印第安人

重点天体

印第安座 ε 👁 🔭 　印第安座 ε 是距地球最近的恒星之一，它与地球的距离仅为11.8光年，视星等为4.7等。印第安座 ε 属于一颗主序星，质量、体积比太阳稍小一些，表面温度比太阳稍低一些，呈浅橙色。

印第安座 θ 🏹 　印第安座 θ 是一个双星系统。较亮的主星视星等为4.5等，较暗的伴星视星等为6.9等。借助小型天文望远镜能够分辨出这2颗星。

旋涡星系NGC 7090

NGC 7090是印第安座的一个旋涡星系。这个星系侧对着地球，看上去呈一个偏心率很大的椭圆形。在这幅由哈勃空间望远镜拍摄的图像中可以看到，许多粉红色的点状区域遍布星系，这些都是电离氢气体的标志，恒星正在其中诞生；另外一些暗色的区域则是冷气体和尘埃的聚集区。NGC 7090距离地球大约3000万光年。

天鹤座 *Grus* Gruis (Gru)

赤经宽度 🖐️ 赤纬宽度 🖐️ 面积排名 第45位 完全可见区域 33°N — 90°S

天鹤座是一个南天星座，位于南鱼座之南，杜鹃座之北。最初，组成天鹤座的恒星被认为是邻近星座南鱼座的一部分。16世纪末，荷兰航海家、天文学家彼得·德克·凯泽和弗雷德里克·德·豪特曼划定了天鹤座这个星座，象征着一种长颈涉水鸟——鹤。

南天球

》》重点天体

天鹤座 β（鹤二）👁️ 🔭 天鹤座 β 是天鹤座的第二亮星，过去也被视作南鱼座的鱼尾。它是一颗红巨星，同时也是半规则变星，视星等变化在2.0等到2.3等之间。

天鹤座 δ 👁️ 🔭 天鹤座 δ 是天鹤座2个肉眼可辨的光学双星系统之一。它由一颗4等的黄巨星和一颗视亮度相近的红巨星组成，2颗恒星之间没有关联。

天鹤座 μ 👁️ 🔭 天鹤座 μ 是天鹤座另一个肉眼可辨的光学双星系统，由2颗差不多视亮度（均为5等星）的黄巨星组成。这2颗恒星虽然十分相似，但它们之间没有引力联系。

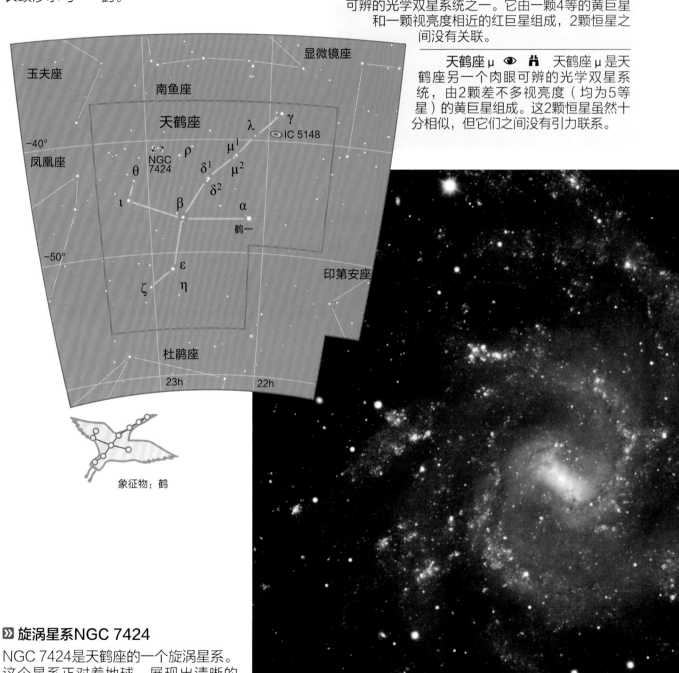

象征物：鹤

》 旋涡星系NGC 7424

NGC 7424是天鹤座的一个旋涡星系。这个星系正对着地球，展现出清晰的旋臂结构。它的星系核呈短棒状结构，在分类中属于旋涡星系中的棒旋星系。在银河系外观测我们所处的银河系，所看到的结构与NGC 7424有些类似。NGC 7424距离地球大约4000万光年。

南天球

凤凰座 *Phoenix* Phoenicis (Phe)

赤经宽度 ✋✋　赤纬宽度 ✋　面积排名 第37位　完全可见区域 32°N — 90°S

　　凤凰座是南天星座之一，位于玉夫座以南，杜鹃座以北，波江座与天鹤座之间。它是荷兰航海家彼得·德克·凯泽和弗雷德里克·德·豪特曼在16世纪末创立的12个新星座中最大的一个，象征着一只从火焰中展翅高飞的新生凤凰。

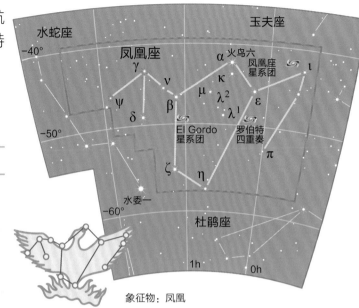

象征物：凤凰

》 重点天体

凤凰座ς（水委二）🏹　凤凰座ς是一个光学双星系统。借助小型天文望远镜能看到一颗4等星和一颗8等星。其中较亮的那颗星本身也是一颗食变星，属于大陵五型变星，它的视星等在3.9等至4.4等之间变化，光变周期为1.7天。

》 强大的X射线源

凤凰座星系团产生比其他已知的大质量星系团有更多的X射线，是所有星系团中最强大的X射线源。从这张由钱德拉X射线天文台拍摄的凤凰座星系团的照片中可以看到，大量炽热的气体（呈蓝色）充斥在星系之间的宇宙空间中，因此凤凰座星系团的恒星形成率也是至今所有纪录中最活跃的。凤凰座星系团距离地球大约50亿光年。

杜鹃座 *Tucana* Tucanae (Tuc)

赤经宽度 🖐🖐 赤纬宽度 🖐 面积排名 第48位 完全可见区域 14°N — 90°S

杜鹃座是一个南天高纬度星座，紧挨着波江座的最南端。它是荷兰航海家彼得·德克·凯泽和弗雷德里克·德·豪特曼在16世纪末创立的。最初，杜鹃座代表着印度地区的一种鸟类，后来象征着生活在中南美洲地区的大嘴鸟。杜鹃座最亮的恒星是鸟喙一（杜鹃座 α），视星等为2.8等。

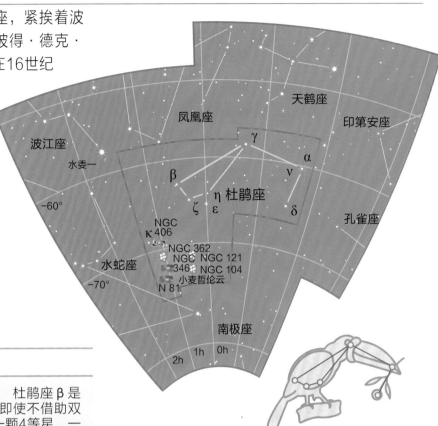

南天球

象征物：大嘴鸟

⬆ 杜鹃座47

借助天文望远镜观测杜鹃座47，能够看到这个球状星团有着一个非常明亮且密集的核心，外围区域则相对稀疏。

》重点天体

杜鹃座 β（鸟喙四） 👁 🔭 ⚹ 杜鹃座 β 是一组三星系统。视力较好的观测者即使不借助双筒望远镜也能分辨出其中2颗星（一颗4等星，一颗5等星）。借助小型天文望远镜，就能够发现较亮的那颗星本身也是由2颗恒星组成的。

杜鹃座 κ ⚹ 杜鹃座 κ 是一个双星系统，分为一颗5等星和一颗7等星。借助小型天文望远镜就能够区分它们。

小麦哲伦云（Small Magellanic Cloud，SMC） 👁 🔭 ⚹ 小麦哲伦云又称小麦哲伦星系，是银河系两个伴星系中较小的一个，距离地球大约19万光年。通过肉眼观测，小麦哲伦云看上去像是一块与南天银河分离的模糊光斑，视直径约为满月的7倍。若借助双筒望远镜或小型天文望远镜，就能够解析出小麦哲伦云中遍布的恒星和星团。

杜鹃座47（NGC 104） 👁 🔭 ⚹ 杜鹃座47是杜鹃座一个非常著名的球状星团，靠近小麦哲伦云。不过杜鹃座47与小麦哲伦云之间并没有联系，它距离地球大约1.5万光年，是一个位于银河系的前景天体。通过肉眼观测，它看上去像一颗模糊的4等星，因此最初以弗兰斯蒂德命名法命名。而在望远镜视场中，杜鹃座47所涵盖的范围与满月接近。杜鹃座47是全天第二亮的球状星团，仅次于半人马座 ω。

NGC 362 🔭 ⚹ NGC 362是杜鹃座的一个球状星团，位于小麦哲伦云的北端，比杜鹃座47小一些、暗一些。需要借助双筒望远镜或小型天文望远镜才能看见。尽管它比邻居杜鹃座47稍显失色，仍展现出非常壮观的结构。同样，它与小麦哲伦云之间并没有联系，属于银河系的一部分。

⬆ 星系与星团

在这张照片中，两个非常著名的天体联在了一起。小麦哲伦云（左侧）是一个环绕着银河系的矮星系，它原本是棒旋星系，因为受到银河系的扰动才成为不规则星系。杜鹃座47（右侧）则是一个球状星团，它与地球的距离要比小麦哲伦云短17.5万光年，属于银河系的一部分。

南天球

水蛇座 *Hydrus* Hydri (Hyi)

赤经宽度 （手）　赤纬宽度 （手）　面积排名 第61位　完全可见区域 8°N — 90°S

水蛇座是一个远离黄道的南天高纬度星座，位于大小麦哲伦云之间。它是荷兰航海家、天文学家彼得·德克·凯泽和弗雷德里克·德·豪特曼在16世纪末创立的。水蛇座和长蛇座是两个容易混淆的星座，它们都象征着一条水蛇。长蛇座创立于古希腊时期，是全天最大的星座；水蛇座是一个创立于中世纪的小星座。水蛇座最亮的恒星是蛇尾一（水蛇座β），视星等为2.8等。

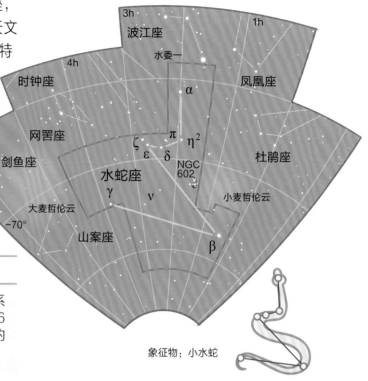

象征物：小水蛇

》重点天体

水蛇座 π （双筒镜）　水蛇座 π 是一个光学双星系统，借助双筒望远镜能够区分。这对恒星均为6等的红巨星；虽然形态相似，但是它们与地球的距离不同，因此没有联系。

》年轻的星团

在小麦哲伦云外围，距离地球20万光年远的一个卫星星系里，有一个年仅500万年的年轻星团NGC 602。大质量年轻恒星发出的高能辐射影响到附近的尘埃，并从星云中心向外触发了一连串的恒星形成。NGC 602周围仍然包裹着伴随它们出生的云气结构（暗色），其中柱状的尘埃气体指向星云的中心。

时钟座 *Horologium* Horologii (Hor)

赤经宽度 🤚🤚 赤纬宽度 🤚 面积排名 第58位 完全可见区域 23°N — 90°S

　　时钟座是一个暗淡不起眼的南天小星座，紧挨着波江座的"下游"。它是法国天文学家尼可拉·路易·拉卡伊在18世纪创立的一系列以科学仪器命名的星座之一。象征在天文观测中最初使用的一类摆钟。

南天球

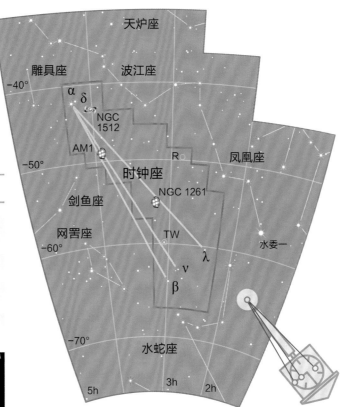
象征物：摆钟

❯❯ 重点天体

　　时钟座R 🔭 ✈ 时钟座R是一颗红巨星，同时属于米拉变星。它的光度变化非常大，最亮时是一颗5等星，而最暗时是一颗14等星，光变周期大约为13个月。

　　NGC 1261 ✈ NGC 1261是一个相对致密的球状星团，距离地球超过50000光年。在小型望远镜的视场里这个球状星团隐约可见，想要看清更多细节则需要更大口径的望远镜。

⏫ 球状星团的中心

NGC 1261是时钟座的一个球状星团，借助小型天文望远镜能够看到它。这是一幅NGC 1261在红外波段的图像，由位于智利的隶属于欧洲南方天文台的新技术望远镜拍摄，展现了这个球状星团核心区域的结构特征。

⏩ 壮观的星环

NGC 1512是时钟座的一个棒旋星系，距离地球大约3000万光年。NGC 1512的结构非常特别：它有两个恒星环，其中一个环绕着星系核，另一个则位于星系盘外缘。这张壮丽的彩色图像展现了内环的结构（外环的直径远大于内环，照片视场无法容纳），由哈勃空间望远镜拍摄的多波段图像组合而成。呈短棒状的星系核在图像中并不可见，不过它正在不断地吸入环绕着它的恒星，并产生剧烈的恒星诞生活动。

南天球

网罟座 *Reticulum* Reticuli (Ret)

赤经宽度 🤚　赤纬宽度 🤚　面积排名 第82位　完全可见区域 23°N — 90°S

　　网罟座是一个很小的南天星座，位于大麦哲伦云附近。网罟座是法国天文学家尼可拉·路易·拉卡伊在18世纪创立的，名称是为了纪念在天文望远镜目镜中使用的便于精密观测的网，即十字丝。十字丝的定位使用大大提高了测定恒星位置的精确度。网罟座几颗主要恒星构成了一个菱形，让人联想到十字丝的结构。

≫ 重点天体

　　网罟座 ζ 🔭　网罟座 ζ 是一个宽联星系统。在良好的天气环境下，这对联星甚至可以不借助双筒望远镜而用肉眼进行区分。两颗恒星视星等接近，均为5.0等；并且它们与太阳的性质相似，为黄色的主序星。这对联星距离地球39光年，相互环绕的周期至少为17万年。

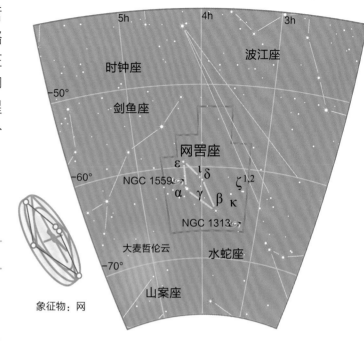

象征物：网

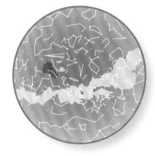

南天球

绘架座 *Pictor* Pictoris (Pic)

赤经宽度 🤚🤚　赤纬宽度 🤚🤚　面积排名 第59位　完全可见区域 26°N — 90°S

　　绘架座是一个暗淡的南天星座，毗邻船底座和船尾座。它是法国天文学家尼可拉·路易·拉卡伊在18世纪创立的。最初绘架座被命名为"Equuleus Pictorius"，"Equuleus"意指小型马——也许是由于古代的画家用驴子来载画架的缘故，后来这个名字被缩写至现有的一个单词。

≫ 重点天体

　　绘架座 β （老人增四）📷 ⚖　绘架座 β 是一颗非常年轻的主序星。根据观测有一个由气体和尘埃构成的大岩屑盘围绕着这颗恒星旋转；岩屑盘的发现预示着行星正在其中形成，就如当初太阳系中行星的形成一样。可惜的是，绘架座 β 的岩屑盘只能通过装有特殊装置的专业望远镜才能进行观测。绘架座 β 距离地球63光年。

　　绘架座 ι 🔭　绘架座 ι 是一个光学双星系统，由两颗6等星组成。借助小型望远镜能够分辨出它们。

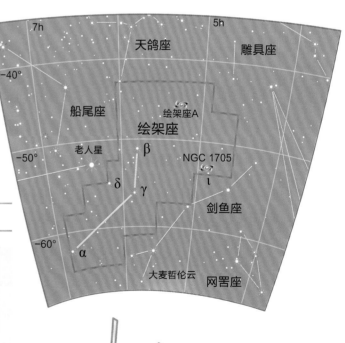

象征物：画架

剑鱼座 *Dorado* Doradus (Dor)

赤经宽度 🖐🖐 赤纬宽度 🖐🖐 面积排名 第72位 完全可见区域 20°N — 90°S

　　剑鱼座是一个南天星座。它是荷兰航海家、天文学家彼得·德克·凯泽和弗雷德里克·德·豪特曼在16世纪末创立的。象征一种热带海洋生物——剑鱼，它是海中游速最快的鱼类之一。银河系的伴星系大麦哲伦云，位于剑鱼座与山案座两个星座的交界处，跨越了两个星座，它的大部分位于剑鱼座天区内，其余部分在山案座天区内。

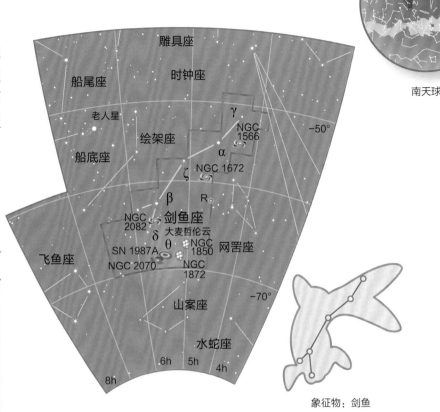

南天球

象征物：剑鱼

》 重点天体

　　剑鱼座β（金鱼三）👁 🔭　　剑鱼座β是剑鱼座的第二亮星，同时是一颗造父变星。它的视星等在3.4等至4.1等之间变化，光变周期为9.8天。

　　剑鱼座R 👁 🔭　　剑鱼座R是一颗红巨星，也是一颗米拉变星，它的视星等在4.8等至6.6等之间变化，光变周期为6个月左右。

　　NGC 2070（蜘蛛星云，Tarantula Nebula）👁 🔭 📷 🖥　　NGC 2070又称蜘蛛星云，是大麦哲伦云中最为引人注目的天体，它的表面亮度非常高，甚至能够通过肉眼看到。在蜘蛛星云的中心是一个直径约35光年的星团，蜘蛛星云的大部分光芒就是由这个星团所激发而发出的。借助双筒望远镜或小型望远镜就能够看到它。SN 1987A是发生在蜘蛛星云附近的一次超新星爆发，最亮时它的视星等达到了3.0等，也是近400年来第一颗能通过肉眼看到的超新星。

　　大麦哲伦云（Large Magellanic Cloud，LMC）👁 🔭 📷　　大麦哲伦云又称大麦哲伦星系，是银河系两个伴星系中较大的一个，距离地球大约17万光年。大麦哲伦云以前是棒旋星系，受到银河系的重力扰动才成为不规则星系，因此在中央仍保有短棒的结构。第一眼看过去，大麦哲伦云仿佛是从南天银河中分离出来的一部分。它的视直径非常大，达到了12个满月。若借助双筒望远镜或小型望远镜观测，则能够看到这个矮星系中不少的星团和星云。虽然大麦哲伦云是以第一位环航地球的航海家麦哲伦命名的，但是对于它的观测，可以追溯到公元10世纪一位阿拉伯天文学家阿尔苏飞。

》 蜘蛛星云

在这张天文摄影照片中，呈现了蜘蛛星云壮观的画面。从中心的星团辐射出的云气结构仿佛蜘蛛的腿，蜘蛛星云因此得名。

蜘蛛星云的中心

这张照片是由哈勃空间望远镜拍摄的,呈现了蜘蛛星云中心部分的红外波段图像,揭示出蜘蛛星云中心一些最新诞生的恒星,这些恒星发出的光芒在可见光波段被前方的尘埃云遮挡。蜘蛛星云是一个肉眼可见的发射星云,位于剑鱼座的大麦哲伦云,距离地球大约17万光年。

天空中的"火轮"

AM 0644-741是一个透镜星系和环星系的组合，位于飞鱼座，距离地球3亿光年。它有一个美丽的蓝色恒星环，直径有15万光年，比银河系要大很多。恒星环是由于在引力的扰动下，这个星系与另一个更小星系擦肩而过（并不在图像中）形成的。

飞鱼座 *Volans* Volantis (Vol)

赤经宽度 🖐 赤纬宽度 🤚 面积排名 第76位 完全可见区域 14°N — 90°S

南天球

飞鱼座是一个小且暗淡的南天星座，位于船底座和大麦哲伦云之间。它是荷兰航海家、天文学家彼得·德克·凯泽和弗雷德里克·德·豪特曼在16世纪末创立的。最初，它被命名为"Piscis Volans"，是一种飞鱼的名称，之后被缩短为现在的拉丁名。飞鱼是一种热带鱼类，当它们跃出水面之后，会张开胸鳍，借此滑行百米以上的距离，这在当时给欧洲航海家们留下了深刻的印象。飞鱼座位于银河系的边缘，几乎没有值得业余天文爱好者观测的深空天体。

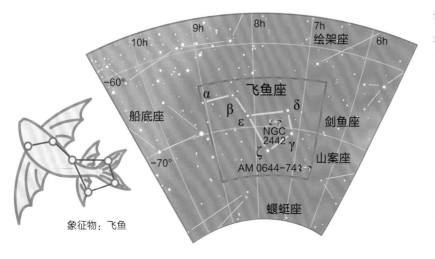

象征物：飞鱼

》》 重点天体

飞鱼座 γ（飞鱼二）♐ 飞鱼座 γ 是一个双星系统，分为一颗4等的橙色恒星和一颗6等的黄色恒星。借助小型天文望远镜能够区分这对色彩鲜明的双星。

飞鱼座 ε ♐ 飞鱼座 ε 是飞鱼座的另一个双星系统，由一颗4等星和一颗7等星组成。借助小型望远镜能够分辨它们。相比于飞鱼座 γ，这对双星均为蓝白色，颜色不是很鲜明。

山案座 *Mensa* Mensae (Men)

赤经宽度 🖐 　赤纬宽度 🖐 　面积排名 第75位　完全可见区域 5°N — 90°S

　　山案座是南天极附近的一个小星座，也是全天88星座中最暗的。山案座的最亮星——山案座 α 的视星等也仅仅为5.1等，也是山案座唯一能被肉眼所见到的星。大麦哲伦云自剑鱼座向南延伸至山案座，其大约1/3的面积位于山案座内。山案座是法国天文学家尼可拉·路易·拉卡伊在18世纪创立的，是为了纪念拉卡伊当年在南非开普敦的观测地点桌案山（Table Mountain）。大麦哲伦云就如同桌案山山顶常年所笼罩的云雾。

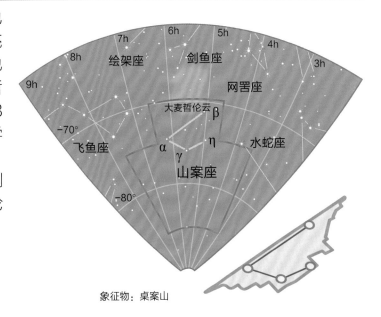

象征物：桌案山

南天球

≪ 大麦哲伦云

大麦哲伦云是银河系的伴星系，在形态分类中属于不规则星系。此星系富含气体和尘埃，拥有许多恒星活跃生成的区域，如位于这幅图像（左上角）的蜘蛛星云。

南天球

蝘蜓座 *Chamaeleon* Chamaeleontis (Cha)

赤经宽度 🖐🖐 赤纬宽度 🖐 面积排名 第79位 完全可见区域 7°N — 90°S

　　蝘蜓座是南天极附近一个暗淡的小型星座。它是荷兰航海家、天文学家彼得·德克·凯泽和弗雷德里克·德·豪特曼在16世纪末创立的，象征着一种会改变体色来伪装的蜥蜴——变色龙。在与蝘蜓座毗邻的苍蝇座，也是由凯泽和豪特曼创立的，代表着苍蝇。在早期的星图中，蝘蜓座伸出了细长的舌头来捕食苍蝇。

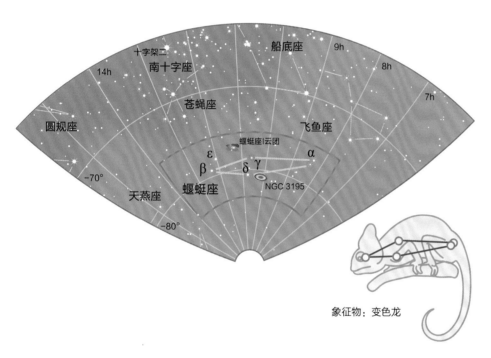

象征物：变色龙

》》 重点天体

　　蝘蜓座δ 🔭 蝘蜓座δ是一个相距很宽的光学双星系统，分为一颗4等星和一颗5等星，两颗恒星之间没有联系。借助双筒望远镜就能很轻松地区分它们。

　　NGC 3195 🔭 NGC 3195是蝘蜓座的一个行星状星云，也是天空中所有明亮的行星状星云中最偏南的。它的外观略呈椭圆，涵盖范围约为木星的大小。需要借助较大口径的望远镜，才能看见这个行星状星云。

》 复杂的云气结构

这幅图像是由欧洲南方天文台拍摄，并经过假彩色合成而得到的，呈现了壮观而复杂的云气结构。这些云气结构是由气体和尘埃组成的，并被后方明亮的年轻恒星所照亮；同时这些气体尘埃云也是恒星诞生的场所。这团气体尘埃云位于蝘蜓座，距离地球大约500光年，也是最靠近恒星活跃的诞生区。

天燕座 *Apus* Apodis (Aps)

赤经宽度 ✋ 赤纬宽度 ✋ 面积排名 第67位 完全可见区域 7°N — 90°S

天燕座是位于南天极附近的一个小星座；它所涵盖的天区没有明亮的深空天体。天燕座是由荷兰航海家、天文学家彼得·德克·凯泽和弗雷德里克·德·豪特曼在16世纪末创立的，象征着巴布亚新几内亚的一种鸟类——天堂鸟。最初，天燕座的名字是"Paradysvogel Apis Indica"，是由荷兰天文学家、制图员彼得勒斯·普朗修斯于1598年命名的，17世纪至18世纪，它被称为"Apis Indica"，最后缩减为如今的拉丁名。

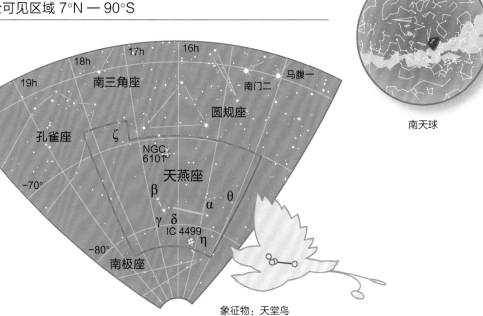

南天球

象征物：天堂鸟

❯❯ **重点天体**

天燕座 δ（异雀六） 🔭 天燕座 δ 是天燕座一对相距较远的光学双星，由2颗5等的红巨星组成，但它们之间没有联系。借助双筒望远镜能够很轻松地分辨出它们。

天燕座 θ 🔭 天燕座 θ 是一颗红巨星，也是一颗半规则变星。它的视亮度在5等星和7等星之间变化，光变周期为4个月左右。

☑ **南天极附近的球状星团**

IC 4499是天燕座的一个暗淡的小型球状星团，相对其他球状星团，IC 4499更稀疏也更年轻。一般的业余天文望远镜只能勉强地看到这个球状星团。这张壮观的图像是由哈勃空间望远镜拍摄的，呈现出星团中密密麻麻闪耀恒星的景象。IC 4499距离地球大约50000光年。

孔雀座 *Pavo* Pavonis (Pav)

赤经宽度 🖐️   赤纬宽度 🖐️   面积排名 第44位   完全可见区域 15°N — 90°S

南天球

　　孔雀座是南天高纬度地区的一个星座，是荷兰航海家、天文学家彼得·德克·凯泽和弗雷德里克·德·豪特曼在16世纪末创立的12个星座之一。它象征着当时航海家们在东南亚探索时遇见的一种鸟类——孔雀。孔雀座位于南天银河的边缘，毗邻天空中的另一只鸟——大嘴鸟（杜鹃座）。近期的研究发现孔雀座可能在古希腊时期就已经有所记载：在古希腊神话中，孔雀座象征着天后赫拉的圣鸟，牵引着她的战车，赫拉相信驾驶着孔雀所拉的战车能够直通天堂。

》》重点天体

　　孔雀座 κ 👁️ ⊙ 🔭　孔雀座 κ 是一颗明亮的造父变星。它的视星等在3.9等至4.8等之间变化，光变周期为9.1天。这颗造父变星即使不借助天文设备，通过肉眼也能够看到。

　　孔雀座 ξ 🔭　孔雀座 ξ 是一个双星系统，分为一颗4等星和一颗8等星。由于这对双星视亮度差异较大，如果使用小型天文望远镜观测，较亮的那颗星的光芒将会盖住较暗的那颗星。

　　NGC 6744 🔭　NGC 6744是孔雀座的一个大型棒旋星系，正面朝向着地球。若借助中小型天文望远镜观测，看上去星系是一个椭圆形的光斑。NGC 6744距离地球大约3000万光年。

　　NGC 6752 🔭 🔭　NGC 6752是天球上一些最大、最明亮的球状星团之一。它的视星等为5.4等，很接近肉眼观测的极限。借助双筒望远镜就能很轻松地找到它。这个球状星团的视直径约为满月的一半。若借助口径大于75毫米的天文望远镜，就能够解析出这个球状星团中最亮的几颗恒星。

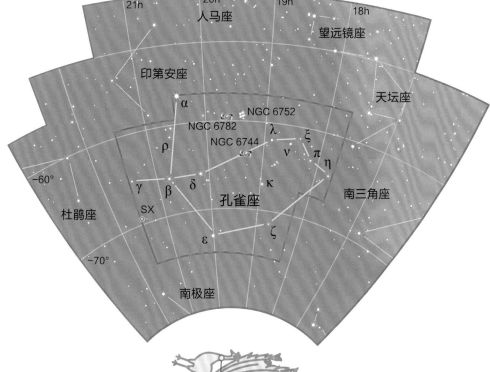

象征物：孔雀

《 球状星团NGC 6752

NGC 6752是一个宏大且明亮的球状星团。由于它在天球上的位置十分靠近南天极，所以在18世纪梅西耶并没有将这个球状星团记录进梅西耶天体表。NGC 6752是一个适合各种类型天文设备观测的深空天体。

》》旋涡星系NGC 6744

天文爱好者们借助中型天文望远镜就能看到这个美丽的、正对着我们的棒旋星系（旋涡星系的一个分支）。除了大小之外，旋涡星系NGC 6744的模样几乎就是银河系的翻版，均拥有蓬松的旋臂结构和细长的核心。

南极座 *Octans* Octantis (Oct)

赤经宽度 🖑🖑 赤纬宽度 🖑🖑 面积排名 第50位 完全可见区域 0°N — 90°S

　　南极座又称八分仪座，是天球上唯一包含南天极的星座。它是法国天文学家尼可拉·路易·拉卡伊在18世纪创立的，象征着航海仪器八分仪（八分仪是六分仪的前身），八分仪是英国发明家约翰·哈德利（John Hadley）发明的。南极座和小熊座是全天两个很荣耀的星座，占据着南北两天极，小熊座拥有北极星勾陈一，但南极座却缺乏亮星，没有与北极星相媲美的南极星。由于地球的自转轴运动（岁差），南天极的位置正在缓慢地变化着，并不断朝蝘蜓座方向移动。

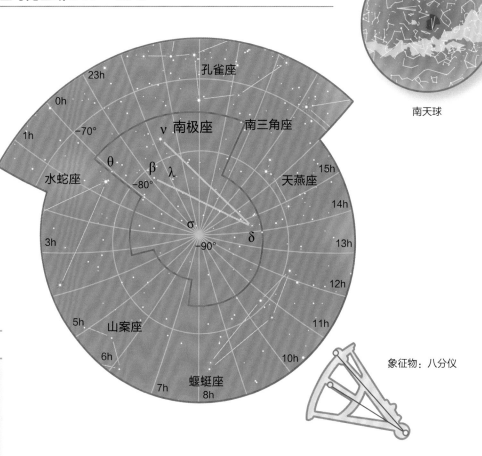

南天球

象征物：八分仪

》 重点天体

　　南极座 λ ♐ 　南极座 λ 是一个双星系统，由一颗5等星和一颗7等星组成。借助小型望远镜能够区分它们。

　　南极座 σ 👁 🔭 　南极座 σ 是全天最接近南天极而肉眼可见的星。它的视星等为5.4等，这个视亮度在古代仍然不足以用作航行的导航。如今，南极座 σ 大约偏离南天极1°，由于岁差的影响，它与南天极的距离会逐渐增加。南极座 σ 是一颗距离地球大约280光年的黄白色巨星。

☑ 南天极的星轨

南天所有的恒星都围绕着南天极旋转。这张在澳洲拍摄的长时间曝光照片记录了这些恒星在天球上划过的圆形轨迹。南天极不同于北天极，附近没有很亮的恒星存在。

昂宿星团

位于金牛座的昂宿星团是全天最美丽的深空天体之一。在北半球，它的最佳观测时间是11月至次年3月。恒星周围蓝白色的云气结构只能够在天文摄影的照片中呈现出来。

每月天文观测指南

天文观测指南展现每个月夜晚10点左右南北半球较亮恒星在天球上的位置（南北半球分为两张星图）。每张星图中还勾勒4条彩色曲线，其中3条代表着不同纬度地区的地平线（南北半球共6条），即从北纬60°至南纬40°，涵盖了地球上大多数人口聚集区；还有1条则代表黄道，便于寻找太阳系行星。星图中未标注的明亮天体一般就是其中一颗行星。此外，行星在天球上运行的轨迹与恒星是不同的，微小的纬度差异（几度范围内）对于实际看到的恒星位置并不会产生很大影响。

每月天文观测指南将详细地展现各个月份恒星在天球上的位置，并标注了基准线（地平线、天顶、黄道）的位置。如果你面朝着正北方向，请将星图边缘标注着"北"的那一端朝下；如果你面朝着南方或其他方向，要始终保持星图下缘标注的方向与你面朝的方向一致。此外，观测者在夜晚所能看到的恒星取决于观测者的地理纬度，有一部分恒星一年四季都无法观测到，也有一部分恒星在夜晚任何时刻都能观测到。

⏫ 寻找你所处的地理纬度

这幅世界地图标注了6条颜色各异的纬度线。在天文观测之前，务必确认观测地点的地理纬度，并选择最靠近观测地点的一条纬度线。在每月天文观测指南的星图中所标注的地平线的颜色与这6条纬度线的颜色一一对应，这样你就能够知道今晚能够看到哪些恒星。纬度线与地平线的适用范围是从北纬60°（60°N）至南纬40°（40°S）。

60°N	
40°N	
20°N	
0°	
20°S	
40°S	

⏬ 全天星图

本章节后的星图将展现每个月中旬夜晚10点所看到的夜空景象。此外，在每个月月初的夜晚11点和每个月月末夜晚9点，所看到的夜空景象，等同于月中夜晚10点所看到的，因此这幅星图仍然适用。如果在国外观测，有些地区可能有夏令时，需要增加1小时的时间。

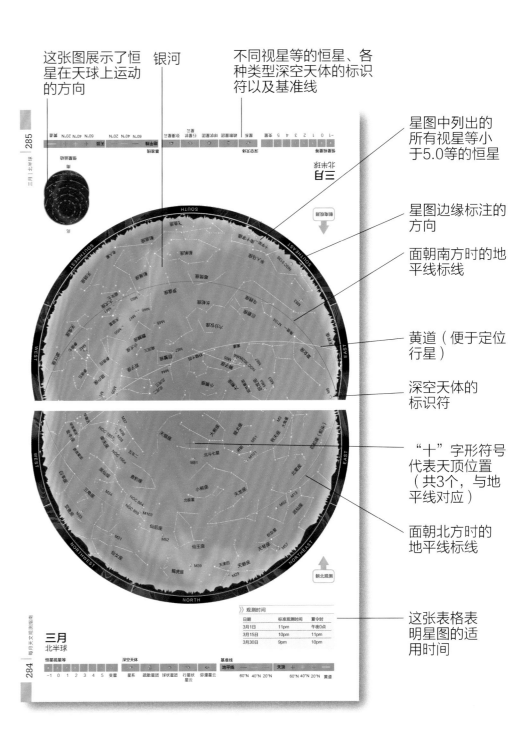

这张图展示了恒星在天球上运动的方向

银河

不同视星等的恒星、各种类型深空天体的标识符以及基准线

星图中列出的所有视星等小于5.0等的恒星

星图边缘标注的方向

面朝南方时的地平线标线

黄道（便于定位行星）

深空天体的标识符

"十"字形符号代表天顶位置（共3个，与地平线对应）

面朝北方时的地平线标线

这张表格表明星图的适用时间

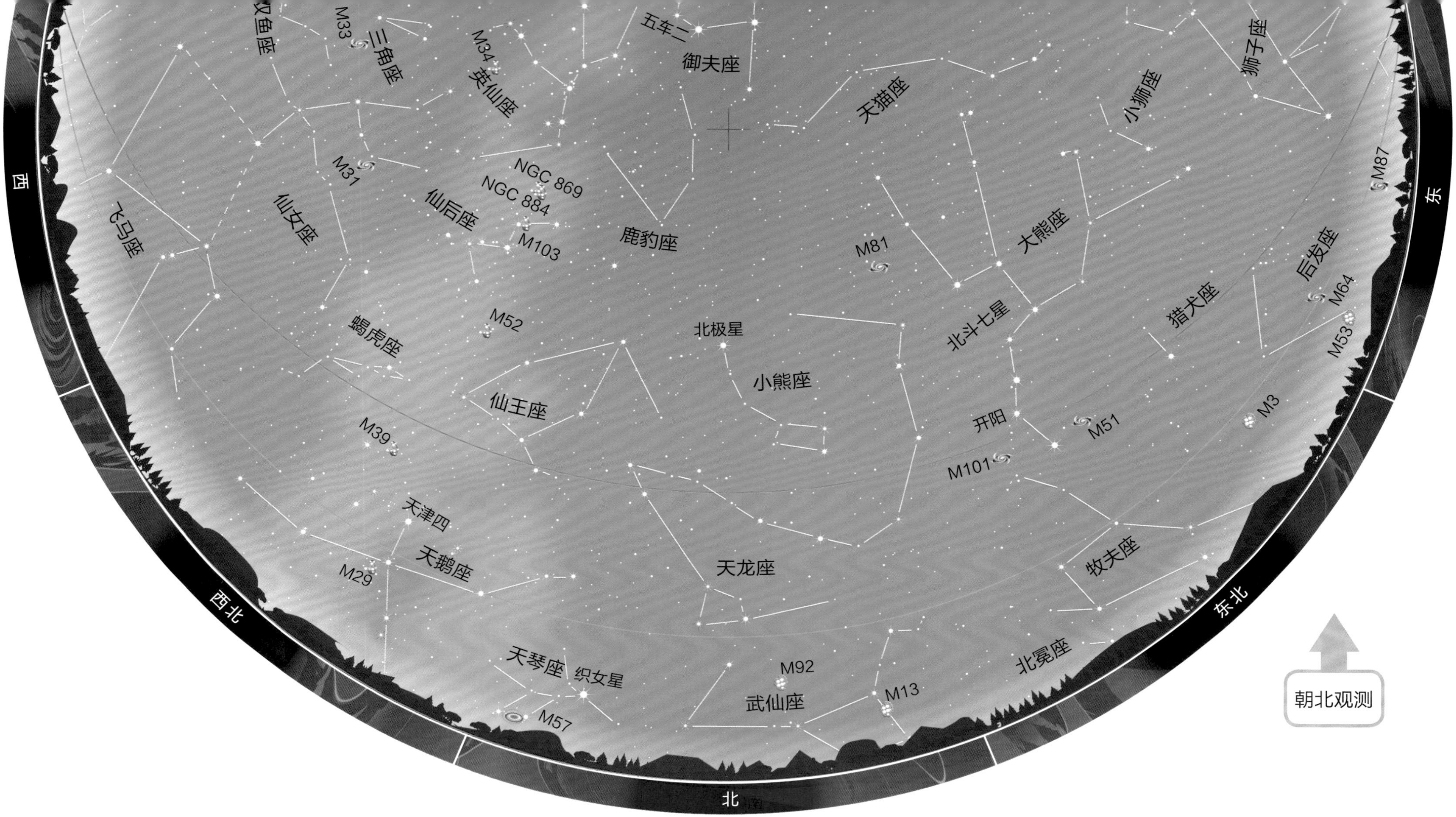

一月

北半球

恒星视星等

-1.0	
0.0	
1.0	
2.0	
3.0	
4.0	
5.0	
变星	

深空天体

星系	疏散星团	球状星团	行星状星云	弥漫星云

基准线

	60°N	40°N	20°N
地平线	—	—	—
天顶	+	+	+
黄道	—	—	—

观测时间

日期	标准观测时间	夏令时
1月1日	下午11点	午夜0点
1月15日	下午10点	下午11点
1月30日	下午9点	下午10点

朝北观测

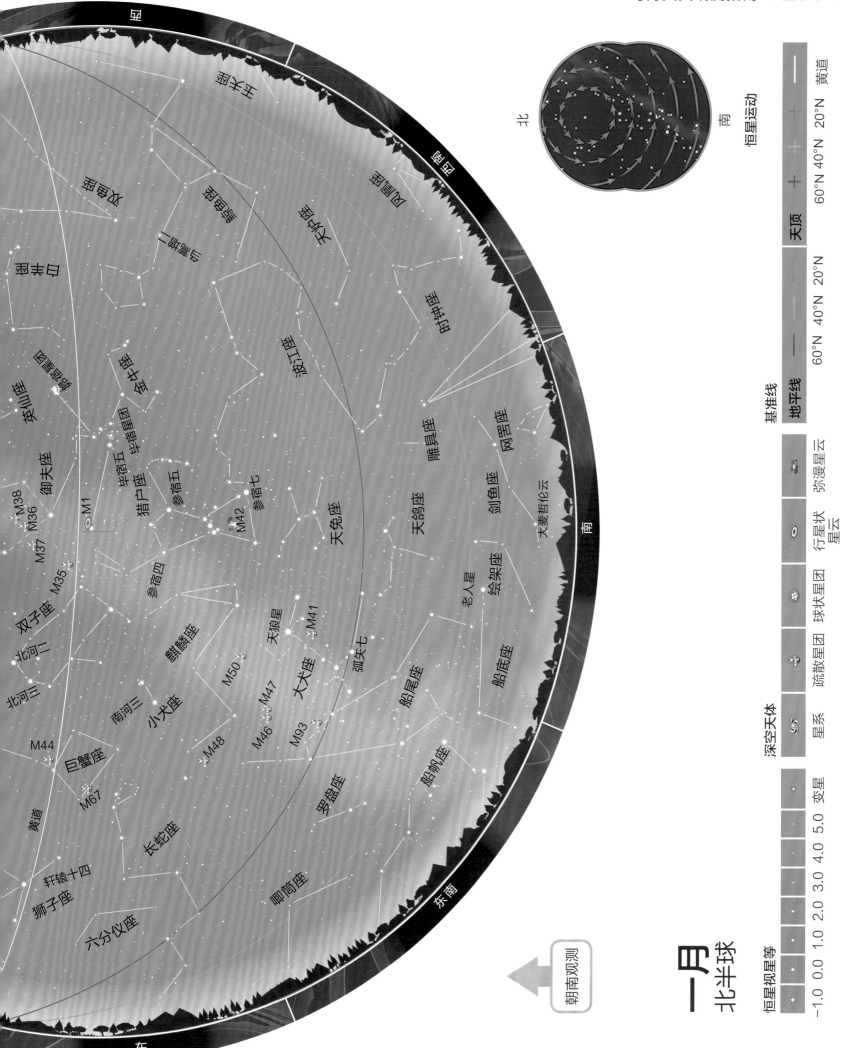

北

南

恒星运动

基准线

天顶

地平线

60°N 40°N 20°N

60°N 40°N 20°N

黄道

深空天体

星系

疏散星团

球状星团

行星状星云

弥漫星云

恒星视星等

-1.0 0.0 1.0 2.0 3.0 4.0 5.0 变星

朝南观测

一月
北半球

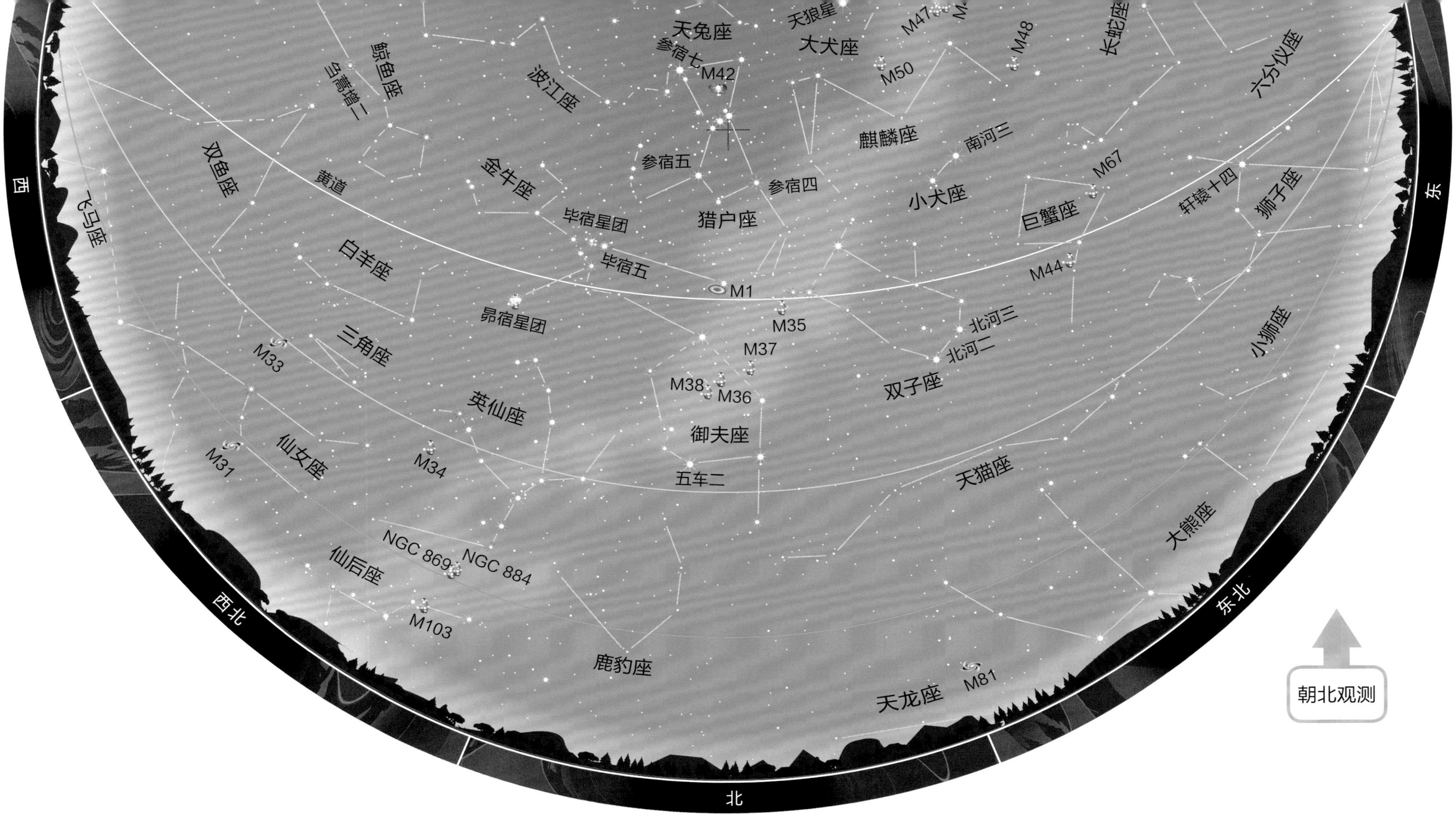

一月
南半球

恒星视星等

-1.0	
0.0	
1.0	
2.0	
3.0	
4.0	
5.0	
变星	

深空天体

星系	
疏散星团	
球状星团	
行星状星云	
弥漫星云	

基准线

	地平线	天顶
	—	+
0°N	0°N	0°N
20°N	20°N	20°N
40°N	40°N	40°N
		黄道

观测时间

日期	标准观测时间	夏令时
1月1日	下午11点	午夜0点
1月15日	下午10点	下午11点
1月30日	下午9点	下午10点

朝北观测 →

星图标注：英仙座双星团、仙后座、M31、M33、M103、NGC 869、NGC 884、M34、三角座、白羊座、金牛座、毕宿星团、毕宿五、昴宿星团、鹿豹座、御夫座、五车二、M38、M36、M37、M35、天龙座、M81、天猫座、双子座、北河三、北河二、巨蟹座、M44、M67、小犬座、南河三、麒麟座、猎户座、参宿四、参宿七、M42、M1、天兔座、大犬座、天狼星、长蛇座、M48、M50、M47、狮子座、轩辕十四、六分仪座、小狮座、大熊座

方位标注：北、东北、东、西北、天顶

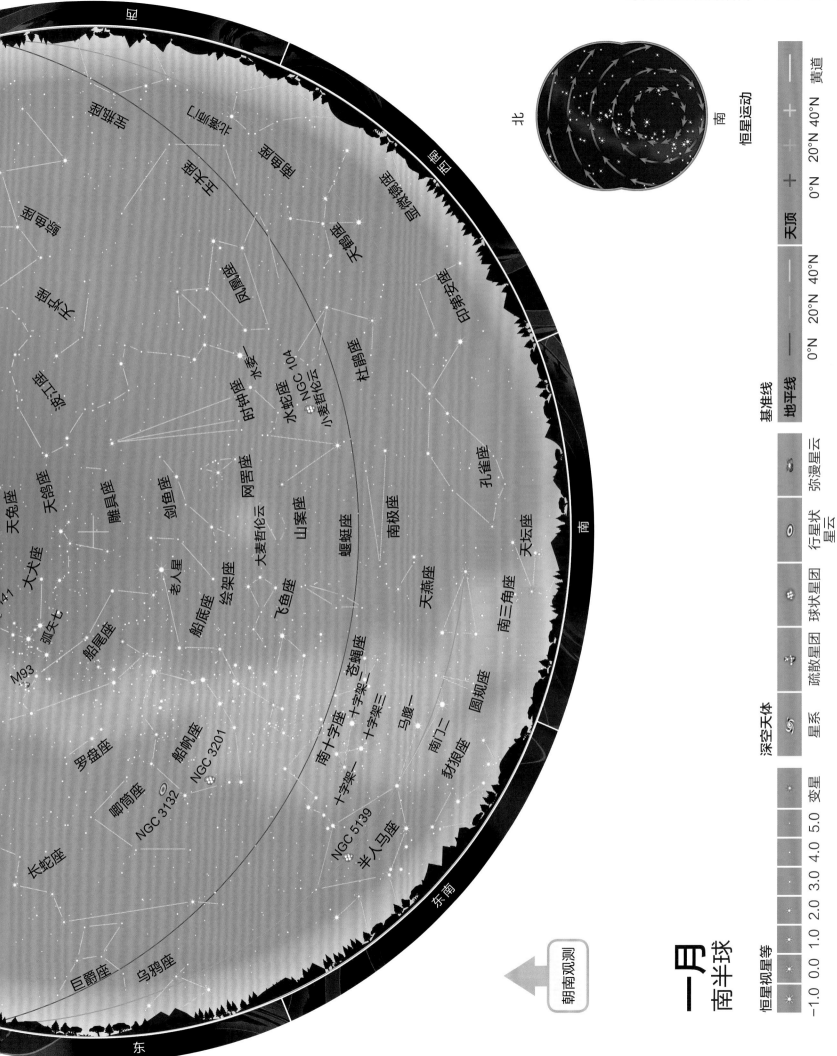

北

南

恒星运动

基准线

天顶

地平线 0°N 20°N 40°N

0°N 20°N 40°N

黄道

深空天体

星系 疏散星团 球状星团 行星状星云 弥漫星云

变星

恒星视星等

-1.0 0.0 1.0 2.0 3.0 4.0 5.0

朝南观测

一月
南半球

天兔座 大犬座 天鸽座 雕具座 剑鱼座 波江座 时钟座 水委一 水蛇座 NGC 104 小麦哲伦云 杜鹃座 天鹤座 凤凰座 印第安座 南鱼座

罗盘座 船尾座 船底座 绘架座 网罟座 大麦哲伦云 山案座 蝘蜓座 南极座 孔雀座 天坛座

M93 老人星 飞鱼座 天燕座 圆规座 南三角座

蜀豹座 船帆座 NGC 3201 南十字座 十字架三 马腹一 豺狼座 天燕座

NGC 3132 十字架二 十字架一 南门二 半人马座 NGC 5139

六蛇座 巨爵座 乌鸦座

东 东南 南

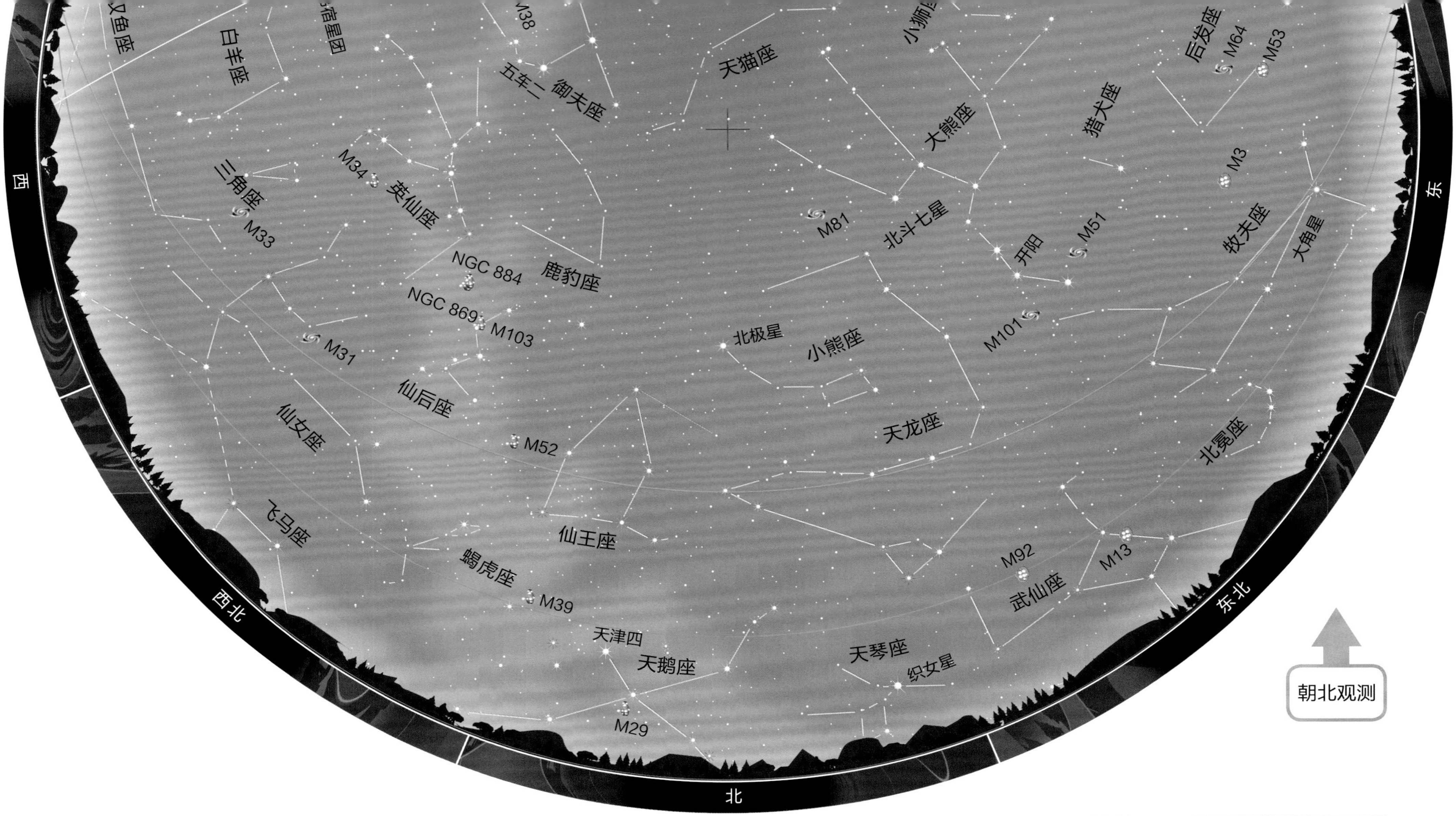

二月
北半球

恒星观星等

−1.0	0.0	1.0	2.0	3.0	4.0	5.0	变星

深空天体

星系	疏散星团	球状星团	行星状星云	弥漫星云

基准线

地平线	60°N	40°N	20°N
天顶	60°N	40°N	20°N
		黄道

观测时间

日期	标准观测时间	夏令时
2月1日	下午11点	午夜0点
2月15日	下午10点	下午11点
3月1日	下午9点	下午10点

朝北观测 →

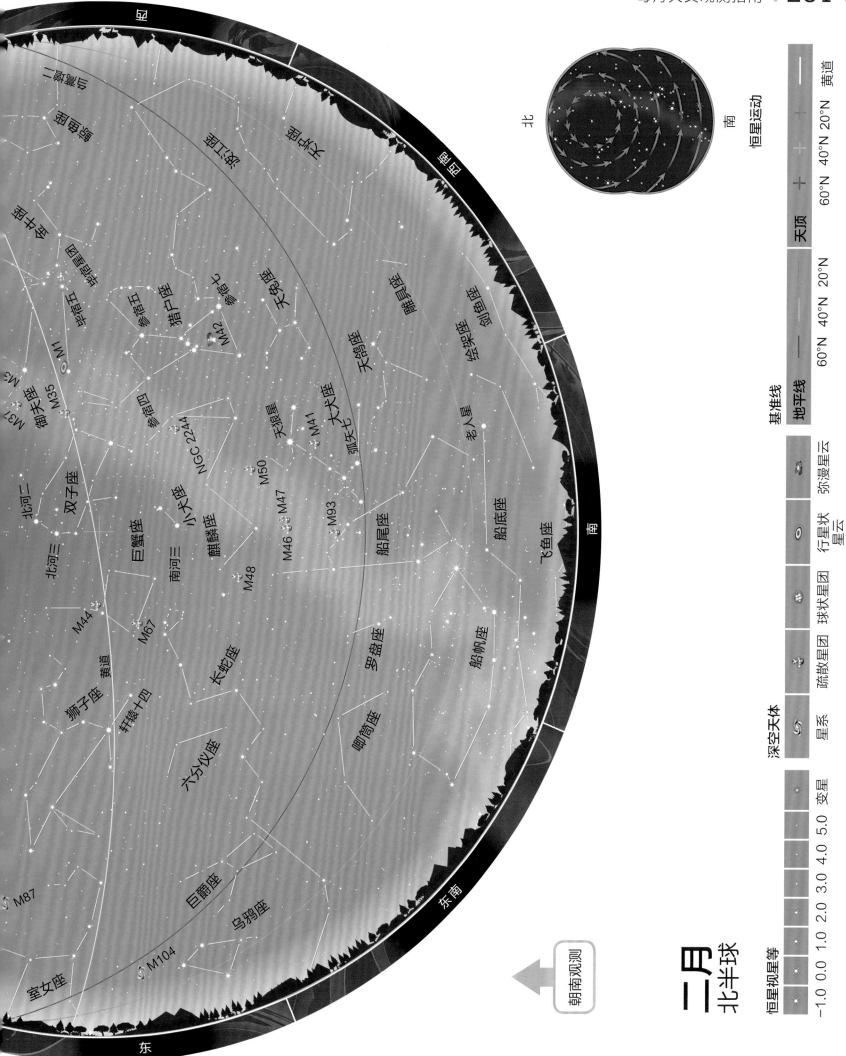

御夫座
英仙座
天大将军一
毕宿星团
毕宿五
猎户座
参宿五
参宿七
M42
参宿四
金牛座
M1
M35
御夫座
M37
双子座
北河二
北河三
巨蟹座
M44
M67
小犬座
南河三
麒麟座
NGC 2244
M50
M48
M46 M47
狮子座
轩辕十四
黄道
六分仪座
长蛇座
M93
船尾座
罗盘座
船底座
船帆座
飞鱼座
南
天兔座
天鸽座
天狼星
M41
大犬座
弧矢七
老人星
雕具座
剑鱼座
绘架座
室女座
M87
M104
乌鸦座
巨爵座
唧筒座
北
南
恒星运动

基准线

地平线		天顶		黄道
60°N 40°N 20°N			60°N 40°N 20°N	

深空天体

星系	疏散星团	球状星团	行星状星云	弥漫星云

恒星视星等

−1.0	0.0	1.0	2.0 3.0 4.0 5.0		变星

三月
北半球

朝南观测

东南

南

东

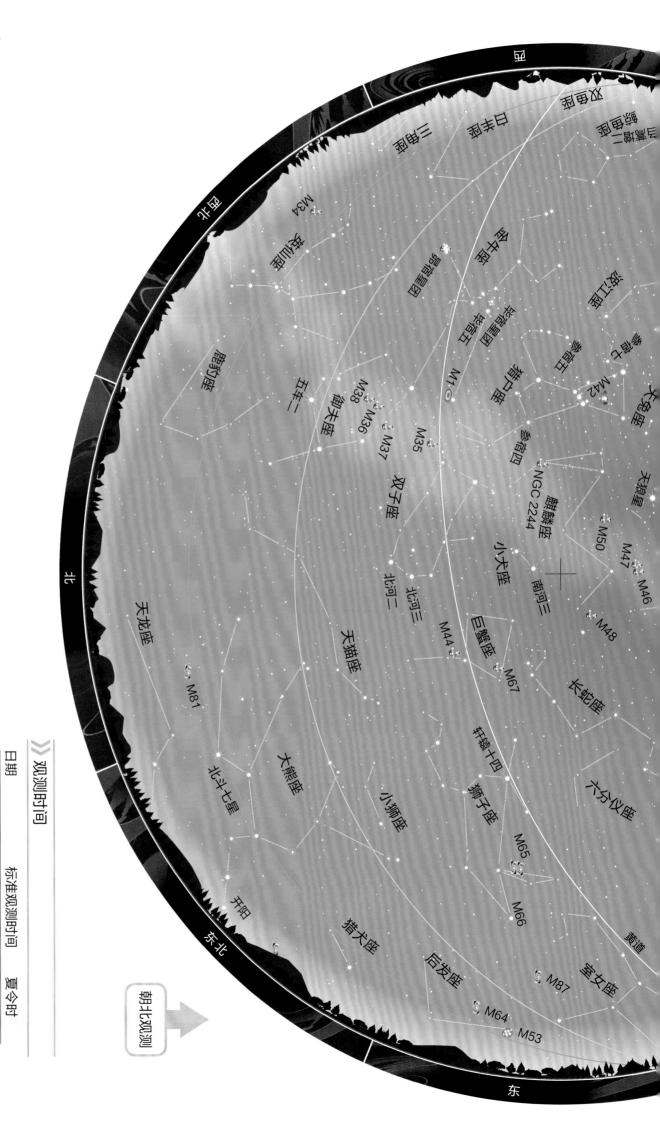

二月
南半球

恒星视星等

| -1.0 | 0.0 | 1.0 | 2.0 | 3.0 | 4.0 | 5.0 | 变星 |

深空天体

| 星系 | 疏散星团 | 球状星团 | 行星状星云 | 弥漫星云 |

基准线

	0°N	20°N	40°N
地平线	—	—	—
天顶	+	+	+
黄道	—	—	—

观测时间

日期	标准观测时间	夏令时
2月1日	下午11点	午夜0点
2月15日	下午10点	下午11点
3月1日	下午9点	下午10点

朝北观测

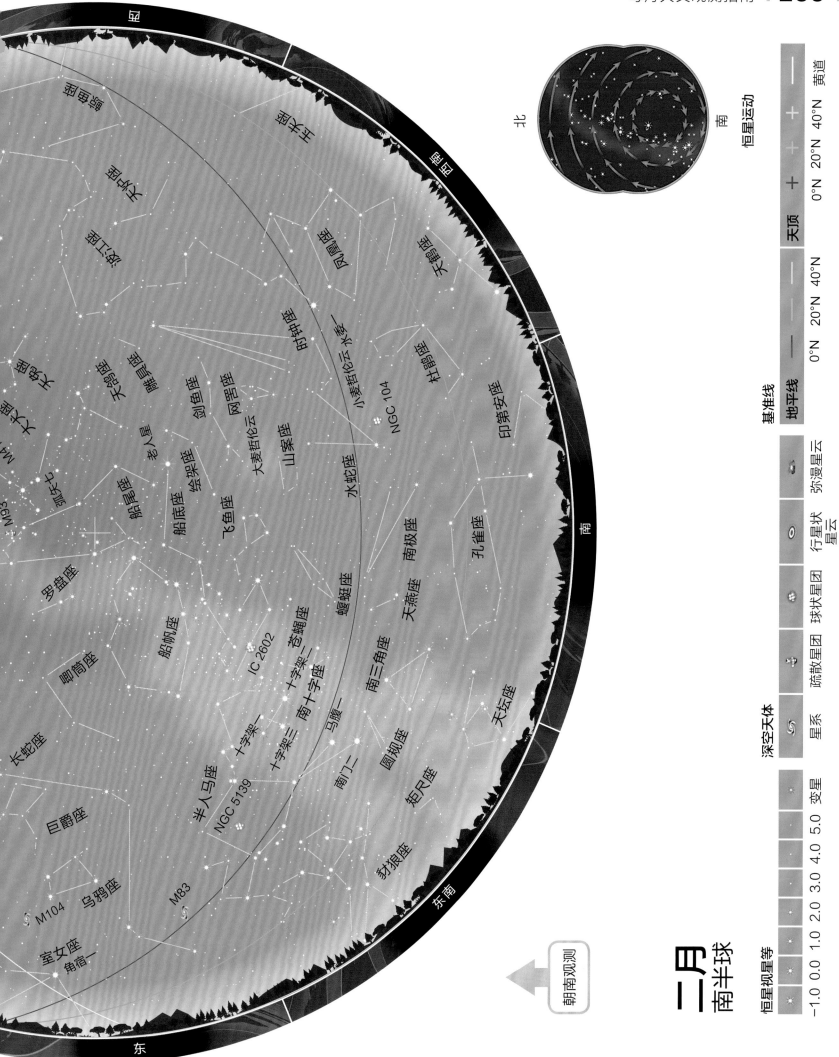

北

南

恒星运动

基准线

天顶	地平线
0°N	0°N
20°N	20°N
40°N	40°N

黄道

深空天体

弥漫星云	行星状星云	球状星团	疏散星团	星系

恒星视星等

−1.0	0.0	1.0	2.0	3.0	4.0	5.0

变星

朝南观测

二月
南半球

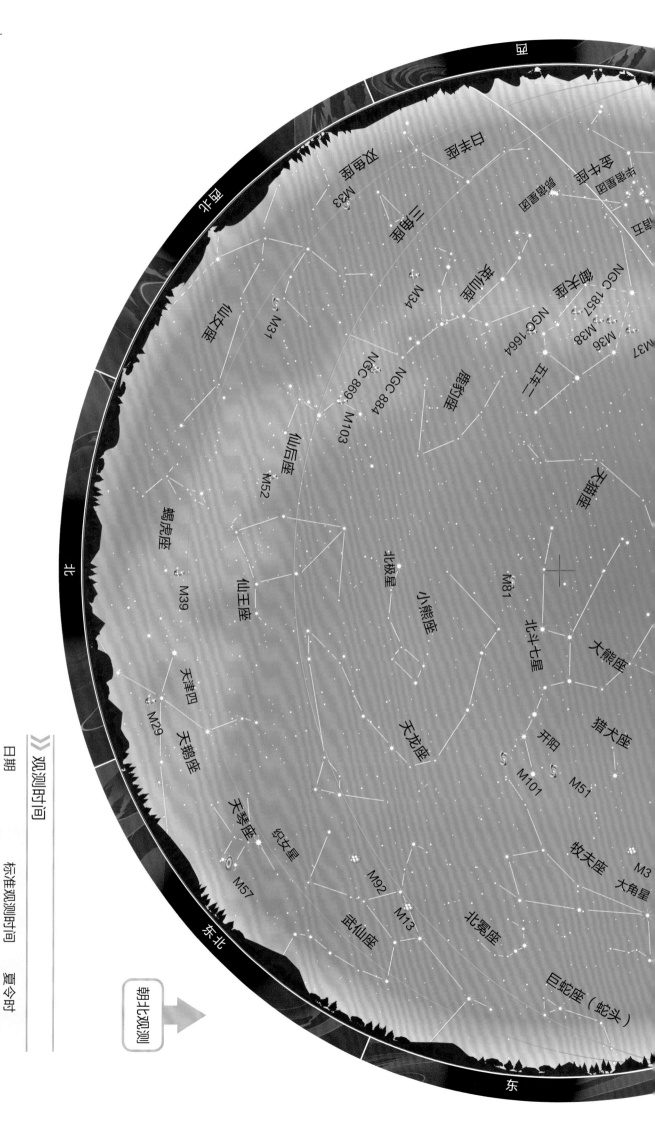

三月
北半球

恒星视星等

-1.0	0.0	1.0	2.0	3.0	4.0	5.0	变星

深空天体

星系	疏散星团	球状星团	行星状星云	弥漫星云

观测时间

日期	标准观测时间	夏令时
3月1日	下午11点	午夜0点
3月15日	下午10点	下午11点
3月30日	下午9点	下午10点

基准线

	60°N	40°N	20°N
地平线	—	—	—
天顶	+	+	+

60°N 40°N 20°N 黄道

朝北观测

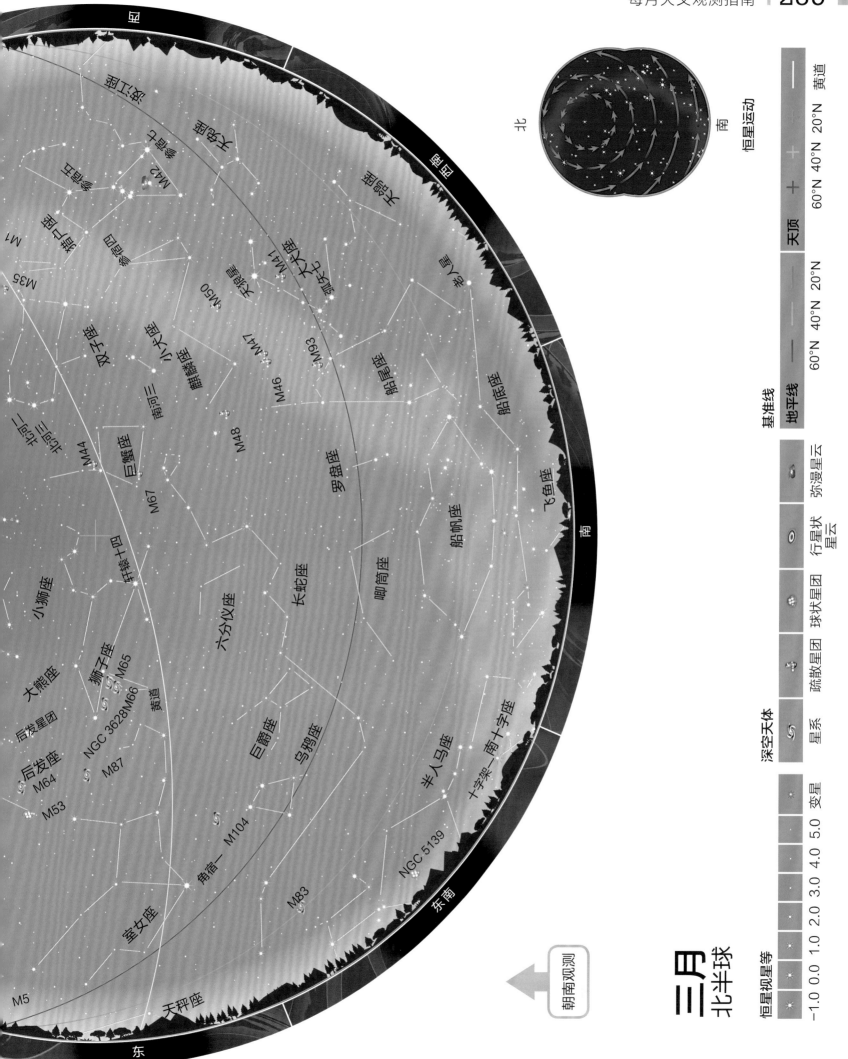

北

南

恒星运动

基准线

地平线	天顶	黄道
60°N 40°N 20°N	60°N 40°N 20°N	

深空天体

星系	疏散星团	球状星团	行星状星云	弥漫星云

恒星视星等

变星	−1.0	0.0	1.0	2.0	3.0	4.0	5.0

三月
北半球

朝南观测

东

南

东南

南

北

天兔座
长蛇座
双子座
M35
M1
金牛座
毕宿星团
御夫座
M37
长蛇座
巨蛇座
小犬座
南河三
麒麟座
M50
天狼星
大犬座
M41
弧矢七
M93
船尾座
船底座
飞鱼座
M47
M46
罗盘座
唧筒座
船帆座
小狮座
北河二
北河三
巨蟹座
M44
M67
轩辕十四
狮子座
M65 M66
NGC 3628
六分仪座
长蛇座
乌鸦座
巨爵座
半人马座
十字架 南十字座
NGC 5139
大熊座
后发星团
后发座
M64
M53
M87
黄道
角宿一 M104
M83
室女座
天秤座
M5
老人星

三月

南半球

恒星视星等

-1.0	0.0	1.0	2.0	3.0	4.0	5.0	变星

深空天体

星系	疏散星团	球状星团	行星状星云	弥漫星云

基准线

地平线	0°N	20°N	40°N	
天顶	0°N	20°N	40°N	黄道

观测时间

日期	标准观测时间	夏令时
3月1日	下午11点	午夜0点
3月15日	下午10点	下午11点
3月30日	下午9点	下午10点

朝北观测

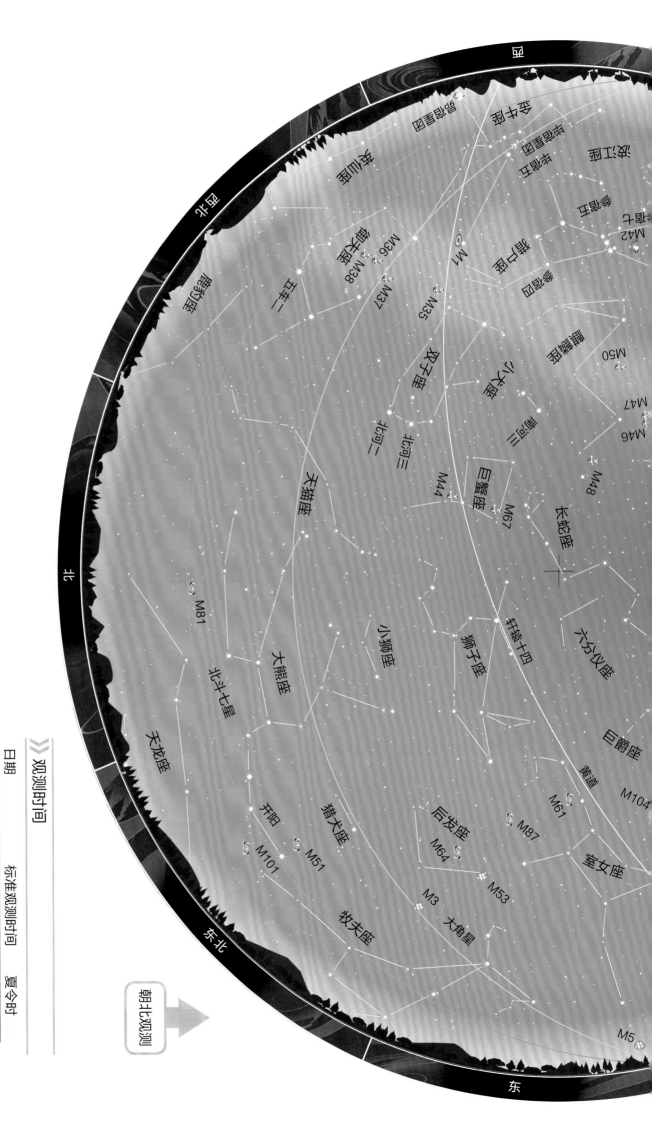

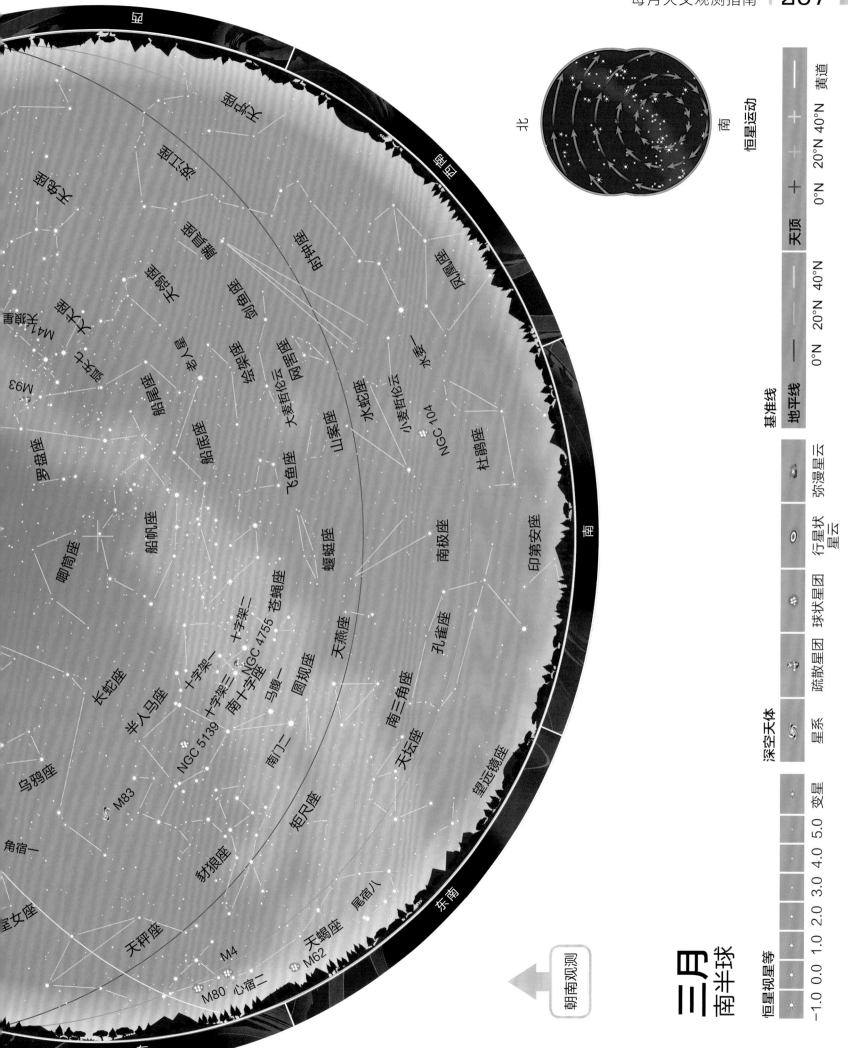

四月

北半球

朝北观测 ➡

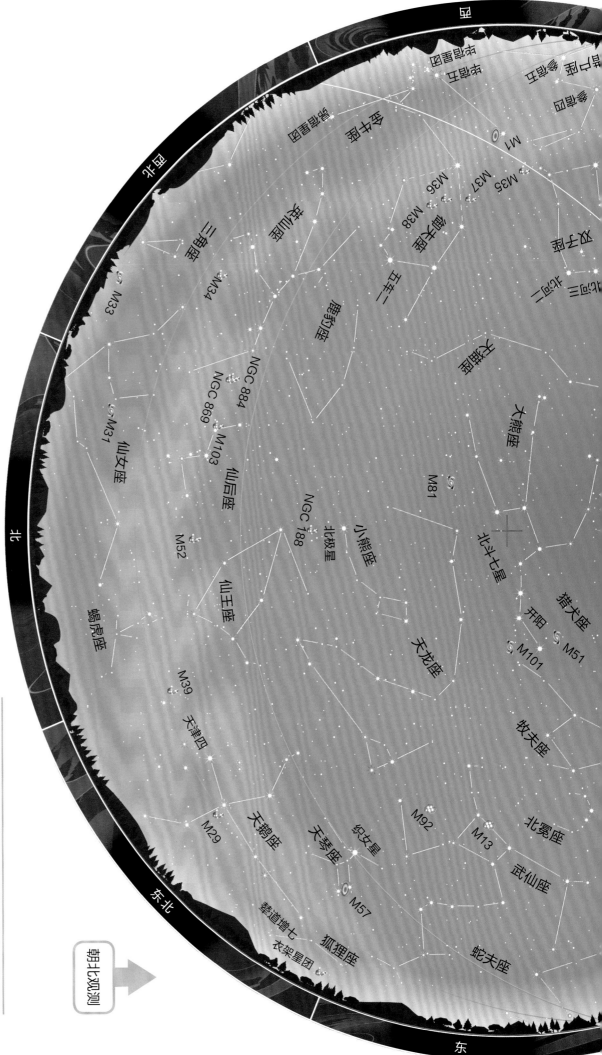

恒星视星等

星等	
−1.0	
0.0	
1.0	
2.0	
3.0	
4.0	
5.0	
变星	

深空天体

星系	疏散星团	球状星团	行星状星云	弥漫星云

观测时间

日期	标准观测时间	夏令时
4月1日	下午11点	午夜0点
4月15日	下午10点	下午11点
4月30日	下午9点	下午10点

基准线

	地平线	天顶
	60°N 40°N 20°N	60°N 40°N 20°N
	——	+ + +
		黄道

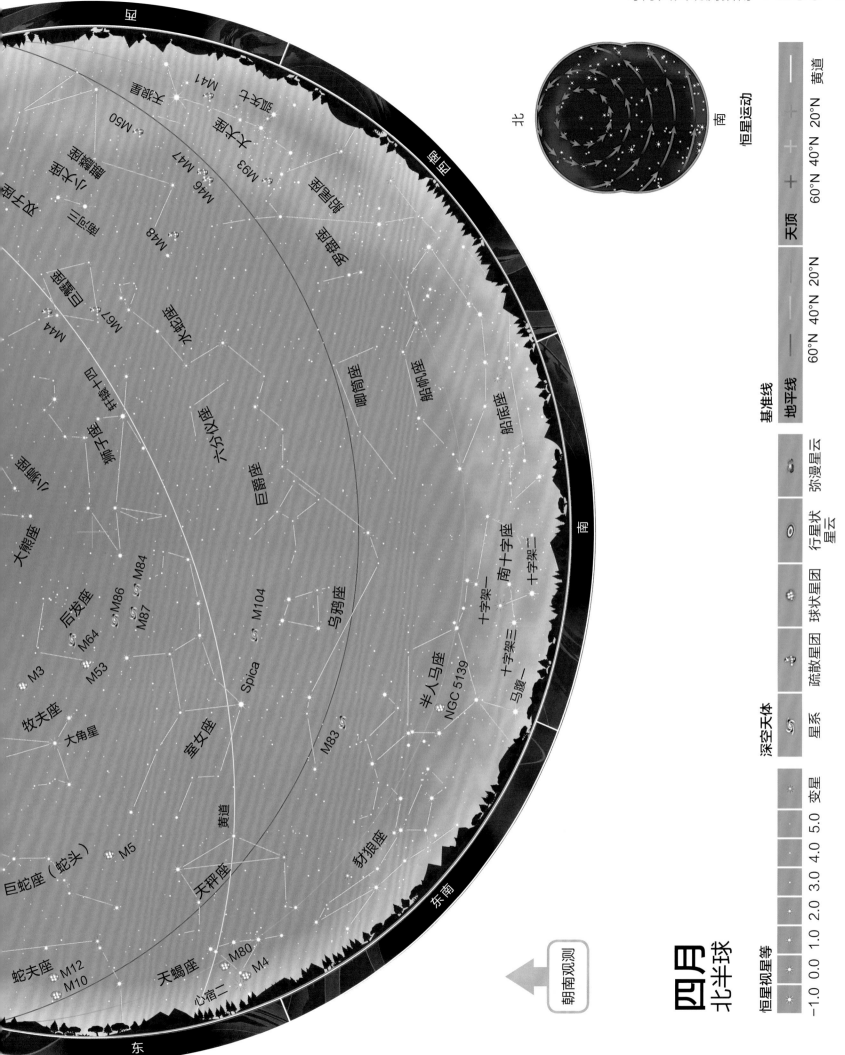

北

南

恒星运动

基准线

地平线				天顶	黄道
60°N	40°N	20°N		60°N 40°N 20°N	

深空天体

星系	疏散星团	球状星团	行星状星云	弥漫星云

恒星视星等

−1.0	0.0	1.0	2.0	3.0	4.0	5.0	变星

朝南观测

四月
北半球

大熊座

后发座

M64
M53
M3

牧夫座
大角星

室女座

M86
M87 M84

M104

乌鸦座

M83

Spica

天秤座

巨蛇座（蛇头）
M5

黄道

蛇夫座
M12
M10

天蝎座
心宿二 M4
M80

六分仪座

巨爵座

半人马座
NGC 5139

十字架二
南十字座
十字架三
马腹一
十字架一

豺狼座

船帆座

唧筒座

船底座

M44
M67

狮子座
轩辕十四

小狮座

M48

M46 M47
M50
M93
M41

东

南

东南

北

四月
南半球

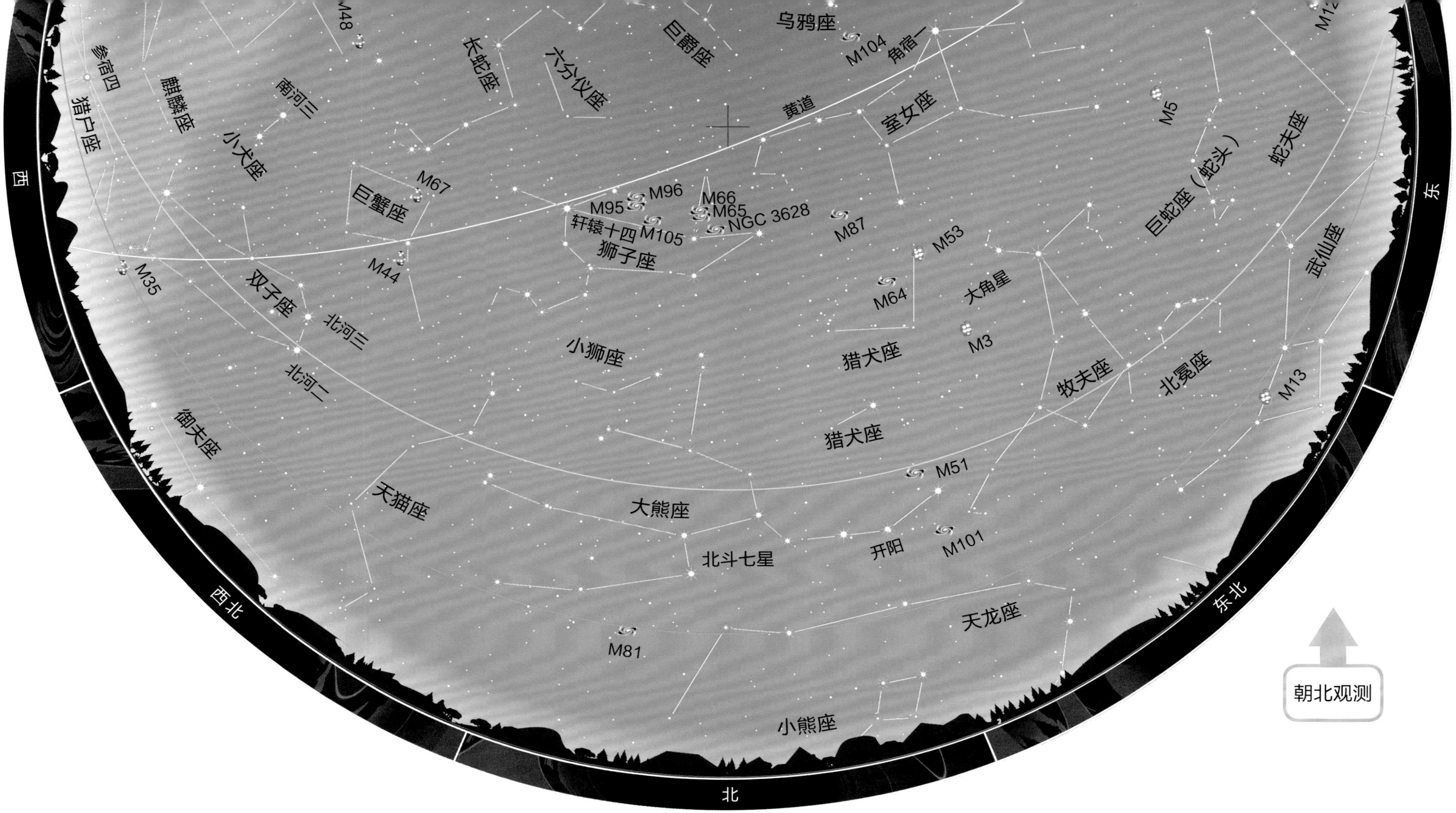

恒星视星等

-1.0	0.0	1.0	2.0	3.0	4.0	5.0	变星

深空天体

星系	疏散星团	球状星团	行星状星云	弥漫星云

基准线

	地平线			天顶			黄道
	0°N	20°N	40°N	0°N	20°N	40°N	
	—	—	—	+	+	—	

》观测时间

日期	标准观测时间	夏令时
4月1日	下午11点	午夜0点
4月15日	下午10点	下午11点
4月30日	下午9点	下午10点

朝北观测 →

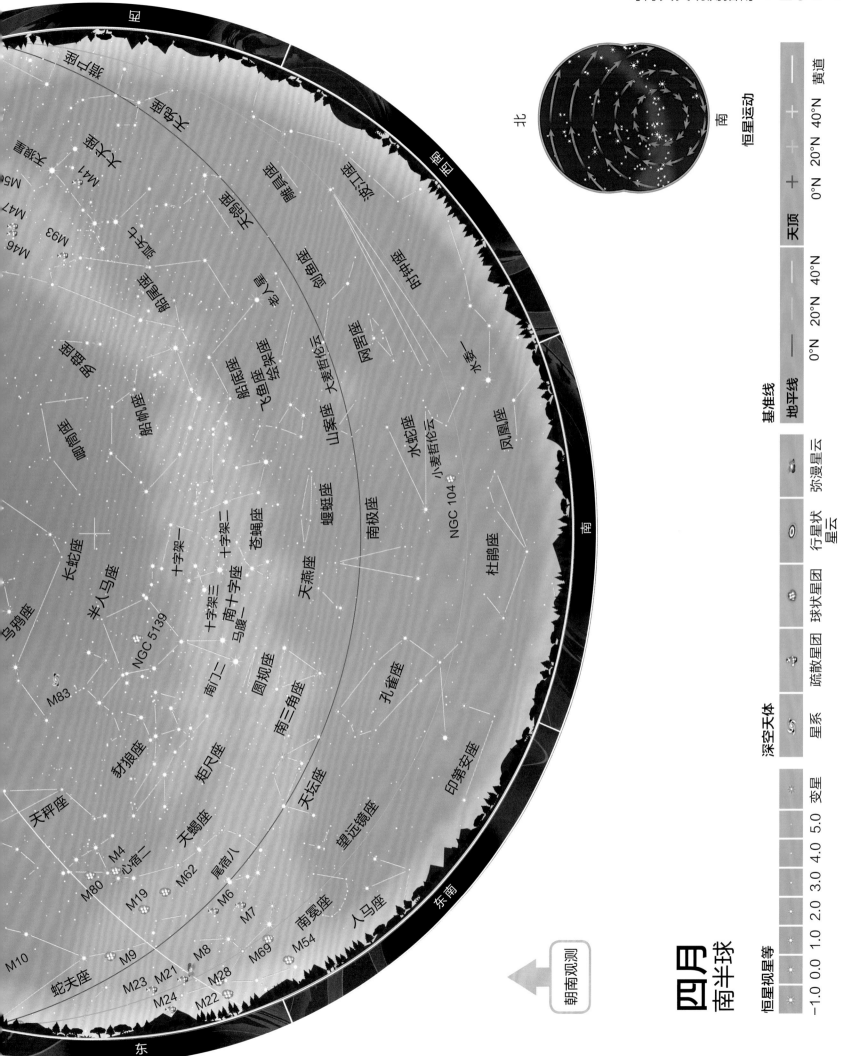

南

北

恒星运动

基准线

地平线			天顶		
0°N	20°N	40°N	天顶	0°N	20°N	40°N

黄道

深空天体

星系	疏散星团	球状星团	行星状星云	弥漫星云

恒星视星等

-1.0	0.0	1.0	2.0	3.0	4.0	5.0	变星

朝南观测

四月
南半球

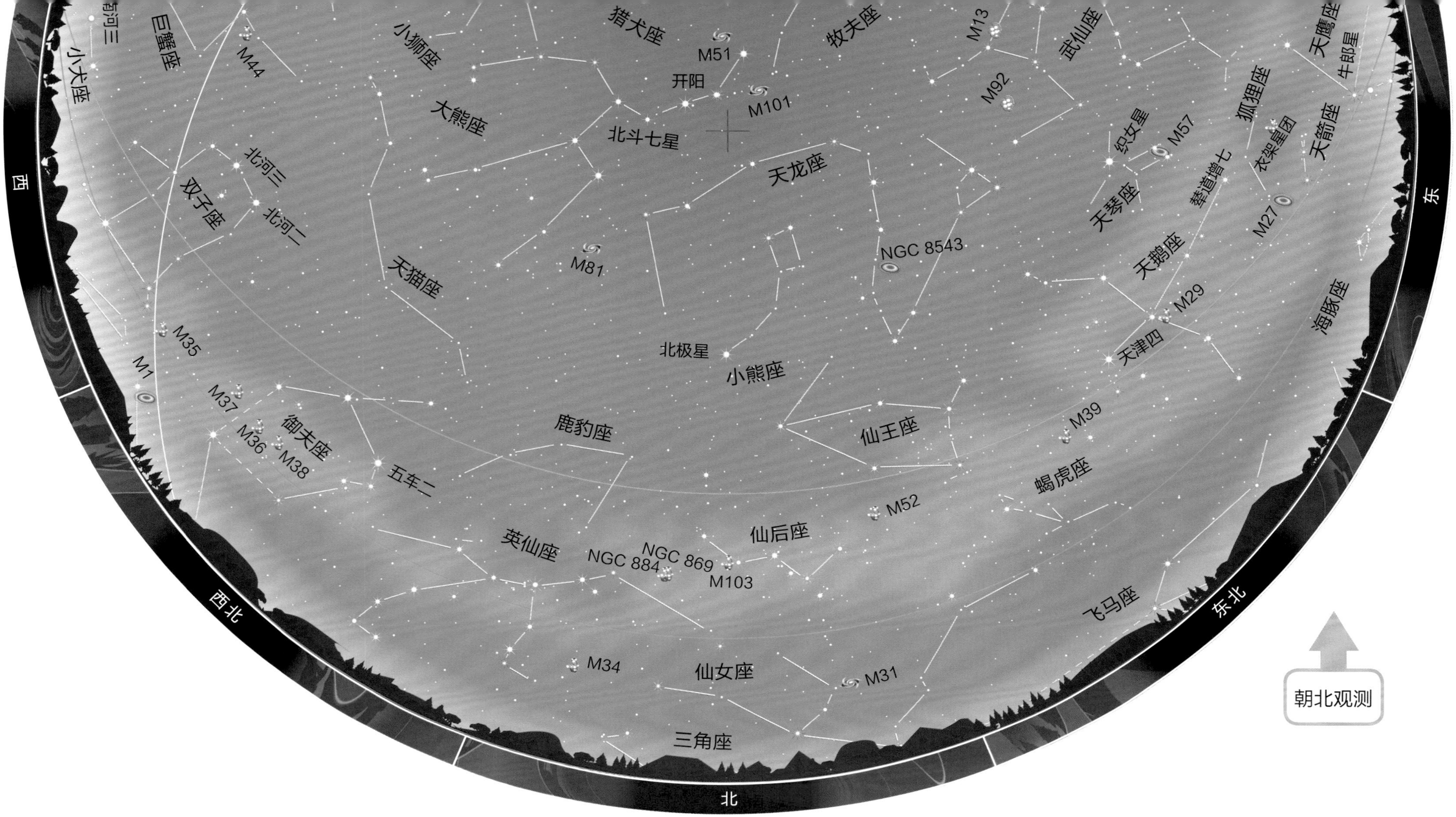

五月
北半球

恒星视星等

| −1.0 | 0.0 | 1.0 | 2.0 | 3.0 | 4.0 | 5.0 | 变星 |

深空天体

| 星系 | 疏散星团 | 球状星团 | 行星状 | 弥漫星云 |
| | | | 星云 | |

观测时间

日期	标准观测时间	夏令时
5月1日	下午11点	午夜0点
5月15日	下午10点	下午11点
5月30日	下午9点	下午10点

基准线

	地平线	天顶	黄道
60°N 40°N 20°N	—	+	—
60°N 40°N 20°N	—	+	—
60°N 40°N 20°N	—	+	—

朝北观测

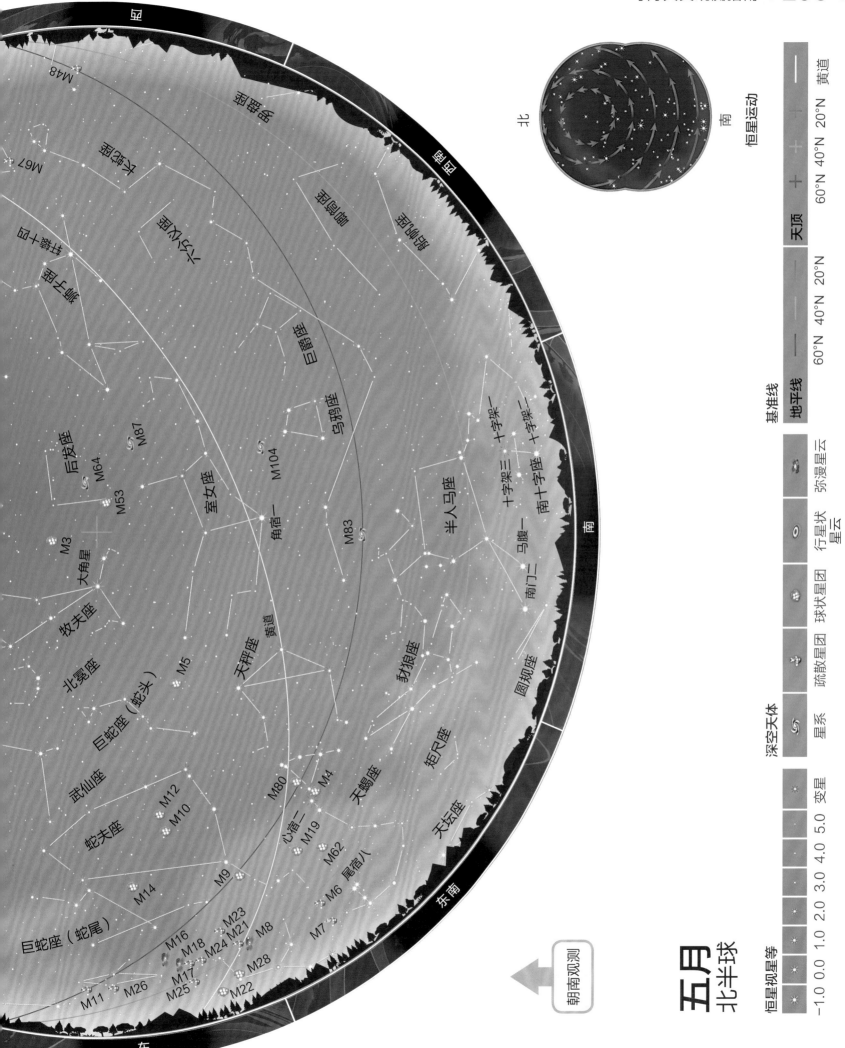

五月
北半球

朝南观测

恒星运动

北

南

基准线

地平线　天顶

60°N　40°N　20°N

60°N　40°N　20°N　黄道

深空天体

星系　疏散星团　球状星团　行星状星云　弥漫星云

恒星视星等

变星

-1.0　0.0　1.0　2.0　3.0　4.0　5.0

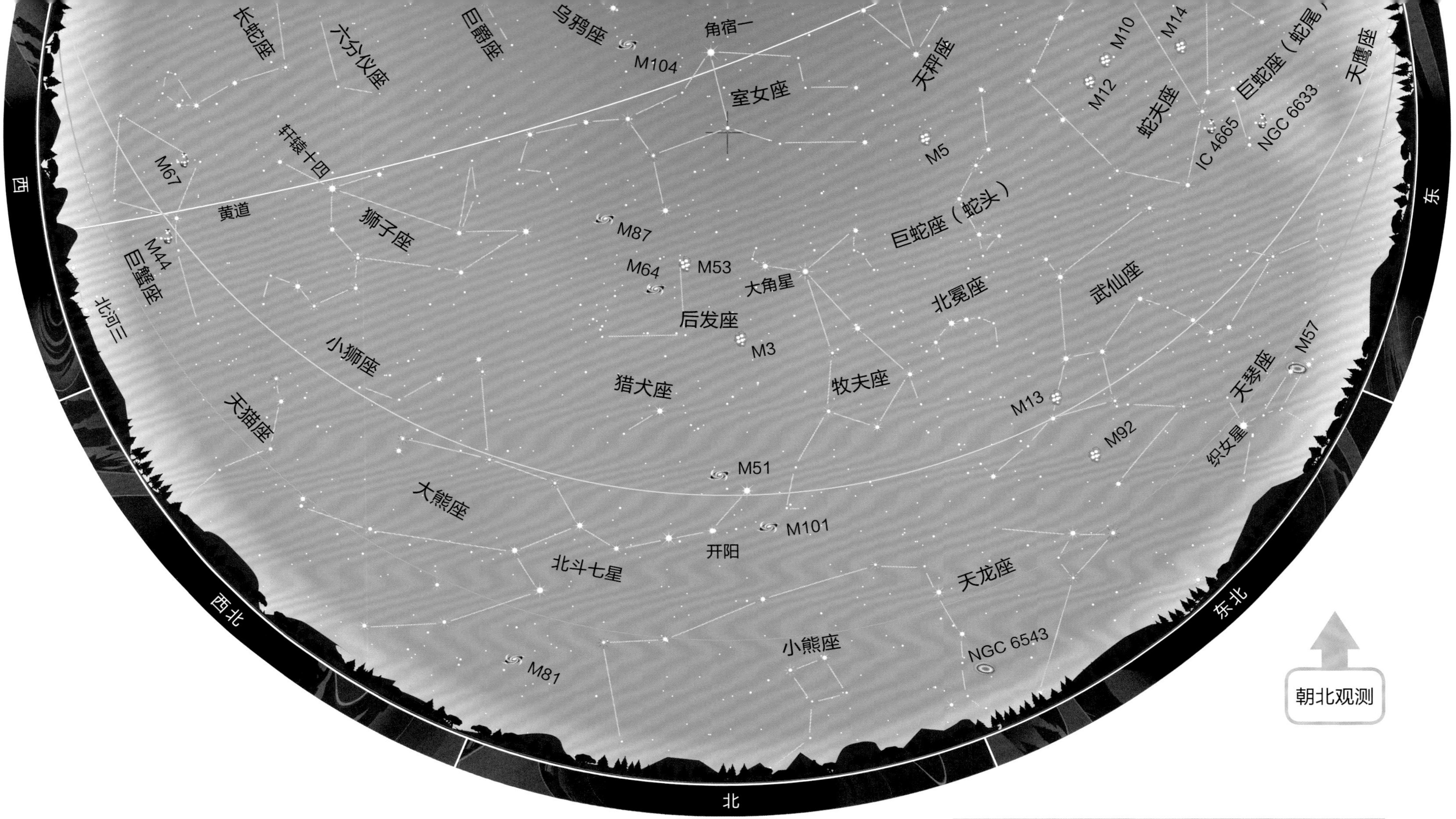

五月
南半球

恒星视星等

-1.0 　0.0 　1.0 　2.0 　3.0 　4.0 　5.0 　变星

深空天体

星系　疏散星团　球状星团　行星状星云　弥漫星云

基准线

	地平线	天顶	黄道
	0°N 20°N 40°N	0°N 20°N 40°N	0°N 20°N 40°N

观测时间

日期	标准观测时间	夏令时
5月1日	下午11点	午夜0点
5月15日	下午10点	下午11点
5月30日	下午9点	下午10点

朝北观测

（星图标注：北、东北、东、北斗七星、开阳、大熊座、小熊座、天龙座、天猫座、狮子座、小狮座、后发座、猎犬座、室女座、牧夫座、天秤座、北冕座、武仙座、巨蛇座（蛇头）、巨蛇座（蛇尾）、蛇夫座、天琴座、天鹰座、大角星、织女星、北斗一、M81、M101、M51、M3、M53、M64、M87、M104、M44、M67、M13、M92、M5、M12、M10、M14、M57、NGC 6543、NGC 6633、IC 4665）

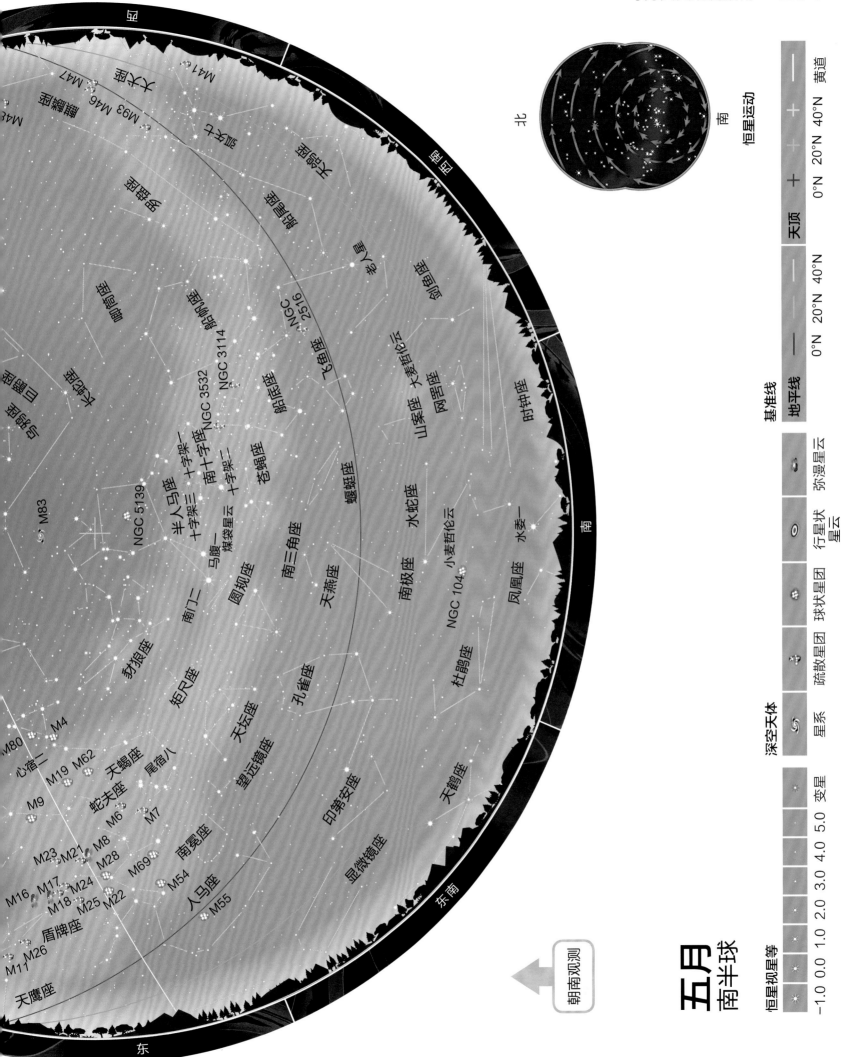

五月
南半球

朝南观测

恒星视星等

−1.0	0.0	1.0	2.0	3.0	4.0	5.0

变星

深空天体

星系	疏散星团	球状星团	
			弥漫星云
		行星状星云	

基准线

地平线				
0°N	20°N	40°N		
天顶				
40°N	20°N	0°N	20°N	40°N
黄道				

恒星运动

北

南

六月

北半球

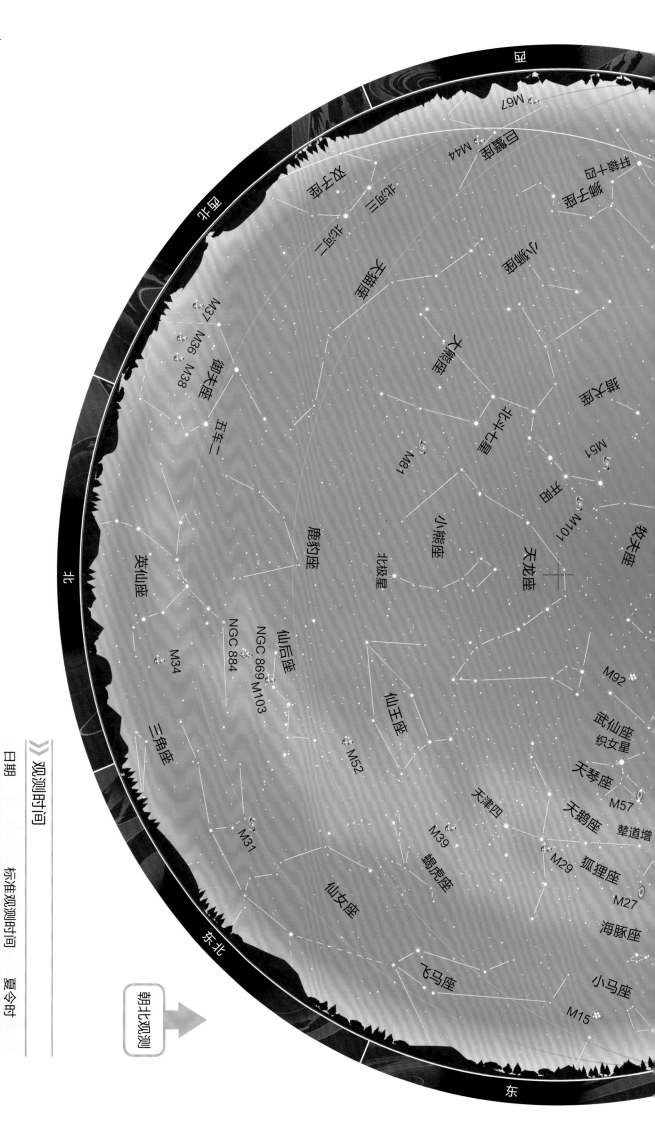

朝北观测 →

恒星观测星等

-1.0	
0.0	
1.0	
2.0	
3.0	
4.0	
5.0	
变星	

深空天体

星系	疏散星团	球状星团	行星状星云	弥漫星云

基准线

地平线	60°N	40°N	20°N
天顶	60°N	40°N	20°N
黄道			

观测时间

日期	标准观测时间	夏令时
6月1日	下午11点	午夜0点
6月15日	下午10点	下午11点
6月30日	下午9点	下午10点

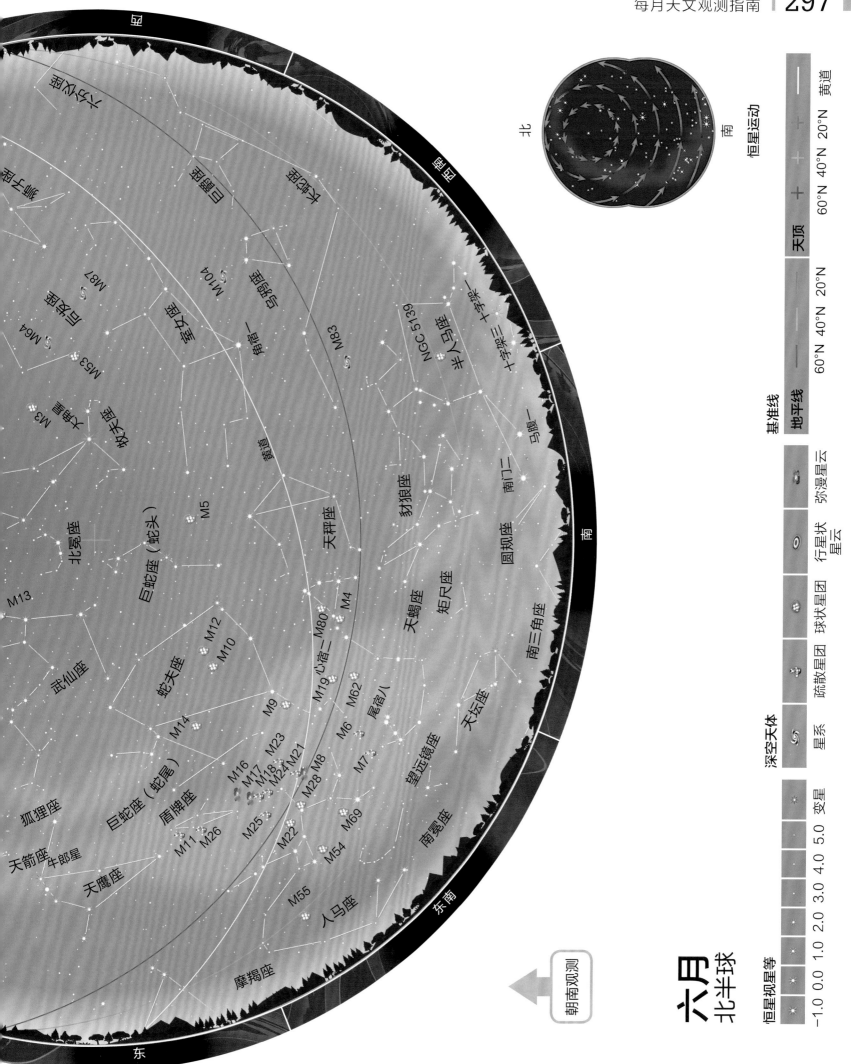

北斗七星

武仙座

北冕座

巨蛇座（蛇头）

牧夫座

室女座

乌鸦座

角宿一

巨爵座

后发座

猎犬座

M101

M87

M64

M53

M3

M13

M5

蛇夫座

M12

M10

M14

M9

天秤座

M80

M4

心宿二

M19

M62

豺狼座

圆规座

M83

半人马座

南门二

NGC 5139

十字架三

南十字架

十字架二

马腹一

尾宿八

M6

天蝎座

矩尺座

天坛座

南三角座

望远镜座

M73

M69

M22

M54

M55

M28

M8

M21

M24

M23

M18

M17

M16

巨蛇座（蛇尾）

盾牌座

M26

M11

M25

天鹰座

天箭座

牛郎星

狐狸座

人马座

南冕座

摩羯座

北

南

东

东南

北

南

恒星运动

基准线

地平线 | 60°N 40°N 20°N

天顶 | 60°N 40°N 20°N

黄道

深空天体

星系 | 疏散星团 | 球状星团 | 行星状星云 | 弥漫星云

恒星视星等

变星

-1.0 0.0 1.0 2.0 3.0 4.0 5.0

六月
北半球

朝南观测

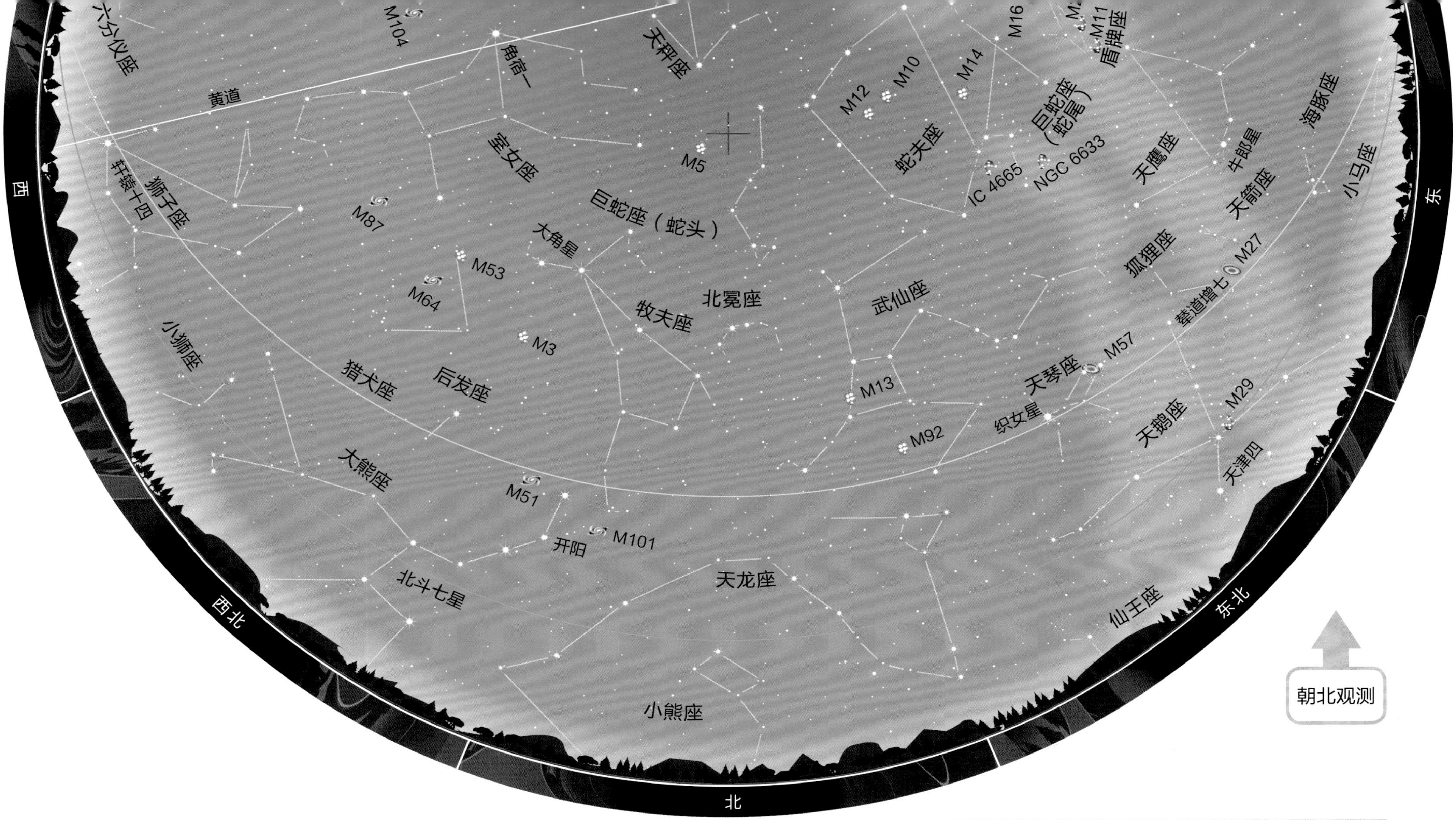

六月
南半球

观测时间

日期	标准观测时间	夏令时
6月1日	下午11点	午夜0点
6月15日	下午10点	下午11点
6月30日	下午9点	下午10点

朝北观测

	0°N	20°N	40°N
地平线	—	—	—
天顶	+	+	+
	0°N	20°N	40°N

星图中可见的星座、恒星及深空天体标注：黄道、御夫座、五车二、双子座、北河二、头发星团、M87、M104、M64、M53、M3、M51、大熊座、猎犬座、后发座、室女座、北斗七星、开阳、M101、M5、巨蛇座（蛇头）、牧夫座、北冕座、天龙座、小熊座、北、图北、图北、M92、M13、武仙座、M12、M10、M14、IC 4665、NGC 6633、巨蛇座（蛇尾）、M16、织女星、天琴座、M57、狐狸座、天鹰座、盾牌座、M11、牛郎星、天箭座、黄道增七、M27、仙王座、天鹅座、M29、天津四、海豚座、小马座、东北、东

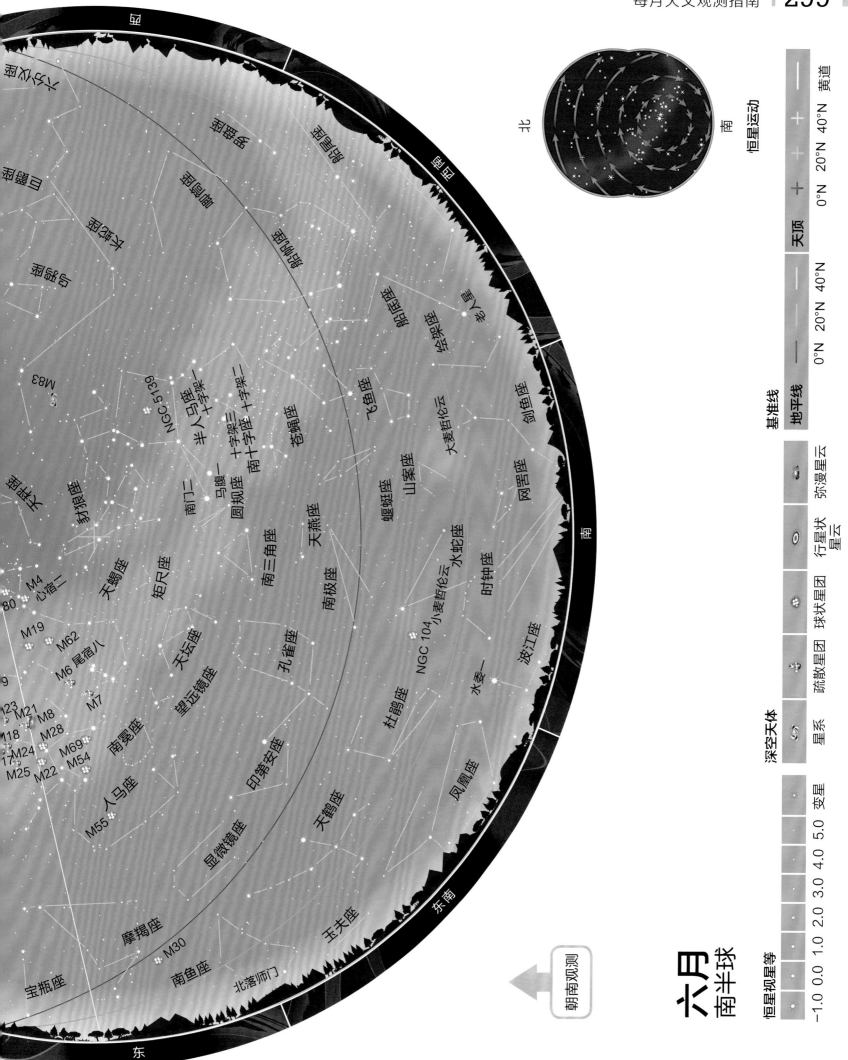

北

南

恒星运动

基准线

地平线 —— 0°N 20°N 40°N 黄道
天顶 —— 0°N 20°N 40°N

深空天体

弥漫星云

行星状星云

球状星团

疏散星团

星系

变星

恒星视星等

-1.0 0.0 1.0 2.0 3.0 4.0 5.0

六月
南半球

朝南观测

小熊座

天龙座

大熊座

长蛇座

巨爵座

M83

NGC 5139
半人马座
南门二
马腹一
圆规座
十字架三
十字架二
南十字座
苍蝇座

船尾座

船帆座

船底座

绘架座
老人星

飞鱼座

剑鱼座

大麦哲伦云

网罟座

山案座

蝘蜓座

天燕座

南极座

时钟座

水蛇座

小麦哲伦云
NGC 104

波江座

水委一

凤凰座

杜鹃座

印第安座

天鹤座

孔雀座

望远镜座

显微镜座

天坛座

矩尺座

天蝎座

豺狼座

心宿二 M4
M80

M19
M62
M6 尾宿八

M23 M21 M8
M118 M28
M24 M69
M17 M54
M25 M22 M55

人马座

南冕座

摩羯座

M30

南鱼座
北落师门

宝瓶座

玉夫座

南三角座

东

南

东南

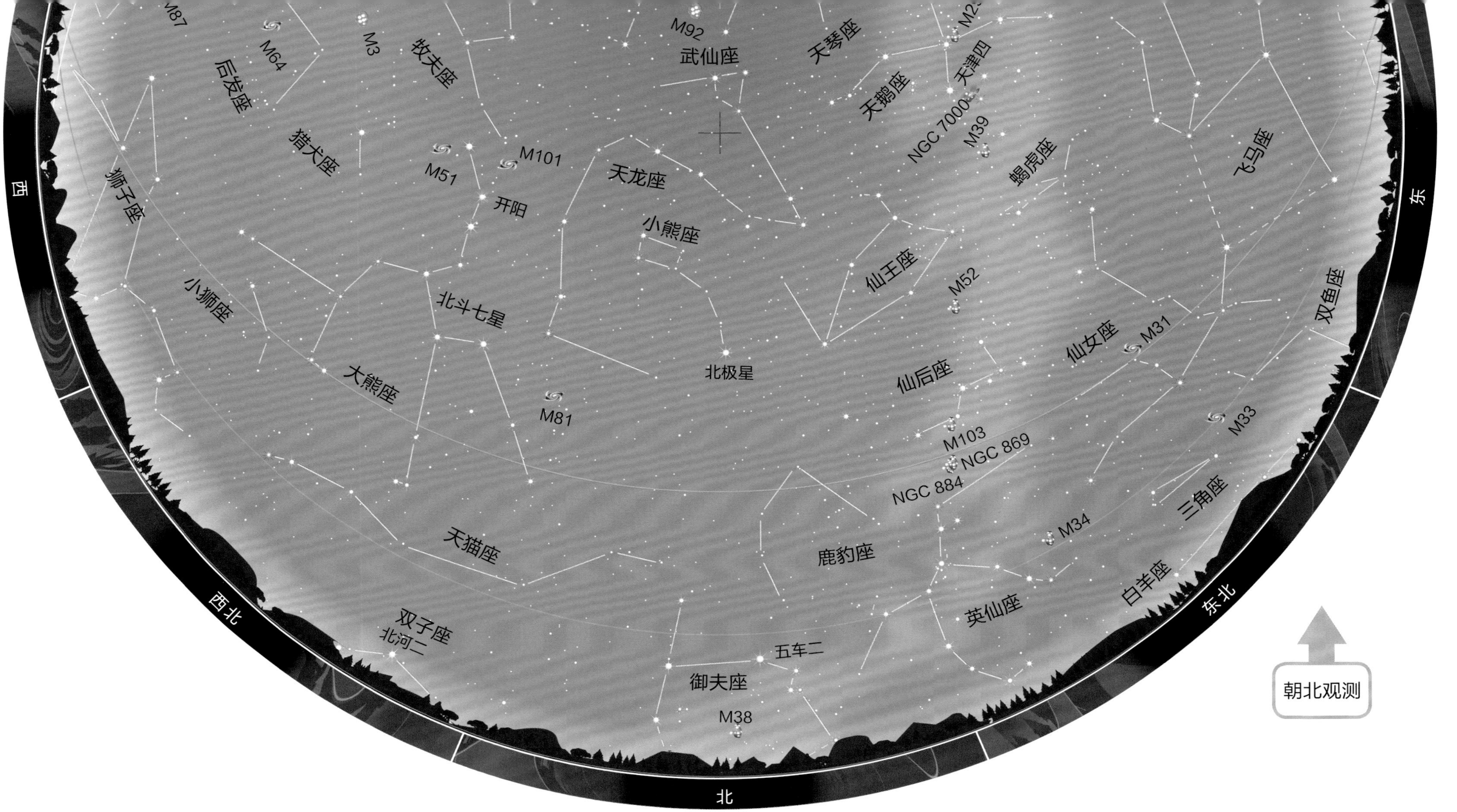

七月 北半球

恒星视星等
-1.0　0.0　1.0　2.0　3.0　4.0　5.0　变星

深空天体
星系　疏散星团　球状星团　行星状星云　弥漫星云

基准线

	地平线	天顶	黄道
	60°N 40°N 20°N	60°N 40°N 20°N	60°N 40°N 20°N

观测时间

日期	标准观测时间	夏令时
7月1日	下午11点	午夜0点
7月15日	下午10点	下午11点
7月30日	下午9点	下午10点

朝北观测

M87　M84　M64　M3　M51　M101　M81　M92

大熊座　猎犬座　后发座　北斗七星　开阳　双子座　北河二　天猫座　天龙座　小熊座　北极星　武仙座　天琴座　天鹅座　NGC 7000　天津四　M39　M23　御夫座　五车二　鹿豹座　仙王座　仙后座　M52　NGC 884　NGC 869　M103　英仙座　M34　M38　仙女座　M31　三角座　M33　白羊座　飞马座　双鱼座　蝎虎座

北　东北　东

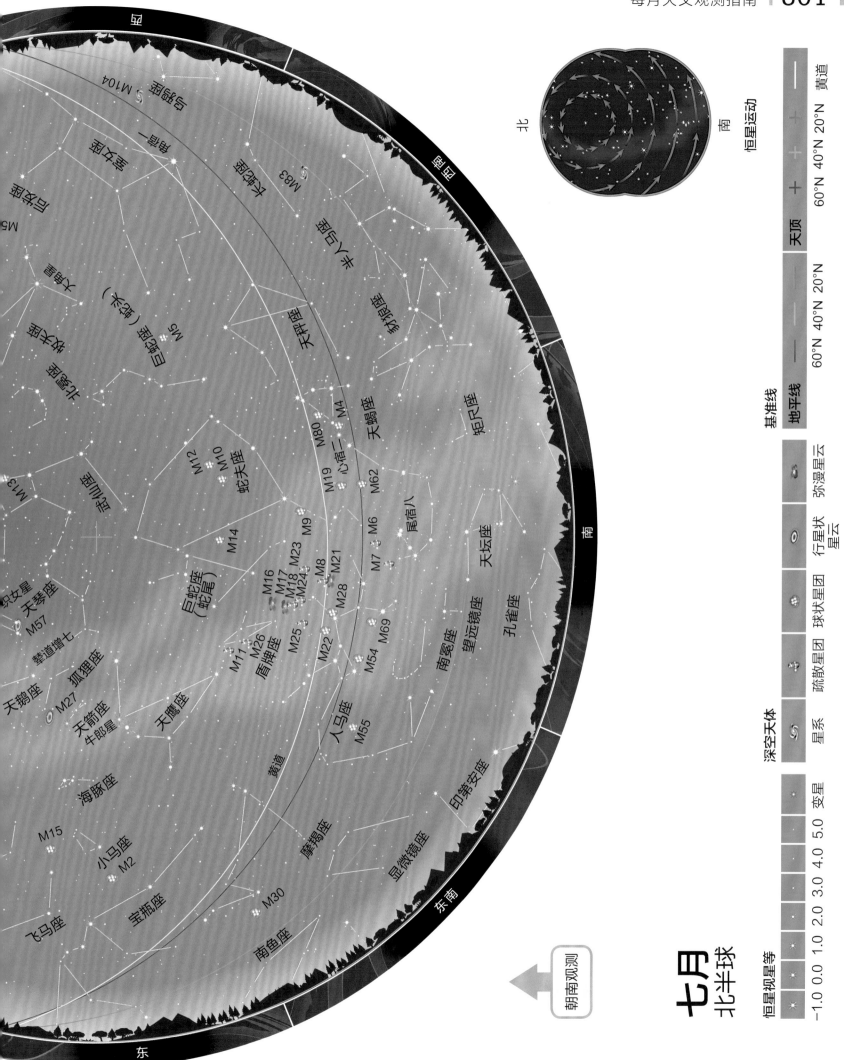

北

南

恒星运动

基准线

地平线　天顶

60°N 40°N 20°N　60°N 40°N 20°N　黄道

深空天体

弥漫星云

行星状星云

球状星团

疏散星团

星系

恒星视星等

变星

−1.0 0.0 1.0 2.0 3.0 4.0 5.0

朝南观测

七月
北半球

西
后发座
M87
M64
M53
M5
巨蛇座（蛇头）
室女座
天秤座
M10
M12
M14
蛇夫座
M9
M16
M17
M18
M26
M11
盾牌座
巨蛇座（蛇尾）
牧夫座
大角星
北冕座
武仙座
天鹰座
牛郎星
天箭座
狐狸座
M27
海豚座
小马座
M15
M2
宝瓶座
飞马座
东
M3
猎犬座
M13
M92
天琴座
M57
Vega
辇道增七
天鹅座
M29
天津四
M39
蝎虎座
仙女座
M51
大熊座
M101
开阳
天龙座
小熊座
仙王座
西北
北
东北

朝北观测

观测时间

日期	标准观测时间	夏令时
7月1日	下午11点	午夜0点
7月15日	下午10点	下午11点
7月30日	下午9点	下午10点

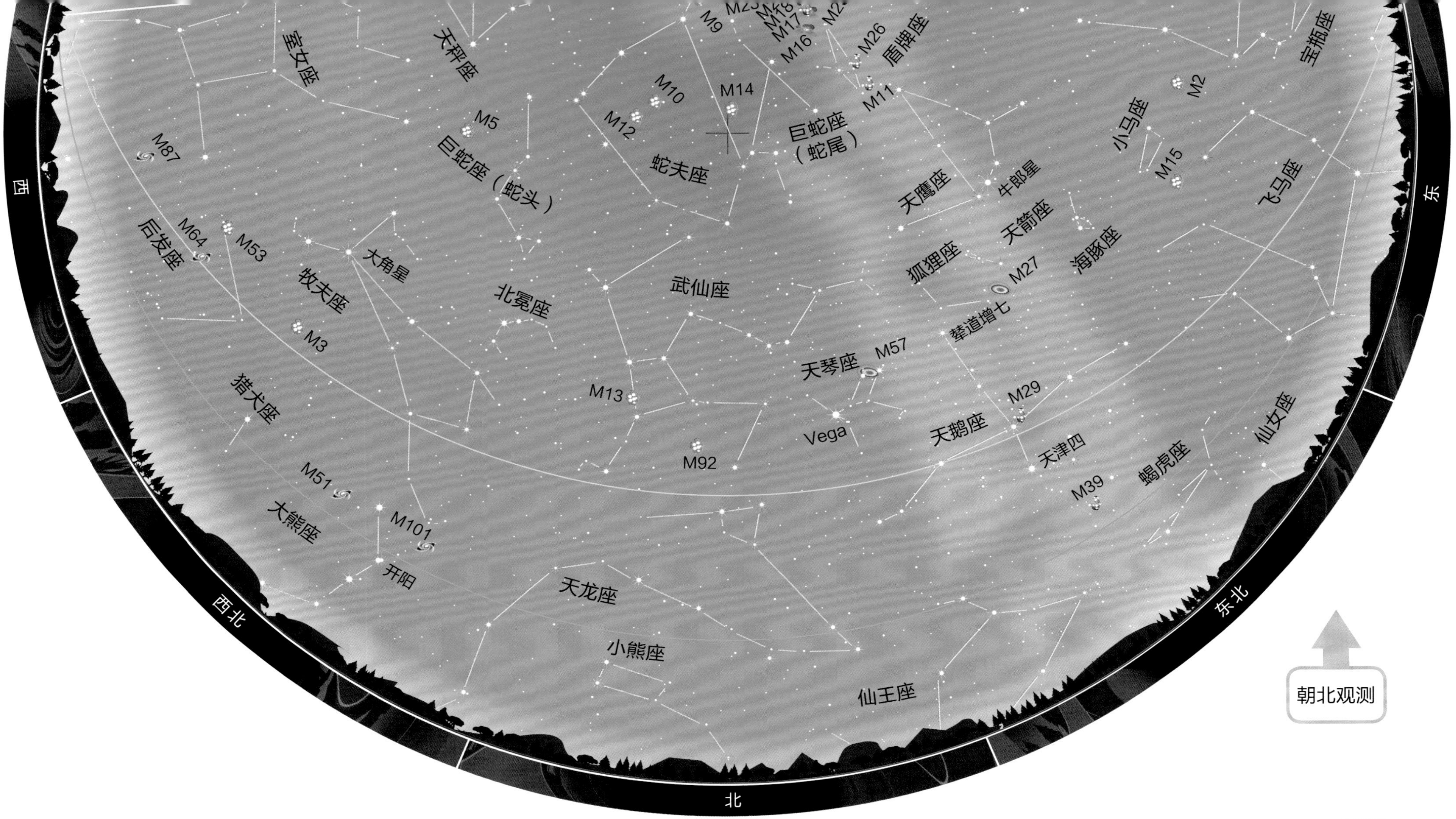

七月
南半球

恒星视星等

−1.0 0.0 1.0 2.0 3.0 4.0 5.0 变星

深空天体

星系 疏散星团 球状星团 行星状星云 弥漫星云

基准线

地平线 0°N 20°N 40°N

天顶 0°N 20°N 40°N 黄道

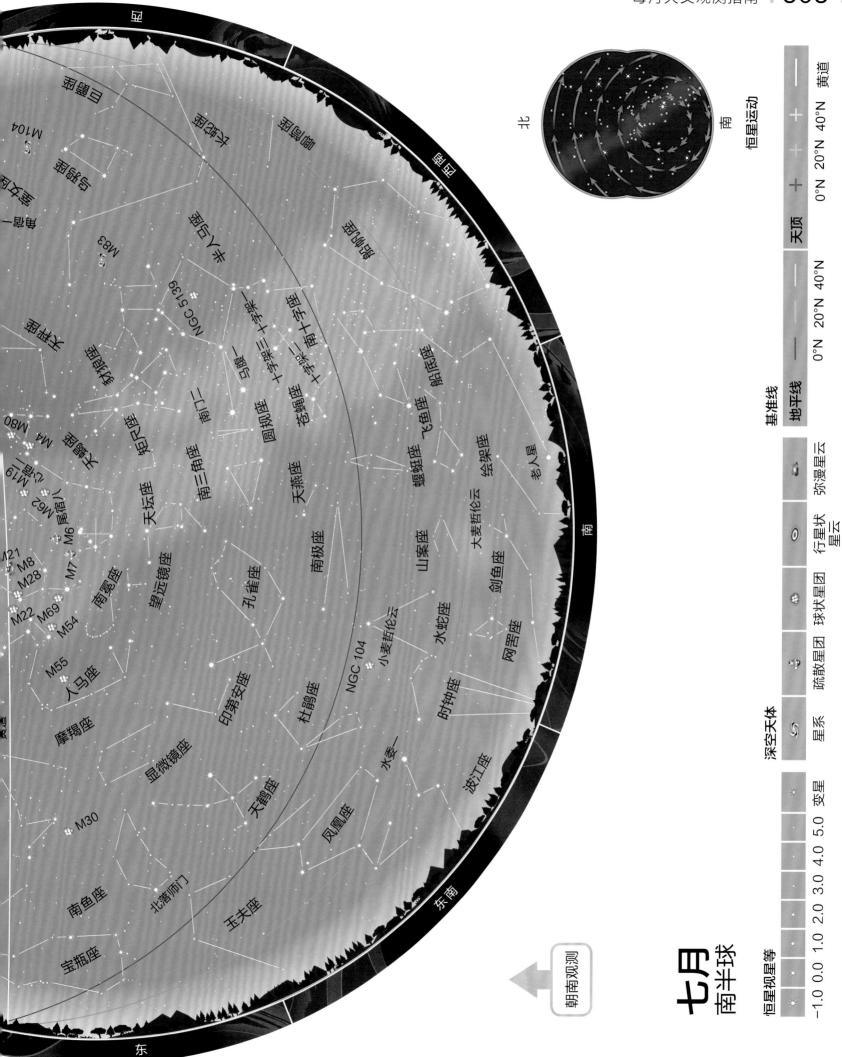

北

南

恒星运动

基准线

地平线	天顶			黄道
0°N 20°N 40°N	0°N 20°N	40°N		

深空天体

星系	疏散星团	球状星团	行星状星云	弥漫星云

恒星视星等

−1.0 0.0 1.0 2.0 3.0 4.0 5.0 变星

七月
南半球

朝南观测

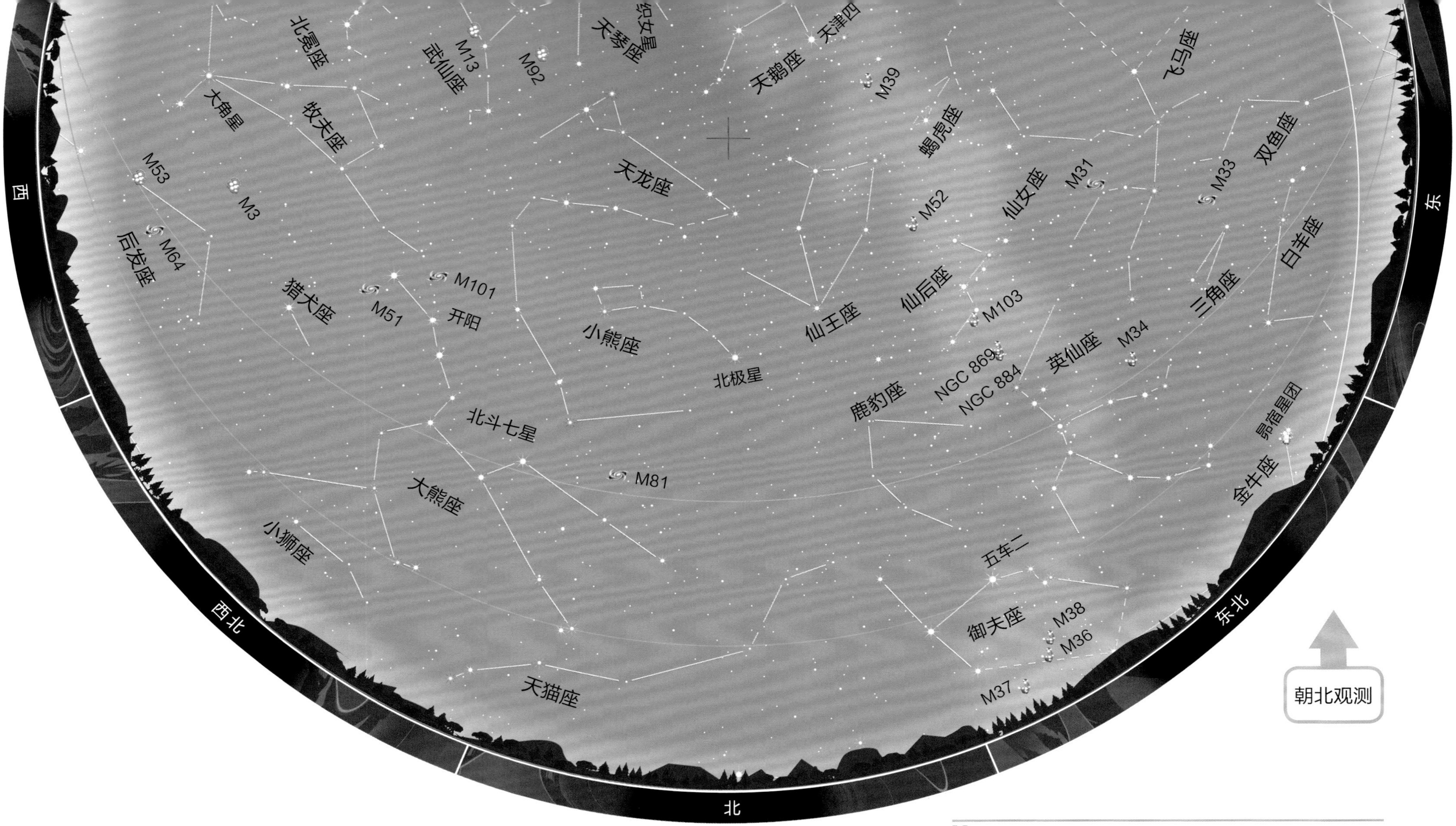

八月
北半球

恒星视星等

−1.0	0.0	1.0	2.0	3.0	4.0	5.0	变星	

深空天体

星系	疏散星团	球状星团	行星状星云	弥漫星云

基准线

地平线	60°N 40°N 20°N	天顶 60°N 40°N 20°N	黄道

观测时间

日期	标准观测时间	夏令时
8月1日	下午11点	午夜0点
8月15日	下午10点	下午11点
8月30日	下午9点	下午10点

朝北观测

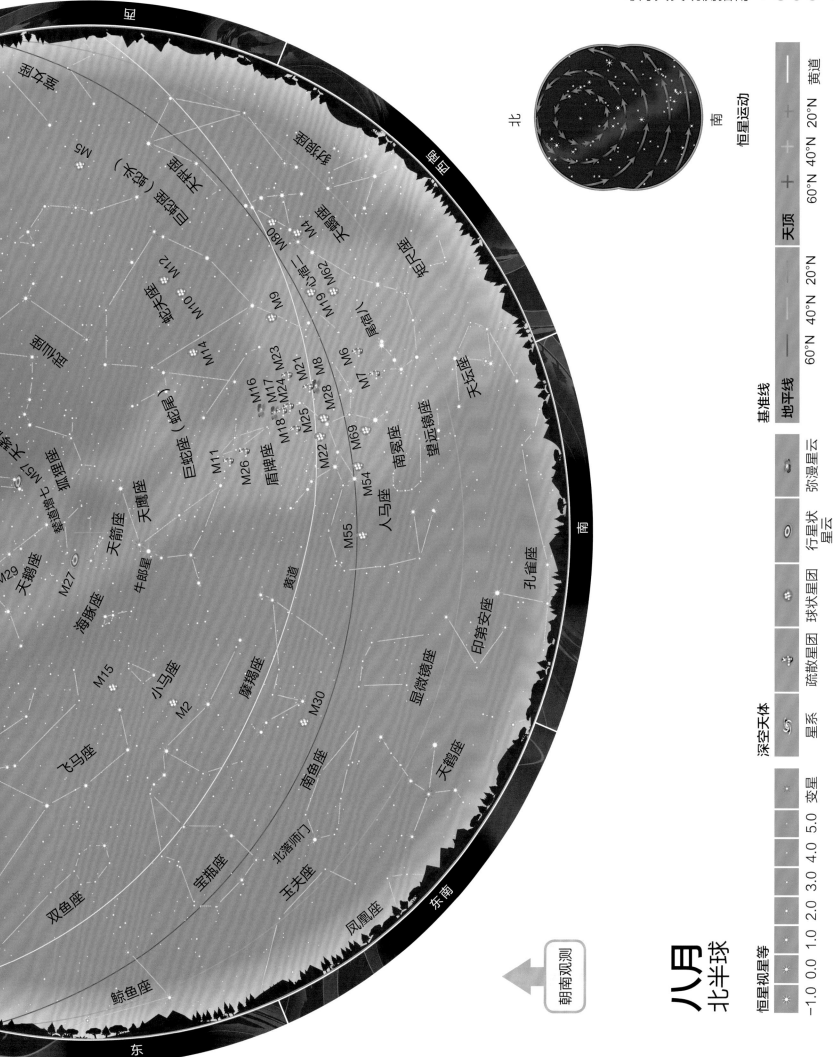

八月
北半球

朝南观测

恒星视星等
−1.0　0.0　1.0　2.0　3.0　4.0　5.0　变星

深空天体
星系　疏散星团　球状星团　弥漫星云　行星状星云

基准线
地平线　60°N　40°N　20°N　天顶　60°N　40°N　20°N　黄道

北

南

恒星运动

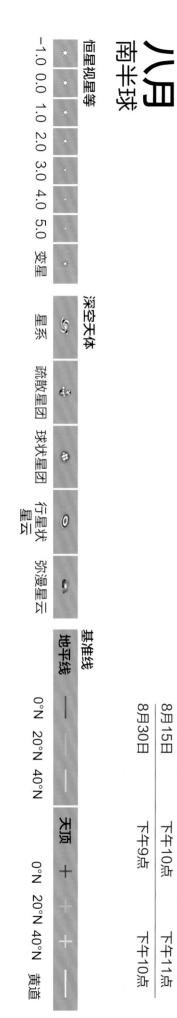

八月
南半球

恒星视星等

-1.0	
0.0	
1.0	
2.0	
3.0	
4.0	
5.0	
变星	

深空天体

星系	
疏散星团	
球状星团	
行星状星云	
弥漫星云	

基准线

	0°N	20°N	40°N
地平线	—	—	—
天顶	+	+	+
	0°N	20°N	40°N
黄道	—	—	—

观测时间

日期	标准观测时间	夏令时
8月1日	下午11点	午夜0点
8月15日	下午10点	下午11点
8月30日	下午9点	下午10点

朝北观测 →

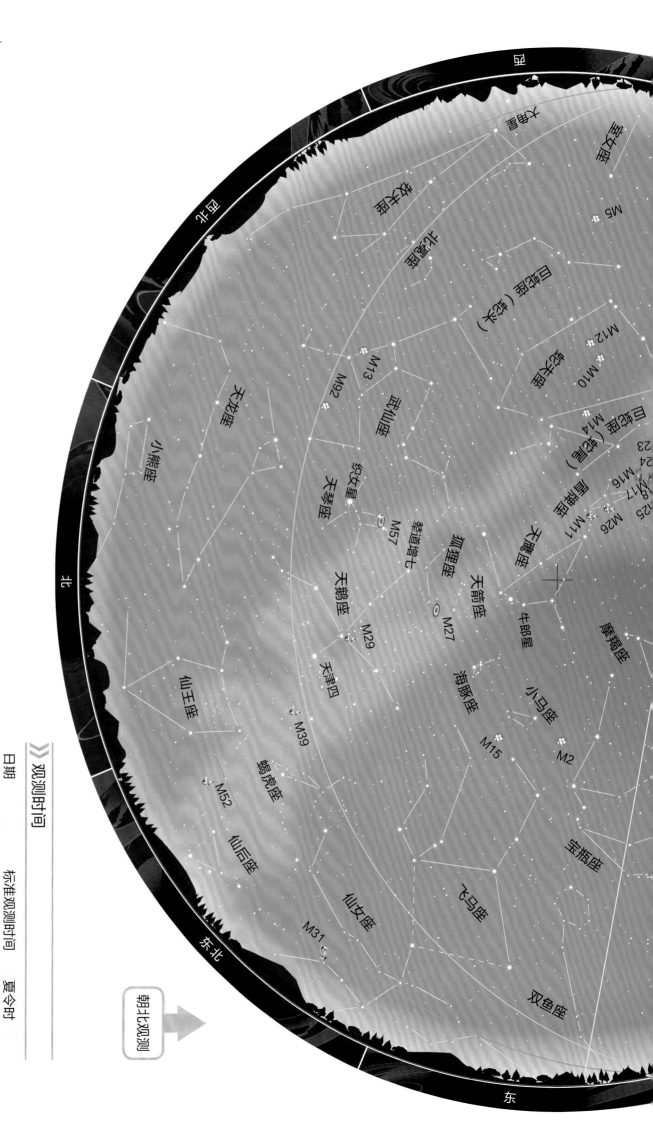

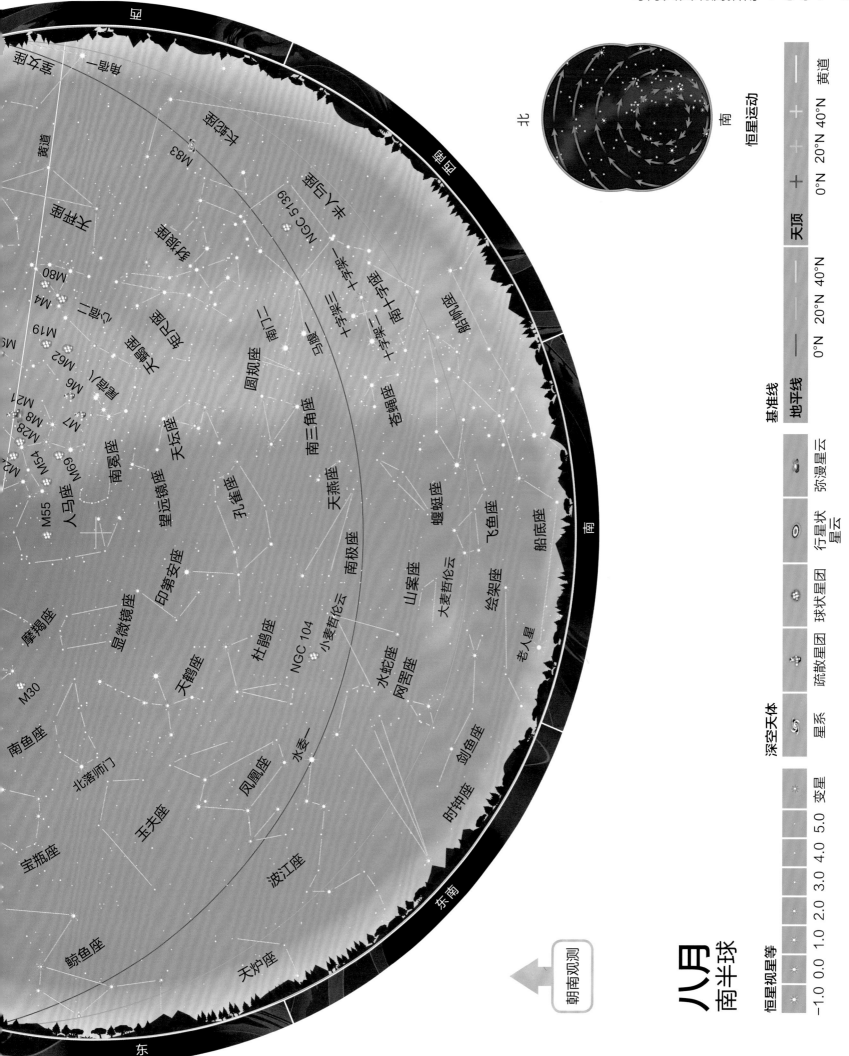

八月
南半球

朝南观测

恒星视星等

-1.0 0.0 1.0 2.0 3.0 4.0 5.0 变星

深空天体

星系　　疏散星团　球状星团　行星状星云　弥漫星云

基准线

地平线　　0°N 20°N 40°N　　天顶　　0°N 20°N 40°N　　黄道

北

南

恒星运动

九月
北半球

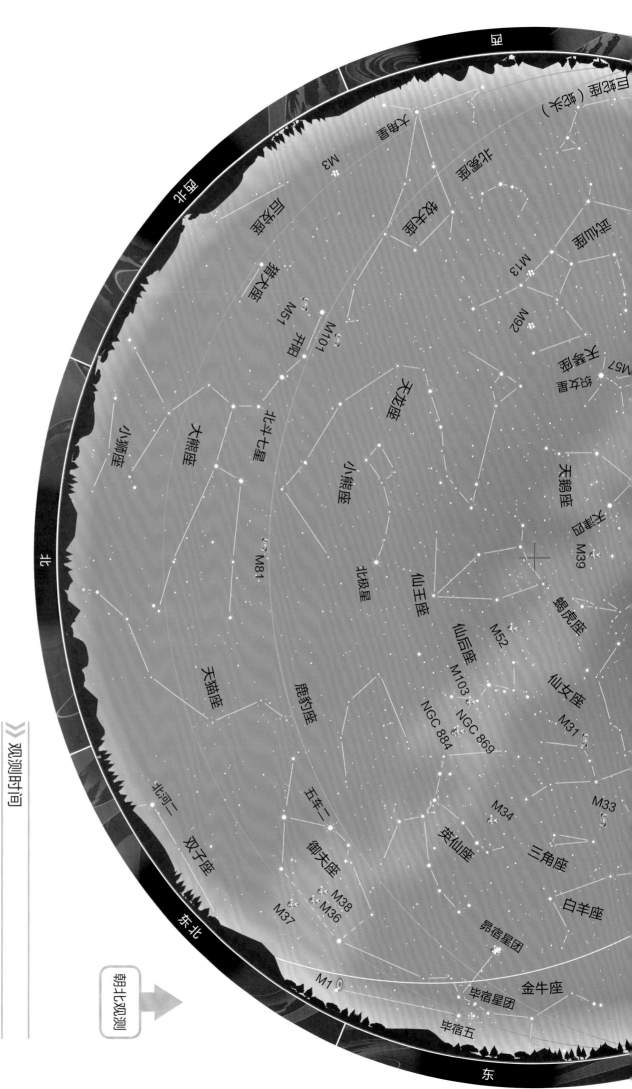

恒星视星等

-1.0　0.0　1.0　2.0　3.0　4.0　5.0　变星

深空天体

星系　疏散星团　球状星团　行星状星云　弥漫星云

基准线

	地平线	天顶	
	60°N	40°N	20°N
	60°N	40°N	20°N
	黄道		

>> 观测时间

日期	标准观测时间	夏令时
9月1日	下午11点	午夜0点
9月15日	下午10点	下午11点
9月30日	下午9点	下午10点

朝北观测

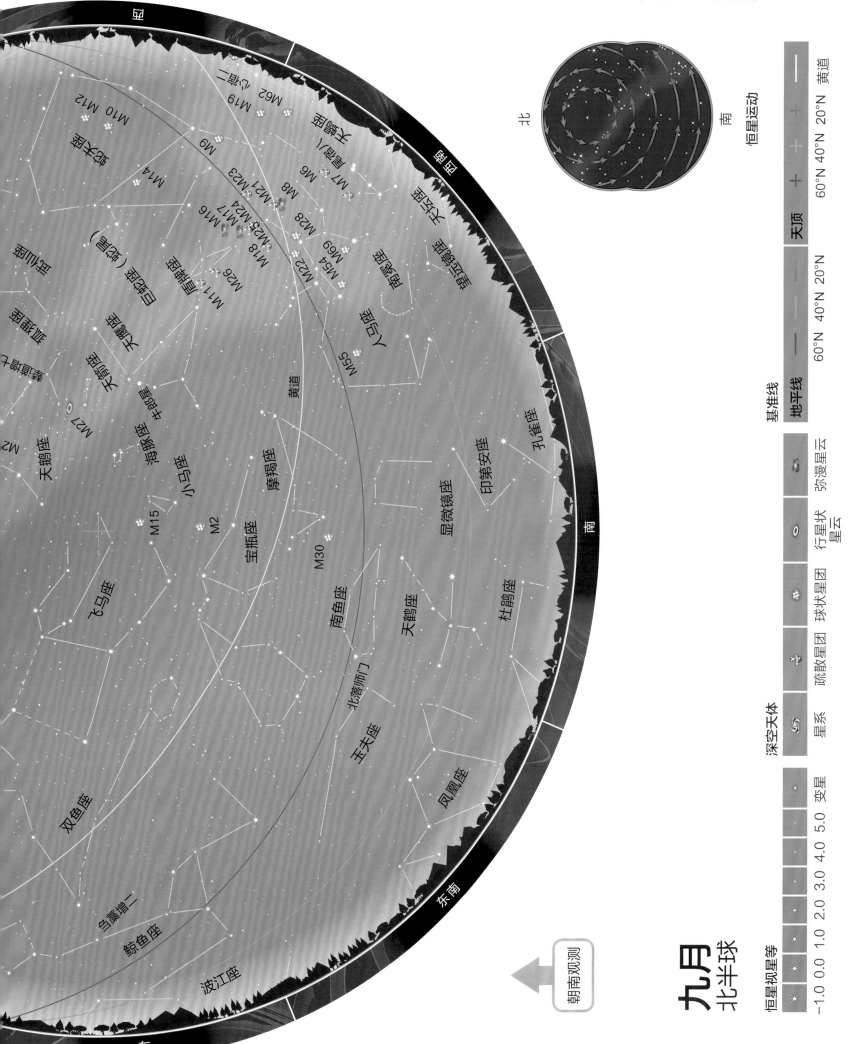

深空天体

星系	疏散星团	球状星团	行星状星云	弥漫星云

恒星视星等

变星						
-1.0	0.0	1.0	2.0	3.0	4.0	5.0

基准线

地平线	60°N	40°N	20°N	
天顶	60°N	40°N	20°N	
黄道				

北

南

恒星运动

九月
北半球

朝南观测

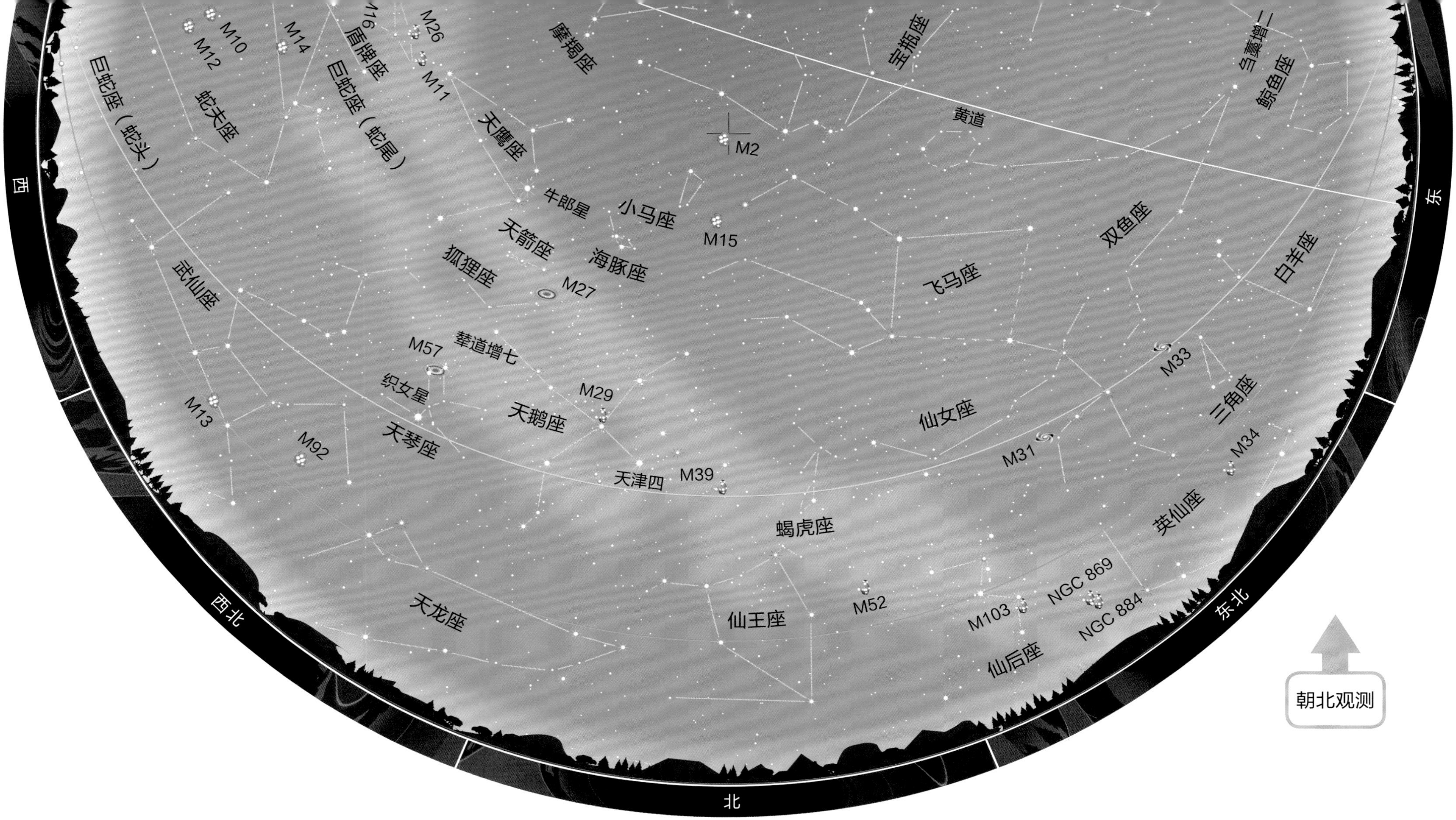

九月
南半球

» 朝北观测 →

恒星视星等

-1.0	
0.0	
1.0	
2.0	
3.0	
4.0	
5.0	
变星	

深空天体

星系	疏散星团	球状星团	行星状星云	弥漫星云

观测时间

日期	标准观测时间	夏令时
9月1日	下午11点	午夜0点
9月15日	下午10点	下午11点
9月30日	下午9点	下午10点

基准线

	地平线	天顶	黄道
0°N	—	+	—
20°N	—	+	—
40°N	—	+	—

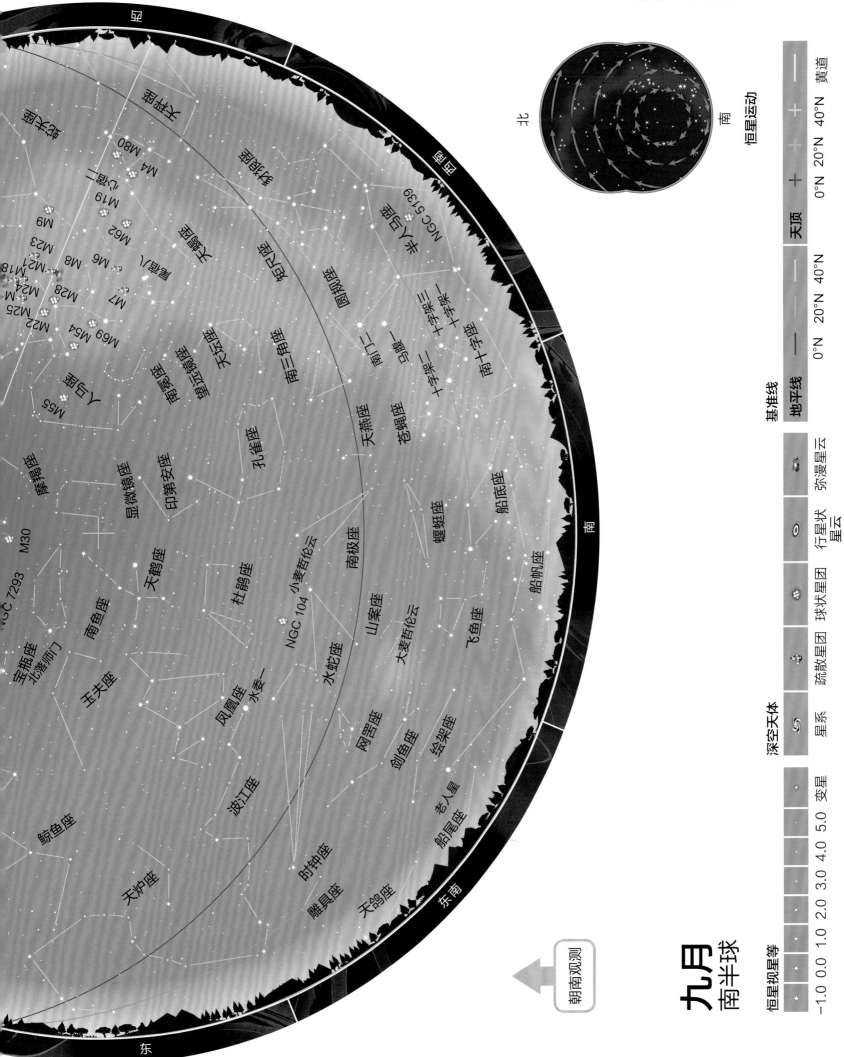

北

南

恒星运动

基准线

地平线	天顶	黄道
0°N 20°N 40°N	20°N 0°N	20°N 40°N

深空天体

星系	疏散星团	球状星团	行星状星云	弥漫星云

恒星视星等

-1.0	0.0	1.0	2.0	3.0	4.0	5.0	变星

朝南观测

九月
南半球

十月

北半球

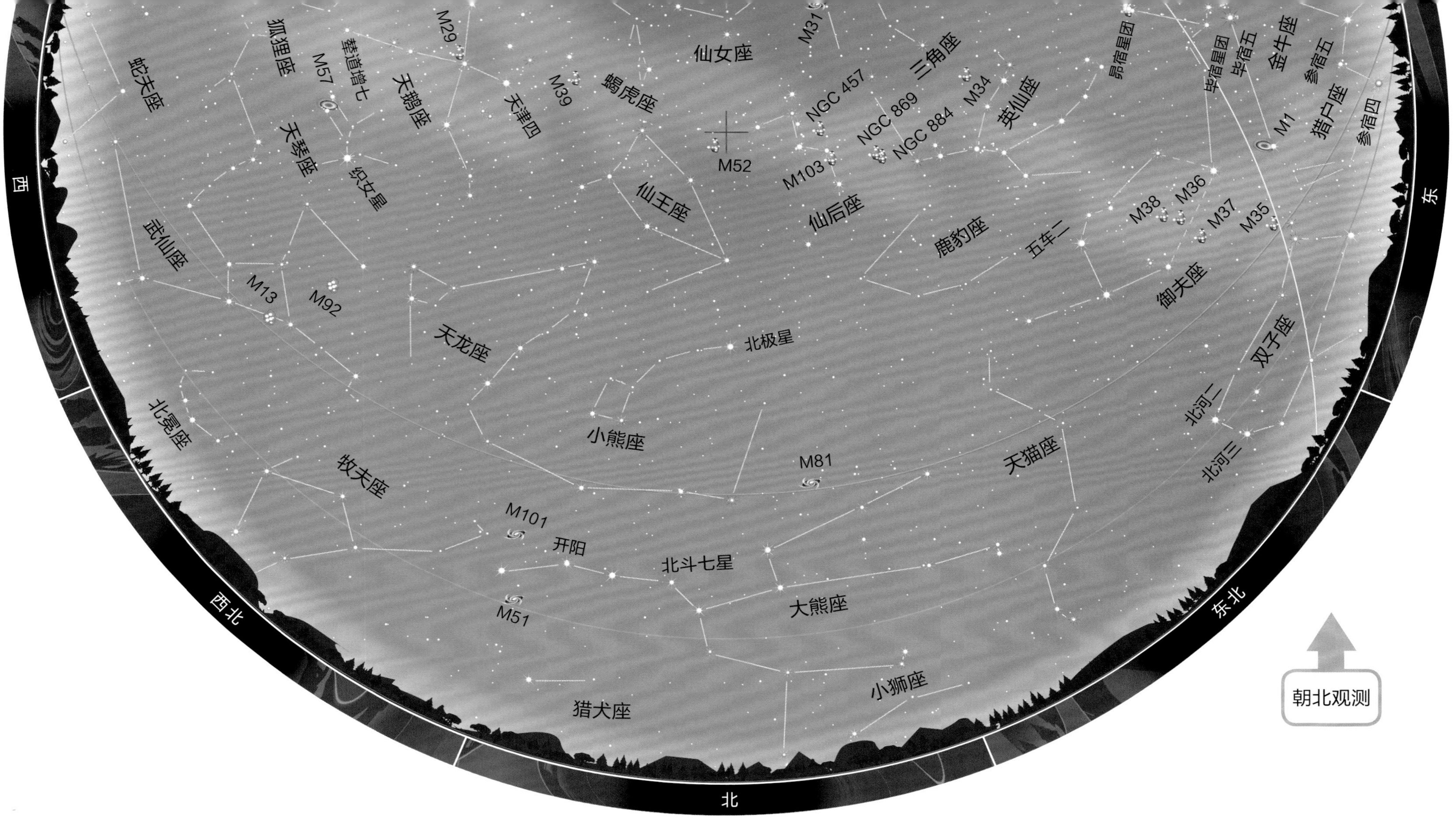

恒星视星等

-1.0　0.0　1.0　2.0　3.0　4.0　5.0　变星

深空天体

星系	疏散星团	球状星团	行星状星云	弥漫星云

基准线

地平线	60°N	40°N	20°N
天顶	60°N	40°N	20°N
黄道			

朝北观测

观测时间

日期	标准观测时间	夏令时
10月1日	下午11点	午夜0点
10月15日	下午10点	下午11点
10月30日	下午9点	下午10点

北斗七星

猎犬座

后发座

牧夫座

北冕座

武仙座

M13

M92

天琴座

M57

天龙座

M101

M51

开阳

小熊座

北极星

大熊座

M81

小狮座

天猫座

天鹅座

M29

M39

蝎虎座

仙王座

M52

仙后座

M103

NGC 457

NGC 869

NGC 884

M31

M34

三角座

仙女座

鹿豹座

英仙座

昂宿星团

毕宿星团

毕宿五

金牛座

M1

M38

M36

M37

M35

五车二

御夫座

北河二

北河三

双子座

猎户座

参宿五

参宿四

北

东北

东

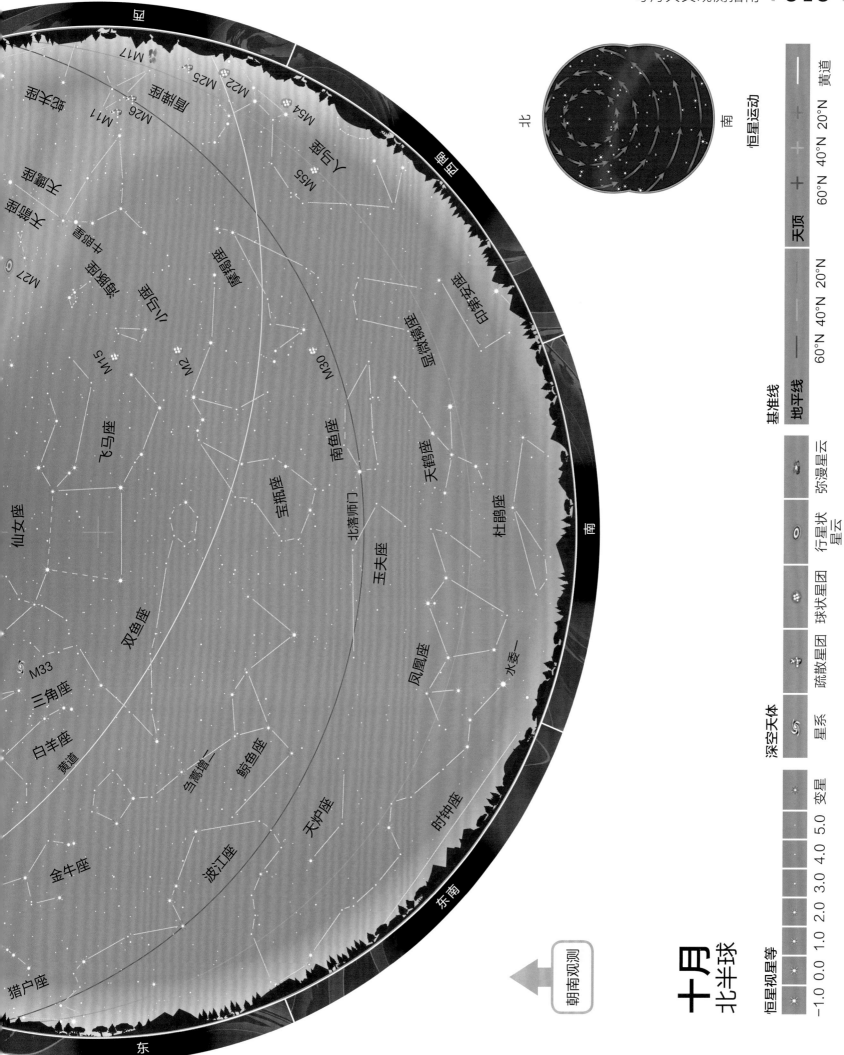

十月
北半球

朝南观测

恒星视星等
-1.0 0.0 1.0 2.0 3.0 4.0 5.0 变星

深空天体
星系 疏散星团 球状星团 行星状星云 弥漫星云

基准线
地平线 天顶 黄道
60°N 40°N 20°N 60°N 40°N 20°N 60°N 40°N 20°N

恒星运动
北 南

仙女座 三角座 M33 白羊座 双鱼座 金牛座 猎户座 鲸鱼座 波江座 刍藁增二 天炉座 时钟座 水委一 凤凰座 杜鹃座 玉夫座 北落师门 南鱼座 宝瓶座 摩羯座 天鹤座 印第安座 显微镜座 小马座 飞马座 海豚座 M15 M2 M30 M55 M54 M22 M26 M11 M25 M17 M27

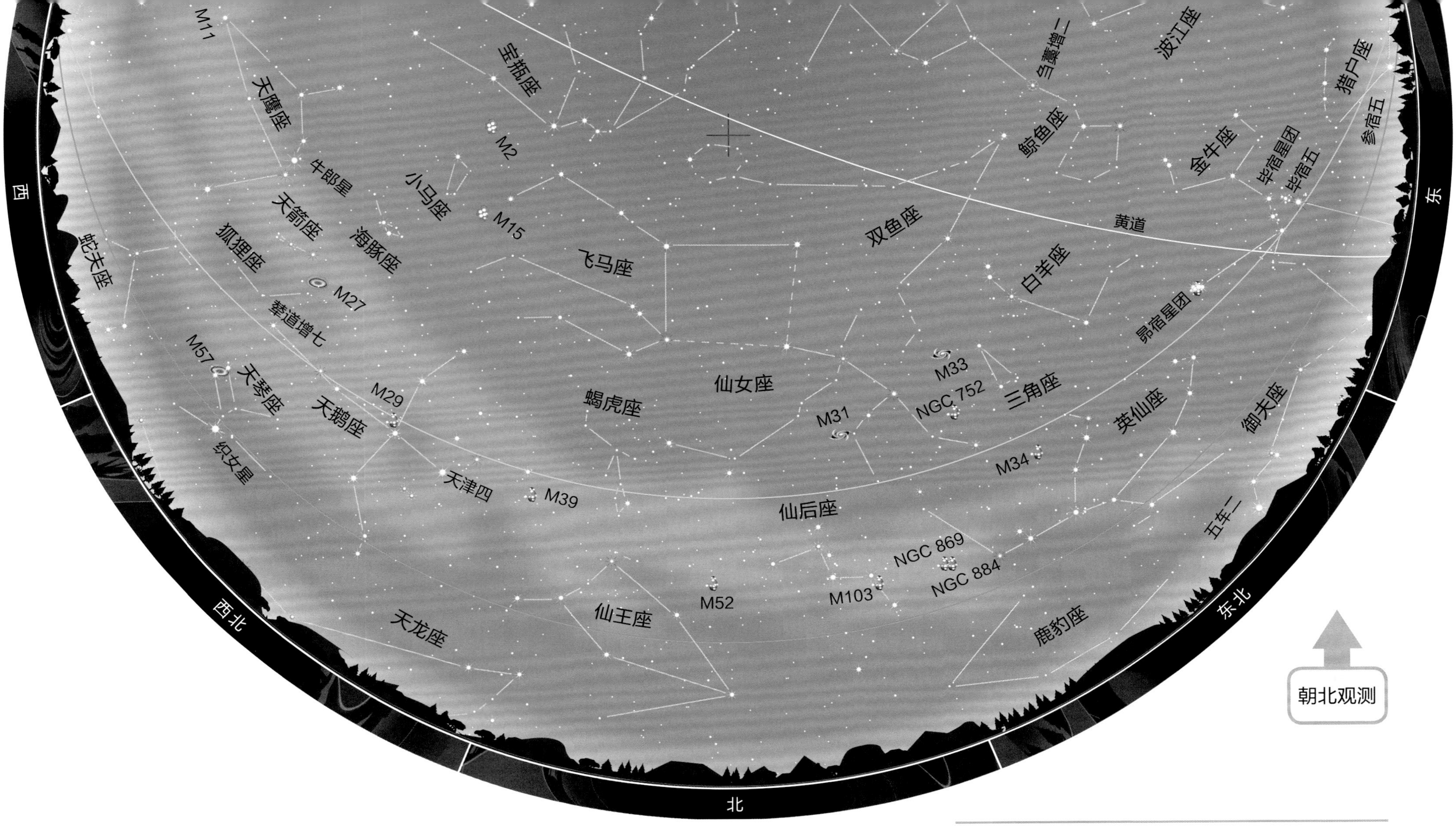
M11
宝瓶座
乌藁增二
波江座
猎户座
参宿五
天鹰座
M2
鲸鱼座
金牛座
毕宿星团
毕宿五
牛郎星
小马座
西
东
蛇夫座
天箭座
M15
狐狸座
海豚座
双鱼座
黄道
飞马座
白羊座
M27
昴宿星团
箕道增七
M57
天琴座
M33
天鹅座
M29
蝎虎座
仙女座
NGC 752
三角座
M31
英仙座
御夫座
织女星
天津四
M39
M34
仙后座
五车二
NGC 869
NGC 884
M52
M103
西北
东北
天龙座
仙王座
鹿豹座
北
朝北观测

十月
南半球

观测时间

日期	标准观测时间	夏令时
10月1日	下午11点	午夜0点
10月15日	下午10点	下午11点
10月30日	下午9点	下午10点

恒星视星等

−1.0 0.0 1.0 2.0 3.0 4.0 5.0 变星

深空天体

星系 疏散星团 球状星团 行星状星云 弥漫星云

基准线

地平线 0°N 20°N 40°N

天顶 0°N 20°N 40°N 黄道

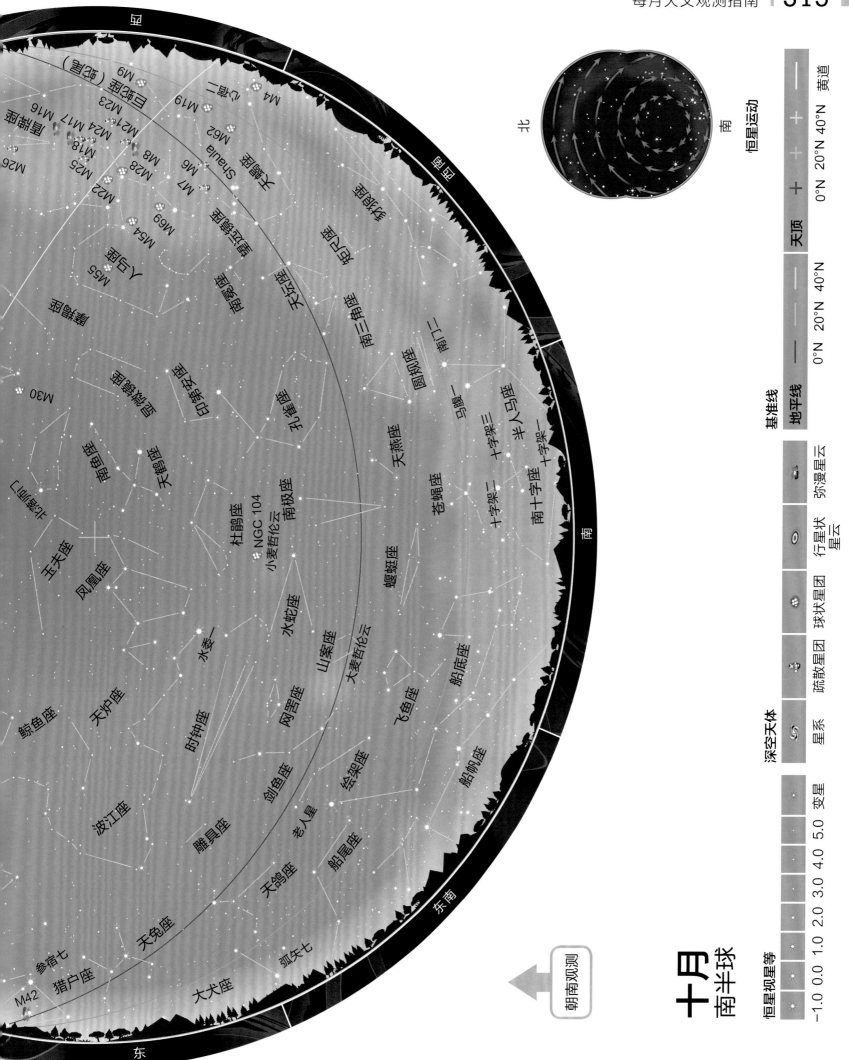

北

南

恒星运动

基准线

天顶		
0°N	20°N	40°N

地平线

0°N	20°N	40°N

黄道

深空天体

星系	疏散星团	球状星团
	行星状星云	弥漫星云

恒星视星等

−1.0	0.0	1.0	2.0	3.0	4.0	5.0	变星

朝南观测

十月
南半球

十一月

北半球

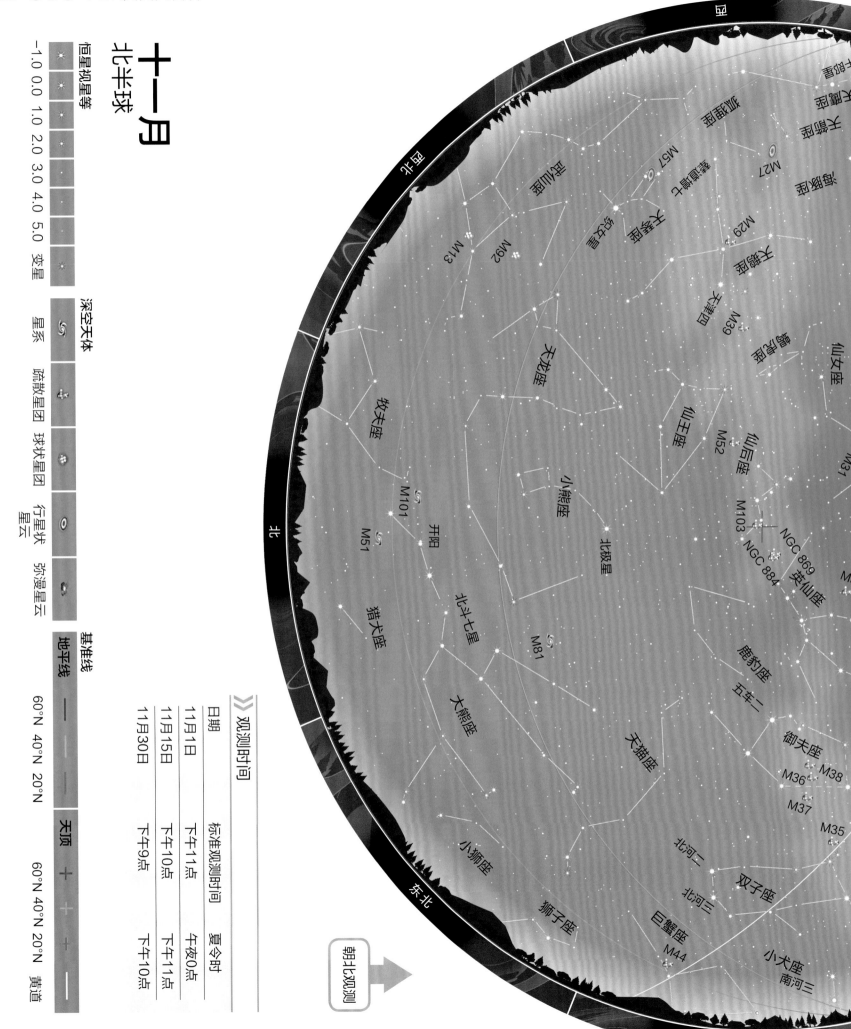

朝北观测

观测时间

日期	标准观测时间	夏令时
11月1日	下午11点	午夜0点
11月15日	下午10点	下午11点
11月30日	下午9点	下午10点

恒星视星等

-1.0	0.0	1.0	2.0	3.0	4.0	5.0	变星

深空天体

星系	疏散星团	球状星团	行星状 星云	弥漫星云

基准线

地平线			天顶			黄道
60°N	40°N	20°N	60°N	40°N	20°N	

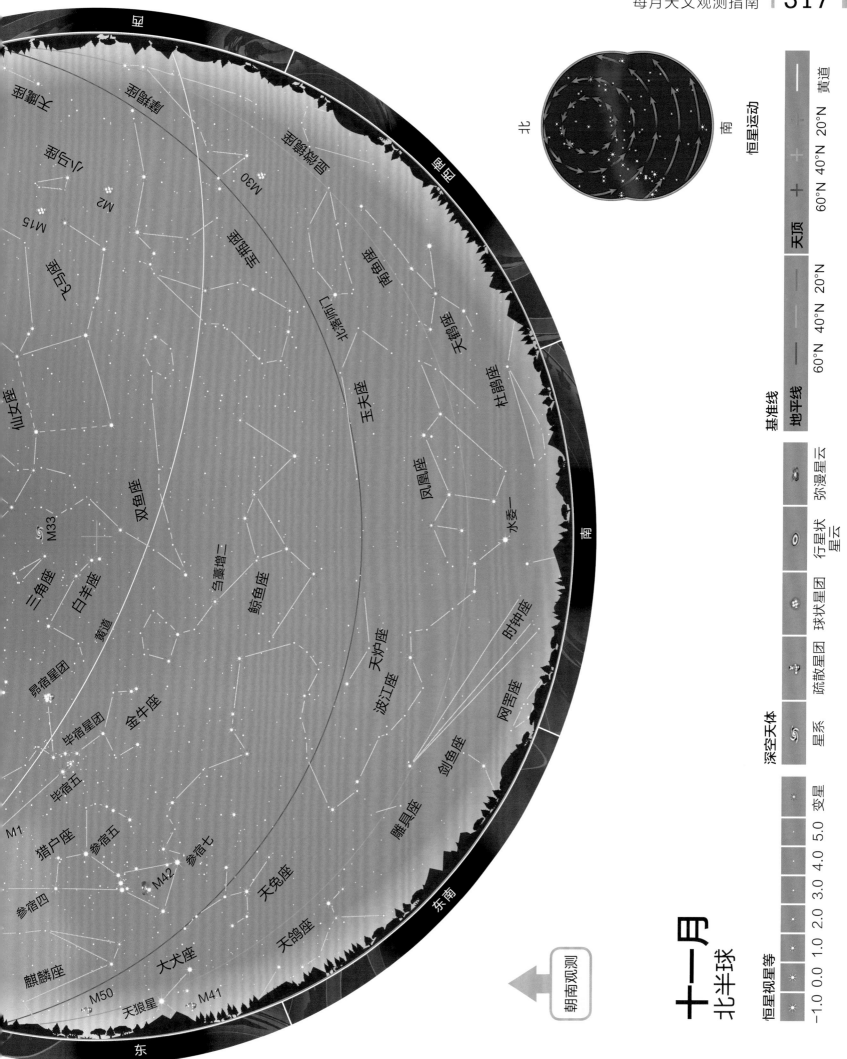

北

南

恒星运动

基准线

地平线	天顶	黄道
60°N 40°N 20°N	60°N 40°N 20°N	

深空天体

星系	疏散星团	球状星团	行星状星云	弥漫星云

恒星视星等

−1.0 0.0 1.0 2.0 3.0 4.0 5.0 变星

朝南观测

十一月
北半球

仙王座

仙后座

蝎虎座

长颈鹿座

小熊座

M30

御夫座

M2

M15

飞马座

宝瓶座

宝瓶座

摩羯座

南鱼座

仙女座

北落师门

玉夫座

天鹤座

杜鹃座

M33

双鱼座

凤凰座

三角座

白羊座

水委一

黄道

土司空二

鲸鱼座

时钟座

昴宿星团

天炉座

毕宿星团

金牛座

波江座

网罟座

M1

毕宿五

猎户座

参宿五

剑鱼座

雕具座

参宿七

参宿七

麒麟座

参宿四

M42

天兔座

天鸽座

M50

天狼星

M41

大犬座

东

东南

南

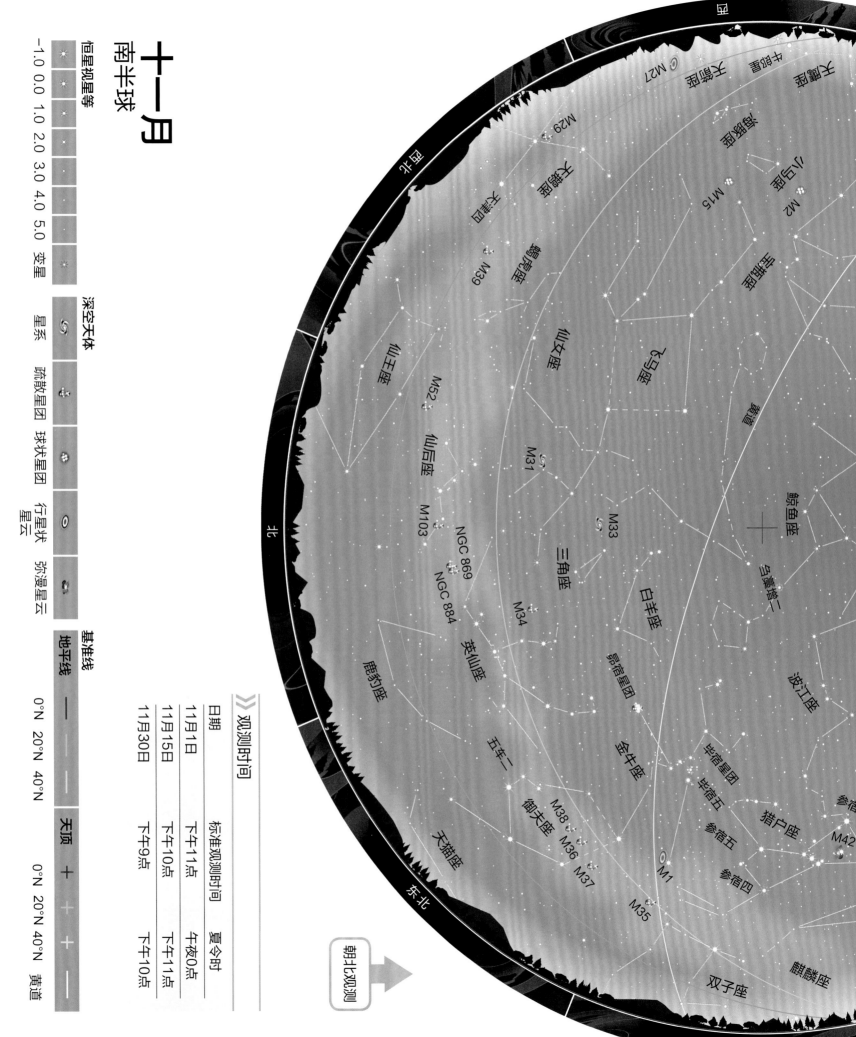

十一月
南半球

恒星视星等

-1.0　0.0　1.0　2.0　3.0　4.0　5.0　变星

深空天体

星系　疏散星团　球状星团　行星状星云　弥漫星云

基准线

地平线　0°N　20°N　40°N　天顶　0°N　20°N　40°N　黄道

>> 观测时间

日期	标准观测时间	夏令时
11月1日	下午11点	午夜0点
11月15日	下午10点	下午11点
11月30日	下午9点	下午10点

朝北观测

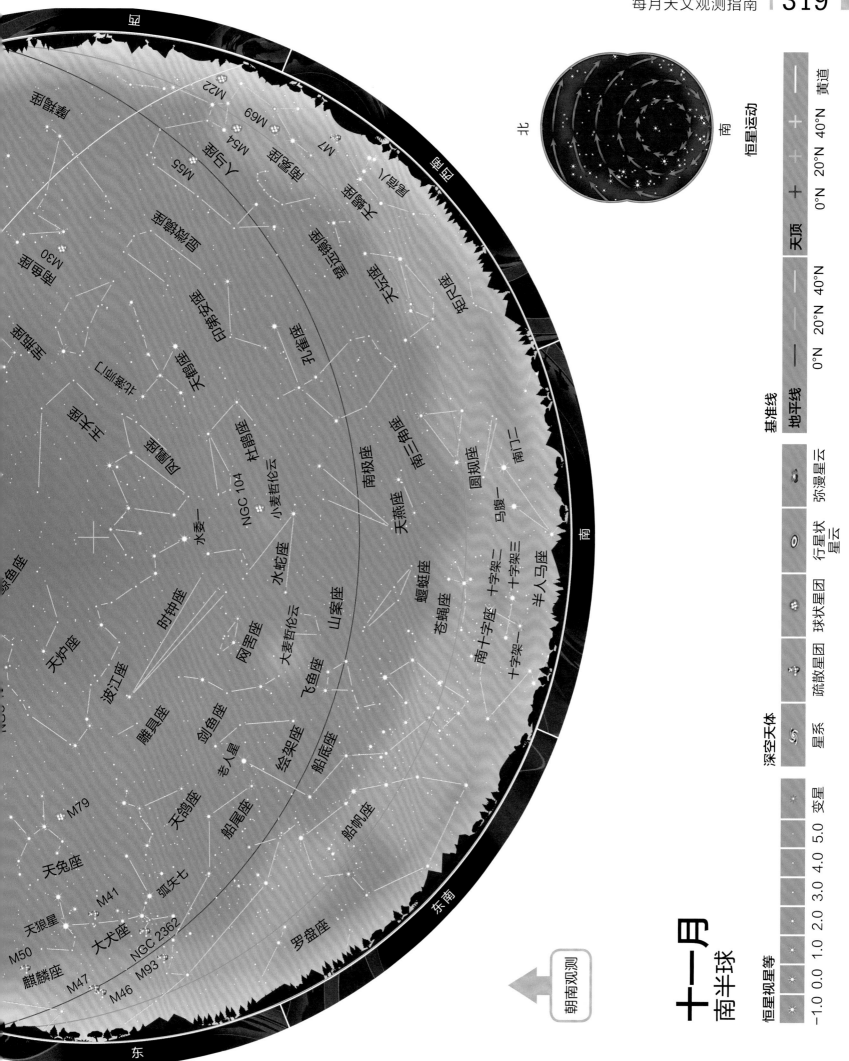

北

南

恒星运动

基准线

地平线	天顶	黄道
0°N 20°N 40°N	0°N 20°N 40°N	

深空天体

星系	疏散星团	球状星团	行星状星云	弥漫星云

恒星视星等

-1.0 0.0 1.0 2.0 3.0 4.0 5.0 变星

十一月
南半球

朝南观测

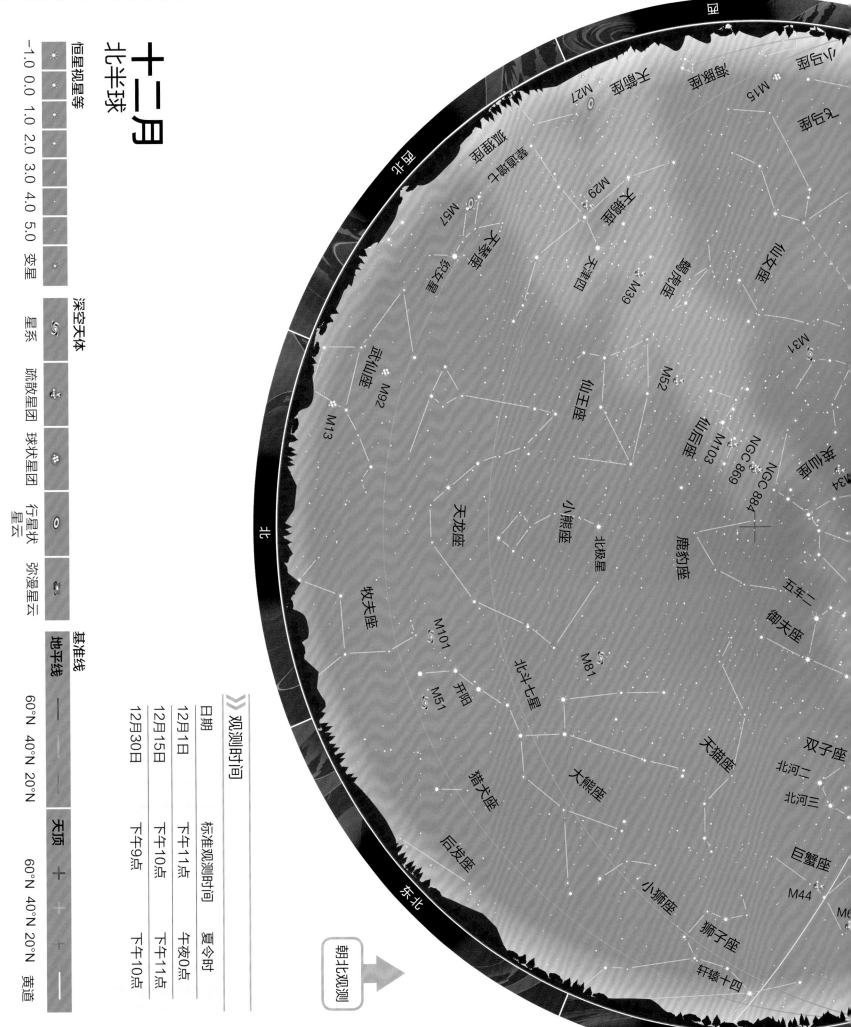

十二月

北半球

朝北观测 →

恒星视星等

-1.0	
0.0	
1.0	
2.0	
3.0	
4.0	
5.0	
变星	

深空天体

星系	
疏散星团	
球状星团	
行星状星云	
弥漫星云	

观测时间

日期	标准观测时间	夏令时
12月1日	下午11点	午夜0点
12月15日	下午10点	下午11点
12月30日	下午9点	下午10点

基准线

	60°N	40°N 20°N	天顶	60°N 40°N 20°N	黄道
地平线	—	—	+	+ +	—

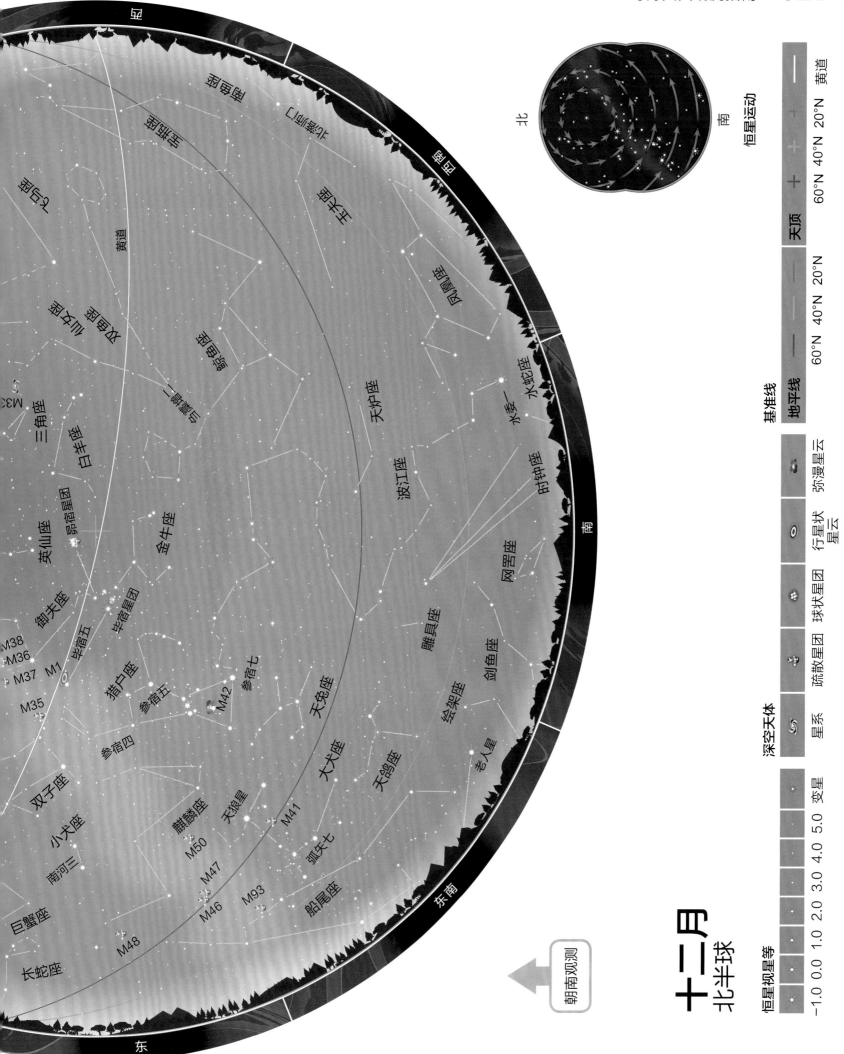

十二月
北半球

北

南

恒星运动

基准线

天顶

地平线

60°N 40°N 20°N

60°N 40°N 20°N

黄道

深空天体

弥漫星云

行星状
星云

球状星团

疏散星团

星系

恒星视星等

变星

−1.0 0.0 1.0 2.0 3.0 4.0 5.0

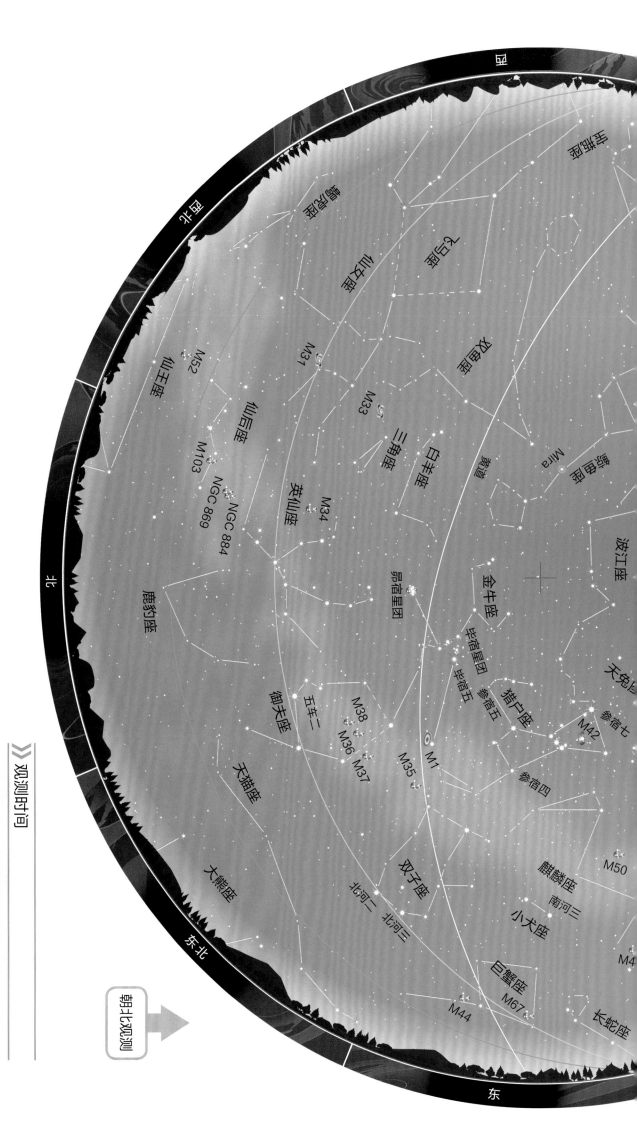

十二月
南半球

恒星视星等

| -1.0 | 0.0 | 1.0 | 2.0 | 3.0 | 4.0 | 5.0 | 变星 |

深空天体

| 星系 | 疏散星团 | 球状星团 | 行星状星云 | 弥漫星云 |

观测时间 »

日期	标准观测时间	夏令时
12月1日	下午11点	午夜0点
12月15日	下午10点	下午11点
12月30日	下午9点	下午10点

	地平线			天顶		
	0°N	20°N	40°N	0°N	20°N	40°N
基准线	—	—	—	+	+	—
						黄道

朝北观测 →

鹿豹座
仙王座
M52
M103
仙后座
NGC 869
NGC 884
英仙座
M34
三角座
M33
白羊座
仙女座
M31
双鱼座
飞马座
蝎虎座
天鹅座
黄道
鲸鱼座
Mira
波江座
金牛座
昴宿星团
毕宿星团
毕宿五
猎户座
参宿五
参宿四
参宿七
M42
天兔座
御夫座
五车二
M38
M36 M37
M35
M1
天猫座
双子座
北河二
北河三
麒麟座
南河三
小犬座
M50
巨蟹座
M67
M44
长蛇座
天龙座
天熊座

北 北 东北 东

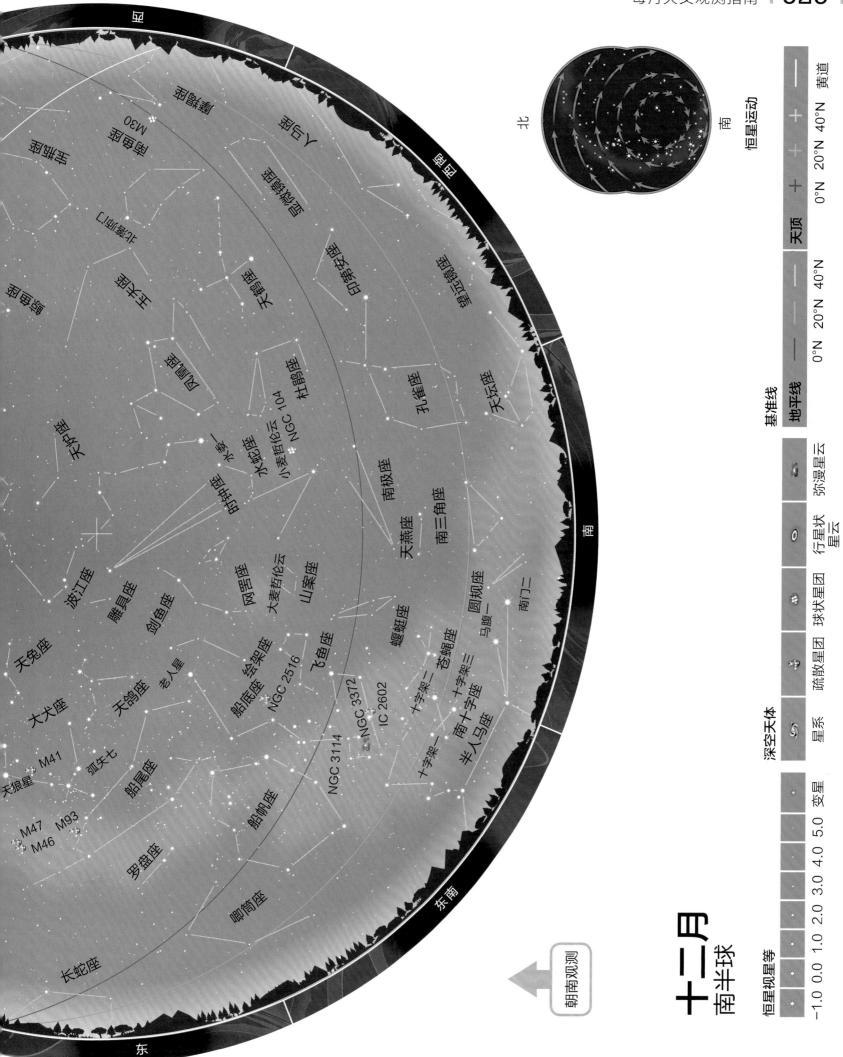

十二月
南半球

朝南观测

恒星视星等

−1.0 0.0 1.0 2.0 3.0 4.0 5.0 变星

深空天体

星系 疏散星团 球状星团 行星状星云 弥漫星云

基准线

地平线 天顶 黄道

0°N 20°N 40°N 0°N 20°N 40°N

恒星运动

北

南

星图中的天体名称：

天箭座 M30 天鹰座 宝瓶座

印第安座 望远镜座 天鹤座

显微镜座 南鱼座 玉夫座

凤凰座 孔雀座 天坛座

水蛇座 小麦哲伦云 NGC 104 杜鹃座 南极座

时钟座 南三角座

天燕座 圆规座 南门二

鲸鱼座 波江座 雕具座 剑鱼座 网罟座 大麦哲伦云 山案座 苍蝇座 半人马座 乌腹

天兔座 剑鱼座 绘架座 飞鱼座 NGC 3372 IC 2602 南十字座 十字架三 十字架二 十字架一

天鸽座 老人星 NGC 2516 蝘蜓座

大犬座 天狼星 弧矢七 船尾座 NGC 3114

M41 船帆座 罗盘座

M47 M93 M46

长蛇座

东 东南 南 西南 西

贝利珠
日全食是自然界最壮观的天文现象。在日全食的食既（日全食开始的时刻）和生光（日全食结束的时刻）阶段，由于月球表面有许多崎岖不平的山峰，太阳光便有可能在月面地势较低的地方露出。在刹那间形成一颗光珠，称为"贝利珠"（Baily's beads），也称为"钻石环"（Diamond ring）。

天文年历（2018—2031）

　　本章节将为读者们带来一本天文年历。这本天文年历详细地列出了14年（2018—2031年）间，新月、满月、日食、月食、行星凌日、行星冲日等天文现象的日期时间。其中一部分天文现象能够在地球任何地方进行观测；而另外一些天文现象，如水星凌日、金星凌日、日全食、月全食，则只能在一部分特定的区域才能看到。对于这些天文现象，年历中也会说明在地球上的哪些地区能够观测到。

　　当太阳、月球、地球按顺序成一条直线，月球将会挡住太阳的光芒，发生日食（solar eclipse）现象。日食一般分为3类，日全食、日环食、日偏食。其中，日全食分为5个阶段，初亏、食既、食甚、生光、复圆。日全食只能在全食带中看到，全食带是一条宽度不超过200千米狭窄路径。全食带的两旁是较广阔的半影扫过的地区，在这些地区内可以看见日偏食。当月球位于远地点（轨道距离地球最远）附近，并且太阳、月球、地球成一条直线的时候，月球可能无法完全遮住太阳，此时太阳的中心部分是黑暗的，但边缘仍然明亮，形成了一个壮观的光环，这种天文现象称为日环食。日食还有一种最为罕见的类型——全环食，这类日食发生的时候，在全食带两端的观测者看到的是日环食，而全食带中间的观测者看到的是日全食，全环食只能在月球与地表的距离和月球本影的长度很接近的情形下才会发生。一般而言，日全食和日环食只会持续几分钟的时间，整个日食过程（从初亏到复圆）却可以持续3个小时。谨记，在观测日全食的时候，千万不能直视太阳。

　　当太阳、地球、月球按顺序排成一条直线，月球将进入地球的影子，并会发生另一种天文现象——月食。月食通常会持续4个小时左右，即使月球完全被地球"遮住"了，在地球上仍能看到月球。不过这时候月球呈淡红色，这是由于部分太阳光经过地球大气层折射后打到了月球上（红光居多，其余颜色的光则被散射）。

　　在很罕见的情况下，地球轨道内部的两颗行星（水星、金星）将会与太阳、地球在同一直线上，并且位于太阳与地球中间。此时，地球上就能看到金星凌日（水星凌日）现象。在数小时的时间里，金星（水星）会像一个小黑点一样在太阳表面缓慢移动，掠过太阳盘面，并且遮蔽很小一部分太阳对地球的辐射。距离我们最近的一次凌日将会是2019年11月的水星凌日。

行星的位置

　　在这本天文年历中，列出了太阳系另外7颗行星的最佳观测时间。对于地球轨道内部的两颗行星水星、木星，最佳观测时间是它们位于"大距"的时候，即从地球看出去，行星与太阳的视距离最大。"大距"通常是在黎明（太阳升起之前）或者黄昏（太阳落山之后）时分，因此分为"东大距"（黄昏）和"西大距"（黎明）。对于地球轨道外部的行星，它们的最佳观测时间是它们"冲日"的时候，即从地球的观测者角度，行星位于和太阳完全相反的方位上。在行星冲日的时候，它们与地球的距离最近，在天空中将会呈现出最大、最亮的"模样"。火星冲日的周期为2年又2个月，木星冲日的周期为13个月，土星冲日的周期为1年又2周。值得注意的是，行星的视直径、亮度在每次冲日的时候都是不同的，因为行星的轨道呈椭圆形，每次冲日发生时，它们与地球的距离都是不同的。其中以火星最为突出，火星轨道的偏心率很大，火星在近日点（与地球的距离最近）时的冲日称为"火星大冲"，火星大冲的周期为15年或17年。

《 黎明时分的行星

黎明时分，两颗瞩目的行星沉浸于曙光之中，它们是木星和金星。其中更亮、距地平线更近的那颗行星是金星。

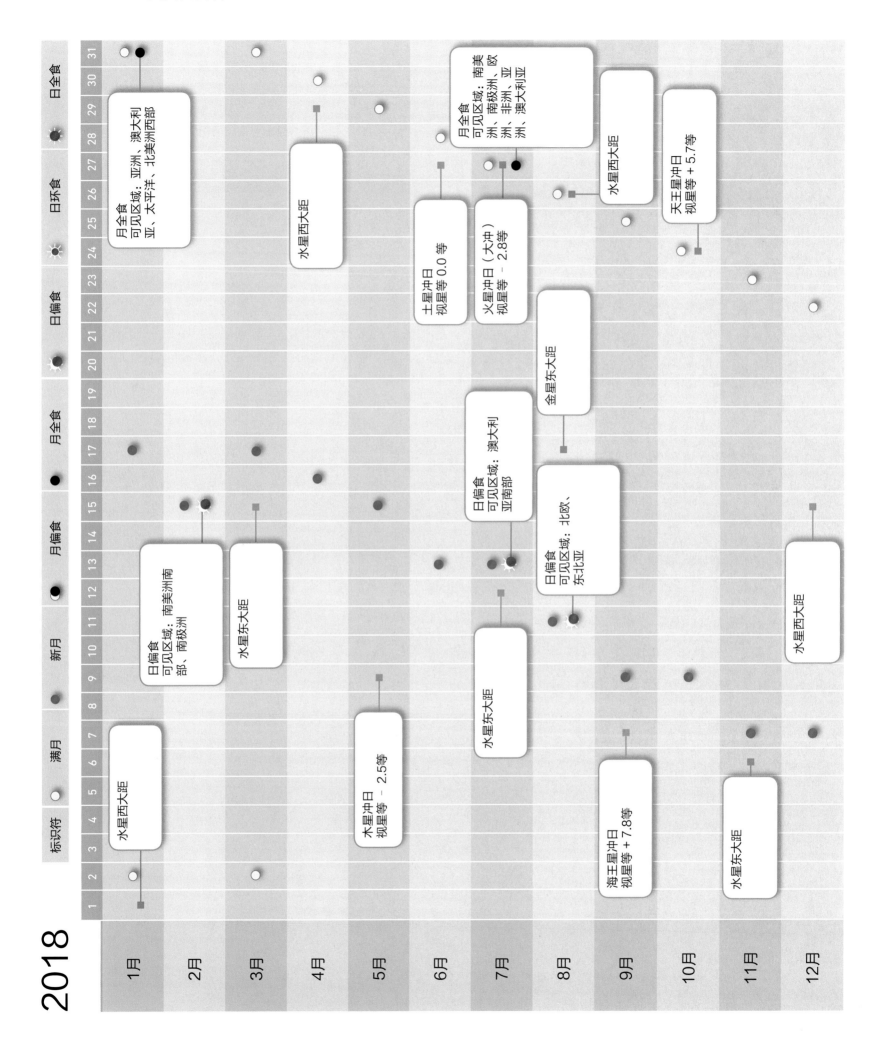

2018

标识符 满月 新月 月偏食 月全食 日偏食 日环食 日全食

1月
水星西大距
月食
可见区域：亚洲、澳大利亚、太平洋、北美洲西部
月全食
可见区域：亚洲、澳大利亚、北美洲西部

2月
日偏食
可见区域：南美洲南部、南极洲

3月
水星东大距

4月
水星西大距

5月
水星冲日
视星等 − 2.5等

6月
土星冲日
视星等 0.0 等

7月
水星东大距
日偏食
可见区域：澳大利亚南部
火星冲日（大冲）
视星等 − 2.8等
月全食
可见区域：南美洲、南极洲、非洲、亚洲、欧洲、澳大利亚
日偏食
可见区域：北欧、东北亚

8月
金星东大距
水星西大距
天王星冲日
视星等 + 5.7等

9月
海王星冲日
视星等 + 7.8等

10月
水星东大距

11月
水星东大距
水星西大距

12月
水星西大距

2019

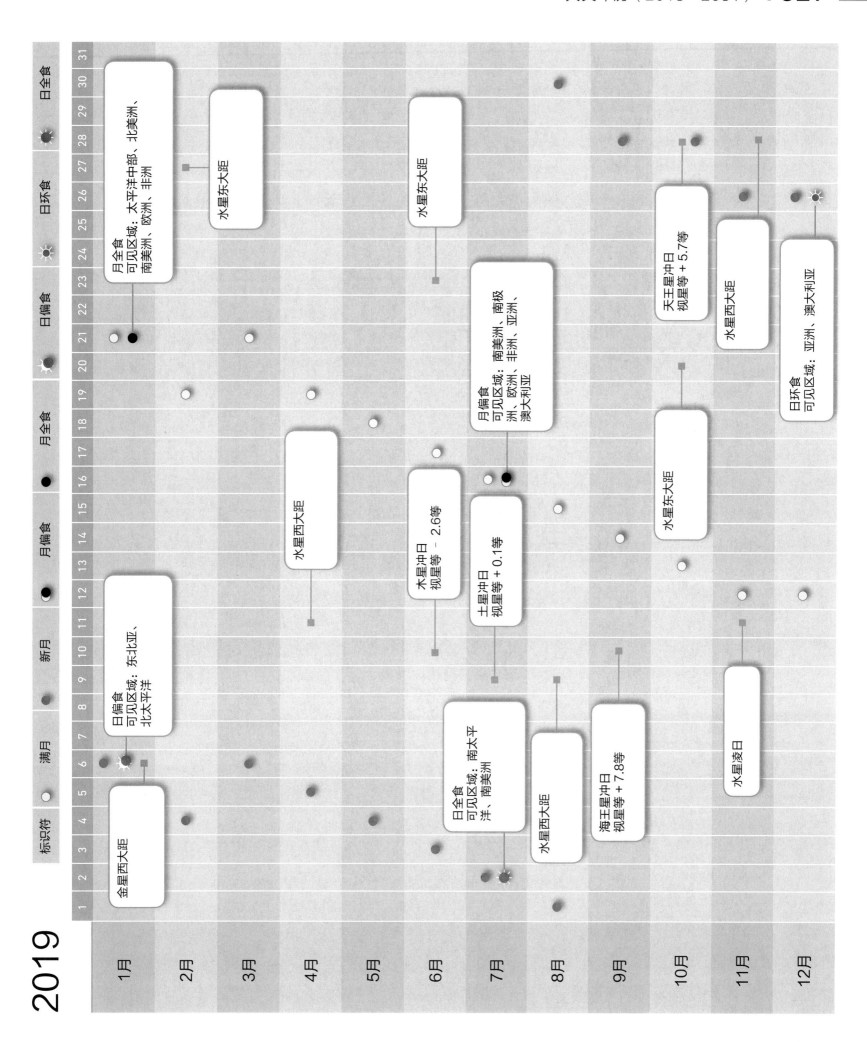

金星西大距

日偏食
可见区域：东北亚、北太平洋

水星东大距

月全食
可见区域：太平洋中部、北美洲、南美洲、欧洲、非洲

水星西大距

水星东大距

日全食
可见区域：南太平洋、南美洲

水星冲日
视星等 − 2.6等

土星冲日
视星等 + 0.1等

月偏食
可见区域：南美洲、南极洲、非洲、欧洲、亚洲、澳大利亚

水星西大距

海王星冲日
视星等 + 7.8等

天王星冲日
视星等 + 5.7等

水星东大距

水星西大距

水星凌日

日环食
可见区域：亚洲、澳大利亚

1月　2月　3月　4月　5月　6月　7月　8月　9月　10月　11月　12月

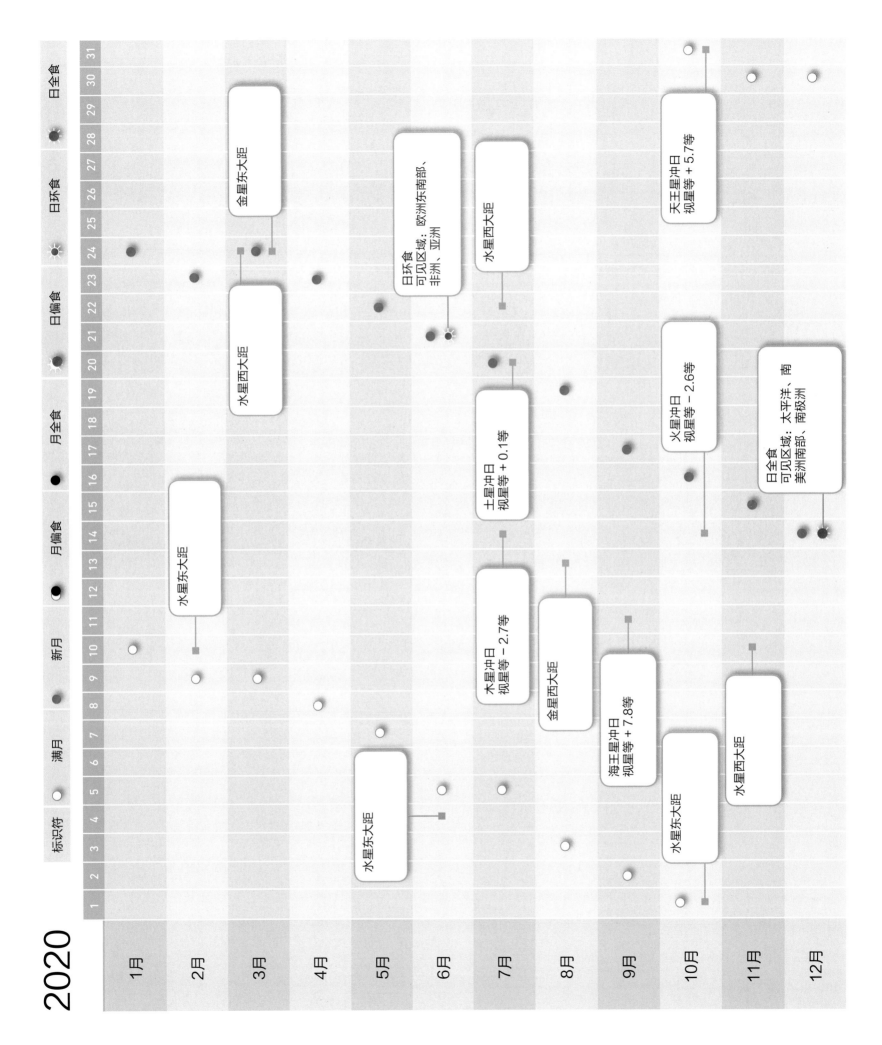

2020

标识符 ○ 满月 ● 新月 ● 月偏食 ● 月全食 ☾ 日偏食 ☀ 日环食 ● 日全食

| | 1 | 2 | 3 | 4 | 5 | 6 | 7 | 8 | 9 | 10 | 11 | 12 | 13 | 14 | 15 | 16 | 17 | 18 | 19 | 20 | 21 | 22 | 23 | 24 | 25 | 26 | 27 | 28 | 29 | 30 | 31 |

1月

2月 — 水星东大距

3月 — 水星西大距、金星东大距

4月

5月 — 水星东大距

6月 — 日环食 可见区域：欧洲东南部、非洲、亚洲

7月 — 水星冲日 视星等 −2.7等、土星冲日 视星等 +0.1等、水星西大距

8月 — 金星西大距

9月 — 海王星冲日 视星等 +7.8等

10月 — 水星东大距、火星冲日 视星等 −2.6等、天王星冲日 视星等 +5.7等

11月 — 水星西大距

12月 — 日全食 可见区域：太平洋、南美洲南部、南极洲

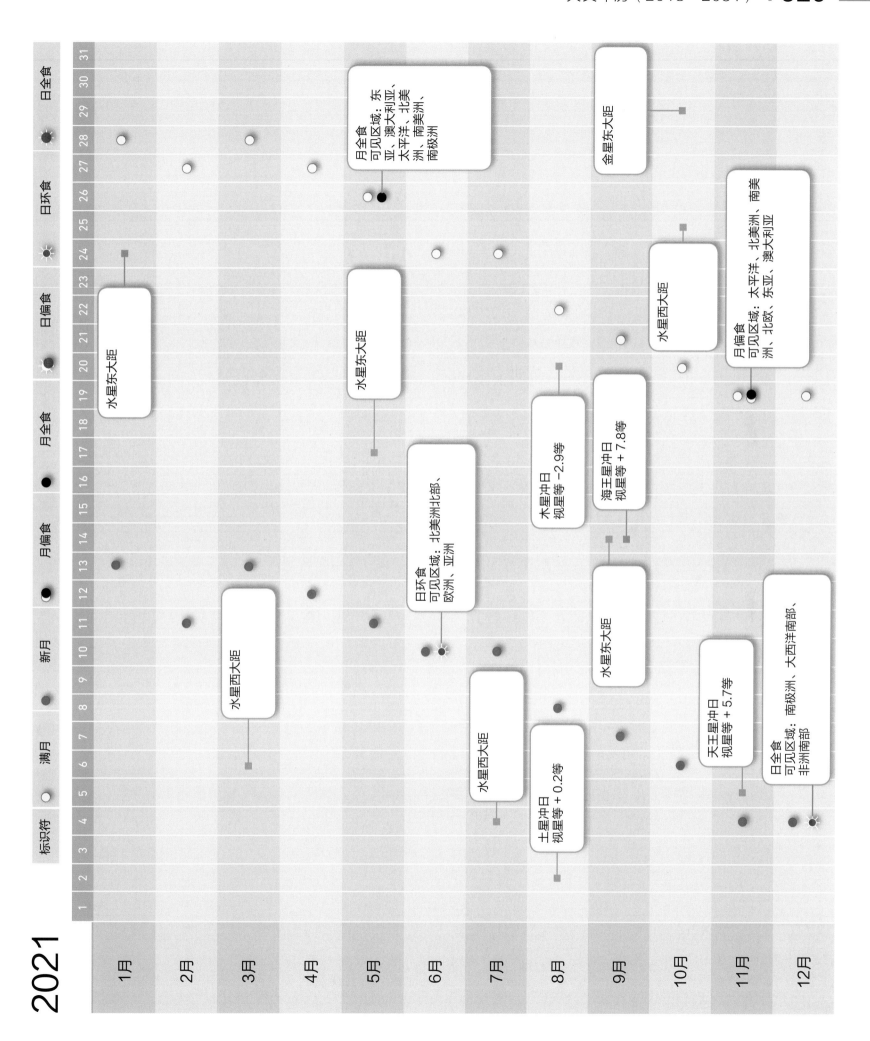

2021

标识符

满月 ◌
新月 ●
月偏食 ◐
月全食 ●
日偏食 ◐
日环食 ☀
日全食 ●

1月　水星东大距

2月

3月　水星西大距

4月

5月　水星东大距　月全食 可见区域：东亚、澳大利亚、北美洲、太平洋、南极洲

6月　日环食 可见区域：北美洲北部、欧洲、亚洲

7月　水星西大距

8月　土星冲日 视星等 +0.2等　木星冲日 视星等 −2.9等

9月　水星东大距　海王星冲日 视星等 +7.8等

10月　水星西大距　金星东大距

11月　天王星冲日 视星等 +5.7等　月偏食 可见区域：太平洋、北美洲、南美洲、东亚、北欧、澳大利亚

12月　日全食 可见区域：南极洲、大西洋南部、非洲南部

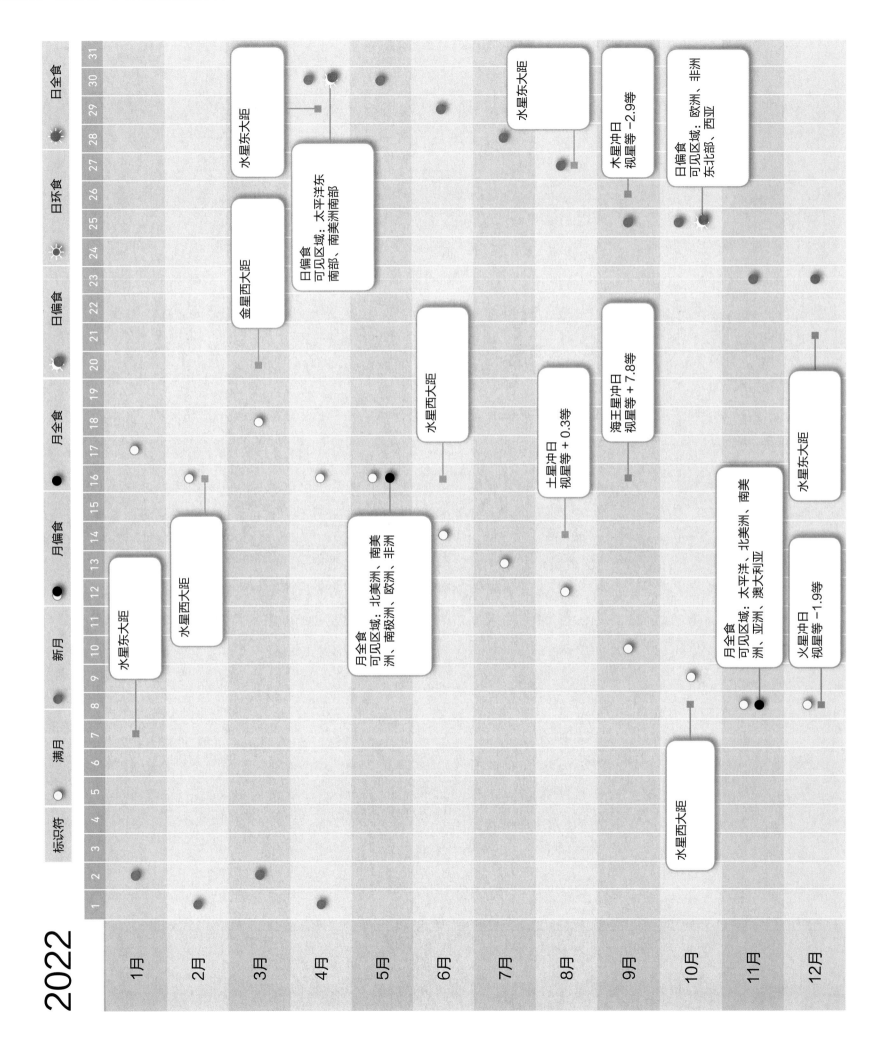

2022

标识符　满月　新月　月偏食　月全食　日偏食　日环食　日全食

水星东大距

水星西大距

月全食
可见区域：北美洲、南美洲、欧洲、南极洲、非洲

金星西大距

水星东大距

日偏食
可见区域：太平洋东南部、南美洲南部

水星西大距

水星西大距

土星冲日
视星等 + 0.3等

海王星冲日
视星等 + 7.8等

水星东大距

水星冲日
视星等 −2.9等

日偏食
可见区域：欧洲、非洲东北部、西亚

月全食
可见区域：太平洋、北美洲、南美洲、亚洲、澳大利亚

火星冲日
视星等 −1.9等

水星东大距

1月　2月　3月　4月　5月　6月　7月　8月　9月　10月　11月　12月

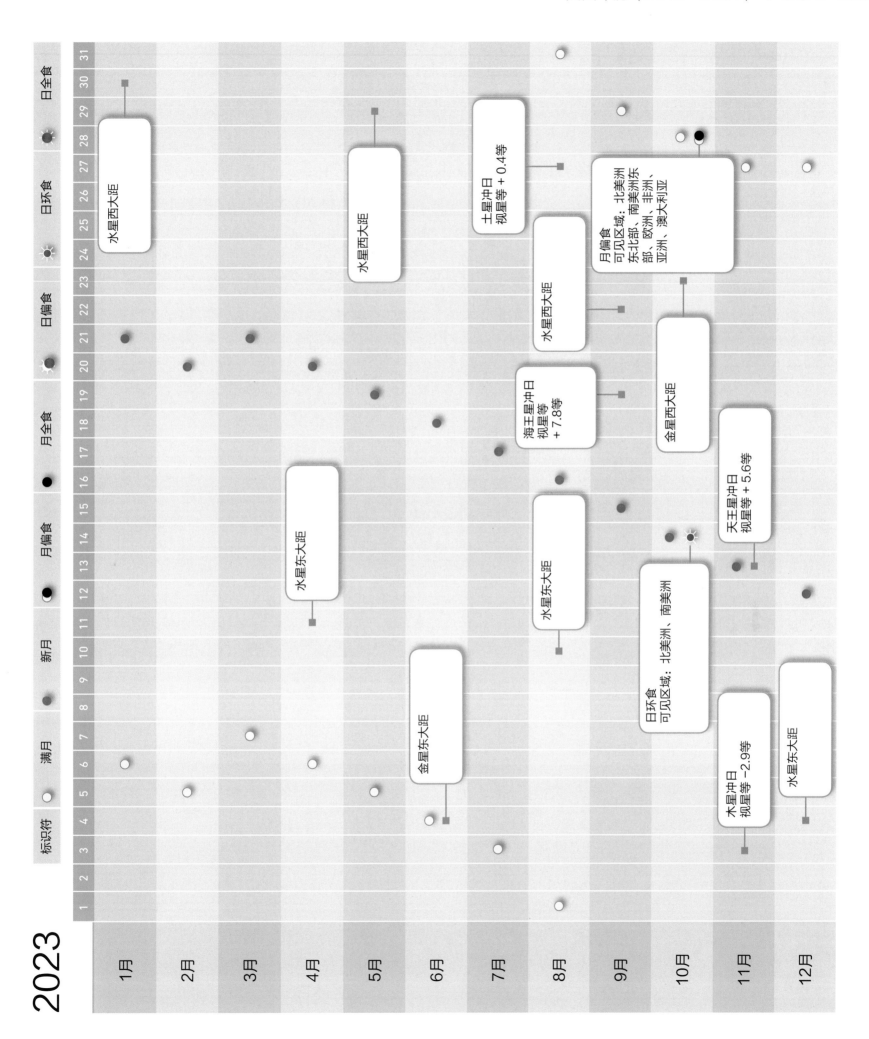

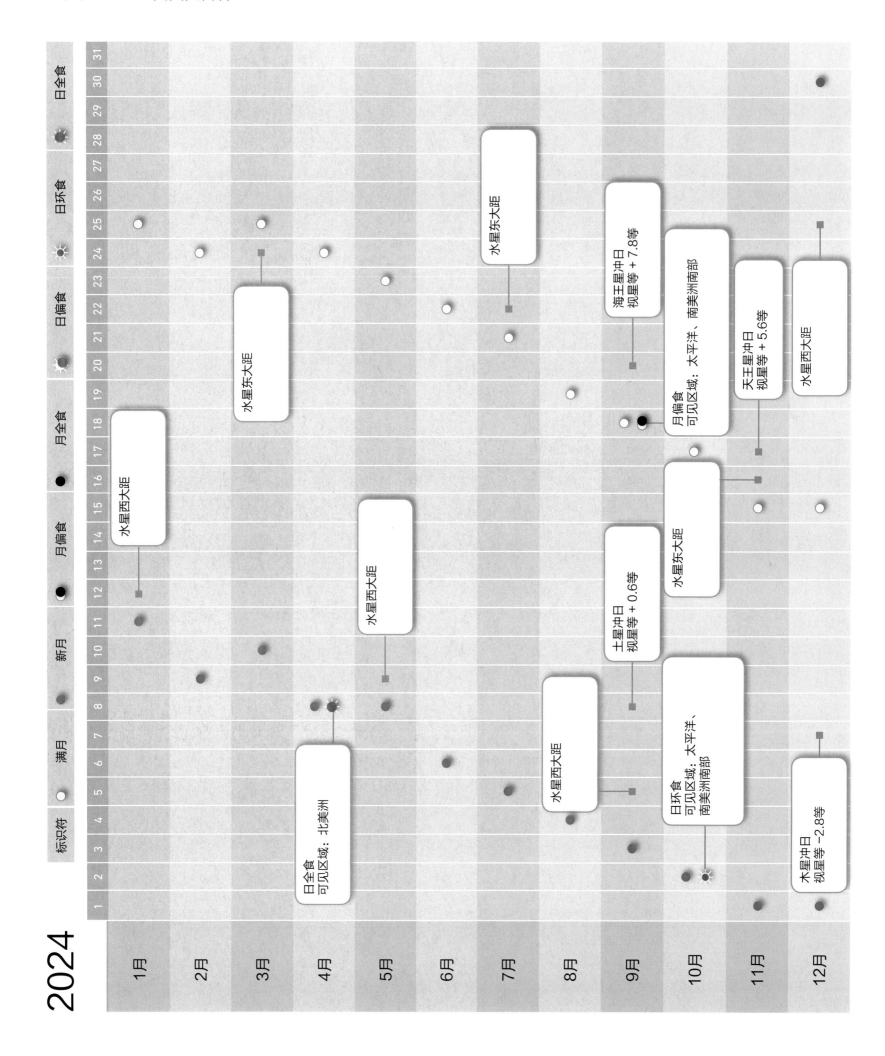

2024

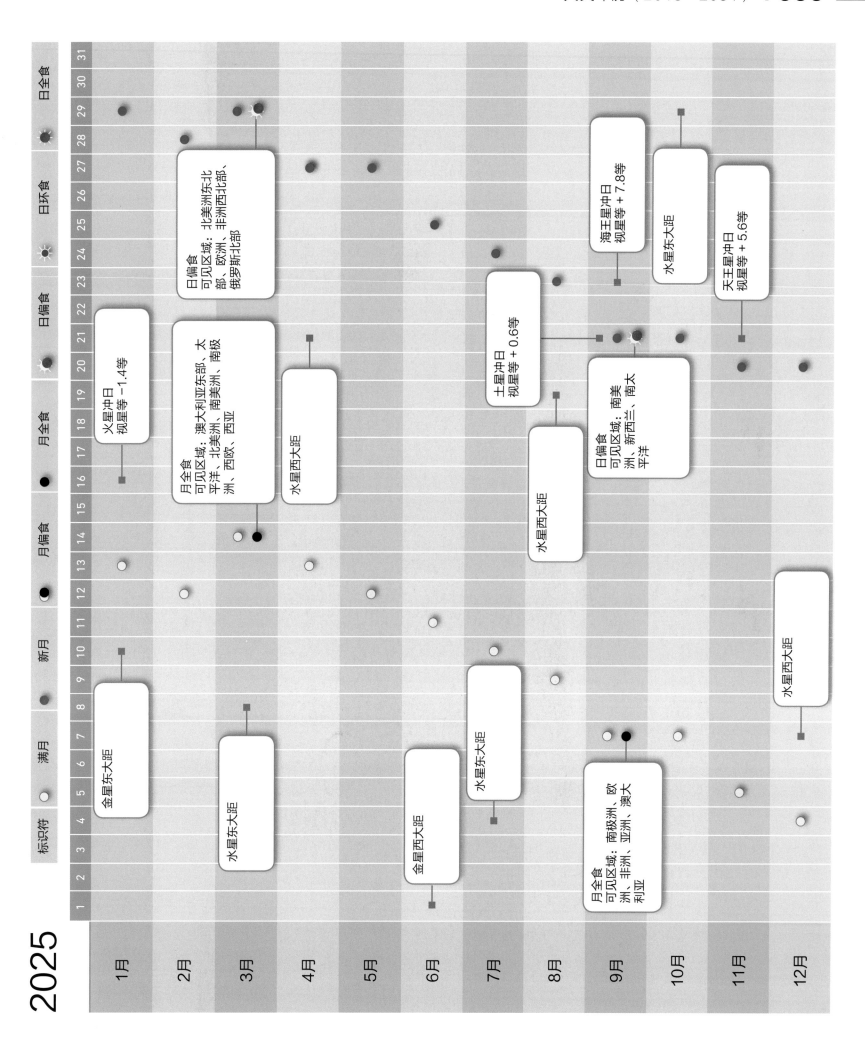

2025

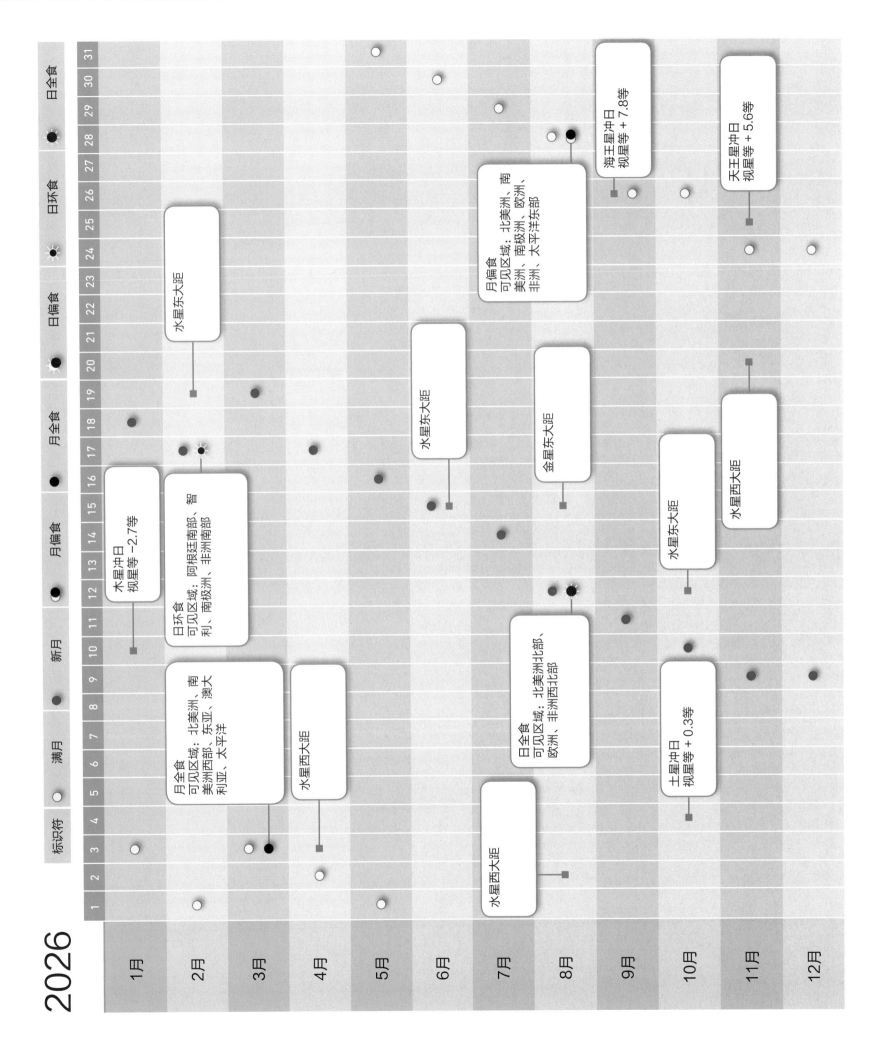

2026

标识符　满月　新月　月偏食　月全食　日偏食　日环食　日全食

水星东大距

月全食
可见区域：北美洲、南
美洲西部、东亚、澳大
利亚、太平洋

水星冲日
视星等 −2.7等

日环食
可见区域：阿根廷南部、智
利、南极洲、非洲南部

水星西大距

水星西大距

水星东大距

月偏食
可见区域：北美洲、南
美洲、南极洲、欧洲、
非洲、太平洋东部

海王星冲日
视星等 +7.8等

天王星冲日
视星等 +5.6等

金星东大距

水星西大距

日全食
可见区域：北美洲北部、
欧洲、非洲西北部

水星东大距

土星冲日
视星等 +0.3等

1月　2月　3月　4月　5月　6月　7月　8月　9月　10月　11月　12月

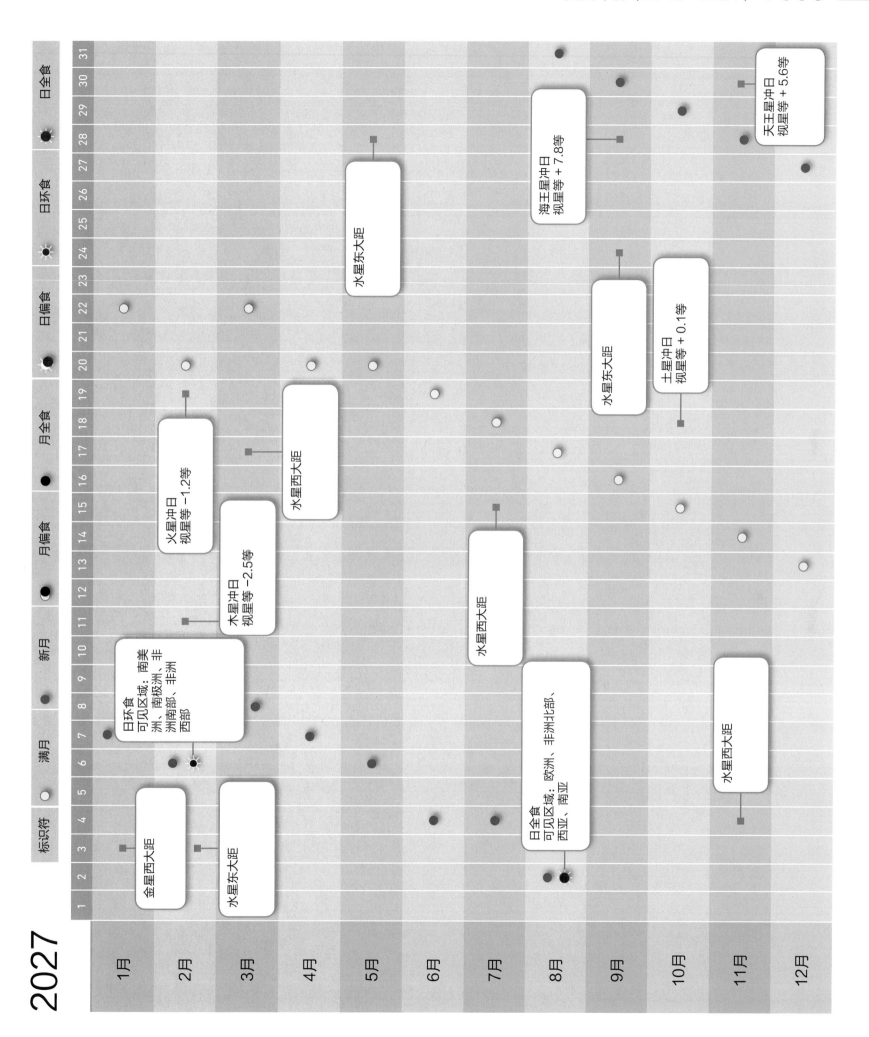

2027

标识符　满月　新月　月偏食　月全食　日偏食　日环食　日全食

1月　2月　3月　4月　5月　6月　7月　8月　9月　10月　11月　12月

金星西大距

水星东大距

日环食
可见区域：南美
洲、南极洲、非
洲南部、非洲
西部

火星冲日
视星等 −1.2等

水星冲日
视星等 −2.5等

水星西大距

水星东大距

水星西大距

水星西大距

日全食
可见区域：欧洲、非洲北部、
西亚、南亚

水星东大距

海王星冲日
视星等 + 7.8等

土星冲日
视星等 + 0.1等

天王星冲日
视星等 + 5.6等

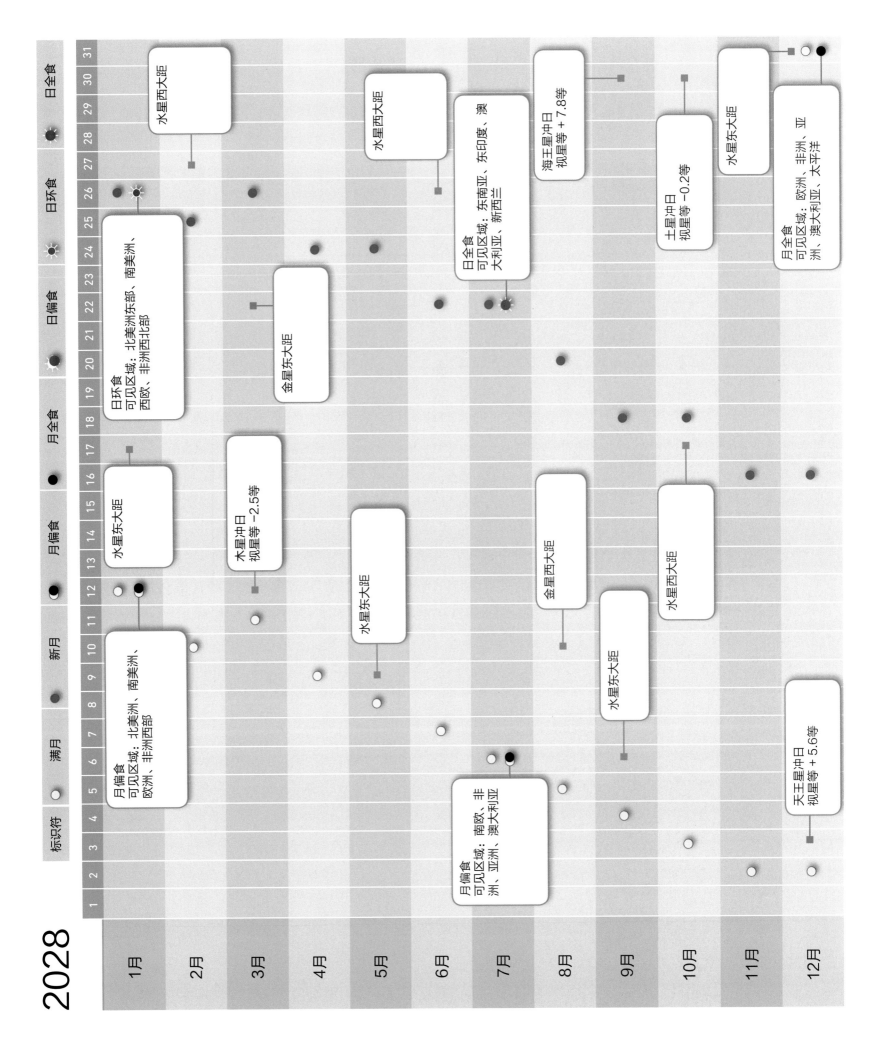

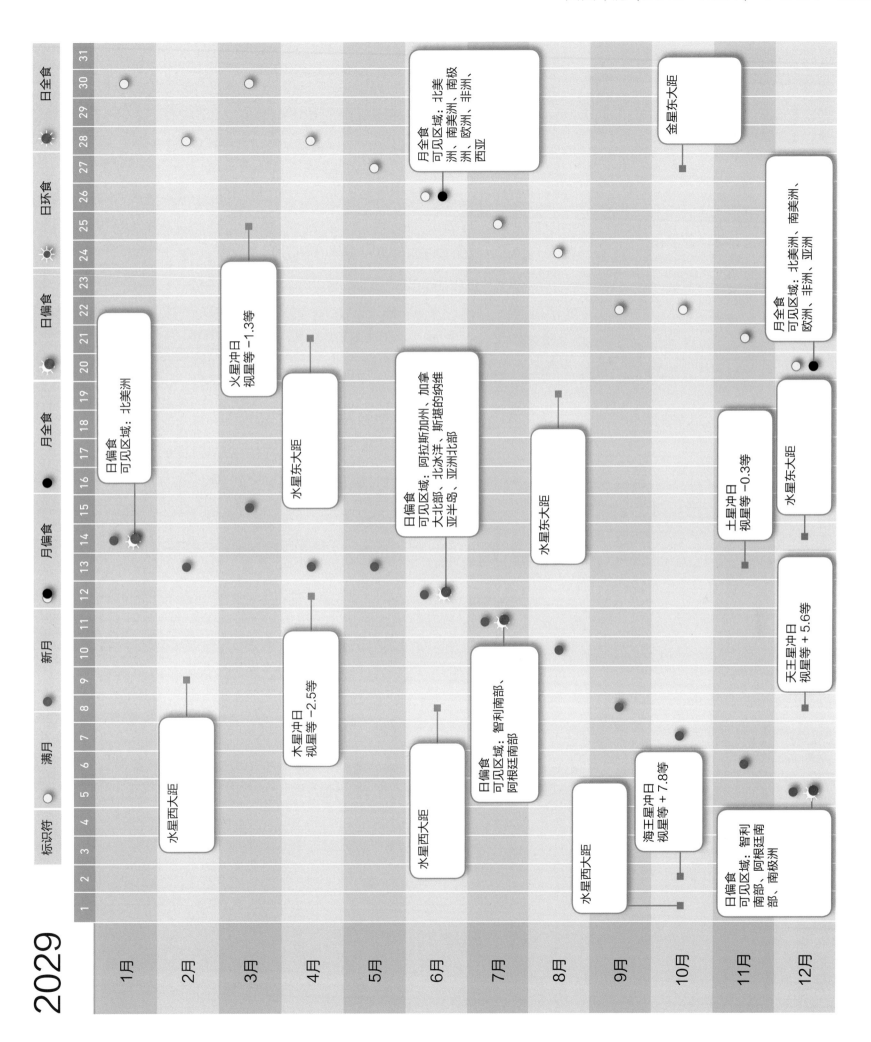

2029

标识符　满月　新月　月偏食　月全食　日偏食　日环食　日全食

水星西大距

日偏食
可见区域：北美洲

水星西大距

火星冲日
视星等 −1.3等

水星东大距

水星冲日
视星等 −2.5等

水星西大距

日偏食
可见区域：阿拉斯加州、加拿
大北部、北冰洋、斯堪的纳维
亚半岛、亚洲北部

日偏食
可见区域：智利南部、
阿根廷南部

月全食
可见区域：北美
洲、南美洲、非洲、
欧洲、西亚

水星东大距

水星西大距

海王星冲日
视星等 + 7.8等

日偏食
可见区域：智利
南部、阿根廷南
部、南极洲

土星冲日
视星等 −0.3等

金星东大距

天王星冲日
视星等 + 5.6等

水星东大距

月全食
可见区域：北美洲、南美洲、
欧洲、非洲、亚洲

1月 2月 3月 4月 5月 6月 7月 8月 9月 10月 11月 12月

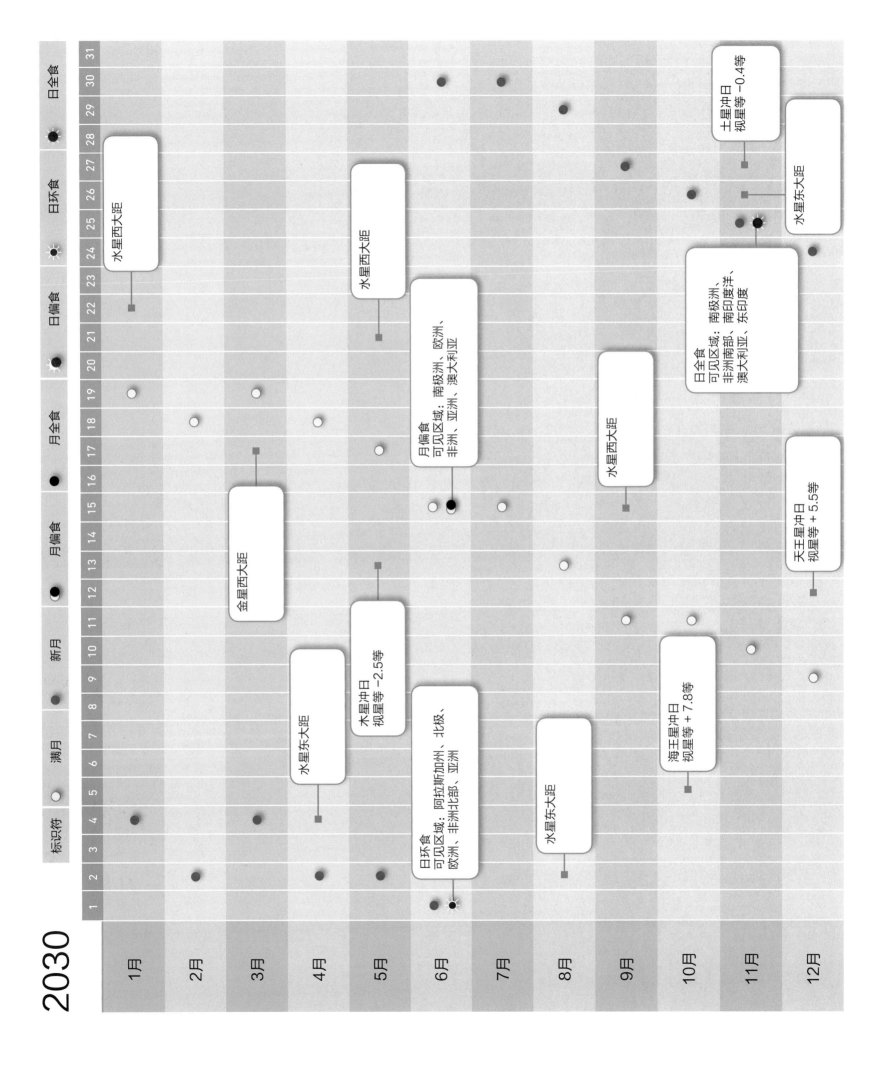

2030

标识符:
- 满月
- 新月
- 月偏食
- 月全食
- 日偏食
- 日环食
- 日全食

水星西大距

金星西大距

水星东大距

日环食
可见区域:阿拉斯加州、北极、欧洲、非洲北部、亚洲

水星冲日
视星等 −2.5等

水星西大距

月偏食
可见区域:南极洲、欧洲、非洲、亚洲、澳大利亚

水星东大距

水星西大距

海王星冲日
视星等 + 7.8等

日全食
可见区域:南极洲、非洲南部、南印度洋、澳大利亚、东印度

土星冲日
视星等 −0.4等

水星东大距

天王星冲日
视星等 + 5.5等

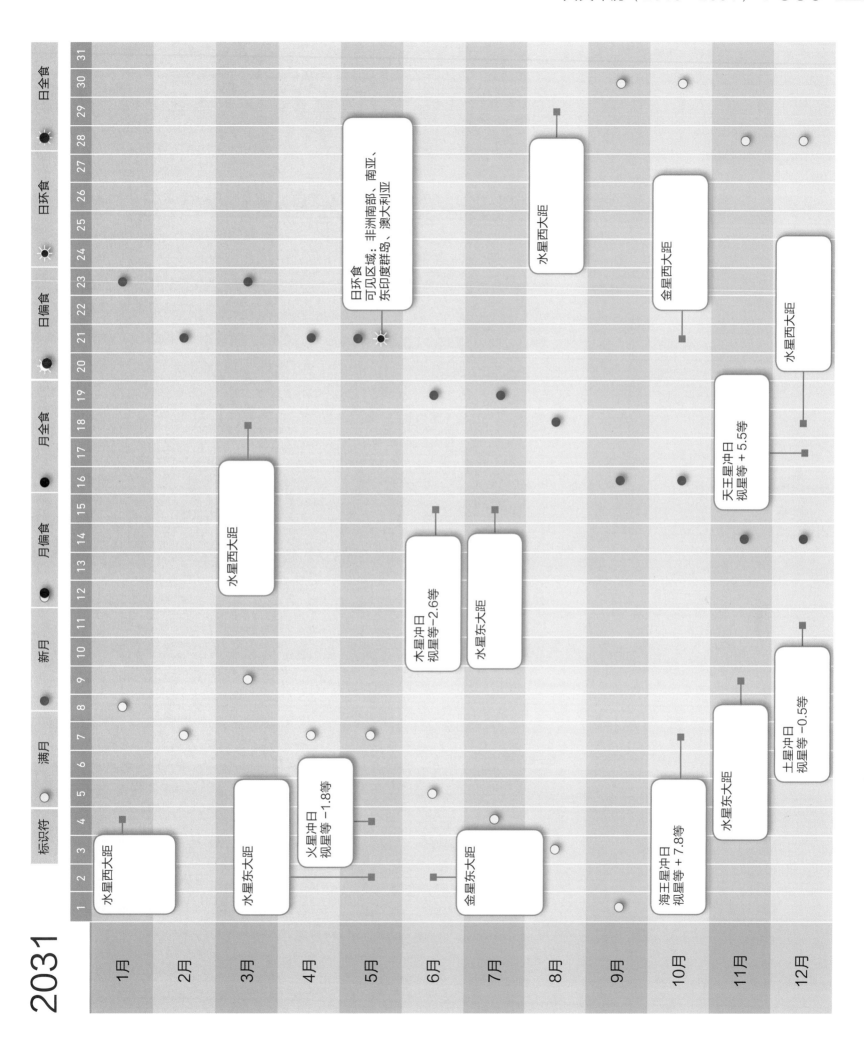

专用词汇表

absolute magnitude绝对星等

绝对星等是假定把恒星放在距地球10秒差距（32.6光年）的地方所测得的视星等。此方法可把天体的光度在不受距离的影响下，做出客观的比较；进而反映天体的真实发光本领。

albedo反照率

反照率是指天体（行星、卫星、小行星等）反射太阳辐射的量与该天体表面接收太阳总辐射的量的比率，反映了天体的反射本领。一般而言，高反照率的天体表面颜色较浅，低反照率的天体表面颜色较暗。

altazimuth mount经纬仪

经纬仪是一种结构简单的、可以支撑望远镜的双轴架台。架设在经纬仪上的望远镜可以自由转动，调整望远镜指向的地平经度（左右转动）和地平纬度（上下转动）。

altitude地平纬度

地平纬度表示位于地平线以上的天体与地平线的角距离（以角度制为单位）；地平线的地平纬度为0°，天顶的地平纬度为90°。

aperture通光孔径

通光孔径指的是望远镜主镜的口径，单位一般是毫米（mm）；通光孔径越大，能通过的光越多，就能看见更暗的天体。

aphelion远日点

远日点指的是行星、小行星、彗星或任何环绕太阳的天体，在轨道上距离太阳最远的点。

apparent magnitude视星等

视星等是人们从地球上观察天体亮度的度量方法。数值越小亮度越高，反之越暗。视星等既与天体本身的发光能力有关，也与天体距离观测者的距离有关。对于两个相同的天体，距离地球越远，它的视星等就越大。

asterism星群

星群是出现在星空中的一种非正式星座形态的恒星集团。一般由少数的恒星构成，这些恒星排列成简单、易识别的形状。一个星群可以由一个或多个星座的恒星组成。最典型的例子就是归属于大熊座的北斗七星。

asteroid小行星

小行星是指太阳系内类似行星环绕太阳运动，体积和质量比行星小得多的天体。大多数小行星位于火星轨道和木星轨道之间的小行星带。

astronomical unit天文单位

天文单位（缩写：AU）是天文学上的长度单位，曾以地球与太阳的平均距离定义，后来固定为149,597,870,700米。

aurora极光

极光是在高纬度地区的天空中来自太阳带电的高能粒子和高层大气原子碰撞造成的发光现象。极光不只在地球上出现，太阳系内的其他一些具有磁场的行星上也有极光。

axis自转轴

自转轴是天体两极点之间穿过天体中心的一条假想连线，与天体赤道面呈90°夹角。天体自身旋转时自转轴的线速度为零。

azimuth地平经度

地平经度表示子午圈（过正北方向的地平经圈）所在平面与过天体的地平经圈所在平面的夹角（以角度制为单位）；正北方向的地平经度为0°，并向东递增。

barred spiral galaxy棒旋星系

棒旋星系是指星系核（大量恒星聚集的区域）呈短棒形状的旋涡星系，大约2/3的旋涡星系可以定义为棒旋星系。棒旋星系的旋臂则由短棒的两端涌现。

Big Bang大爆炸

大爆炸是描述宇宙的起源与演化的宇宙学模型。它认为宇宙是由一个致密炽热的奇点于138亿年前的一次大爆炸后膨胀形成的。

binary star联星

联星是两颗恒星组成，在各自的轨道上围绕着它们共同质量中心运转的恒星系统，一般较亮的一颗称为主星，而另一颗称为伴星。联星的类别包括光谱联星、食变星等。

black hole黑洞

黑洞是根据广义"相对论"所推论、在宇宙空间中存在的一种质量相当大的天体。它产生的引力场就连传播速度最快的光子也逃逸不出来。一般而言，黑洞是由大质量恒星在核聚变反应的燃料耗尽后发生引力坍缩而形成的。

brown dwarf褐矮星

褐矮星是质量介于最重的气态巨行星和最轻的恒星之间的气态天体。虽然褐矮星的气体组成成分和主序星类似，但是它的质量不足以在核心点燃聚变反应。由于这一原因褐矮星非常暗淡，要发现它们十分困难。

Cassegrain telescope卡塞格林望远镜

卡塞格林望远镜是由两块反射镜组成的一类反射式望远镜，1672年为卡塞格林所发明。反射镜中大的称为主镜，小的称为副镜；通常在主镜中央开孔，副镜二次反射通过孔径成像于主镜后方。

catadioptric折反射式望远镜

折反射式望远镜的主体结构与反射式望远镜很相似，不同的是它在镜筒的前端安置了一块修正板（薄透镜）。修正板可以有效抑制球差并增加一定的视场。光线通过修正板后会落在镜筒后端一块中心镂空的主镜上，并反射到修正板背面的副镜上。

CCD

详见"电荷耦合器件"。

celestial equator天赤道

天赤道是在天球上的一个假想的大圆，它与地球的赤道位于同一个平面。天赤道把天球等分为北天球和南天球两部分。位于天球赤道上的天体在全球各地都能看见。

celestial poles天极

天极是地球的自转轴向天球延伸后，与天球交会的两个假想点，位于地球北极、南极的正上方。以地球为参考系时，观测者会观测到这两个点是天球上唯一的一对不动的点。

celestial sphere天球

天球是一个以观测者为球心、无限长半径的假想球面。天体与观测者的眼睛之间连成的直线（视线）延长后的交点，即该天体在天球上的投影。

Cepheid variable造父变星

造父变星是变星的一种；它的光度（绝对星等）和光变周期（一般为数天或数周）有着非常强的关联性，因此可以测量天体的距离。造父变星的原型是仙王座δ（造父一）。

charge-coupled device（CCD）电荷耦合器件

电荷耦合器件，简称CCD，是一种新型的感光电子探测器，包含有数百万个格状排列的像素。CCD的光效率可达70%（能捕捉到70%的入射光），优于传统相片的2%，因此被广泛应用在数字摄影、天文学等领域。

chromosphere色球

色球是太阳大气的一层，厚度大约2000千米，包围在光球层（实际看到的太阳表面）之外。色球通常无法看见，只有在日全食（光球层被遮挡）的短暂时间内才能看见它展现出略带红色的色调。

circumpolar拱极星

拱极星是指位于某一特定纬度的观测者所看到的围绕在天极周围永不落下的恒星。有些天文学家将距离天球赤道55°以上的恒星定义为拱极星。

comet彗星

彗星是由冰和尘埃构成的太阳系小天体。当彗星远离太阳时，它们是低温的固体。而当它们逐渐接近太近时，会被加热并且开始释出气体和尘埃，形成彗发——环绕在彗核周围的云状物；有时还会形成非常长的彗尾。

conjunction合

合，又称合日；指从一个选定的特定天体（通常是地球）观察到两个天体在天空上的位置彼此非常靠近；严谨地说法是：这两个天体在天球上有相同的赤经。金星和水星还分为上合、下合。

constellation星座

在古代星座是指天上一群的恒星组合排列，有的恒星排列成的形状与神话联系起来。到了近现代，国际天文学联合会用精确的边界把整个天球划分为88个部分，每个部分代表着一个星座。星座也不再单纯地代表某些恒星的组合，也代表着天空的某一块区域。

corona日冕

日冕是太阳大气的最外层，虽然稀薄，但是厚度可以达到几百万公里以上。日冕只有在日全食时和使用日冕望远镜才能看到，其形状随太阳活动大小而变化。

declination赤纬

赤纬是赤道坐标系中的两个坐标数据之一，以角度制为单位，代表着天体与天赤道的角距离。赤纬与地理纬度相似，是地理纬度在天球上的投影。

deep-sky object深空天体

深空天体是指天空中除太阳系天体（如太阳、行星、彗星、小行星）以外的所有天体，包括星团、星云、星系。这些天体大都不为肉眼所见。

diffuse nebula弥漫星云

弥漫星云是既没有规则的形状，也没有明显的边界的星际间气体云，分为发射星云、反射星云和暗星云3种。弥漫星云最典型的代表就是猎户座大星云。

Dobsonian mount道布森式经纬仪

道布森式经纬仪是一种结构简单、坚固且方便携带的经纬仪，通常用来架设牛顿式望远镜。两者的组合称为道布森式望远镜。

double star双星

双星是指当两颗恒星从地球上观察时，在视线的方向上非常接近。在一些情况下，作为双星的两颗星是一对联星，它们有着互相环绕的轨道，并且被彼此的引力束缚在一起。在另一些情况下，也可以是光学双星，两颗有着不同的距离，恰巧在天空中相同的方向上被对准在一起的恒星，它们之间没有任何力学联系。

dwarf planet矮行星

矮行星是体积介于行星和小行星之间，围绕恒星运转，质量足以克服固体应力达到近似于圆球形状的天体。但是与行星不同的是，矮行星未能清除邻近轨道上的其他小天体和物质。

eclipsing binary食变星

食变星，又称食双星，是一种双星系统。系统中的两颗恒星互相绕行的轨道几乎在同一视线方向，从观测者角度看，这两颗恒星会交替掩食，使得双星系统的光度发生周期性的变化。

ecliptic黄道

黄道是一年之中太阳在天球上的视运动轨迹。它的严格定义是：地月系质心绕太阳公转的瞬时平均轨道平面与天球相交的大圆。此外，由于太阳系的大多数天体几乎在同一个平面内围绕太阳转动，所以行星在天球上的位置非常靠近黄道。

elongation距角

距角是指从地球上观察时，行星和太阳之间（或卫星与行星之间）的角距离。对于水星和金星而言，当它们与太阳的距角达到最大时称为大距。大距还分为东大距（黄昏）和西大距（黎明），两者交替出现。

equatorial mount赤道仪

赤道仪是一种改良的天文望远镜装置。与传统的经纬仪不同，赤道仪有一根平行于地球自转轴（对准天极）并且可以旋转的极轴，也称为赤经轴。对准目标天体之后，只需要以固定的速率驱动极轴就可以持续地进行追踪，传统的经纬仪则需要变速转动两根轴才能够追踪天体。

equinox分点

分点，又称二分点，代表着天赤道和黄道在天球上两个交点，分为春分点（3月20日或21日）、秋分点（9月22日或23日）。在分点的时候，地球上南北两半球所有地区，白天和夜晚的持续时间大致相同。

extragalactic河外天体

河外天体是对所有位于银河系之外的天体的总称。

extrasolar planet系外行星

系外行星是指所有在太阳系之外的行星，它们围绕着太阳以外的恒星旋转。目前为止，已经被确认的系外行星超过3500颗。

eyepiece目镜

目镜通常是一个透镜组（多块透镜组合而成），它连接在望远镜的后端，最接近使用者眼睛的设备。目镜的主要功能是放大望远镜的影像。

finder寻星镜

寻星镜通常是小型的折射望远镜或瞄准装置，一般附加在主望远镜的镜筒上。它的作用是搜寻目标天体，并将待观测天体引导到主望远镜的视场中央。

galaxy星系

星系是由大量的恒星系、尘埃在重力束缚下形成的大质量系统。星系根据它们的形态主要分为两大类，拥有旋臂结构的旋涡星系、没有旋臂的椭圆星系，还有不规则星系等。大部分星系的直径介于1000至100000秒差距，彼此间相隔的距离则是百万秒差距的数量级。

giant star巨星

巨星指生命处于末期时，将离开主序带，体积膨胀、表面温度降低的恒星。巨星的半径和亮度都比主序星大得多，超过10倍太阳质量的恒星离开主序带后将变成一颗超巨星。

globular cluster球状星团

球状星团是由成千上万甚至数十万颗恒星组成的致密恒星集团。在引力作用下，这些恒星高度向中心集中，因此外观呈球形。球状星团包含了一些目前已知的最古老的恒星。

Hubble constant哈勃常数

哈勃常数是哈勃定律中的常数值，代表着宇宙的膨胀速率。它的数值定义为遥远星系的退行速度与它们的距离的比值。

inferior conjunction下合

当一颗内侧行星（水星或金星）与地球在太阳的同一侧且三者成一条直线时，则称为下合，或是内合。

Kuiper Belt柯伊伯带

柯伊伯带是位于海王星轨道外侧的黄道面附近、天体密集的圆盘状区域，包含了许多冰质小行星。

light-year光年

光年指光在真空中一年时间内传播的距离，大约为9.46兆千米（9.46×10^{12}千米）。

Local Group本星系群

本星系群是包括地球所处的银河系在内的一群星系。这组星系群大约有50个星系，其中最大的成员是仙女座星系，第二大的成员是银河系。

Magellanic Clouds麦哲伦云

麦哲伦云分为大麦哲伦云（大麦哲伦星系）和小麦哲伦云（小麦哲伦星

系）；它们是银河系的两个伴星系，均为不规则星系。

magnitude星等

星等是衡量天体光度的量，在不明确说明的情况下，星等一般指视星等。越明亮的天体，其星等数值就越低，甚至可以为负数；而较暗的天体，它们的星等数值较大，为正数。

main sequence主序星

主序星是恒星演化的一个阶段，在赫罗图上，分布在由左上角至右下角的带状区域。在这个阶段，恒星的核心进行着核聚变反应，将氢原子转变成氦创造出能量。

mare月海

月海是月球上大块的、呈黑色的玄武岩平原，海拔普遍较低。

meridian子午圈

子午圈是指经过两个天球极点和观测者所在地天顶的假想大圈。一个天体的视轨迹与当地子午圈的交点，便是该天体在最高点的位置，也是该天体最接近天顶的时刻。

Messier Catalogue梅西耶天体表

梅西耶天体表是由法国天文学家查尔斯·梅西耶所汇编的一组天体，里面包含了超过100个深空天体。他制作这个星表的最初目的只是为了避免使它们与新发现的彗星产生混淆。

meteor流星

流星是指运行在星际空间的流星体（通常包括宇宙尘粒和固体块等空间物质）因为引力进入地球大气层后，与大气摩擦燃烧所产生的光迹。

meteorite陨石

陨石是降落到地球或其他行星表面的小块固体碎片，由岩石、金属或者两者的混合物构成。陨石的来源是小行星和彗星，在它撞击到地表之前称为流星。

Milky Way银河

银河有两种含义。第一种指的是横跨夜空的一条朦胧的白色光带，它是由银河系中无数颗遥远恒星组成的，银河系中心是这条光带最亮的区域。另一种含义则是指我们所处的银河系。

Mira variable米拉变星

米拉变星是脉动变星的一类，一般是红巨星或红超巨星，而且这些恒星正经历着幅度非常大的胀缩变化。米拉变星的光变周期超过100天，光度变化往往超过一个视星等。米拉变星的原型是鲸鱼座的刍藁增二，英文名米拉，是这类变星中最早被发现的。

moon卫星

卫星是指环绕一颗行星周期性运行的天体。卫星的英文名为moon，若将首字母大写，则特指地球的卫星——月球。

nebula星云

星云是由尘埃和电离气体聚集而成的星际云。星云通常位于星系的旋臂，也是恒星活跃诞生的区域。星云分为弥漫星云、行星状星云和超新星遗迹；弥漫星云分为发射星云、反射星云和暗星云。

neutron star中子星

中子星是恒星演化到末期，经由引力坍塌发生超新星爆炸之后可能成为的少数终点之一。它是一个体积非常小的致密天体，每立方厘米的物质可重达十亿吨。

New General Catalogue（NGC）星云和星团新总表

星云和星团新总表，简称NGC天体表。它是在天文学上非常著名的深空天体目录，收录了近8000个深空天体名称。NGC天体表是由丹麦天文学家约翰·德雷耳（J.L.E Dreyer，1852—1926）编纂的。

Newtonian牛顿式望远镜

牛顿式望远镜是反射式望远镜的一种，特点是目镜被安置在望远镜主镜筒的边缘。目前它是使用最为广泛的反射式望远镜。

nova新星

新星是激变变星的一类，是由吸积在白矮星表面的氢造成的剧烈爆发现象。新星爆发时亮度会增加数千倍，持续数星期或数月，往往被人们认为是新产生的恒星，因此而得名。

occultation掩星

掩星是指一个天体在另一个天体与观测者之间通过而产生的遮蔽现象。掩蔽者（通常为月球）的视面积要比被掩者（恒星或行星）的视面积大。

Oort Cloud奥尔特云

奥尔特云是一个围绕太阳、主要由彗星组成的球体云团。它的范围可以达到距离太阳大约2光年，即太阳和比邻星距离的一半。

open cluster疏散星团

疏散星团是由数十颗至数百颗恒星组成的集团。这些恒星年龄相对年轻，依靠着较弱的引力维系在一起，因此疏散星团的形状通常是不规则的。一般而言，只能在星系的旋臂中才能发现疏散星团。

opposition冲

冲，又称冲日，指从一个选定的特定天体上（通常是地球）为基准，观察另一个天体与参考天体（通常是太阳）的相对位置时，三者呈一条直线，且地球位于观测两个天体中间的场合。

parallax视差

视差是指从两个不同的地点观测同一个天体时，天体视位置的移动或差异，通过这种现象可以对天体进行测距。目前普遍采用的是周年视差法，即地球绕太阳周年运动所产生的视差。它的定义是：地球和太阳间的距离（1天文单位）在恒星处的张角。

parsec秒差距

秒差距是天文学中常用的一个长度单位。1秒差距定义是：在周年视差法的测量下，某一天体的视差为1角秒时它与地球的距离。因此，1秒差距的数值为648000/π天文单位，等同于3.2616光年。

perihelion近日点

近日点指的是行星、小行星、彗星或任何环绕太阳的天体在轨道上距离太阳最近的点。

phase相

相是指地球上看到的月球（或行星）被太阳照明的部分。由于太阳、地球、月球（或行星）的相对位置始终变化着，因此相也在不断地改变。

photosphere光球

光球是太阳大气的最低层，也是人类实际观测到的太阳表面。

planet行星

行星是指自身不发光，环绕着恒星的天体，其公转方向常与恒星的自转方向相同。行星拥有足够大的质量克服固体应力，以达到近似于圆球的形状，但质量不足以进行核聚变反应。

planetary nebula行星状星云

行星状星云本质上是一些垂死的恒星抛出的尘埃和气体壳。这类星云有着各种各样的形状，大约只有五分之一呈现球形。

precession岁差

岁差，也称"自转轴进动"，是指一个天体的自转轴指向因为重力作用导致在空间中缓慢且连续的变化。地球自转轴进动的周期为25800年，在这段时间内自转轴在天球上的投影是一个圆形的轨迹。在自转轴进动的影响下，天球上的恒星坐标会不断发生变化。

proper motion自行

自行是恒星相对于观测者随着时间推移导致的视位置的变化，它的测量是以角秒/年为单位。自行无法用肉眼感知，但在日积月累下，大约数十万年之后，星座的形状就会产生明显的变化。

pulsar脉冲星

脉冲星是中子星的一类，是一种会周期性发射脉冲信号的星体。中子星具有强磁场，导致磁极始终释放着射电波束。由于中子星的自转轴和磁轴一般并不重合，每当射电波束扫过地球时，就接收到一个脉冲。因此，这类中子星被取名为脉冲星。

quasar类星体

类星体是极度明亮的活动星系核，距离地球极其遥远。类星体拥有一个超大质量黑洞，并且被气态的吸积盘环绕着。当吸积盘中的气体坠入黑洞，大量的能量就会以电磁辐射的形式释放出来。

radial velocity视向速度

视向速度是指天体在视线方向上接近或远离观测者的速度。天体发出的光线在视向速度上受多普勒效应的影响，退行的物体光波长将增加（红移），接近的物体光波长将减少（蓝移）。

radiant辐射点

辐射点是流星雨在天空中的发源处。观测者看见流星在天空中飞过，往回追溯流星的来向，似乎集中在一个点，这个点就称为辐射点。

red dwarf红矮星

红矮星是表面温度较低、颜色偏红的一类主序星。它的质量、体积、亮度均比太阳小（0.8个太阳质量以下），但也拥有相对较长的寿命。

red giant红巨星

红巨星是恒星燃烧到后期所经历的一个较短的不稳定阶段。根据恒星质量的不同，存在期只有数百万年不等。相比于主序星，红巨星表面温度更低，但体积会大幅膨胀。

redshift红移

红移是指遥远天体的光谱的谱线朝红端（波长变长方向）移动了一段距离。这是由于天体正在远离地球而产生的多普勒效应。

resolution分辨率

分辨率是用来描述光学系统解析天体细节的能力。分辨率较高的天文设备可以解析出许多密近双星系统和行星表面的细节。

retrograde motion逆行

逆行是指太阳系某个天体的运行方向与其他大多数天体运行方向相反，即由东向西公转。

right ascension赤经

赤经是赤道坐标系中的两个坐标数据之一，赤经与地理经度相似，是地理经度在天球上的投影。赤经的零点位于春分点，即黄道与天赤道的交点之一。赤经的数值由春分点向东度量，单位是时、分、秒，有时也会使用角度制（度、角分、角秒），1h=15°，1m=15'，1s=15"。

satellite人造卫星

人造卫星是人类建造航天器的一种，也是数量最多的一种。人造卫星以运载火箭、航天飞机等发射到太空中，像天然卫星一样环绕地球或其他行星运行。

Schmidt-Cassegrain施密特-卡塞格林式望远镜

施密特-卡塞格林式望远镜是一种折反射式望远镜，简称施卡镜。这类望远镜在镜筒前方安置一块施密特修正板来修正球面像差，修正后的光线经过主镜（球面镜）反射到副镜（凸面镜）上，副镜再将光线反射并穿过主镜中心的孔洞，汇聚在位于主镜后方的目镜中。

seeing视宁度

由于大气中微弱存在的气流，使得星象在高倍放大下总是显得闪烁不定。视宁度就是大气扰动造成星光闪烁的程度，单位是"角秒"。望远镜的成像质量与观测地的视宁度息息相关，视宁度越低，成像质量越好。

Solar System太阳系

太阳系是一个受太阳引力约束聚集的恒星系统，包括太阳和直接间接围绕太阳运动的天体，以及八大行星、矮行星、行星的卫星和数以亿计的太阳系小天体（小行星、彗星等）。

solar wind太阳风

太阳风是从太阳上层大气射出的超声速等离子体带电粒子流，主要由带正电的质子和带负电的自由电子构成。太阳风向宇宙空间传播，与行星的磁场发生作用。

solstice至点

至点，又称二至点，是太阳在一年之中距离天赤道最远的两个点（分别位于天赤道南北两端）。太阳到达最北端的点称为夏至点，在每年6月21日前后；太阳到达最南端的点称为冬至点，在每年12月22日前后。

spectroscopic binary光谱联星

光谱联星是距离非常紧密的联星，无法用光学望远镜对联星系统进行区分。不过由于单一恒星只会有一种光谱型式，因此当发现恒星光谱型有明显的周期性改变，则可能是联星系统。

star恒星

恒星是由引力凝聚在一起的球型发光等离子体。恒星的核心持续进行着核聚变反应，并将能量向外传输。

sunspot太阳黑子

太阳黑子，又称日斑，是出现在太阳光球表面上的临时现象，它们在可见光下呈现比周围区域更暗的斑点。它们是由高密度的磁性活动抑制了对流活动造成的，温度相对周围区域较低。

supergiant star超巨星

超巨星是恒星分类中质量最大、最明亮的恒星，位于赫罗图的顶端。只有大于10个太阳质量的恒星才能在生命末期演化成超巨星。

superior conjunction上合

当一颗内侧行星（水星或金星）的位置与地球不在太阳的同一侧且三者成一条直线时，称为上合，或是外合。

supernova超新星

超新星是大质量恒星在演化接近末期时经历的一次剧烈爆炸。这种爆炸极其明亮，它的亮度激增数百万倍，并持续数周至数个月才会逐渐衰减。在此期间，一颗超新星所释放的辐射能量可以与太阳在其一生中辐射能量的总和相当。

Universe宇宙

宇宙是所有时间、空间与其包含的物质所构成的统一体。行星、恒星、星系以及所有的物质与能量都是宇宙的一部分。"大爆炸"宇宙论是当前最主流的描述宇宙发展的宇宙学模型，即认为宇宙是在138亿年前的一次大爆炸中诞生的。

variable star变星

变星是指亮度与电磁辐射有着显著变化并且伴随着其他物理变化的恒星。变星根据其性质有着多种不同的分类。

white dwarf白矮星

白矮星是中、低质量恒星演化阶段的最终产物。这些恒星释放出外面数层的气体后留下的核心部分，即为白矮星。白矮星的密度极高，一颗质量与太阳相当的白矮星，体积只有地球一般的大小。

zenith天顶

天顶是天球坐标系中位于观测者头顶正上方的点，天顶区域是整个天空的中心。

zodiac黄道带

黄道带是指天球上黄道南北两边各8°宽的环形窄带区域，这块区域涵盖了太阳和太阳系所有行星所经过的区域。